高维概率及其在数据科学中的应用

High-Dimensional Probability
An Introduction with Applications in Data Science

[美] 罗曼·韦尔希宁 著 冉启康 译
(Roman Vershynin)

机械工业出版社
CHINA MACHINE PRESS

图书在版编目（CIP）数据

高维概率及其在数据科学中的应用 /（美）罗曼·韦尔希宁（Roman Vershynin）著；冉启康译．—北京：机械工业出版社，2020.4（2024.6 重印）
（统计学精品译丛）
书名原文：High-Dimensional Probability：An Introduction with Applications in Data Science

ISBN 978-7-111-65209-0

I. 高…　II. ①罗…　②冉…　III. 概率论－应用－数据处理　IV. TP274

中国版本图书馆 CIP 数据核字（2020）第 052981 号

北京市版权局著作权合同登记　图字：01-2019-0936 号。

本书全面介绍高维概率的理论、关键工具和现代应用，涵盖霍夫丁不等式和切尔诺夫不等式等经典结果以及矩阵伯恩斯坦不等式等现代发展，还介绍了基于随机过程的强大方法，包括 Slepian 不等式、Sudakov 不等式和 Dudley 不等式等，以及基于 VC 维数的泛型链接和界限．全书使用了大量插图，包括协方差估计、聚类、网络、半正定规划、纠错码、降维、矩阵补全、机器学习、压缩感知以及稀疏回归的经典和现代结果.

本书适合数学、统计学、电气工程、计算生物学及相关领域的博士生和高年级硕士生以及初级研究人员使用.

出版发行：机械工业出版社（北京市西城区百万庄大街 22 号　邮政编码：100037）
责任编辑：柯敬贤　　责任校对：殷　虹
印　　刷：北京虎彩文化传播有限公司　　版　　次：2024 年 6 月第 1 版第 3 次印刷
开　　本：186mm×240mm　1/16　　印　　张：15
书　　号：ISBN 978-7-111-65209-0　　定　　价：79.00 元

客服电话：（010）88361066　68326294

本书赞誉

“这是一本优秀的、非常及时的教材，书中以一种容易接受和面向实际应用的方式展示了高维几何和概率这一现代工具，且包含大量的练习. 这本书融入了作者在该领域的洞察力和直觉，并广泛参考了该领域的新发展. 对新手和专业研究人员来说，本书都非常有用.”

——陶哲轩，加州大学洛杉矶分校

“在概率论理论研究及其在数学、统计学、计算机科学和电气工程领域的应用等众多问题中，高维概率的方法已经成为不可缺少的工具. 罗曼·韦尔希宁这本教材用一种非常易于接受的方式介绍这个领域，填补了该领域著作上的空白. 本书开始只用到了概率论和线性代数第一门课程的知识. 作者始终如一地通过现代数据科学应用来说明书中理论的实用性. 可以说，本书是概率论、数据科学及相关领域的学生和研究人员的必不可少的读物.”

——拉蒙·范汉德尔，普林斯顿大学

“这本非常受欢迎的著作简洁介绍了与当代统计科学和机器学习相关性很大的几个主题. 作者在展示理论的深度和对于非专业读者的可读性方面做了很好的平衡——强烈推荐希望了解更多现代数学中不可缺少的这方面知识的研究生和研究人员阅读本书.”

——理查德·尼克尔，剑桥大学

“韦尔希宁是高维概率领域的世界领先专家之一，本书对该领域的许多关键工具及其在数据科学领域中的应用进行了优美且全面的介绍. 本书涉及的主题对于任何想在这个领域做数学研究，包括从事机器学习、算法和理论计算机科学、信号处理和应用数学工作的人来说都是必需的.”

——杰拉尼·尼尔森，哈佛大学

“高维概率是对概率和数据分析中现代方法的一种很好的处理. 韦尔希宁既是概率分析专家又是泛函分析专家，他的观点是独特和深刻的. 他对内容的讨论是循序渐进的、全面的、引人入胜的. 本书无论是对新人还是熟悉该领域的人都提供了优质的资源. 我相信，正如作者所希望的，本书所涵盖的内容确实是数据科学发展中必不可少的.”

——桑托什·维帕拉，佐治亚理工学院

“罗曼·韦尔希宁因对高维概率的杰出贡献而闻名. 本书中，他循序渐进地阐述了该领域的重要概念、工具和技术. 高年级学生及对数据科学的数学基础感兴趣的实际工作者将在本书中看到许多相关的工作实例和有趣的练习. 本书是我一直期待的参考书.”

——雷米·格里邦瓦尔，法国国家信息与自动化研究所研究室主任/高级研究员

“高维概率是一个迷人的数学理论，近年来发展迅速．它是高维统计、机器学习和数据科学的基础．罗曼·韦尔希宁是高维概率研究中的领军人物，且是一位语言表达大师，在本书中，他提供了一些基本的工具和高维概率的主要结果及应用．本书可作为数学、统计学、计算机科学和工程学学生的教科书，也可作为从事高维概率和统计工作的研究人员的参考书．”

——埃尔哈南·莫塞尔，麻省理工学院

“这本关于高维概率的理论和应用的书描述得异常清晰，对数据科学基础感兴趣的学生和研究人员来说是非常有价值的．高维概率的基本知识对应用数学、统计学和计算机科学交叉领域的研究人员来说是必不可少的．本书内容广泛，讲述循序渐进，基础数据科学领域的每个人都应该阅读它．”

——阿尔弗雷德·海罗，密歇根大学

“韦尔希宁的这本书对现代信号处理和数据科学所需的核心数学知识进行了精彩介绍，重点是测度集中及其在随机矩阵、随机图、降维和随机过程的界等方面的应用．本书的处理非常干脆利落，读者将学到不含冗余公式的深奥数学并获得美的享受．”

——安德烈亚·蒙塔纳里，斯坦福大学

序　言

本书从一个有趣的实例——B. Maurey 提出的求集合凸包的平均近似点的经验方法开始，使读者了解概率论可以优美地解决那些初看上去和概率无关的问题. 从本书中学习概率论如何打开其他(那些之前被发现是很难研究的)数学领域的大门是一段令人非常满意的经历.

在展示了必要的背景材料后，第 3 章直接进入了本书的核心部分：以一种具有启发性的方法处理高维集中问题. 例如，注 3.1.2 中公式$\sqrt{n\pm O(\sqrt{n})}=\sqrt{n}\pm O(1)$的表述很简洁. 同样在图 3.6 中，一个高斯点云在高维中表出：它集中在一个半径为$\sqrt{n}$的球面上. 这种形状与二维或三维中的钟形形状几乎没有任何共同之处——我们的低维直觉是无用的！作为概率论可以让生活更容易的另一个例子，本书给出了 Grothendieck 不等式的富有洞察力的证明. 要理解该不等式的任何其他形式(带有“好”的常数)的证明，我们可能需要几年时间.

再提及一个本书处理得很好的主题：等周不等式以及它如何导致放大. 如果球面的一个子集覆盖了至少 50%的球面，那么它的覆盖范围指数地接近于 100%. 本书还介绍了一些扩展到其他度量空间的内容，例如，格拉斯曼流形上的集中. 通过这种方式，为读者提供了这个领域的一个进入点，如果读者对这个领域感兴趣，可参考各章后注中提供的丰富材料.

本书读起来很有趣. 作者把材料当作激动人心的故事来讲述，使人欲罢不能. 许多分散在书中的练习鼓励读者参与故事情节的发展.

本书中讨论的其他主题包括随机矩阵、经验过程理论和稀疏恢复等，这些结果对数据科学的研究很重要，其本身也很漂亮. 许多学生和研究人员可能已经听出了话外音，这是一本他们苦苦寻求的书.

Sara van de Geer，ETH Zürich

前　　言

读者对象

这是一本着眼于数据科学应用的高维概率论教材，它面向数学、统计学、电气工程、计算生物学及相关领域的博士生和高年级硕士生以及初级研究人员，为扩展他们在现代数据科学研究中使用的理论方法而写.

关于本书

数据科学正在快速发展，概率方法经常为其提供基础和灵感. 如今，一门经典的研究生概率论课程已经不足以达到数据科学研究人员所期望的数学复杂程度. 本书旨在部分地填补这一空白. 它提出了一些关键的概率方法和结果，这些方法和结果为数学数据科学家提供了必要的理论工具. 它可以作为概率论第二门课程的教材，以使学生对数据科学的应用有所了解. 本书也适合自学.

本书内容

高维概率是概率论中一个研究 $\mathbb{R}^n$ 中的随机对象的分支，其中维数 n 可能非常大. 本书重点介绍随机向量、随机矩阵和随机投影. 它讲授分析这些对象的基本理论技能，包括集中不等式、覆盖与填充理论、解耦和对称化技巧、随机过程的链和比较技术、基于 VC 维数的组合推理等.

高维概率的研究为数据科学应用提供了重要的理论工具. 本书将理论与协方差估计、半正定规划、网络、统计学习要素、纠错码、聚类、矩阵补全、降维、稀疏信号恢复和稀疏回归等应用结合起来.

预备知识

阅读本书的基本前提是具备扎实的概率论基础(硕士或博士水平)，对本科阶段的线性代数有很好的掌握，对度量空间、赋范空间和希尔伯特空间以及线性算子的基本概念有全面的了解. 对测度论是否了解并不重要，但会有所帮助.

关于练习

练习穿插在正文中. 对文中所提的问题，读者可以立即进行验证，以检验对该问题的理解，并为接下来的应用做更好的准备. 练习的难度用咖啡杯的数量来表示，排列顺序由易(☕)到难(☕☕☕☕). 带指向的手(☞)意味着该练习在本书末尾有提示.

相关阅读

本书只涵盖了高维概率理论内容的一小部分，并且其应用仅限于数据科学中的一些例子. 本书的每章结尾都有一个后注，给出与本章内容相关的其他文献，也给出了一些特别有用的信息. 现代经典的文献[8]全面介绍了概率方法在离散数学和计算机科学中的应用. 文献[19]呈现了数学数据科学的全景图，其重点在计算机科学中的应用上. 研究生和高年级本科生都可以阅读这两本书. 文献[206]是面向研究生的，更多地介绍了高维概率的理论.

致谢

许多同事的反馈对准备本书很有帮助. 特别感谢 Florent Benaych-Georges、Jennifer Bryson、Lukas Grätz、Rémi Gribonval、Ping Hsu、Mike Izbicki、George Linderman Cong Ma、Galyna Livshyts、Jelani Nelson、Ekkehard Schnoor、Martin Spingler、Dominik Stöger、Tim Sullivan、Terence Tao、Joel Tropp、Katarzyna Wyczesany、Yifei Shen 和 Haoshu Xu 提出的许多有价值的建议和更正，特别是 Sjoerd Dirksen、Larry Goldstein、Wu Han、Han Wu 和 Mahdi Soltanolkotabi 对本书的详细校对. 很感谢 Can Le、Jennifer Bryson 和我的儿子 Ivan Vershynin 在许多图片上的帮助.

目　录

本书赞誉
序言
前言

第 0 章　预备知识：用概率覆盖一个几何集 ………… 1

0.1　后注 ………… 3

第 1 章　随机变量的预备知识 ………… 4

1.1　随机变量的数字特征 ………… 4
1.2　一些经典不等式 ………… 5
1.3　极限理论 ………… 7
1.4　后注 ………… 8

第 2 章　独立随机变量和的集中 ………… 9

2.1　集中不等式的由来 ………… 9
2.2　霍夫丁不等式 ………… 11
2.3　切尔诺夫不等式 ………… 14
2.4　应用：随机图的度数 ………… 16
2.5　次高斯分布 ………… 17
2.6　广义霍夫丁不等式和辛钦不等式 ………… 22
2.7　次指数分布 ………… 24
2.8　伯恩斯坦不等式 ………… 28
2.9　后注 ………… 30

第 3 章　高维空间的随机向量 ………… 32

3.1　范数的集中 ………… 32
3.2　协方差矩阵与主成分分析法 ………… 34
3.3　高维分布举例 ………… 38
3.4　高维次高斯分布 ………… 42
3.5　应用：Grothendieck 不等式与半正定规划 ………… 46
3.6　应用：图的最大分割 ………… 50
3.7　核技巧与 Grothendieck 不等式的改良 ………… 52
3.8　后注 ………… 55

第 4 章　随机矩阵 ………… 57

4.1　矩阵基础知识 ………… 57
4.2　网、覆盖数和填充数 ………… 61
4.3　应用：纠错码 ………… 64
4.4　随机次高斯矩阵的上界 ………… 67
4.5　应用：网络中的社区发现 ………… 70
4.6　次高斯矩阵的双侧界 ………… 74
4.7　应用：协方差估计与聚类算法 ………… 75
4.8　后注 ………… 78

第 5 章　没有独立性的集中 ………… 80

5.1　球面上利普希茨函数的集中 ………… 80
5.2　其他度量空间的集中 ………… 85
5.3　应用：Johnson-Lindenstrauss 引理 ………… 89
5.4　矩阵伯恩斯坦不等式 ………… 92
5.5　应用：用稀疏网络进行社区发现 ………… 98
5.6　应用：一般分布的协方差估计 ………… 99

5.7 后注 …… 101

第6章 二次型、对称化和压缩 …… 103

6.1 解耦 …… 103
6.2 Hanson-Wright 不等式 …… 106
6.3 各向异性随机向量的集中 …… 109
6.4 对称化 …… 110
6.5 元素不是独立同分布的随机矩阵 …… 112
6.6 应用：矩阵补全 …… 114
6.7 压缩原理 …… 116
6.8 后注 …… 118

第7章 随机过程 …… 119

7.1 基本概念与例子 …… 119
7.2 Slepian 不等式 …… 122
7.3 高斯矩阵的精确界 …… 127
7.4 Sudakov 最小值不等式 …… 129
7.5 高斯宽度 …… 131
7.6 稳定维数、稳定秩和高斯复杂度 …… 135
7.7 集合的随机投影 …… 137
7.8 后注 …… 140

第8章 链 …… 142

8.1 Dudley 不等式 …… 142
8.2 应用：经验过程 …… 148
8.3 VC 维数 …… 152
8.4 应用：统计学习理论 …… 161
8.5 通用链 …… 166
8.6 Talagrand 优化测度和比较定理 …… 169
8.7 Chevet 不等式 …… 170
8.8 后注 …… 172

第9章 随机矩阵的偏差与几何结论 …… 174

9.1 矩阵偏差不等式 …… 174
9.2 随机矩阵、随机投影及协方差估计 …… 179
9.3 无限集上的 Johnson-Lindenstrauss 引理 …… 181
9.4 随机截面：M^* 界和逃逸定理 …… 183
9.5 后注 …… 186

第10章 稀疏恢复 …… 187

10.1 高维信号恢复问题 …… 187
10.2 基于 M^* 界的信号恢复 …… 188
10.3 稀疏信号的恢复 …… 189
10.4 低秩矩阵的恢复 …… 192
10.5 精确恢复和 RIP …… 194
10.6 稀疏回归的 Lasso 算法 …… 199
10.7 后注 …… 203

第11章 Dvoretzky-Milman 定理 …… 204

11.1 随机矩阵关于一般范数的偏差 …… 204
11.2 Johnson-Lindenstrauss 嵌入和更精确的 Chevet 不等式 …… 206
11.3 Dvoretzky-Milman 定理 …… 208
11.4 后注 …… 211

练习提示 …… 212

参考文献 …… 217

索引 …… 226

第 0 章　预备知识：用概率覆盖一个几何集

我们从概率方法在几何学中的应用的一个漂亮结果来开始高维概率学习.

回忆一下，点 z_1，…，$z_m \in \mathbb{R}^n$ 的凸组合是系数为非负且系数的和为 1 的线性组合，即它的形式为

$$\sum_{i=1}^{m} \lambda_i z_i \quad \text{其中 } \lambda_i \geqslant 0, \quad \sum_{i=1}^{m} \lambda_i = 1 \tag{0.1}$$

集合 $T \subset \mathbb{R}^n$ 的凸包是指 T 中所有有限点集的所有凸组合的集合：

$$\operatorname{conv}(T) := \{z_1, \cdots, z_m \in T \text{ 的凸组合}, \text{对所有 } m \in \mathbb{N}\}$$

见图 0.1 所示.

$\mathbb{R}^n$ 中定义凸组合的元素数目 m 是没有先验限制的. 但是，经典的卡拉特奥多里(Caratheodory)定理指出：我们总是可以取 $m \leqslant n+1$.

0.0.1 定理(卡拉特奥多里定理)　*集合 $T \subset \mathbb{R}^n$ 的凸包中的每一个点都可以表示为 T 中最多 $n+1$ 个点的凸组合.*

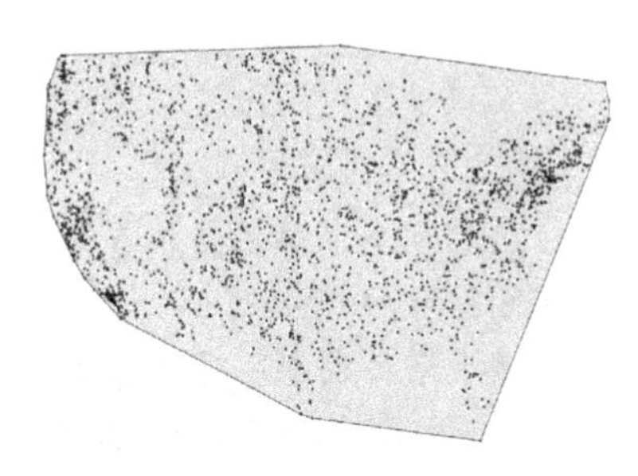

图 0.1　表示美国主要城市的点集的凸包

界 $n+1$ 是不能被改进的，因为显然能找到一个单纯形 T(一般位置上的 $n+1$ 个点的集合). 可是，如果我们仅仅是想将一个点 x 近似表示为 $x \in \operatorname{conv}(T)$，而不是将它精确地表示为凸组合，能用少于 $n+1$ 个点来实现吗？我们下面证明这是可能的，实际上所需点的数量根本不需要依赖于 n 的维数！

0.0.2 定理(卡拉特奥多里定理的近似形式)　*考虑一个集合 $T \subset \mathbb{R}^n$，其直径[㊀]以 1 为界. 那么，对每一个点 $x \in \operatorname{conv}(T)$ 和每个整数 k，可以找到点 x_1，…，$x_k \in T$，使得*

$$\left\| x - \frac{1}{k} \sum_{j=1}^{k} x_j \right\|_2 \leqslant \frac{1}{\sqrt{k}}$$

有两个理由使得这一结果是令人惊讶的. 首先，凸组合中点的数量 k 不依赖于维数 n. 其次，凸组合的系数可以全部相等(可是，需要注意的是：点 x_i 之间是可以重复的).

证明　我们的证明方法被称为 B. Maurey 的经验方法.

如有必要，变换 T，不用直径，而是假定 T 的半径以 1 为界，即

$$\|t\|_2 \leqslant 1, \text{对所有 } t \in T \tag{0.2}$$

㊀ T 的直径定义为 $\operatorname{diam}(T) = \sup\{\|s-t\|_2 : s, t \in T\}$. 为了简单起见，假设 $\operatorname{diam}(T)=1$. 对于一般集 T，定理中的界变为 $\frac{\operatorname{diam}(T)}{\sqrt{k}}$(自己验证!).

固定一个点 $x\in \mathrm{conv}(T)$，并将其表示为一些向量 $z_1, \cdots, z_m \in T$ 的形如(0.1)的凸组合. 现在，将 λ_i 视为概率，我们从概率的角度来解释凸组合(0.1)的定义. 具体来说，我们可以定义一个随机向量 Z，它取值 z_i 的概率为 λ_i，即

$$\mathbb{P}\{Z = z_i\} = \lambda_i, \quad i = 1, \cdots, m$$

(这是可能的，因为权数 λ_i 是非负的，且和为1). 则有

$$\mathbb{E}Z = \sum_{i=1}^{m} \lambda_i z_i = x$$

考虑 Z 的独立副本 $Z_1, Z_2, \cdots$，由强大数定律，有

$$\frac{1}{k}\sum_{j=1}^{k} Z_j \xrightarrow{\text{几乎处处}} x, \quad k \to \infty$$

为了得到结果，我们计算 $\frac{1}{k}\sum_{j=1}^{k} Z_j$ 的方差(顺便说一下，这个计算是证明弱大数定律的核心)，得到

$$\begin{aligned}\mathbb{E}\left\| x - \frac{1}{k}\sum_{j=1}^{k} Z_j \right\|_2^2 &= \frac{1}{k^2}\mathbb{E}\left\| \sum_{j=1}^{k} (Z_j - x) \right\|_2^2 \quad (\text{由于 } \mathbb{E}(Z_i - x) = 0) \\ &= \frac{1}{k^2}\sum_{j=1}^{k} \mathbb{E}\| Z_j - x \|_2^2\end{aligned}$$

2

最后一个恒等式是独立随机变量之和的方差等于方差之和这一基本事实的高维版本，见后面的练习0.0.3.

接下来，求每一项的方差的界. 我们有

$$\begin{aligned}\mathbb{E}\| Z_j - x \|_2^2 &= \mathbb{E}\| Z - \mathbb{E}Z \|_2^2 \\ &= \mathbb{E}\| Z \|_2^2 - \| \mathbb{E}Z \|_2^2 \quad (\text{另一个方差恒等式,见练习 } 0.0.3) \\ &\leqslant \mathbb{E}\| Z \|_2^2 \leqslant 1 \quad (\text{由于 } Z \in T \text{ 并使用}(0.2))\end{aligned}$$

我们已经证明了

$$\mathbb{E}\left\| x - \frac{1}{k}\sum_{j=1}^{k} Z_j \right\|_2^2 \leqslant \frac{1}{k}$$

因此，存在随机变量 $Z_1, \cdots, Z_k$ 的一条路径，使得

$$\left\| x - \frac{1}{k}\sum_{j=1}^{k} Z_j \right\|_2^2 \leqslant \frac{1}{k}$$

由构造可知每个 Z_j 在 T 中取值，证毕. ■

0.0.3 练习☕☕ 验证下面的方差恒等式，这是我们在定理0.0.2的证明中使用过的.

(a) 设 $Z_1, \cdots, Z_k$ 为 $\mathbb{R}^n$ 中的独立、零均值随机向量，求证

$$\mathbb{E}\left\| \sum_{j=1}^{k} Z_j \right\|_2^2 = \sum_{j=1}^{k} \mathbb{E}\| Z_j \|_2^2$$

(b) 设 Z 为 $\mathbb{R}^n$ 中的随机向量，求证

$$\mathbb{E}\| Z - \mathbb{E}Z \|_2^2 = \mathbb{E}\| Z \|_2^2 - \| \mathbb{E}Z \|_2^2$$

下面给出定理0.0.2在计算几何中的一个应用. 假设我们有一个子集 $P\subset \mathbb{R}^n$，并要求用给

定半径 ε 的球覆盖它，如图 0.2 所示. 最少需要多少球，应该如何放置它们？ 3

0.0.4 推论（用球覆盖多面体） 设 P 为 $\mathbb{R}^n$ 中有 N 个顶点的多面体，其直径以 1 为界. 那么，P 最多可被半径为 $\varepsilon>0$ 的 $N^{\lceil 1/\varepsilon^2\rceil}$ 个欧几里得球所覆盖.

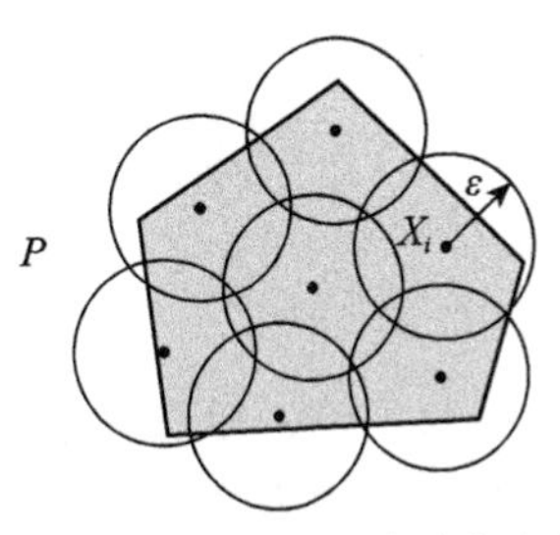

图 0.2 覆盖问题：需要多少个半径为 ε 的球去覆盖 $\mathbb{R}^n$ 中给定的集合 P，以及如何放置这些球

证明 定义球的中心如下：设 $k:=\lceil 1/\varepsilon^2\rceil$并考虑集合

$$\mathcal{N}:=\left\{\frac{1}{k}\sum_{j=1}^{k}x_j : x_j \text{ 为 } P \text{ 的顶点}\right\}$$

我们宣称中心在 $\mathcal{N}$ 上的 ε 球族满足推论的结论. 为了验证这一点，注意到多面体 P 是其顶点集的凸包，我们用 T 表示这个凸包. 因此，可将定理 0.0.2 应用于任意点 $x\in P=\operatorname{conv}(T)$，并推导出 x 与 $\mathcal{N}$ 中某一点的距离为$\frac{1}{\sqrt{k}}\leqslant\varepsilon$，这表明中心在 $\mathcal{N}$ 上的 ε 球确实覆盖了 P.

为了求 $\mathcal{N}$ 的势，注意到，从 N 个顶点中允许重复地选择 k 个，共有 N^k 种方法. 因此 $|\mathcal{N}|\leqslant N^k=N^{\lceil 1/\varepsilon^2\rceil}$，证毕. ∎

在本书中，我们将学习与覆盖问题有关的其他几种方法：填充(4.2 节)、熵和编码(4.3 节)以及随机过程(第 7 章和第 8 章).

在结束这一节之前，我们稍微改进一下推论 0.0.4.

0.0.5 练习（二项式系数之和）☕☕ 证明不等式

$$\left(\frac{n}{m}\right)^m\leqslant\binom{n}{m}\leqslant\sum_{k=0}^{m}\binom{n}{k}\leqslant\left(\frac{en}{m}\right)^m$$

对于所有的整数 $m\in[1,n]$成立. ☞

0.0.6 练习（改进覆盖）☕☕ 验证：在推论 0.0.4 中

$$(C+C\varepsilon^2N)^{\lceil 1/\varepsilon^2\rceil}$$

个欧几里得球就足够了. 这里 C 是一个合适的绝对常数(注意，对于小的 ε，这个界略强于 $N^{\lceil 1/\varepsilon^2\rceil}$). ☞

0.1 后注

在本章中，我们说明了*概率方法*，利用随机性构造了一个有用的对象. 文献[8]提供了许多概率方法的例子，主要集中在组合数学方面.

本章介绍的 B. Maurey 的经验方法最初在[162]中提出. B. Carl[48]用它得到了覆盖数的界，包括推论 0.0.4 和练习 0.0.6 中所述的那些界. 练习 0.0.6 中的界是精确的，见[48-49]. 4

第1章 随机变量的预备知识

在这一章，我们复习概率论中的一些基本概念和结果. 读者对其中的大部分知识应该是熟悉的，因为这些知识通常会在概率论的入门课程中讲授.

1.1节介绍随机变量的期望、方差和矩. 一些经典等式可以在1.2节中找到. 1.3节回顾两个基本的概率极限理论：大数定律与中心极限定理.

1.1 随机变量的数字特征

在概率论的基础课程中，我们学习了随机变量 X 的两个最重要的数字特征：*期望*㊀(也称为*均值*)和*方差*. 在本书中将它们表示为㊁

$$\mathbb{E}X \text{ 和 } \mathrm{Var}(X)=\mathbb{E}(X-\mathbb{E}X)^2$$

我们回顾一下描述概率分布的其他经典数字特征和函数. X 的*矩母函数*被定义为

$$M_X(t)=\mathbb{E}\mathrm{e}^{tX},\quad t\in\mathbb{R}$$

对于 $p>0$，X 的 *p 阶矩*记为 $\mathbb{E}X^p$，且 *p 阶绝对矩*记为 $\mathbb{E}|X|^p$.

p 阶绝对矩的 p 次根是有用的，这引出了随机变量的 *L^p 范数*的概念：

$$\|X\|_{L^p}=(\mathbb{E}|X|^p)^{\frac{1}{p}},\quad p\in(0,\infty)$$

通过 $|X|$ 的本性上确界，这个定义可以扩展到 $p=\infty$ 上去，即

$$\|X\|_{L^\infty}=\mathrm{ess\ sup}|X|$$

对于给定的 p 和概率空间 $(\Omega,\Sigma,\mathbb{P})$，经典向量空间 $L^p=L^p(\Omega,\Sigma,\mathbb{P})$ 由定义在 Ω 上的所有具有有限 L^p 范数的随机变量 X 构成，即

5

$$L^p=\{X:\|X\|_{L^p}<\infty\}$$

如果 $p\in[1,\infty)$，则 $\|X\|_{L^p}$ 是一个范数，L^p 是一个*巴拿赫*(Banach)*空间*. 这一事实源于闵可夫斯基(Minkowski)不等式，我们将在下面的(1.4)中复习它. 对于 $p<1$，由于三角不等式不成立，因此 $\|X\|_{L^p}$ 不是范数.

L^p 空间中，当指数 $p=2$ 时情况很特殊，因为 L^2 不仅是巴拿赫空间还是*希尔伯特*(Hilbert)*空间*. L^2 上的内积和相应的范数由下式给出：

$$\langle X,Y\rangle_{L^2}=\mathbb{E}XY,\quad \|X\|_{L^2}=(\mathbb{E}|X|^2)^{\frac{1}{2}}\tag{1.1}$$

因而 X 的*标准差*可表示为

$$\|X-\mathbb{E}X\|_{L^2}=\sqrt{\mathrm{Var}(X)}=\sigma(X)$$

㊀ 如果你已经学习了测度论，你会记得概率空间$(\Omega,\Sigma,\mathbb{P})$上的随机变量 X 的期望 $\mathbb{E}X$，是由函数 $X:\Omega\to\mathbb{R}$ 的勒贝格(Lebesgue)积分定义的，这使得勒贝格积分的所有定理都适用于概率论中随机变量的期望.

㊁ 在本书中，我们省略了括号而简单地写为 $\mathbb{E}f(X)$. 因此，非线性函数直接写在期望后面.

同样，可以将随机变量 X 和 Y 的协方差表示为

$$\mathrm{cov}(X,Y)=\mathbb{E}((X-\mathbb{E}X)(Y-\mathbb{E}Y))=\langle X-\mathbb{E}X,Y-\mathbb{E}Y\rangle_{L^2} \tag{1.2}$$

1.1.1 注（随机变量中的几何学） 当我们将随机变量视为 L^2 空间（希尔伯特空间）中的向量时，等式(1.2)给出了协方差的几何解释：向量 $X-\mathbb{E}X$ 和 $Y-\mathbb{E}Y$ 越相关，它们的内积和协方差越大.

1.2 一些经典不等式

詹森(Jensen)不等式是指：对于任意随机变量 X 和凸函数[⊖] ϕ：$\mathbb{R}\to\mathbb{R}$，我们有

$$\phi(\mathbb{E}X)\leqslant\mathbb{E}\phi(X)$$

由詹森不等式直接得到：$\|X\|_{L^p}$ 是关于 p 的增函数，即

$$\|X\|_{L^p}\leqslant\|X\|_{L^q},\quad 对于任何\ 0\leqslant p\leqslant q<\infty \tag{1.3}$$

这个不等式成立是因为当 $\frac{q}{p}\geqslant 1$ 时，$\varphi(x)=x^{\frac{q}{p}}$ 是凸函数.

闵可夫斯基不等式是指：对于任意 $p\in[1,\infty)$ 和任意随机变量 X，$Y\in L^p$，我们有

$$\|X+Y\|_{L^p}\leqslant\|X\|_{L^p}+\|Y\|_{L^p} \tag{1.4}$$

可以将这个不等式看作三角不等式，其中当 $p\in[1,\infty)$ 时，$\|\cdot\|_{L^p}$ 是范数.

柯西-施瓦茨(Cauchy-Schwarz)不等式是指：对任意随机变量 X，$Y\in L^2$，我们有

$$|\mathbb{E}XY|\leqslant\|X\|_{L^2}\|Y\|_{L^2}$$

更一般的赫尔德(Hölder)不等式是指：如果 p，$q\in(1,\infty)$ 是共轭指数，即 $\frac{1}{p}+\frac{1}{q}=1$，则随机变量 $X\in L^p$ 和 $Y\in L^q$ 满足

$$|\mathbb{E}XY|\leqslant\|X\|_{L^p}\|Y\|_{L^q}$$

该不等式对 $p=1$，$q=\infty$ 同样适用.

6

回忆一下，由概率论的基本概念可知，随机变量 X 的分布直观地反映了 X 所取值的概率信息. 更确切地说：X 的分布由 X 的累积分布函数(Cumulative Distribution Function，CDF)所确定，X 的累积分布函数定义为

$$F_X(t)=\mathbb{P}\{X\leqslant t\},\quad t\in\mathbb{R}$$

使用随机变量的尾分布通常更方便，即

$$\mathbb{P}\{X>t\}=1-F_X(t)$$

尾分布与随机变量的期望（更一般地说，矩）之间存在着重要的关系. 下列等式通常用于界定尾分布的期望.

1.2.1 引理（积分等式） 设 X 为一个非负随机变量，则有

$$\mathbb{E}X=\int_0^{\infty}\mathbb{P}\{X>t\}\mathrm{d}t$$

该等式的两端是同时有限或无限的.

⊖ 凸函数的定义：如果对于任意 $\lambda\in[0,1]$ 及任意在 ϕ 的定义域中的向量 x，y，$\phi(\lambda x+(1-\lambda)y)\leqslant\lambda\phi(x)+(1-\lambda)\phi(y)$ 恒成立，则称函数 ϕ 是凸的.

证明 可以通过如下等式[⊖]表示任何非负实数 x,

$$x=\int_0^x 1\mathrm{d}t=\int_0^\infty \mathbf{1}_{\{t<x\}}\mathrm{d}t$$

用随机变量 X 替换 x,并对等式两边取期望,得

$$\mathbb{E}X=\mathbb{E}\int_0^\infty \mathbf{1}_{\{t<X\}}\mathrm{d}t=\int_0^\infty \mathbb{E}\mathbf{1}_{\{t<X\}}\mathrm{d}t=\int_0^\infty \mathbb{P}\{t<X\}\mathrm{d}t$$

为了交换第二个等式中期望和积分的顺序,我们使用了 Fubini-Tonelli 定理,证毕. ■

1.2.2 练习(积分等式的推广)☕ 证明引理 1.2.1 的推广,即求证引理 1.2.1 对任何随机变量 X(不一定非负)都成立,即

$$\mathbb{E}X=\int_0^\infty \mathbb{P}\{X>t\}\mathrm{d}t-\int_{-\infty}^0 \mathbb{P}\{X<t\}\mathrm{d}t$$

1.2.3 练习(通过尾分布计算 p 阶矩)☕ 设 X 是随机变量,$p\in(0,\infty)$. 求证:

$$\mathbb{E}|X|^p=\int_0^\infty pt^{p-1}\mathbb{P}\{|X|>t\}\mathrm{d}t$$

7 在右端是有限的时恒成立. ☞

另一个经典工具——马尔可夫(Markov)不等式——也可以通过期望来界定尾分布.

1.2.4 命题(马尔可夫不等式) 对于任何非负随机变量 X 和 $t>0$,有

$$\mathbb{P}\{X\geqslant t\}\leqslant\frac{\mathbb{E}X}{t}$$

证明 对任意 $t>0$,我们可以通过示性函数

$$x=x\mathbf{1}_{\{x\geqslant t\}}+x\mathbf{1}_{\{x<t\}}$$

来表示任意实数 x. 用随机变量 X 替换 x,并对等式两边取期望,则有

$$\begin{aligned}\mathbb{E}X&=\mathbb{E}X\mathbf{1}_{\{X\geqslant t\}}+\mathbb{E}X\mathbf{1}_{\{X<t\}}\\&\geqslant\mathbb{E}t\mathbf{1}_{\{X\geqslant t\}}+0=t\mathbb{P}\{X\geqslant t\}\end{aligned}$$

将不等式两边同时除以 t,结论成立,证毕. ■

众所周知,切比雪夫(Chebyshev)不等式是马尔可夫不等式的特殊情况. 它给出了比对 t 更好的依赖性,即关于 t 是二次依赖的. 且它不是控制单侧尾部,而是量化了 X 关于其均值的集中度.

1.2.5 推论(切比雪夫不等式) 设 X 是一个随机变量,其均值为 μ,方差为 σ^2,则对任意 $t>0$,有

$$\mathbb{P}\{|X-\mu|\geqslant t\}\leqslant\frac{\sigma^2}{t^2}$$

1.2.6 练习☕ 通过将 $|X-\mu|\geqslant t$ 两端平方,并应用马尔可夫不等式推导出切比雪夫不等式.

1.2.7 注 第 2 章的命题 2.5.2 中,我们将建立三个与随机变量相关的基本量(矩母函数、L^p 范数、尾分布)之间的联系.

⊖ 这里及本书后面,$\mathbf{1}_E$ 表示事件 E 的示性函数,如果 E 发生则它取值为 $\mathbf{1}$,否则为 $\mathbf{0}$.

1.3 极限理论

独立随机变量之和的研究是经典概率论的核心部分. 回忆一下，对于任意独立的随机变量 X_1，X_2，…，X_N，有

$$\mathrm{Var}(X_1+\cdots+X_N)=\mathrm{Var}(X_1)+\cdots+\mathrm{Var}(X_N)$$

此外，如果 X_i 是同分布的，其均值为 μ，方差为 σ^2，将等式两端同时除以 N，得

$$\mathrm{Var}\left(\frac{1}{N}\sum_{i=1}^{N}X_i\right)=\frac{\sigma^2}{N} \tag{1.5}$$

8

因此，对于样本$\{X_1, X_2, \cdots, X_N\}$，当 $N\to\infty$时，其样本均值 $\frac{1}{N}\sum_{i=1}^{N}X_i$ 的方差趋于零. 这表明，当样本容量 N 足够大时，其样本的均值最终将趋于总体的均值. 作为概率论中最重要的结果之一的大数定律恰恰说明了这一点.

1.3.1 定理(强大数定律) 设随机变量 X_1，X_2，…是独立同分布(i. i. d.)的序列，其均值为 μ，考虑随机变量之和

$$S_N=X_1+\cdots+X_N$$

则当 $N\to\infty$时，有

$$\frac{S_N}{N}\xrightarrow{\text{几乎处处}}\mu$$

下面的中心极限定理进一步阐明了极限理论. 它将 X_i 的和的分布经适当缩放转化为正态分布(也称作高斯分布). 回忆一下标准正态分布，表示为 $N(0, 1)$，其密度函数为

$$f(x)=\frac{1}{\sqrt{2\pi}}\mathrm{e}^{-\frac{x^2}{2}},\quad x\in\mathbb{R} \tag{1.6}$$

1.3.2 定理(Lindeberg-Lévy 中心极限定理) 设随机变量 X_1，X_2，…是独立同分布的序列，其均值为 μ，方差为 σ^2. 考虑随机变量之和

$$S_N=X_1+\cdots+X_N$$

并对其进行标准化以获得具有零均值和单位方差的随机变量，即

$$Z_N:=\frac{S_N-\mathbb{E}S_N}{\sqrt{\mathrm{Var}(S_N)}}=\frac{1}{\sigma\sqrt{N}}\sum_{i=1}^{N}(X_i-\mu)$$

则当 $N\to\infty$时，有

$$Z_N\to N(0,1)\quad(\text{依分布})$$

依分布收敛意味着随机变量序列的部分和经标准化后其分布趋于标准正态分布. 我们也可以用随机变量的尾分布表示，即对任意 $t\in\mathbb{R}$，当 $N\to\infty$时，有

$$\mathbb{P}\{Z_N\geqslant t\}\to\mathbb{P}\{g\geqslant t\}=\frac{1}{\sqrt{2\pi}}\int_t^{\infty}\mathrm{e}^{-\frac{x^2}{2}}\mathrm{d}x$$

其中 $g\sim N(0, 1)$是服从标准正态分布的随机变量.

1.3.3 练习 设随机变量 X_1，X_2，…是独立同分布的序列，其均值为 μ，方差有限. 求证当 $N\to\infty$时，有

9

$$\mathbb{E}\left|\frac{1}{N}\sum_{i=1}^{N}X_i-\mu\right|=O\left(\frac{1}{\sqrt{N}}\right)$$

中心极限定理的一个典型的特殊情况为：当 X_i 服从参数为 $p\in(0, 1)$ 的伯努利分布时，记为

$$X_i\sim \mathrm{Ber}(p)$$

该分布表示 X_i 取值 1 和 0 的概率分别为 p 和 $1-p$，则 $\mathbb{E}X_i=p$，$\mathrm{Var}(X_i)=p(1-p)$. 随机变量之和

$$S_N := X_1+\cdots+X_N$$

被称为服从二项式分布 $\mathrm{Binom}(N, p)$. 则由中心极限定理(定理 1.3.2)知，当 $N\to\infty$ 时，有

$$\frac{S_N-Np}{\sqrt{Np(1-p)}}\to N(0,1)\quad(\text{依分布})\tag{1.7}$$

中心极限定理的这种特殊情况被称为棣莫弗-拉普拉斯(de Moivre-Laplace)定理.

现在假设 $X_i\sim\mathrm{Ber}(p_i)$，当 $N\to\infty$ 时，参数 p_i 趋于零，且随机变量之和 S_N 有均值 $O(1)$，而不是与 N 成比例. 中心极限定理在该情况下不成立. 我们即将陈述的另一个结果表明，S_N 仍然会收敛，但是收敛到泊松分布而不是正态分布.

回忆一下，随机变量 Z 服从参数为 λ 的泊松分布，表示为

$$Z\sim\mathrm{Pois}(\lambda)$$

如果 Z 取值为$\{0, 1, 2, \cdots\}$，且

$$\mathbb{P}\{Z=k\}=\mathrm{e}^{-\lambda}\frac{\lambda^k}{k!},\quad k=0,1,2,\cdots\tag{1.8}$$

1.3.4 定理(泊松极限定理)　设 $X_{N,i}(1\leqslant i\leqslant N)$ 是独立的随机变量，且 $X_{N,i}\sim\mathrm{Ber}(p_{N,i})$，记 $S_N=\sum_{i=1}^{N}X_{N,i}$. 如果 $N\to\infty$ 时，有

$$\max_{i\leqslant N}p_{N,i}\to 0,\quad \mathbb{E}S_N=\sum_{i=1}^{N}p_{N,i}\to\lambda<\infty$$

那么，当 $N\to\infty$ 时，有

$$S_N\to\mathrm{Pois}(\lambda)\quad(\text{依分布})$$

1.4　后注

本章介绍的内容包含在大多数的研究生概率论教科书中. 读者可以在参考文献[70, 1.7 节, 2.4 节]和[22, 6 节, 27 节]中找到强大数定律(定理 1.3.1)和 Lindeberg-Lévy 中心极限定理(定理 1.3.2)的证明.

10

第 2 章　独立随机变量和的集中

本章向读者介绍集中不等式这一丰富的课题. 在 2.1 节说明为什么需要学习本章内容之后，我们将在后面几节证明一些基本的集中不等式：2.2 节和 2.6 节证明霍夫丁(Hoeffding)不等式，2.3 节证明切尔诺夫(Chernoff)不等式，2.8 节证明伯恩斯坦(Bernstein)不等式. 本章的另一个目标是介绍两类重要的分布：2.5 节中的次高斯分布和 2.7 节中的次指数分布. 这些类别形成了一个自然的"栖息地"，在其中，许多高维概率的结果及其应用得到了发展. 我们也将在 2.2 节和 2.4 节中分别给出集中不等式在随机算法中的两个快速应用. 本章的内容在后面还有更多的应用.

2.1　集中不等式的由来

集中不等式量化了随机变量 X 如何偏离它的均值 μ. 它们通常给出 $X-\mu$ 尾分布的双侧边界形式，例如：

$$\mathbb{P}\{|X-\mu|>t\}\leqslant\varepsilon(\varepsilon<1)$$

最简单的集中不等式是切比雪夫不等式(推论 1.2.5). 它具有一般性，但往往不够有力. 让我们用二项分布的例子来说明这一点.

2.1.1 问题　抛一枚硬币 N 次，问至少得到$\frac{3N}{4}$次正面朝上的概率是多少?

设 S_N 为正面朝上的次数，那么

$$\mathbb{E}S_N=\frac{N}{2},\quad \operatorname{Var}(S_N)=\frac{N}{4}$$

切比雪夫不等式界定的至少得到$\frac{3N}{4}$次正面朝上的概率为

$$\mathbb{P}\left\{S_N\geqslant\frac{3}{4}N\right\}\leqslant\mathbb{P}\left\{\left|S_N-\frac{N}{2}\right|\geqslant\frac{N}{4}\right\}\leqslant\frac{4}{N}\tag{2.1}$$

因此其概率关于 N 至少线性地收敛于零.

这是正确的递减速度，还是我们应该期待更快的递减速度? 让我们用中心极限定理来处理同一问题. 为了做到这一点，我们把 S_N 表示为独立随机变量的和：

$$S_N=\sum_{i=1}^{N}X_i$$

其中，X_i 是相互独立的、服从参数为$\frac{1}{2}$的伯努利分布的随机变量，即 $\mathbb{P}\{X_i=0\}=\mathbb{P}\{X_i=1\}=\frac{1}{2}$(这里 X_i 表示第 i 次抛硬币出现的结果，$X_i=1$ 表示正面朝上). 棣莫弗-拉普拉斯中心极限定理(1.7)指出，正面朝上的次数的标准化数分布

$$Z_N = \frac{S_N - \frac{N}{2}}{\sqrt{\frac{N}{4}}}$$

依分布收敛于标准正态分布 $N(0,1)$，因此，我们可以推断出，当 N 是一个很大的数时，我们有

$$\mathbb{P}\left\{S_N \geqslant \frac{3N}{4}\right\} = \mathbb{P}\left\{Z_N \geqslant \sqrt{\frac{N}{4}}\right\} \approx \mathbb{P}\left\{g \geqslant \sqrt{\frac{N}{4}}\right\} \tag{2.2}$$

其中，$g \sim N(0,1)$. 为了明白这个量关于 N 是如何递减的，我们现在引入正态分布尾分布的一个很好的界.

2.1.2 命题(正态分布的尾分布)　设 $g \sim N(0,1)$. 则对任意 $t>0$，都有

$$\left(\frac{1}{t} - \frac{1}{t^3}\right)\frac{1}{\sqrt{2\pi}}e^{-\frac{t^2}{2}} \leqslant \mathbb{P}\{g \geqslant t\} \leqslant \frac{1}{t}\frac{1}{\sqrt{2\pi}}e^{-\frac{t^2}{2}}$$

特别地，如果 $t \geqslant 1$，则尾分布的上界为密度函数

$$\mathbb{P}\{g \geqslant t\} \leqslant \frac{1}{\sqrt{2\pi}}e^{-\frac{t^2}{2}} \tag{2.3}$$

证明　为了获得尾分布的一个上界，先考虑

$$\mathbb{P}\{g \geqslant t\} = \frac{1}{\sqrt{2\pi}}\int_t^\infty e^{-\frac{x^2}{2}}\mathrm{d}x$$

作变量替换 $x=t+y$，得到

$$\mathbb{P}\{g \geqslant t\} = \frac{1}{\sqrt{2\pi}}\int_0^\infty e^{-\frac{t^2}{2}}e^{-ty}e^{-\frac{y^2}{2}}\mathrm{d}y \leqslant \frac{1}{\sqrt{2\pi}}e^{-\frac{t^2}{2}}\int_0^\infty e^{-ty}\mathrm{d}y$$

其中我们使用了初等不等式 $e^{-\frac{y^2}{2}} \leqslant 1$. 因为最后一个积分等于 $\frac{1}{t}$，所以得到尾分布的上界.

下界来自恒等式

$$\int_t^\infty (1-3x^{-4})e^{-\frac{x^2}{2}}\mathrm{d}x = \left(\frac{1}{t} - \frac{1}{t^3}\right)e^{-\frac{t^2}{2}}$$

得证. ■

现回到(2.2)式，我们可以看到至少有 $\frac{3N}{4}$ 次正面朝上的概率小于

$$\frac{1}{\sqrt{2\pi}}e^{-\frac{N}{8}} \tag{2.4}$$

12

这个量关于 N 呈指数快速地递减到零，这比切比雪夫不等式得出的(2.1)中的线性衰减要好得多.

遗憾的是，(2.4)没有严格遵循中心极限定理. 虽然(2.2)中的正态密度函数近似是有效的，但近似误差不可忽略. 并且误差递减得太慢，甚至比 N 的线性递减还要慢，这可以从下面的中心极限定理的精确定量版本中看出.

2.1.3 定理(Berry-Esseen 中心极限定理)　在定理 1.3.2 中，对于任意 N 和任意 $t \in \mathbb{R}$，有

$$|\mathbb{P}\{Z_N \geqslant t\} - \mathbb{P}\{g \geqslant t\}| \leqslant \frac{\rho}{\sqrt{N}}$$

其中 $\rho = \frac{\mathbb{E}|X_1 - \mu|^3}{\sigma^3}$，且 $g \sim N(0, 1)$.

因此(2.2)中的近似误差的阶为$\frac{1}{\sqrt{N}}$，这不满足呈指数递减的结果(2.4).

我们能使用中心极限定理改进所涉及的近似误差吗？一般来说，并不能. 如果 N 是偶数的话，那么恰好得到$\frac{N}{2}$次正面朝上的概率是

$$\mathbb{P}\left\{S_N = \frac{N}{2}\right\} = 2^{-N}\binom{N}{\frac{N}{2}} \sim \frac{1}{\sqrt{N}}$$

最后的估计可以用斯特林近似得到(自己试试看!). 因此 $\mathbb{P}\{Z_N = 0\} \sim \frac{1}{\sqrt{N}}$. 另一方面，由于正态分布是连续的，则有 $\mathbb{P}\{g = 0\} = 0$，所以这时近似误差的阶数必须是$\frac{1}{\sqrt{N}}$.

让我们总结前面的结论. 中心极限定理通过正态分布来逼近独立随机变量之和 $S_N = X_1 + \cdots + X_N$. 正态分布很好，因为它的尾分布很轻，呈指数递减. 但与之相应的是，中心极限定理的近似误差递减得太慢，甚至比线性的递减还要慢，这个巨大的误差是证明具有指数递减尾分布的随机变量 S_N 集中特性的一个障碍.

为了解决这个问题，我们将探讨替代的、直接的、绕过中心极限定理的集中方法.

2.1.4 练习(截断正态分布)☕ 设 $g \sim N(0, 1)$，求证：对于所有的 $t \geqslant 1$，都有

$$\mathbb{E}g^2 \mathbf{1}_{\{g>t\}} = \frac{t}{\sqrt{2\pi}} e^{-\frac{t^2}{2}} + \mathbb{P}\{g > t\} \leqslant \left(t + \frac{1}{t}\right) \frac{1}{\sqrt{2\pi}} e^{-\frac{t^2}{2}}$$ ☞

2.2 霍夫丁不等式

我们从一个特别简单的集中不等式开始，它适用于独立同分布的对称伯努利随机变量的和.

13

2.2.1 定义(对称伯努利分布) 如果随机变量 X 取值为 -1 和 1，且概率各为$\frac{1}{2}$，则称该随机变量 X 服从**对称伯努利分布**(也称为**拉德马赫分布**)，即

$$\mathbb{P}\{X = -1\} = \mathbb{P}\{X = 1\} = \frac{1}{2}$$

显然，随机变量 X 一般服从参数为$\frac{1}{2}$的伯努利分布，当且仅当 $Z = 2X - 1$ 时，服从对称伯努利分布.

2.2.2 定理(霍夫丁不等式) 设 X_1，X_2，…，X_N 是独立的对称伯努利随机变量，记 $a = (a_1, a_2, \cdots, a_N) \in \mathbb{R}^N$. 那么，对任意的 $t \geqslant 0$，必有

$$\mathbb{P}\left\{\sum_{i=1}^{N}a_iX_i \geqslant t\right\} \leqslant \exp\left(-\frac{t^2}{2\|a\|_2^2}\right)$$

证明 不失一般性，我们可以假定$\|a\|_2=1$.（为什么？）

回顾一下切比雪夫不等式的推导过程(推论1.2.5)：我们在等式两边同时平方并应用马尔可夫不等式. 在这里，我们可做类似的处理. 代替两边平方，我们在两边同时乘以一个固定的参数$\lambda>0$(待定)，并取幂，得到：

$$\mathbb{P}\left\{\sum_{i=1}^{N}a_iX_i \geqslant t\right\} = \mathbb{P}\left\{\exp\left(\lambda\sum_{i=1}^{N}a_iX_i\right) \geqslant \exp(\lambda t)\right\}$$

$$\leqslant e^{-\lambda t}\mathbb{E}\exp\left(\lambda\sum_{i=1}^{N}a_iX_i\right) \tag{2.5}$$

在最后一步中，我们应用了马尔可夫不等式(命题1.2.4).

因此，我们将问题转化为求和$\sum_{i=1}^{N}a_iX_i$的矩母函数的界. 回忆一下，因为X_i是独立的，从而和的矩母函数是各项矩母函数的乘积. 因此有

$$\mathbb{E}\exp\left(\lambda\sum_{i=1}^{N}a_iX_i\right) = \prod_{i=1}^{N}\mathbb{E}\exp(\lambda a_iX_i) \tag{2.6}$$

对每个固定的i，因为X_i的取值为-1和1，概率各为$\frac{1}{2}$，我们有

$$\mathbb{E}\exp(\lambda a_iX_i) = \frac{\exp(\lambda a_i)+\exp(-\lambda a_i)}{2} = \cosh(\lambda a_i)$$

■

2.2.3 练习(双曲余弦的界)☕ 求证：对任意$x\in\mathbb{R}$，有

$$\cosh(x) \leqslant \exp\left(\frac{x^2}{2}\right)$$

☞

这个界表明

14

$$\mathbb{E}\exp(\lambda a_iX_i) \leqslant \exp\left(\frac{\lambda^2a_i^2}{2}\right)$$

将上述结果代入(2.6)，然后再代入(2.5)，得到

$$\mathbb{P}\left\{\sum_{i=1}^{N}a_iX_i \geqslant t\right\} \leqslant e^{-\lambda t}\prod_{i=1}^{N}\exp\left(\frac{\lambda^2a_i^2}{2}\right) = \exp\left(-\lambda t+\frac{\lambda^2}{2}\sum_{i=1}^{N}a_i^2\right)$$

$$= \exp\left(-\lambda t+\frac{\lambda^2}{2}\right)$$

在最后一个恒等式中，我们使用了假设$\|a\|_2=1$.

这个界对于任意$\lambda>0$均成立. 现取特殊的λ. 当$\lambda=t$时，显然达到最小值，从而得到

$$\mathbb{P}\left\{\sum_{i=1}^{N}a_iX_i \geqslant t\right\} \leqslant \exp\left(-\frac{t^2}{2}\right)$$

这就完成了霍夫丁不等式的证明. ■

我们可以把霍夫丁不等式看成是中心极限定理的集中形式. 事实上，我们最期待从集中不等式中得到的是$\sum_{i=1}^{N}a_iX_i$的尾分布与正态分布的尾分布相似. 实际上，霍夫丁的尾分

布的界正是这样. 当在标准化$\|a\|_2=1$时，霍夫丁不等式给出了尾分布界$e^{-\frac{t^2}{2}}$，与(2.3)式中标准正态尾分布的界完全相同. 这是一个好消息，我们已经能够得到和的分布具有与正态分布相同的指数轻尾分布，尽管这两种分布的差异并不小.

有了霍夫丁不等式，我们现在可以回到问题 2.1.1 中关于投掷均匀硬币 N 次时至少有$\frac{3N}{4}$次正面朝上的概率的界问题. 将伯努利分布改为对称伯努利分布后，我们得到该概率关于 N 的指数上界，即

$$\mathbb{P}\left\{\text{至少}\frac{3N}{4}\text{次正面朝上}\right\}\leqslant\exp\left(\frac{-N}{8}\right)$$

(验证一下.)

2.2.4 注(非渐近结果)　应该强调的是，与概率论的经典极限定理不同，霍夫丁不等式是非渐近的，因为它适用于所有固定的 N，而不是只适用于 $N\to\infty$的情形. 只是 N 值越大，不等式越强. 正如我们稍后将看到的，像霍夫丁不等式一样的集中不等式的非渐近性质使得它们在数据科学的应用中具有吸引力，其中 N 通常对应于样本的大小.

我们现在可以很容易地推导出一个双侧尾分布的霍夫丁不等式$\mathbb{P}\{|S|\geqslant t\}$，其中 $S=\sum_{i=1}^{N}a_iX_i$. 实际上，将霍夫丁不等式应用于$-X_i$ 而不是 X_i，我们得到了一个关于$\mathbb{P}\{-S\geqslant t\}$的界. 结合这两个界，我们得到了下列界：

$$\mathbb{P}\{|S|\geqslant t\}=\mathbb{P}\{S\geqslant t\}+\mathbb{P}\{-S\geqslant t\}$$

15

因此，这是一个双侧界.

2.2.5 定理(双侧霍夫丁不等式)　设 X，…，X_N 为独立的对称伯努利随机变量，记 $a=(a_1,\cdots,a_N)\in\mathbb{R}^N$. 那么，对任意 $t>0$，必有

$$\mathbb{P}\left\{\left|\sum_{i=1}^{N}a_iX_i\right|\geqslant t\right\}\leqslant 2\exp\left(-\frac{t^2}{2\|a\|_2^2}\right)$$

我们上述对霍夫丁不等式的证明是建立在求矩母函数的界基础上的，它是一种非常灵活的方法，对很多不是对称伯努利分布的随机变量同样适用. 例如，下面的霍夫丁不等式的推广对于一般有界随机变量是有效的.

2.2.6 定理(一般有界随机变量的霍夫丁不等式)　设 X_1，X_2，…，X_N 为相互独立的随机变量，且对于每个 i，$X_i\in[m_i,M_i]$. 那么对任意 $t>0$，必有

$$\mathbb{P}\left\{\sum_{i=1}^{N}(X_i-\mathbb{E}X_i)\geqslant t\right\}\leqslant\exp\left(-\frac{2t^2}{\sum_{i=1}^{N}(M_i-m_i)^2}\right)$$

2.2.7 练习☕☕　证明：定理 2.2.6 中，可以用某个绝对常数代替最后的 2.

2.2.8 练习(Boosting 随机算法)☕☕　假设我们有一个求解某些决策问题的算法(例如，给定的数字 p 是素数吗?). 假设对于某个 $\delta>0$，随机算法做出决策并输出正确答案的概率是$\frac{1}{2}+\delta$，这比随机猜测要好一些. 为了提高算法的性能，我们运行了 N 次，并进行了服从多数的表决. 证明：对于任意 $\varepsilon\in(0,1)$，只要 $N\geqslant\left(\frac{1}{2}\right)\delta^{-2}\ln(\varepsilon^{-1})$，答案是正确的

概率为 $1-\varepsilon$. ☞

2.2.9 练习(均值的稳健估计)☕☕☕ 假设我们要估计一个随机变量 X 的均值 μ，现从 X 中抽得一个独立的样本 X_1，X_2，…，X_N. 我们想要一个 ε-精度估计，即落入区间 $(\mu-\varepsilon,\ \mu+\varepsilon)$ 内概率的估计.

(a) 证明：容量为 $N=O\left(\frac{\sigma^2}{\varepsilon^2}\right)$ 的样本可以至少以 $\frac{3}{4}$ 的概率计算 ε-精度估计，其中 $\sigma^2=\operatorname{Var} X$. ⊖ ☞

(b) 证明：容量为 $N=O\left(\log(\delta^{-1})\frac{\sigma^2}{\varepsilon^2}\right)$ 的样本可以至少以 $1-\delta$ 的概率计算 ε-精度估计. ☞

2.2.10 练习(小球概率问题)☕☕ 设 X_1，X_2，…，X_N 为具有连续分布的非负独立随机变量，且 X_i 的密度函数一致地以 1 为上界.

16

(a) 证明 X_i 的矩母函数满足：对任意 $t>0$，有

$$\mathbb{E}\exp(-tX_i)\leqslant\frac{1}{t}$$

(b) 推导出：对于任意 $\varepsilon>0$，均有

$$\mathbb{P}\left\{\sum_{i=1}^{N}X_i\leqslant\varepsilon N\right\}\leqslant(\mathrm{e}\varepsilon)^N$$ ☞

2.3 切尔诺夫不等式

我们注意到，对于对称伯努利随机变量，霍夫丁不等式是精确的. 但是一般形式的霍夫丁不等式(定理 2.2.6)有时过于保守而不能得出精确的结果. 例如，X_i 是参数为 p_i 的伯努利随机变量，且 p_i 充分小，使得根据定理 1.3.4，S_N 近似服从泊松分布. 霍夫丁不等式对于参数 p_i 的量级不敏感，而且它得到的高斯尾分布界与真实的泊松尾分布界相去甚远. 本节我们学习切尔诺夫不等式，该不等式对于参数 p_i 的量级是敏感的.

2.3.1 定理(切尔诺夫不等式) *设 X_i 是参数为 p_i 的独立伯努利随机变量，考虑它们的和 $S_N=\sum_{i=1}^{N}X_i$，记均值 $\mu=\mathbb{E}S_N$. 那么，对于任意的 $t>\mu$，必有*

$$\mathbb{P}\{S_N\geqslant t\}\leqslant\mathrm{e}^{-\mu}\left(\frac{\mathrm{e}\mu}{t}\right)^t$$

证明 我们使用与证明霍夫丁不等式(定理 2.2.2)类似的方法——基于矩母函数的方法. 重复证明霍夫丁不等式的第一步得到(2.5)和(2.6)：对 $S_N\geqslant t$ 两边同时乘以参数 λ，然后取幂，利用马尔可夫不等式和独立性，可得到

$$\mathbb{P}\{S_N\geqslant t\}\leqslant\mathrm{e}^{-\lambda t}\prod_{i=1}^{N}\mathbb{E}\exp(\lambda X_i)\tag{2.7}$$

⊖ 更准确地说，这个结论意味着存在一个绝对常数 C，使得：如果 $N\geqslant\frac{C\sigma^2}{\varepsilon^2}$，那么 $\mathbb{P}\{|\hat{\mu}-\mu|\leqslant\varepsilon\}\geqslant\frac{3}{4}$，其中 $\hat{\mu}$ 表示样本均值. 见书后提示.

还需要分别对每一个伯努利随机变量 X_i 的矩母函数求上界. 因为 X_i 取值为 1 的概率是 p_i，取值为 0 的概率是 $1-p_i$，则有

$$\mathbb{E}\exp(\lambda X_i) = e^{\lambda} p_i + (1-p_i) = 1 + (e^{\lambda}-1)p_i \leqslant \exp((e^{\lambda}-1)p_i)$$

最后一步，由初等不等式 $1+x \leqslant e^x$ 得到

$$\prod_{i=1}^{N} \mathbb{E}\exp(\lambda X_i) \leqslant \exp\left((e^{\lambda}-1)\sum_{i=1}^{N} p_i\right) = \exp((e^{\lambda}-1)\mu)$$

代入到(2.7)式，得到

$$\mathbb{P}\{S_N \geqslant t\} \leqslant e^{-\lambda t}\exp((e^{\lambda}-1)\mu)$$

17

这个界对任何的 $\lambda>0$ 都适用. 在 $t>\mu$ 的假设下取 $\lambda=\ln\left(\frac{t}{\mu}\right)$ 代入并化简，定理得证. ■

2.3.2 练习(下尾分布的切尔诺夫不等式)☕☕　修改定理 2.3.1 的证明去获得下面的下尾分布的界：对任意的 $t<\mu$，必有

$$\mathbb{P}\{S_N \leqslant t\} \leqslant e^{-\mu}\left(\frac{e\mu}{t}\right)^{t}$$

2.3.3 练习(泊松尾分布的界)☕☕　设 $X \sim \mathrm{Pois}(\lambda)$，求证：对任意的 $t>\lambda$，都有

$$\mathbb{P}\{X \geqslant t\} \leqslant e^{-\lambda}\left(\frac{e\lambda}{t}\right)^{t} \tag{2.8}$$

☞

2.3.4 注(泊松尾分布的界)　注意到泊松尾分布界(2.8)是非常精确的. 事实上，泊松分布的概率函数(1.8)可以用斯特林公式 $k! \sim \sqrt{2\pi k}\left(\frac{k}{e}\right)^{k}$ 近似为

$$\mathbb{P}\{X = k\} \sim \frac{1}{\sqrt{2\pi k}} e^{-\lambda}\left(\frac{e\lambda}{k}\right)^{k} \tag{2.9}$$

所以，我们关于 X 的整个尾分布的界(2.8)与 X 取到某个值 k(上一情况尾分布的最小值)的概率有相同的形式，这两个量之间的差别是因子 $\sqrt{2\pi k}$，因为这两个量关于 k 值都是呈指数程度减小的，因此这个因子可以忽略不计.

2.3.5 练习(切尔诺夫不等式：小偏差)☕☕☕　求证：在定理 2.3.1 的条件下，对 $\delta \in (0, 1]$，有

$$\mathbb{P}\{|S_N-\mu| \geqslant \delta\mu\} \leqslant 2e^{-c\mu\delta^2}$$

其中 $c>0$ 为一个绝对常数.　☞

2.3.6 练习(泊松分布在均值附近的取值概率)☕　设 $X \sim \mathrm{Pois}(\lambda)$，求证：对 $t \in (0, \lambda]$，有

$$\mathbb{P}\{|X-\lambda| \geqslant t\} \leqslant 2\exp\left(-\frac{ct^2}{\lambda}\right)$$

☞

2.3.7 注(大偏差和小偏差)　练习 2.3.3 和 2.3.6 指出了泊松分布 $\mathrm{Pois}(\lambda)$ 的两个不同的性质：在小偏差情形下，在均值附近，$\mathrm{Pois}(\lambda)$ 近似于正态分布 $N(\lambda, \lambda)$；在大偏差情况下，在右侧远离均值处，尾分布更厚，且按 $\left(\frac{\lambda}{t}\right)^{t}$ 衰减，见图 2.1.

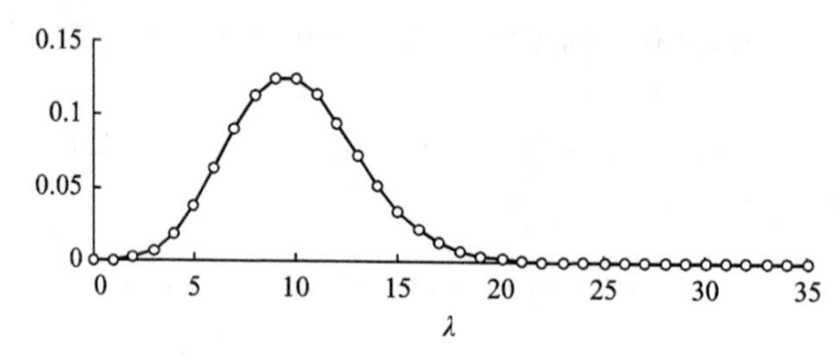

图 2.1　$\lambda=10$ 时的泊松分布的概率函数，这个分布在均值 λ 的附近近似于正态分布，但是均值的右侧尾分布更厚

2.3.8 练习（泊松的正态近似）☕☕　设 $X\sim\mathrm{Pois}(\lambda)$，求证：当 $\lambda\to\infty$ 时，有

18

$$\frac{X-\lambda}{\sqrt{\lambda}}\to N(0,1),\quad（依分布）$$

☞

2.4　应用：随机图的度数

现在我们把切尔诺夫不等式应用到概率中的经典对象随机图中.

对随机图研究最彻底的模型是经典 Erdös-Rényi 模型 $G(n,\ p)$，这种模型由 n 个顶点构成，每对不同的顶点依概率 p 独立随机地连接起来. 图 2.2 给出了随机图 $G\sim G(n,\ p)$的一个例子. 实际应用时，在真实世界中的大型网络中，Erdös-Rényi 模型经常被看作是最简单的随机模型.

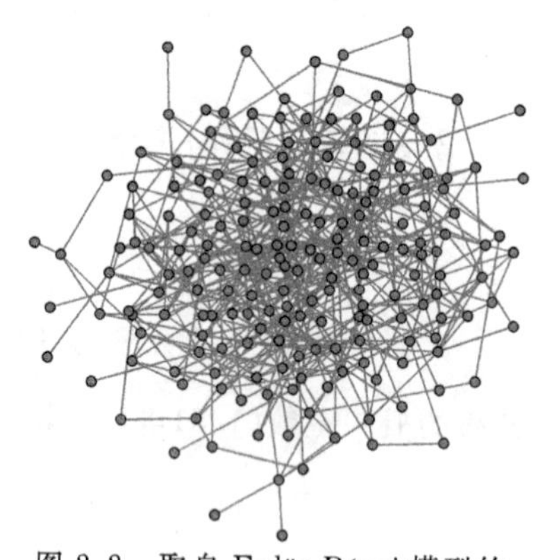
图 2.2　取自 Erdös-Rényi 模型的随机图 $G(n,\ p)$，其中，$n=200$，$p=\frac{1}{40}$

随机图中一个顶点的度数是顶点所联结的边的数目，$G(n,\ p)$中每个顶点度数的期望值显然等于

$$(n-1)p=:d$$

（自己验证一下）我们将会证明相对稠密图，即 $d\gtrsim\log n$ 大多数都是正则的，即以很大的概率是正则的，这意味着所有顶点的度都近似等于 d.

19

2.4.1 命题（稠密图大多数都是正则的）　*存在绝对常数 C 使下列结论成立：考虑一个随机图 $G\sim G(n,\ p)$，其顶点的期望度数满足 $d\geqslant C\log n$. 则以较大的概率（比如 0.9）发生如下事件：所有顶点的度都在 $0.9d$ 到 $1.1d$ 之间.*

证明　证明利用了切尔诺夫不等式和一致界的结合. 我们固定图的一个顶点 i，定义这个顶点的度数为 d_i，该值为 $n-1$ 个独立 $\mathrm{Ber}(p)$随机变量（与 i 联结的边）的和. 因此，可以由切尔诺夫不等式得到

$$\mathbb{P}\{|d_i-d|\geqslant 0.1d\}\leqslant 2\mathrm{e}^{-cd}$$

（这里我们使用的是练习 2.3.5 中的切尔诺夫不等式的形式.）

这个界对于每一个固定的顶点 i 都成立. 接下来不再固定顶点，并使用 n 个顶点的一致界得到

$$\mathbb{P}\{\exists i \leqslant n: |d_i - d| \geqslant 0.1d\} \leqslant \sum_{i=1}^{n} \mathbb{P}\{|d_i - d| \geqslant 0.1d\} \leqslant n2\mathrm{e}^{-cd}$$

如果有一个充分大的绝对常数 C 使得 $d \geqslant C\log n$，则上述概率以 0.1 为界，这意味着其对立事件的概率至少为 0.9. 因此我们得到

$$\mathbb{P}\{\forall i \leqslant n: |d_i - d| < 0.1d\} \geqslant 0.9$$

结论得证. ■

稀疏图($d=o(\log n)$)不再是正则的，但是它们的度数仍然存在有意义的界. 下面的一系列练习可以说明这一点，在这些练习中假定图的大小 n 变成无限的，但我们不假定连接概率 p 是常数.

2.4.2 练习(稀疏图度数的界)☕ 考虑一个期望度数为 $d=O(\log n)$ 的随机图 $G \sim G(n, p)$，求证：以很大的概率(比如 0.9)使得 G 的所有的顶点的度数均为 $O(\log n)$. ☞

2.4.3 练习(超稀疏图度数的界)☕☕ 考虑一个期望度数为 $d=O(1)$ 的随机图 $G \sim G(n, p)$，求证：以很大的概率(比如 0.9)使得 G 的所有顶点的度均为

$$O\left(\frac{\log n}{\log\log n}\right)$$

下面转到下界. 下面的练习表明命题 2.4.1 在稀疏图中不成立.

2.4.4 练习(稀疏图大多不正则)☕☕☕ 考虑一个期望度数为 $d=O(\log n)$ 的随机图 $G \sim G(n, p)$，求证：以很大的概率(比如 0.9)使得 G 的所有顶点的度数均为 $10d$.[⊖] ☞ 20

而且，超稀疏图($d=O(1)$)更不正则，下面的练习给出了一个与练习 2.4.3 中给出的上界相匹配的度数的下界.

2.4.5 练习(超稀疏图更不正则)☕☕ 考虑一个期望度数为 $d=O(1)$ 的随机图 $G \sim G(n, p)$，求证：以很大的概率(比如 0.9)使得 G 有一个顶点其度数的阶至少为 $\frac{\log n}{\log\log n}$.

2.5 次高斯分布

到目前为止，我们已经学习了仅适用于伯努利随机变量 X_i 的集中不等式，把这些结果推广到更广泛的分布中去将是很有意义的. 至少我们可以推测正态分布属于一类可以推广的分布，因为我们认为集中不等式是中心极限定理的定量形式.

下面讨论哪一类随机变量 X_i 一定服从类似于定理 2.2.5 型的霍夫丁集中不等式，即

$$\mathbb{P}\left\{\left|\sum_{i=1}^{N} a_i X_i\right| \geqslant t\right\} \leqslant 2\exp\left(-\frac{ct^2}{\|a\|_2^2}\right)$$

如果和式 $\sum_{i=1}^{N} a_i X_i$ 只有 $a_i X_i$ 这一项，则这个不等式可以写成

$$\mathbb{P}\{|X_i| > t\} \leqslant 2\mathrm{e}^{-ct^2}$$

这给出了一个自然的限制：如果我们希望霍夫丁不等式成立，就必须假定随机变量 X_i 有次高斯尾分布.

⊖ 这里，我们假定 $10d$ 是一个整数，且因子 10 也不是一个特别的值，它可由其他常数代替.

这种我们称之为次高斯分布的分布值得高度重视，它的应用非常广泛，因为它包含了高斯分布、伯努利分布以及所有的有界分布. 下面我们将会看到对于所有的次高斯分布，像霍夫丁不等式这样的集中结果确实成立，这使得次高斯分布这个大家庭是一个自然的、很多结论都成立的类，这类分布可以得出高维概率理论以及它的应用的很多结果.

现在我们引入一些次高斯分布的对应结果，考查它们的尾分布、矩以及矩母函数的情况. 为此，先回顾一下标准正态分布中的这些特征.

设 $X\sim N(0,1)$，使用(2.3)式和对称性，我们得到下列的尾分布界

$$\mathbb{P}\{|X|\geqslant t\}\leqslant 2e^{-\frac{t^2}{2}},\quad \forall t\geqslant 0 \tag{2.10}$$

(自己严格推导!). 在下面的练习中，我们得到了一个正态分布的绝对矩和 L^p 范数的界.

2.5.1 练习(正态分布的矩)☕☕　求证：对所有 $p\geqslant 1$，随机变量 $X\sim N(0,1)$满足

21

$$\|X\|_{L^p}=(\mathbb{E}|X|^p)^{\frac{1}{p}}=\sqrt{2}\left[\frac{\Gamma\left(\frac{1+p}{2}\right)}{\Gamma\left(\frac{1}{2}\right)}\right]^{\frac{1}{p}}$$

从而

$$\|X\|_{L^p}=O(\sqrt{p}),\quad p\to\infty \tag{2.11}$$

最后证明 $X\sim N(0,1)$的矩母函数的一个经典公式

$$\mathbb{E}\exp(\lambda X)=e^{\frac{\lambda^2}{2}},\quad \forall\lambda\in\mathbb{R} \tag{2.12}$$

次高斯性质

现在设 X 是一般的随机变量，下面的命题说明了我们刚刚考虑标准正态分布的几个结果可以推广到 X 上去：一个尾分布像(2.10)那样进行衰减的次高斯分布，其矩的增长形如(2.11)所描述的那样，并且其矩母函数的增长形如(2.12)所示. 这个结果的证明是有意义的，它给出把随机变量的一种类型的信息转化成另一种类型的信息的技巧.

2.5.2 命题(次高斯性质)　设 X 是一个随机变量，下列结论是等价的. 其中的参数 $K_i>0$ 至多相差一个绝对常数因子. ⊖

(i) X 的尾分布满足

$$\mathbb{P}\{|X|\geqslant t\}\leqslant 2\exp\left(-\frac{t^2}{K_1^2}\right),\quad \forall\ t\geqslant 0$$

(ii) X 的矩满足

$$\|X\|_{L^p}=(\mathbb{E}|X|^p)^{\frac{1}{p}}\leqslant K_2\sqrt{p},\quad \forall p\geqslant 1$$

(iii) X^2 的矩母函数满足

$$\mathbb{E}\exp(\lambda^2X^2)\leqslant\exp(K_3^2\lambda^2),\quad 对所有满足|\lambda|\leqslant\frac{1}{K_3}的\lambda$$

⊖ 这个命题中的等价包含：存在一个绝对常量 C，使得对任意两个结论 i，$j(i, j=1, 2, 3, 4, 5)$，均有 $K_j\leqslant CK_i$.

(iv) X^2 的矩母函数在某点有限，即

$$\mathbb{E}\exp\left(\frac{X^2}{K_4^2}\right) \leqslant 2$$

进一步，如果 $\mathbb{E}X=0$，那么结论(i)~(iv)也与下面的结论等价.

(v) X 的矩母函数满足

$$\mathbb{E}\exp(\lambda X) \leqslant \exp(K_5^2\lambda^2), \quad \forall \lambda \in \mathbb{R}$$

证明 (i)⇒(ii). 假设(i)成立，利用齐次性并伸缩 X 为$\frac{X}{K_1}$，不妨假设 $K_1=1$. 对$|X|^p$应用积分恒等式(引理 1.2.1)，得到

22

$$\begin{aligned}
\mathbb{E}|X|^p &= \int_0^\infty \mathbb{P}\{|X|^p \geqslant u\}\mathrm{d}u \\
&= \int_0^\infty \mathbb{P}\{|X| \geqslant t\} pt^{p-1}\mathrm{d}t \quad (\text{由变量代换 } u = t^p) \\
&\leqslant \int_0^\infty 2\mathrm{e}^{-t^2} pt^{p-1}\mathrm{d}t \quad (\text{由结论(i)}) \\
&= p\Gamma\left(\frac{p}{2}\right) \quad (\text{视 } t^2 = s, \text{用 Gamma 函数的定义}) \\
&\leqslant p\left(\frac{p}{2}\right)^{\frac{p}{2}} \quad (\text{因为 } \Gamma(x) \leqslant x^x, \text{用斯特林近似})
\end{aligned}$$

取 p 次方根得到结论(ii)，且 $K_2\leqslant 2$.

(ii)⇒(iii). 假设性质(ii)成立，如前所述，不妨假设 $K_2=1$. 回忆一下指数函数的泰勒展开，可得

$$\mathbb{E}\exp(\lambda^2X^2) = \mathbb{E}\left(1+\sum_{p=1}^\infty \frac{(\lambda^2X^2)^p}{p!}\right) = 1+\sum_{p=1}^\infty \frac{\lambda^{2p}\mathbb{E}(X^{2p})}{p!}$$

结论(ii)保证了 $\mathbb{E}(X^{2p})\leqslant(2p)^p$，由斯特林近似可得 $p! \geqslant\left(\frac{p}{\mathrm{e}}\right)^p$，代入这两个不等式，得到

$$\mathbb{E}\exp(\lambda^2X^2) \leqslant 1+\sum_{p=1}^\infty \frac{(2\lambda^2p)^p}{\left(\frac{p}{\mathrm{e}}\right)^p} = \sum_{p=0}^\infty (2\mathrm{e}\lambda^2)^p = \frac{1}{1-2\mathrm{e}\lambda^2}$$

只要 $2\mathrm{e}\lambda^2<1$，几何级数总是收敛的. 为了进一步得到它的界，使用初等不等式$\frac{1}{1-x}\leqslant \mathrm{e}^{2x}$，其中 $x\in\left[0, \frac{1}{2}\right]$，则得到如下结果

$$\mathbb{E}\exp(\lambda^2X^2) \leqslant \exp(4\mathrm{e}\lambda^2) \quad \text{对所有满足} |\lambda| \leqslant \frac{1}{(2\sqrt{\mathrm{e}})} \text{的 } \lambda$$

这就得到了结论(iii)，且 $K_3=\frac{1}{2\sqrt{\mathrm{e}}}$.

(iii)⇒(iv)是显然的.

(iv)⇒(i) 假设结论(iv)成立，如前所述不妨假设 $K_4=1$，那么有

$$\begin{aligned}\mathbb{P}\{|X| \geqslant t\} &= \mathbb{P}\{e^{X^2} \geqslant e^{t^2}\} \\ &\leqslant e^{-t^2}\mathbb{E}e^{X^2} \quad (\text{由马尔可夫不等式,命题 1.2.4}) \\ &\leqslant 2e^{-t^2} \quad (\text{由结论(iv)})\end{aligned}$$

这就证明了结论(i)，且 $K_1=1$.

为了证明命题的第二部分，我们证明(iii)⇒(v)和(v)⇒(i).

(iii)⇒(v) 假设结论(iii)成立，如前所述不妨假设 $K_3=1$，利用初等不等式 $e^x \leqslant x+e^{x^2}$(对于任意的 $x\in\mathbb{R}$)，可以得到

$$\begin{aligned}\mathbb{E}e^{\lambda X} &\leqslant \mathbb{E}(\lambda X + e^{\lambda^2 X^2}) \\ &= \mathbb{E}e^{\lambda^2 X^2} \quad (\text{因为由假设有 } \mathbb{E}X=0) \\ &\leqslant e^{\lambda^2} \quad (|\lambda| \leqslant 1)\end{aligned}$$

在最后一行我们应用了结论(iii). 所以在 $|\lambda|\leqslant 1$ 的条件下我们就证明了结论(v). 现在，假设 $|\lambda|\geqslant 1$，由不等式 $2\lambda x\leqslant \lambda^2+x^2$，可以得到如下结论：

23

$$\begin{aligned}\mathbb{E}e^{\lambda X} &\leqslant e^{\frac{\lambda^2}{2}}\mathbb{E}e^{\frac{X^2}{2}} \leqslant e^{\frac{\lambda^2}{2}}\exp\left(\frac{1}{2}\right) \quad (\text{由结论(iii)}) \\ &\leqslant e^{\lambda^2} \quad (\text{因为 } |\lambda| \geqslant 1)\end{aligned}$$

这就证明了结论(v)，且 $K_5=1$.

(v)⇒(i) 假设结论(v)成立，假设 $K_5=1$，我们将使用证明霍夫丁不等式(定理 2.2.2)的一些思想. 令 $\lambda>0$ 是一个待定参数，那么

$$\begin{aligned}\mathbb{P}\{X \geqslant t\} &= \mathbb{P}\{e^{\lambda X} \geqslant e^{\lambda t}\} \\ &\leqslant e^{-\lambda t}\mathbb{E}e^{\lambda X} \quad (\text{由马尔可夫不等式}) \\ &\leqslant e^{-\lambda t}e^{\lambda^2} \quad (\text{由结论(v)}) \\ &= e^{-\lambda t+\lambda^2}\end{aligned}$$

优化 λ 而取 $\lambda=\frac{t}{2}$，我们可以得到结论

$$\mathbb{P}\{X \geqslant t\} \leqslant e^{-\frac{t^2}{4}}$$

对于 $-X$ 重复上述过程，我们也得到 $\mathbb{P}\{X\leqslant -t\}\leqslant e^{-\frac{t^2}{4}}$，组合这两个界我们得到

$$\mathbb{P}\{|X| \geqslant t\} \leqslant 2e^{-\frac{t^2}{4}}$$

所以结论(i)成立，且 $K_1=2$，证毕. ■

2.5.3 注 在命题 2.5.2 中的一些结论中出现的常数 2 没有任何特别的意义，它可以被任何其他常数替代.(自己验证!)

2.5.4 练习☕☕ 证明条件 $\mathbb{E}X=0$ 是结论(v)成立的必要条件.

2.5.5 练习(关于命题 2.5.2 的结论(iii))☕☕

(a) 证明如果 $X\sim N(0, 1)$，含 X^2 的函数 $\lambda\mapsto\mathbb{E}\exp(\lambda^2X^2)$ 仅在 0 的有界邻域内是有限的.

(b) 设随机变量 X 满足：对于所有的 $\lambda\in\mathbb{R}$，都有 $\mathbb{E}\exp(\lambda^2X^2)\leqslant\exp(K\lambda^2)$，其中 K 是

常数. 求证：X 是一个有界随机变量，即$\|X\|_\infty<\infty$.

次高斯分布的定义及例子

2.5.6 **定义**(次高斯随机变量) 称满足命题 2.5.2 的结论(i)～(iv)中任意一个的随机变量 X 为**次高斯随机变量**. X 的**次高斯范数**记为$\|X\|_{\psi_2}$，定义为结论(iv)中最小的 K_4. 换句话说，我们定义

$$\|X\|_{\psi_2}=\inf\left\{t>0: \mathbb{E}\exp\left(\frac{X^2}{t^2}\right)\leqslant 2\right\} \tag{2.13}$$

2.5.7 **练习**☕☕ 检验$\|\cdot\|_{\psi_2}$确实是次高斯随机变量空间上的范数. 24

让我们用次高斯范数重述命题 2.5.2. 它表明，每一个次高斯随机变量 X 都满足下列界：

$$\mathbb{P}\{|X|\geqslant t\}\leqslant 2\exp\left(-\frac{ct^2}{\|X\|_{\psi_2}^2}\right)\quad \forall t\geqslant 0 \tag{2.14}$$

$$\|X\|_{L^p}\leqslant C\|X\|_{\psi_2}\sqrt{p}\quad \forall p\geqslant 1 \tag{2.15}$$

$$\mathbb{E}\exp\left(\frac{X^2}{\|X\|_{\psi_2}^2}\right)\leqslant 2$$

$$\text{若 } \mathbb{E}X=0,\text{则 } \mathbb{E}\exp(\lambda X)\leqslant\exp(C\lambda^2\|X\|_{\psi_2}^2),\quad \forall\lambda\in\mathbb{R} \tag{2.16}$$

其中 C，$c>0$ 是绝对常数. 进一步，在可以相差一个绝对常数因子情况下，$\|X\|_{\psi_2}$是使这些不等式全部成立的最小可能数.

2.5.8 **例** 下面是一些次高斯分布的经典例子.

(i) (**高斯分布**)我们已经注意到，$X\sim N(0,1)$是一个次高斯随机变量，且$\|X\|_{\psi_2}\leqslant C$，其中 C 是一个绝对常数. 更一般地说，如果 $X\sim N(0,\sigma^2)$，那么 X 是一个次高斯分布，且$\|X\|_{\psi_2}\leqslant C\sigma$. (为什么?)

(ii) (**伯努利分布**)设 X 为对称伯努利分布的随机变量(见定义 2.2.1). 由$|X|=1$可知，X 是一个次高斯随机变量，且有

$$\|X\|_{\psi_2}=\frac{1}{\sqrt{\ln 2}}$$

(iii) (**有界随机变量**) 更一般地，任何有界随机变量 X 都是次高斯随机变量，且

$$\|X\|_{\psi_2}\leqslant C\|X\|_\infty \tag{2.17}$$

其中，$C=\dfrac{1}{\sqrt{\ln 2}}$.

2.5.9 **练习**☕ 验证泊松分布、指数分布、帕累托分布和柯西分布是否为次高斯分布.

2.5.10 **练习**(次高斯的最大分布)☕☕☕ 让 X_1，X_2，…是不一定相互独立的次高斯随机变量的无穷序列. 求证：

$$\mathbb{E}\max_i\frac{|X_i|}{\sqrt{1+\log i}}\leqslant CK$$

此时 $K=\max\limits_i\|X_i\|_{\psi_2}$. 并推导出对每一个 $N\geqslant 2$，都有

$$\mathbb{E}\max_{i\leqslant N}|X_i|\leqslant CK\sqrt{\log N}$$

2.5.11 **练习**(下界)☕☕ 说明练习 2.5.10 中的界是精确的. 设 X_1，X_2，…，X_N 为

独立的 $N(0, 1)$ 随机变量. 求证

25

$$\mathbb{E}\max_{i\leqslant N}X_i \geqslant c\sqrt{\log N}$$

2.6 广义霍夫丁不等式和辛钦不等式

在上一节介绍了次高斯分布的诸多性质之后，我们现在可以很容易地将霍夫丁不等式(定理 2.2.2)推广到一般的次高斯分布中去. 首先，让我们来看独立次高斯分布和非常重要的*旋转不变性*.

回忆一下，独立正态随机变量 X_i 的和是正态的. 如果 $X_i\sim N(0, \sigma_i^2)$ 是独立的，那么有

$$\sum_{i=1}^{N}X_i \sim N\left(0, \sum_{i=1}^{N}\sigma_i^2\right) \tag{2.18}$$

这个事实是正态分布的*旋转不变性*的一种形式，我们将在 3.3.2 节中更详细地介绍它.

将旋转不变性推广到一般的次高斯分布，其范数多出一个绝对常数.

2.6.1 命题(独立次高斯分布的和)　*设 X_1, …, X_N 为独立的零均值次高斯随机变量，那么 $\sum_{i=1}^{N}X_i$ 也是次高斯随机变量，而且*

$$\left\|\sum_{i=1}^{N}X_i\right\|_{\psi_2}^2 \leqslant C\sum_{i=1}^{N}\|X_i\|_{\psi_2}^2$$

这里 C 是一个绝对常数.

证明　分析一下和的矩母函数，对任意的 $\lambda\in\mathbb{R}$，有

$$\begin{aligned}\mathbb{E}\exp\left(\lambda\sum_{i=1}^{N}X_i\right) &= \prod_{i=1}^{N}\mathbb{E}\exp(\lambda X_i) \quad (\text{由独立性}) \\ &\leqslant \prod_{i=1}^{N}\exp(C\lambda^2\|X_i\|_{\psi_2}^2) \quad (\text{由次高斯性质(2.16)式}) \\ &= \exp(\lambda^2K^2)\end{aligned}$$

其中 $K^2:=C\sum_{i=1}^{N}\|X_i\|_{\psi_2}^2$.

为了完成结论的证明，回忆一下，我们刚刚证明的矩母函数的界是次高斯分布的特征. 事实上，由命题 2.5.2 中的结论(v)和(iv)的等价性及定义 2.5.6 知，和式 $\sum_{i=1}^{N}X_i$ 是次高斯分布的，而且

$$\left\|\sum_{i=1}^{N}X_i\right\|_{\psi_2} \leqslant C_1K$$

其中，C_1 是绝对常数. 命题得证. ■

26

近似旋转不变性可以通过(2.14)重述为一个集中不等式：

2.6.2 定理(广义霍夫丁不等式一)　*设 X_1, X_2, …, X_N 为独立的零均值次高斯随机变量. 那么，对任意 $t\geqslant 0$，必有*

$$\mathbb{P}\left\{\left|\sum_{i=1}^{N} X_i\right| \geqslant t\right\} \leqslant 2\exp\left(-\frac{ct^2}{\sum_{i=1}^{N}\|X_i\|_{\psi_2}^2}\right)$$

为了将这个结果与伯努利分布的特殊情况(定理 2.2.2)进行比较，我们把这个结果应用于 a_iX_i 而不是 X_i，就得到了次高斯随机变量的定理 2.2.2 的推广形式.

2.6.3 定理(广义霍夫丁不等式二)　设 X_1，X_2，…，X_N 为独立的零均值次高斯随机变量，并且记 $a=(a_1, \cdots, a_N)\in\mathbb{R}^N$. 那么对任意 $t\geqslant 0$，必有

$$\mathbb{P}\left\{\left|\sum_{i=1}^{N} a_iX_i\right| \geqslant t\right\} \leqslant 2\exp\left(-\frac{ct^2}{K^2\|a\|_2^2}\right)$$

其中，$K=\max_i\|X_i\|_{\psi_2}$.

2.6.4 练习☕　由定理 2.6.3 推导出有界随机变量的霍夫丁不等式(定理 2.2.6)，可能用其他的绝对常数代替指数中的 2.

作为广义霍夫丁不等式的一个应用，我们可以方便地推出独立随机变量和的 L^p 范数的经典辛钦不等式.

2.6.5 练习(辛钦不等式)☕☕　设 X_1，…，X_N 是具有零均值和单位方差的独立次高斯随机变量，并且令 $a=(a_1, \cdots, a_N)\in\mathbb{R}^N$. 求证：对任意 $p\in[2, \infty)$，必有

$$\left(\sum_{i=1}^{N} a_i^2\right)^{\frac{1}{2}} \leqslant \left\|\sum_{i=1}^{N} a_iX_i\right\|_{L^p} \leqslant CK\sqrt{p}\left(\sum_{i=1}^{N} a_i^2\right)^{\frac{1}{2}}$$

其中，$K=\max_i\|X_i\|_{\psi_2}$，C 是绝对常数.

2.6.6 练习($p=1$ 的辛钦不等式)☕☕☕　求证：在练习 2.6.5 的条件下，有

$$c(K)\left(\sum_{i=1}^{N} a_i^2\right)^{\frac{1}{2}} \leqslant \left|\sum_{i=1}^{N} a_iX_i\right|_{L^1} \leqslant \left(\sum_{i=1}^{N} a_i^2\right)^{\frac{1}{2}}$$

其中 $K=\max_i\|X_i\|_{\psi_2}$，$c(K)>0$ 是一个可能只依赖于 K 的量.　☞

2.6.7 练习($p\in(0, 2)$的辛钦不等式)☕☕　叙述并证明 $p\in(0, 2)$时的辛钦不等式.　☞

27

中心化

在像霍夫丁不等式这样的结果以及我们以后会遇到的许多其他结果中，我们通常假设随机变量 X_i 有零均值. 如果不是这样的话，我们可以通过减去均值使随机变量 X_i 中心化. 让我们验证一下，中心化不会损害次高斯特性.

首先，注意以下简单的 L^2 范数的中心化不等式：

$$\|X-\mathbb{E}X\|_{L^2} \leqslant \|X\|_{L^2} \tag{2.19}$$

(自己证明一下!)现在，让我们对次高斯范数证明一个类似的中心化不等式.

2.6.8 引理(中心化)　如果 X 是一个次高斯随机变量，那么 $X-\mathbb{E}X$ 也是次高斯的，且

$$\|X-\mathbb{E}X\|_{\psi_2} \leqslant C\|X\|_{\psi_2}$$

其中，C 是绝对常数.

证明　回忆一下练习 2.5.7，$\|\cdot\|_{\psi_2}$ 是一个范数. 因此，我们可以利用三角不等式，得到

$$\|X-\mathbb{E}X\|_{\psi_2} \leqslant \|X\|_{\psi_2} + \|\mathbb{E}X\|_{\psi_2} \tag{2.20}$$

我们只需计算第二项的界即可. 注意，对于任何常数随机变量 a，我们都有 $\|a\|_{\psi_2} \lesssim |a|$（见(2.17)）[㊀]. 取 $a=\mathbb{E}X$，则有

$$\begin{aligned}\|\mathbb{E}X\|_{\psi_2} &\lesssim |\mathbb{E}X| \\ &\leqslant \mathbb{E}|X| \quad \text{（由 Jensen 不等式）} \\ &= \|X\|_1 \\ &\lesssim \|X\|_{\psi_2} \quad \text{（由(2.15)中取 } p=1\text{）}\end{aligned}$$

把它代入(2.20)，我们就完成了这个引理的证明. ■

2.6.9 练习☕☕☕　证明：与(2.19)式不同，引理 2.6.8 中的中心化不等式对于 $C=1$ 不成立.

2.7　次指数分布

次高斯分布是一类自然的、庞大的分布. 然而，它漏掉了一些重要的分布，这些分布的尾分布比高斯分布更重. 看一个例子，考虑一个 $\mathbb{R}^N$ 中的标准正态随机向量 $g=(g_1,\cdots,g_N)$，其分量 g_i 是独立的 $N(0,1)$随机变量. 在许多应用中，g 的欧几里得范数

$$\|g\|_2 = \left(\sum_{i=1}^N g_i^2\right)^{\frac{1}{2}}$$

28 有一个集中不等式将是非常有用的.

在这里，我们发现自己处于一个奇怪的情形. 一方面，$\|g\|_2^2$ 是独立随机变量 g_i^2 的和，所以我们应该期待有一定的集中. 另一方面，虽然 g_i 是次高斯随机变量，但 g_i^2 不是. 事实上，回忆一下高斯尾分布的性质（命题 2.1.2），我们有[㊁]

$$\mathbb{P}\{g_i^2 > t\} = \mathbb{P}\{|g| > \sqrt{t}\} \sim \exp\left(-\frac{(\sqrt{t})^2}{2}\right) = \exp\left(-\frac{t}{2}\right)$$

g_i^2 的尾分布与指数分布的尾分布相似，并且严格地比次高斯分布重. 这阻止了我们使用霍夫丁不等式（定理 2.6.2）来研究 $\|g\|_2$ 的集中.

在本节中，我们将重点放在至少具有指数尾分布衰减的一类分布上，在 2.8 节中将证明它们有与霍夫丁不等式类似的结论. 我们在本节的分析与在 2.5 节中对次高斯分布的分析非常相似. 下面是关于次指数分布的类似于命题 2.5.2 的一个结论：

2.7.1 命题（次指数性质）　设 X 是一个随机变量，下列结论是等价的. 其中的参数 $K_i>0$ 至多相差一个绝对常数因子.[㊂]

(i) X 的尾分布满足

$$\mathbb{P}\{|X| \geqslant t\} \leqslant 2\exp\left(-\frac{t}{K_1}\right), \quad \text{对所有 } t \geqslant 0$$

㊀ 在此处及以后的证明中，记号 $a \lesssim b$ 意指 $a \leqslant Cb$，其中 C 是某个绝对常数.

㊁ 这里我们忽略了前因子 $\frac{1}{t}$，它对指数没有多大影响.

㊂ 这个命题中的等价包含：存在一个绝对常量 C，使得对任意两个结论 i，$j(i, j=1, 2, 3, 4)$，均有 $K_j \leqslant CK_i$.

(ii) X 的矩满足

$$\|X\|_{L^p}=(\mathbb{E}|X|^p)^{\frac{1}{p}}\leqslant K_2 p,\quad \text{对所有 } p\geqslant 1$$

(iii) $|X|$ 的矩母函数满足

$$\mathbb{E}\exp(\lambda|X|)\leqslant\exp(K_3\lambda),\quad \text{对所有满足 } 0\leqslant\lambda\leqslant\frac{1}{K_3} \text{ 的 } \lambda$$

(iv) $|X|$ 的矩母函数在某点有限，即

$$\mathbb{E}\exp\left(\frac{|X|}{K_4}\right)\leqslant 2$$

进一步，如果 $\mathbb{E}X=0$，那么结论(i)～(iv)也等价于下面的结论.

(v) X 的矩母函数满足

$$\mathbb{E}\exp(\lambda X)\leqslant\exp(K_5^2\lambda^2),\quad \text{对所有满足 } |\lambda|\leqslant\frac{1}{K_5} \text{ 的 } \lambda$$

证明 我们只证明结论(ii)和(v)的等价性，读者可以在练习 2.7.2 中验证其他结论. 29

(ii)⇒(v) 不失一般性，我们可以假设 $K_2=1$.（为什么?）将指数函数展开成泰勒级数，我们得到

$$\mathbb{E}\exp(\lambda X)=\mathbb{E}\left(1+\lambda X+\sum_{p=2}^{\infty}\frac{(\lambda X)^p}{p!}\right)=1+\sum_{p=2}^{\infty}\frac{\lambda^p\mathbb{E}X^p}{p!}$$

这里我们使用了 $\mathbb{E}X=0$ 的假定. 结论(ii)保证了 $\mathbb{E}X^p\leqslant p^p$，而由斯特林近似得到 $p!\geqslant\left(\frac{p}{\mathrm{e}}\right)^p$. 将这两个界限代入，得到

$$\mathbb{E}\exp(\lambda X)\leqslant 1+\sum_{p=2}^{\infty}\frac{(\lambda p)^p}{\left(\frac{p}{\mathrm{e}}\right)^p}=1+\sum_{p=2}^{\infty}(\mathrm{e}\lambda)^p=1+\frac{(\mathrm{e}\lambda)^2}{1-\mathrm{e}\lambda}$$

只要 $|\mathrm{e}\lambda|<1$，上述几何级数就是收敛的. 进一步，如果 $|\mathrm{e}\lambda|\leqslant\frac{1}{2}$，那么我们可以继续界定以上的量，此时

$$1+2\mathrm{e}^2\lambda^2\leqslant\exp(2\mathrm{e}^2\lambda^2)$$

总结一下，我们已经证明了

$$\mathbb{E}\exp(\lambda X)\leqslant\exp(2\mathrm{e}^2\lambda^2),\quad \text{对所有满足 } |\lambda|\leqslant\frac{1}{2\mathrm{e}} \text{ 的 } \lambda$$

这就证明了结论(v)，此时 $K_5=\frac{1}{2\mathrm{e}}$.

(v)⇒(ii) 不失一般性，假定 $K_5=1$. 我们将使用数值不等式

$$|x|^p\leqslant p^p(\mathrm{e}^x+\mathrm{e}^{-x})$$

它对于所有 $x\in\mathbb{R}$ 和 $p>0$ 都是有效的(通过将两边除以 p^p 并取 p 次根来检验它). 取 $x=X$ 并取期望，我们得到

$$\mathbb{E}|X|^p\leqslant p^p(\mathbb{E}\mathrm{e}^X+\mathbb{E}\mathrm{e}^{-X})$$

由结论(v)知 $\mathbb{E}\mathrm{e}^X\leqslant 1$ 且 $\mathbb{E}\mathrm{e}^{-X}\leqslant 1$. 因此

$$\mathbb{E}|X|^p\leqslant 2p^p$$

这就证明了结论(ii)，此时 $K_2=2$. ■

2.7.2 练习☕☕ 通过修改命题 2.5.2 的证明的方法证明命题 2.7.1 中结论(i)～(iv)的等价性.

2.7.3 练习☕☕☕ 更一般地，考虑尾分布衰减类型为 e^{-ct^α} 或更快的分布类. 这里 $\alpha=2$ 对应于次高斯分布，$\alpha=1$ 对应于次指数分布. 叙述并证明这类分布的对应于命题 2.7.1 的结果.

30

2.7.4 练习☕ 说明命题 2.7.1 中结论(iii)的界不能推广到满足 $|\lambda|\leqslant\frac{1}{K_3}$ 的所有 λ.

2.7.5 定义(次指数随机变量) 称满足命题 2.7.1 的结论(i)～(iv)中任意一个的随机变量 X 为**次指数随机变量**. X 的**次指数范数**记为 $\|X\|_{\psi_1}$，定义为结论(iii)中最小的 K_3，即

$$\|X\|_{\psi_1}=\inf\left\{t>0:\mathbb{E}\exp\left(\frac{|X|}{t}\right)\leqslant 2\right\} \tag{2.21}$$

次高斯分布与次指数分布密切相关. 首先，任何次高斯分布都是次指数分布(为什么?)；其次，一个次高斯随机变量的平方是次指数随机变量.

2.7.6 引理(次指数分布是次高斯分布的平方) X 是次高斯的随机变量当且仅当 X^2 是次指数的. 进一步

$$\|X^2\|_{\psi_1}=\|X\|_{\psi_2}^2$$

证明 这个引理很容易从定义得出. 事实上，$\|X^2\|_{\psi_1}$ 是满足 $\mathbb{E}\exp\left(\frac{X^2}{K}\right)\leqslant 2$ 的数 $K>0$ 的下确界，而 $\|X\|_{\psi_2}$ 是满足 $\mathbb{E}\exp\left(\frac{X^2}{L^2}\right)\leqslant 2$ 的数 $L>0$ 的下确界. 所以这两个定义是相同的，其中 $K=L^2$. ■

更一般地，两个次高斯随机变量的乘积是次指数的.

2.7.7 引理(次高斯随机变量的乘积是次指数随机变量) 让 X 和 Y 是两个次高斯随机变量. 那么 XY 是次指数随机变量. 进一步

$$\|XY\|_{\psi_1}\leqslant\|X\|_{\psi_2}\|Y\|_{\psi_2}$$

证明 不失一般性，我们可以假设 $\|X\|_{\psi_2}=\|Y\|_{\psi_2}=1$(为什么?). 如果能证明，当

$$\mathbb{E}\exp(X^2)\leqslant 2 \text{ 且 } \mathbb{E}\exp(Y^2)\leqslant 2 \tag{2.22}$$

时，有 $\mathbb{E}\exp(|XY|)\leqslant 2$，则引理得证. 为了证明这一点，我们使用初等不等式——杨不等式：

$$ab\leqslant\frac{a^2}{2}+\frac{b^2}{2},\quad \text{其中 } a,b\in\mathbb{R}$$

则有

$$\begin{aligned}\mathbb{E}\exp(|XY|)&\leqslant\mathbb{E}\exp\left(\frac{X^2}{2}+\frac{Y^2}{2}\right)\quad(\text{由杨不等式})\\&=\mathbb{E}\left(\exp\left(\frac{X^2}{2}\right)\exp\left(\frac{Y^2}{2}\right)\right)\\&\leqslant\frac{1}{2}\mathbb{E}(\exp(X^2)+\exp(Y^2))\quad(\text{由杨不等式})\end{aligned}$$

$$= \frac{1}{2}(2+2) = 2 \quad (\text{由假设}(2.22))$$

证明得证. ■ 31

2.7.8 例 让我们举几个次指数随机变量的例子. 如前所述，所有次高斯随机变量及其平方都是次指数的，例如 g^2，其中 $g \sim N(0, \sigma)$. 除此之外，次指数分布包括指数分布和泊松分布. 回忆一下，X 服从指数分布，其中参数为 $\lambda > 0$，记为 $X \sim \mathrm{Exp}(\lambda)$，是指 X 是一个非负随机变量，其尾分布满足

$$\mathbb{P}\{X \geqslant t\} = \mathrm{e}^{-\lambda t}, \quad t \geqslant 0$$

这意味着 X 的期望与次指数范数的阶均为 $\frac{1}{\lambda}$：

$$\mathbb{E}X = \frac{1}{\lambda}, \quad \mathrm{Var}(X) = \frac{1}{\lambda^2}, \quad \|X\|_{\psi_1} = \frac{C}{\lambda}$$

(验证一下!)

2.7.9 注(原点附近的矩母函数) 你可能惊讶地发现，高斯分布和次指数分布在原点附近的矩母函数存在相同的界(比较命题 2.5.2 和命题 2.7.1 中的结论(v)). 这应该不是非常奇怪的：这种局部界是从具有零均值和单位方差的一般随机变量 X 得到的. 为了看到这一点，为简单起见，假设 X 是有界的. 当 $\lambda \to 0$ 时，X 的矩母函数可以使用泰勒展开的前两项近似：

$$\mathbb{E}\exp(\lambda X) \approx \mathbb{E}\left(1 + \lambda X + \frac{\lambda^2 X^2}{2} + o(\lambda^2 X^2)\right) = 1 + \frac{\lambda^2}{2} \approx \mathrm{e}^{\frac{\lambda^2}{2}}$$

对于标准正态分布 $N(0, 1)$，这个近似变成了一个等式，见(2.12). 对于次高斯分布，命题 2.5.2 表明这样的界对所有 λ 适用. 对于次指数分布，命题 2.7.1 指出这个界适用于较小的 λ. 对于较大的 λ，次指数分布不存在一般的界：事实上，对于指数随机变量 $X \sim \mathrm{Exp}(1)$，如果 $\lambda \geqslant 1$，其矩母函数是无穷大的. (验证一下!)

2.7.10 练习(中心化)☕ 对次指数随机变量 X，证明一个类似于引理 2.6.8 的中心化引理：

$$\|X - \mathbb{E}X\|_{\psi_1} \leqslant C\|X\|_{\psi_1}$$

更一般的讨论：Orlicz 空间

我们还可以在更一般的 Orlicz 空间框架内引入次高斯分布，一个函数 $\psi: [0, \infty) \to [0, \infty)$ 称为一个 Orlicz 函数，如果 ψ 是凸的，递增的，且当 $x \to \infty$ 满足：

$$\psi(0) = 0, \quad \psi(x) \to \infty$$

对于一个给定的 Orlicz 函数 ψ，随机变量 X 的 Orlicz 范数定义为

32

$$\|X\|_{\psi} := \inf\left\{t > 0 : \mathbb{E}\psi\left(\frac{|X|}{t}\right) \leqslant 1\right\}$$

Orlicz 空间 $L_{\psi} = L_{\psi}(\Omega, \Sigma, \mathbb{P})$ 是由概率空间$(\Omega, \Sigma, \mathbb{P})$上具有有限 Orlicz 范数的所有随机变量 X 组成的集合，即

$$L_{\psi} := \{X : \|X\|_{\psi} < \infty\}$$

2.7.11 练习☕☕ 求证：$\|X\|_{\psi}$ 确实是空间 L_{ψ} 中的范数. 还可以证明 L_{ψ} 是完备的，

因此是巴拿赫空间.

2.7.12 例(L^p 空间) 考虑函数

$$\psi(x) = x^p$$

对于 $p\geqslant 1$，它显然是一个 Orlicz 函数. 由此得到的 Orlicz 空间 L_ψ 就是经典的 L^p 空间.

2.7.13 例(L_{ψ_2} 空间) 考虑函数

$$\psi_2(x) := \mathrm{e}^{x^2} - 1$$

这显然是一个 Orlicz 函数，由它得到的 Orlicz 范数恰好是我们在(2.13)中定义的次高斯范数$\|\cdot\|_{\psi_2}$. 对应的 Orlicz 空间 L_{ψ_2} 是由所有次高斯随机变量组成的集合.

2.7.14 注 我们可以很容易地得到经典 L^p 空间中的 L_{ψ_2} 有下列关系

$$L^\infty \subset L_{\psi_2} \subset L^p, \quad 对\ \forall p \in [1,\infty)$$

第一个结论来自命题 2.5.2 的结论(ii)，第二个结论来自界(2.17). 因此，次高斯随机变量空间 L_{ψ_2} 包含于 L^p 空间，但它仍然大于有界随机变量空间 L^∞.

2.8 伯恩斯坦不等式

本节我们引入并证明独立次指数随机变量之和的集中不等式.

2.8.1 定理(伯恩斯坦不等式) 设 X_1，…，X_N 是独立的零均值次指数随机变量，那么，对任意的 $t\geqslant 0$，均有

$$\mathbb{P}\left\{\left|\sum_{i=1}^N X_i\right| \geqslant t\right\} \leqslant 2\exp\left[-c\min\left(\frac{t^2}{\sum_{i=1}^N \|X_i\|_{\psi_1}^2}, \frac{t}{\max_i \|X_i\|_{\psi_1}}\right)\right]$$

其中 $c>0$ 是一个绝对常数.

证明 我们使用与其他集中不等式相同的方法证明这个定理，比如定理 2.2.2 和定理 2.3.1 的方法. 对于 $S = \sum_{i=1}^N X_i$，将不等式 $S\geqslant t$ 的两边乘以参数 λ，取幂，然后使用马尔可夫不等式和独立性，就得到界(2.7)，即

33

$$\mathbb{P}\{S \geqslant t\} \leqslant \mathrm{e}^{-\lambda t} \prod_{i=1}^N \mathbb{E}\exp(\lambda X_i) \tag{2.23}$$

为了得到每个 X_i 的矩母函数的界，我们使用命题 2.7.1 中的结论(v)，即如果 λ 足够小，满足

$$|\lambda| \leqslant \frac{c}{\max_i \|X_i\|_{\psi_1}} \tag{2.24}$$

那么，$\mathbb{E}\exp(\lambda X_i) \leqslant \exp(C\lambda^2 \|X_i\|_{\psi_1}^2)$. [⊖] 将其代入(2.23)，则有

$$\mathbb{P}\{S \geqslant t\} \leqslant \exp(-\lambda t + C\lambda^2\sigma^2), \quad 其中\ \sigma^2 = \sum_{i=1}^N \|X_i\|_{\psi_1}^2$$

现在我们在条件(2.24)下选取 λ 使上述界达到最小，最优选择是

⊖ 回忆一下，由命题 2.7.1 和次指数范数的定义，结论(v)对某个值 K_5 成立，该值在 $\|X\|_{\psi_1}$ 的一个绝对常数因子倍数内.

$$\lambda=\min\left(\frac{t}{2C\sigma^2},\frac{c}{\max_i\|X_i\|_{\psi_1}}\right)$$

从而我们得到

$$\mathbb{P}\{S\geqslant t\}\leqslant\exp\left(-\min\left(\frac{t^2}{4C\sigma^2},\frac{ct}{2\max_i\|X_i\|_{\psi_1}}\right)\right)$$

对于$-X_i$重复这个过程，我们得到了$\mathbb{P}\{-S\geqslant t\}$的界. 将这两个界组合起来就完成了定理的证明. ■

为了使定理 2.8.1 更方便，我们用a_iX_i代替X_i.

2.8.2 定理(伯恩斯坦不等式)　设X_1，…，X_N是独立的零均值次指数随机变量，记$a=(a_1,\cdots,a_N)\in\mathbb{R}^N$，那么，对任意的$t\geqslant 0$，均有

$$\mathbb{P}\left\{\left|\sum_{i=1}^N a_iX_i\right|\geqslant t\right\}\leqslant 2\exp\left(-c\min\left(\frac{t^2}{K^2\|a\|_2^2},\frac{t}{K\|a\|_\infty}\right)\right)$$

其中$K=\max_i\|X_i\|_{\psi_1}$.

在$a_i=\frac{1}{N}$的特殊情况下，我们得到了伯恩斯坦不等式的均值形式.

2.8.3 推论(伯恩斯坦不等式)　设X_1，…，X_N是独立的零均值次指数随机变量，那么，对任意的$t\geqslant 0$，均有

$$\mathbb{P}\left\{\left|\frac{1}{N}\sum_{i=1}^N X_i\right|\geqslant t\right\}\leqslant 2\exp\left(-c\min\left(\frac{t^2}{K^2},\frac{t}{K}\right)N\right)$$

其中$K=\max_i\|X_i\|_{\psi_1}$.

34

该结果可以被认为是平均值$\frac{1}{N}\sum_{i=1}^N X_i$的大数定律的定量形式.

让我们比较伯恩斯坦不等式(定理 2.8.1)和霍夫丁不等式(定理 2.6.2). 它们明显的区别在于伯恩斯坦的界有两条尾分布，因为和式$S_N=\sum X_i$是次高斯分布和次指数分布的混合. 当然，从中心极限定理可以预料次高斯分布的尾分布. 但是项X_i的次指数尾分布太重而不能在任何地方产生次高斯尾分布，所以次指数尾分布也是能预料的. 事实上，定理 2.8.1中的次指数尾分布由和式中的单项X_i产生，具有最大次指数范数，且这一项单独有一个量级为$\exp\left(-\frac{ct}{\|X_i\|_{\psi_1}}\right)$的尾分布.

在对切尔诺夫不等式的分析中，我们已经看到了两条尾分布的类似混合，一条用于小偏差，另一条用于大偏差(见注 2.3.7). 为了将伯恩斯坦不等式置于相同的视角中，让我们将和标准化为中心极限定理的形式，并应用定理 2.8.2. 我们得到[⊖]

$$\mathbb{P}\left\{\left|\frac{1}{\sqrt{N}}\sum_{i=1}^N X_i\right|\geqslant t\right\}\leqslant\begin{cases}2\exp(-ct^2), & t\leqslant C\sqrt{N}\\ 2\exp(-t\sqrt{N}), & t\geqslant C\sqrt{N}\end{cases}$$

因此，在小偏差情况下，其中$t\leqslant C\sqrt{N}$，如同和式具有常数方差的正态分布一样，我们有

⊖ 为简单起见，我们通过允许常数c，C依赖于K形式上排除对K的依赖.

相同的次高斯尾分布界. 注意到，当 N 增大时，该范围变大，因而中心极限定理变得更强大. 对于大偏差，其中 $t \geqslant C\sqrt{N}$，和式具有较重的次指数尾分布，这可能是由于单个项 X_i 的贡献，我们在图 2.3 中说明了这一点.

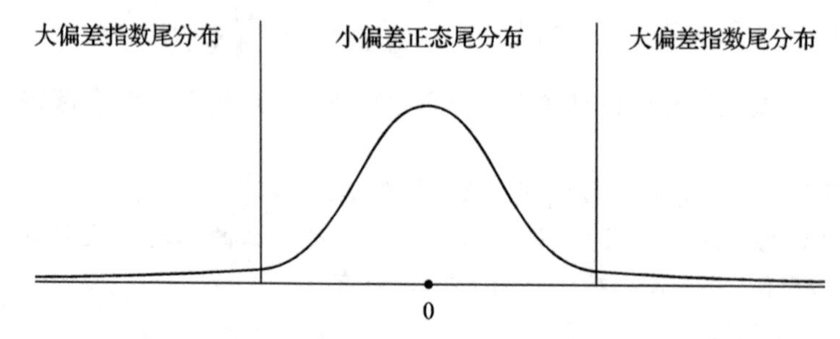

图 2.3　次指数分布随机变量的和的伯恩斯坦不等式给了两个尾分布的混合：次高斯分布用于小偏差，次指数分布用于大偏差

下面，我们在随机变量 X_i 有界的更强假设下，引入强化了的伯恩斯坦不等式.

2.8.4 定理（有界分布的伯恩斯坦不等式）　设 $X_1, \cdots, X_N$ 是独立的零均值随机变量，满足对所有 i，均有 $|X_i| \leqslant K$. 那么，对任意的 $t \geqslant 0$，均有

$$\mathbb{P}\left\{\left|\sum_{i=1}^{N} X_i\right| \geqslant t\right\} \leqslant 2\exp\left(-\frac{\frac{t^2}{2}}{\sigma^2 + \frac{Kt}{3}}\right)$$

其中 $\sigma^2 = \sum_{i=1}^{N} \mathbb{E}X_i^2$ 是和式的方差.

我们将这个定理的证明留给接下来的两个练习.

2.8.5 练习（矩母函数的界）☕☕　设 X 是随机变量，满足 $|X| \leqslant K$. 求证下列关于 X 的矩母函数的界：当 $|\lambda| < \frac{3}{K}$ 时，

$$\mathbb{E}\exp(\lambda X) \leqslant \exp(g(\lambda)\mathbb{E}X^2), \quad 其中\ g(\lambda) = \frac{\frac{\lambda^2}{2}}{1 - \frac{|\lambda| K}{3}}$$ ☞

35

2.8.6 练习☕☕　用练习 2.8.5 中的界推导出定理 2.8.4. ☞

2.9　后注

集中不等式的主题非常广泛，我们将在第 5 章继续对其进行研究. 我们推荐读者参考[8，附录 A]、[148，第 4 章]、[126]、[29]、[76，第 7 章]、[11，3.5.4 节]、[170，第 1 章]和[14，第 4 章]中各种版本的霍夫丁不等式，切尔诺夫不等式和伯恩斯坦不等式及相关结果.

关于正态分布尾分布的命题 2.1.2 取自[70，定理 1.4]. 在右侧具有额外因子 3 的 Berry-Esseen 中心极限定理（定理 2.1.3）的证明在如[70，2.4.d 节]中可以找到，目前已

知的最佳因子约为 0.47[116].

值得一提的是，有两个重要的集中不等式本章没有介绍：一个是有界差分不等式，也称为 McDiarmid 不等式，它不仅适用于求和，而且适用于独立随机变量的一般函数. 它是霍夫丁不等式(定理 2.2.6)的一个推广.

2.9.1 定理(有界差分不等式) 设 X_1, …, X_N 是独立随机变量，[1] $f: \mathbb{R}^n \to \mathbb{R}$ 为可测量函数. 又设在 $x \in \mathbb{R}^n$ 的单个坐标的任意变化下，$f(x)$的值最多改变 $c_i > 0$. [2]那么，对于任何 $t>0$，必有

$$\mathbb{P}\{f(X) - \mathbb{E}f(X) \geqslant t\} \leqslant \exp\left(-\frac{2t^2}{\sum_{i=1}^{N} c_i^2}\right)$$

其中，$X=(X_1, \cdots, X_n)$.

另一个值得一提的结果是 Bennett 不等式，它可以被视为是切尔诺夫不等式的推广. 36

2.9.2 定理(Bennett 不等式) 设 X_1, …, X_N 是独立随机变量，满足对每一个 i，$|X_i - \mathbb{E}X_i| \leqslant K$ 几乎处处成立. 那么，对任意 $t>0$，必有

$$\mathbb{P}\left\{\sum_{i=1}^{N}(X_i - \mathbb{E}X_i) \geqslant t\right\} \leqslant \exp\left(-\frac{\sigma^2}{K^2} h\left(\frac{Kt}{\sigma^2}\right)\right)$$

其中 $\sigma^2 = \sum_{i=1}^{N} \mathrm{Var}(X_i)$ 是和的方差，$h(u)=(1+u)\log(1+u)-u$.

在小偏差情况下，此时 $u := \frac{Kt}{\sigma^2} \ll 1$，我们渐近地有 $h(u) \approx u^2$ 且 Bennett 不等式近似地给出了高斯尾分布的界$\left(\approx \exp\left(-\frac{t^2}{\sigma^2}\right)\right)$.

在大偏差的情况下，比如 $u \gg \frac{Kt}{\sigma^2} \geqslant 2$，我们有 $h(u) \geqslant \frac{1}{2} u \log u$，且 Bennett 不等式给出了一个泊松状的尾分布$\left(\frac{\sigma^2}{Kt}\right)^{\frac{t}{2K}}$.

有界差分不等式和 Bennett 不等式都可以通过与证明霍夫丁不等式(定理 2.2.2)及切尔诺夫不等式(定理 2.3.1)相同的一般方法来证明，即通过求和的矩母函数的界的方法来证明. 这种方法是由谢尔盖·伯恩斯坦在 20 世纪二三十年代开创的. 我们在 2.3 节中介绍的切尔诺夫的不等式主要选自[148，第 4 章].

2.4 节涉及了内容庞大的随机图，参考文献[25，105]全面介绍了随机图理论.

2.5～2.8 节中的内容大多选自[216]，从[76，第 7 章]可以获得更精细的结果. 对于练习 2.6.5～2.6.7 中的辛钦不等式及其相关结果的更加精确的介绍请阅读[189，93，114，151]等文献. 37

---

[1] 如果随机变量 X_i 在抽象集 $\mathcal{X}$ 中取值，且 $f: \mathcal{X} \to \mathbb{R}$，则定理仍然有效.

[2] 这意味着对于任何下标 i 和任何 x_1, …, x_n, x_i'，有

$$|f(x_1, \cdots, x_{i-1}, x_i, x_{i+1}, \cdots, x_n) - f(x_1, \cdots, x_{i-1}, x_i', x_{i+1}, \cdots, x_n)| \leqslant c_i.$$

第3章　高维空间的随机向量

在本章中，我们将学习随机向量 $X=(X_1, \cdots, X_n)\in\mathbb{R}^n$ 的分布，此处的维数 n 取值一般都比较大. 高维分布的应用例子主要存在于数据科学领域. 比如，计算生物学家要研究 10^4 量级数量的基因在人类基因组中的表达时，一般就要使用一组 $X=(X_1, \cdots, X_n)$ 的随机向量进行建模，从而对从某一特定人群中随机选取的人身上的基因表达进行编码.

研究高维空间中的分布相比研究低维空间中的分布更具有挑战性，其主要原因是相比低维空间，高维空间的空间大小呈现了指数级别的增长. 比如，在 $\mathbb{R}^n$ 中，边长为 2 的立方体的体积是该空间内单位立方体体积的 2^n 倍，虽然单位立方体的边长仅仅是该立方体边长的二分之一(见图 3.1). 高维空间的复杂性使得许多算法的运行遭遇了指数级增长的困难，这一现象被称为“高维空间的诅咒”.

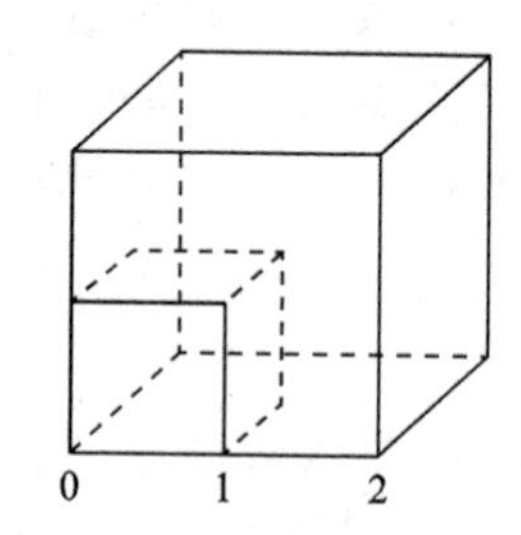

图 3.1　高维空间的复杂性：从小立方体到大立方体，体积呈现了指数级增长

高维空间上的概率论提供了一系列能够避开这些困难的数学工具，本章将给出其中的一些例子. 本章我们将从考查坐标独立的随机向量 X 的欧几里得范数 $\|X\|_2$ 开始，在 3.1 节中我们可以看到随机向量的范数高度集中在其均值附近. 进一步地，对于高维分布(比如多维正态分布、球面分布、伯努利分布、帧分布等)的举例与基本性质介绍将在 3.2 节中进行. 我们还将讨论主成分分析(PCA)法，这是一种非常有效的数据挖掘方法.

在 3.5 节中，我们将给出经典 Grothendieck 不等式的一种概率方法证明并举例其在半正定优化中的应用，学习了这一章之后，我们能够使用 Grothendieck 不等式去分析如何将难解的最优化问题转化为易处理的半正定求解问题(SPD)，而在 3.6 节中我们给出了将很难的最优化问题转化为半正定求解问题的一个著名例子——寻找已知图像的最大分割，即最大分割问题的经典格曼-威廉姆森随机近似算法. 在 3.7 节中，我们给出了 Grothendieck 不等式的另一种运用了核技术的证明(并导出了几乎是最佳的常数)方法，核技术方法在机器学习方面有着重要的应用.

3.1　范数的集中

$\mathbb{R}^n$ 空间中的随机向量 $X=(X_1, \cdots, X_n)$ 最有可能分布在哪里呢？假设坐标 X_i 是零均值单位方差的独立随机变量，那么 X 的预期长度是多少呢？我们有

$$\mathbb{E}\|X\|_2^2 = \mathbb{E}\sum_{i=1}^n X_i^2 = \sum_{i=1}^n \mathbb{E}X_i^2 = n$$

由上，我们可以预计 X 的长度是

$$\|X\|_2 \approx \sqrt{n}$$

接下来我们将证明 X 的长度的确以很大的概率接近于$\sqrt{n}$.

3.1.1 定理(范数的集中定理) 设随机向量 $X=(X_1, \cdots, X_n)\in\mathbb{R}^n$ 满足其坐标 X_i 服从次高斯分布，且$\mathbb{E}X_i^2=1$，则有

$$\Big\| \|X\|_2 - \sqrt{n} \Big\|_{\psi_2} \leqslant CK^2$$

其中，$K=\max\limits_i\|X_i\|_{\psi_2}$，$C$ 是一个绝对常数[⊖].

证明 不妨假设 $K\geqslant 1$(思考一下为什么这里可以做这个假设). 对于独立零均值随机变量和的标准化，我们使用伯恩斯坦偏差不等式

$$\frac{1}{n}\|X\|_2^2 - 1 = \frac{1}{n}\sum_{i=1}^n (X_i^2 - 1)$$

由于随机变量 X_i 是次高斯分布的，因此有 X_i^2-1 是次指数分布的，更精确地

$$\begin{aligned}\|X_i^2 - 1\|_{\psi_1} &\leqslant C\|X_i^2\|_{\psi_1} \quad (\text{由中心化,见 } 2.7.10)\\ &= C\|X_i\|_{\psi_2}^2 \quad (\text{由引理 } 2.7.6)\\ &\leqslant CK^2\end{aligned}$$

应用伯恩斯坦不等式(推论 2.8.3)，我们得到：对任意 $u\geqslant 0$，有

$$\mathbb{P}\left\{ \left| \frac{1}{n}\|X\|_2^2 - 1 \right| \geqslant u \right\} \leqslant 2\exp\left(-\frac{cn}{K^4}\min(u^2, u)\right) \tag{3.1}$$

(此处使用了 $K^4\geqslant K^2$，因为我们假设 $K\geqslant 1$.)

39

这是一个关于$\|X\|_2^2$ 的较好的集中不等式，从它我们可以推导出$\|X\|_2$ 的集中不等式. 为了建立这种联系，我们可以使用如下的基本结论：对于任意 $z\geqslant 0$，

$$|z-1| \geqslant \delta \text{ 蕴涵 } |z^2-1| \geqslant \max(\delta, \delta^2) \tag{3.2}$$

(自己验证!)于是对任意 $\delta\geqslant 0$，有

$$\begin{aligned}\mathbb{P}\left\{ \left| \frac{1}{\sqrt{n}}\|X\|_2 - 1 \right| \geqslant \delta \right\} &\leqslant \mathbb{P}\left\{ \left| \frac{1}{n}\|X\|_2^2 - 1 \right| \geqslant \max(\delta, \delta^2) \right\} \quad (\text{由}(3.2))\\ &\leqslant 2\exp\left(-\frac{cn}{K^4}\delta^2\right) \quad (\text{由}(3.1),\text{其中 } u = \max(\delta, \delta^2))\end{aligned}$$

通过变量替换 $t=\delta\sqrt{n}$，我们得到了希望的次高斯尾分布：

$$\mathbb{P}\{ | \|X\|_2 - \sqrt{n} | \geqslant t \} \leqslant 2\exp\left(-\frac{ct^2}{K^4}\right), \quad \text{对所有 } t \geqslant 0 \tag{3.3}$$

根据 2.5.2 节，定理得证. ■

3.1.2 注(偏差) 根据定理 3.1.1，X 的取值以很高的概率落在半径为$\sqrt{n}$的球状邻域

⊖ 从现在开始，即使未明确说明，我们也是用 C，c，C_1，c_1 来表示各种正的绝对常数.

内. 特别地，X 以极高的概率(比如 0.99)落在球状的一个固定距离内. 初看起来，如此小且固定的偏差很令人惊讶，因此让我们从直觉上对它进行解释. 范数平方 $S_n := \|X\|_2^2$ 有均值 n 以及标准差 $O(\sqrt{n})$(思考一下为什么?). 于是 $\|X\|_2 = \sqrt{S_n}$ 应以 $O(1)$ 为偏差围绕 $\sqrt{n}$. 这是因为

$$\sqrt{n \pm O(\sqrt{n})} = \sqrt{n} \pm O(1)$$

这可以从图 3.2 中直观地感受到.

3.1.3 注(各向异性分布) 在我们学习了更多的方法与工具之后，我们将对各向异性随机向量 X 证明推广的定理 3.1.1，见定理 6.3.2.

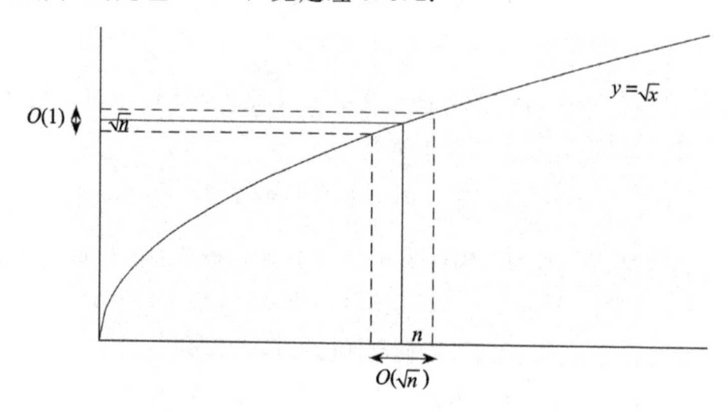

40

图 3.2 $\mathbb{R}^n$ 上随机向量 X 的范数的集中，当 $\|X\|_2^2$ 以 $O(\sqrt{n})$ 为偏差围绕 n 时，$\|X\|_2$ 以 $O(1)$ 为偏差围绕 $\sqrt{n}$

3.1.4 练习(范数的期望)☕☕☕

(a) 从定理 3.1.1 推导出

$$\sqrt{n} - CK^2 \leqslant \mathbb{E}\|X\|_2 \leqslant \sqrt{n} + CK^2$$

(b) 当 $n \to \infty$ 时，可以将 CK^2 替换为 $o(1)$(无穷小量)吗?

3.1.5 练习(范数的方差)☕☕☕ 从定理 3.1.1 推导出

$$\mathrm{Var}(\|X\|_2) \leqslant CK^4$$

☞

实际上，这个练习的结果不仅对次高斯分布有效，而且对四阶矩有界的所有分布都有效.

3.1.6 练习(有限矩假设下，范数的方差)☕☕☕ 设随机向量 $X=(X_1, \cdots, X_n) \in \mathbb{R}^n$ 有独立坐标 X_i，且满足 $\mathbb{E}X_i^2=1$ 与 $\mathbb{E}X_i^2 \leqslant K^4$. 求证

$$\mathrm{Var}(\|X\|_2) \leqslant CK^4$$

☞

3.1.7 练习(小球概率问题)☕☕ 设随机向量 $X=(X_1, \cdots, X_n) \in \mathbb{R}^n$ 的坐标 X_i 具有独立的连续分布，且 X_i 的密度函数以 1 为一致界. 求证：对任意 $\varepsilon > 0$，有

$$\mathbb{P}\{\|X\|_2 \leqslant \varepsilon\sqrt{n}\} \leqslant (C\varepsilon)^n$$

☞

3.2 协方差矩阵与主成分分析法

在上一节中，我们考虑了有着独立坐标的一类特殊随机向量. 在学习一般情况之前，

让我们先回顾一些在基础课程中已经学习过的基本高维分布的概念.

随机变量向量的均值可以通过对 $\mathbb{R}^n$ 上的随机向量的每个坐标取均值直接得到. 而在高维空间中协方差矩阵取代了方差的概念，对于随机向量 $X\in\mathbb{R}^n$，协方差矩阵定义如下：

$$\mathrm{cov}(X)=\mathbb{E}((X-\mu)(X-\mu)^{\mathrm{T}})=\mathbb{E}XX^{\mathrm{T}}-\mu\mu^{\mathrm{T}},\quad 其中\ \mu=\mathbb{E}X$$

于是 $\mathrm{cov}(X)$是一个 $n\times n$ 的对称半正定矩阵. 而协方差公式是对一维随机变量 Z 的方差的直观高维推广：

$$\mathrm{Var}(Z)=\mathbb{E}(Z-\mu)^2=\mathbb{E}Z^2-\mu^2,\quad 其中\ \mu=\mathbb{E}Z$$

$\mathrm{cov}(X)$是 $X=(X_1,\ \cdots,\ X_n)$的任意两个坐标的协方差组成的矩阵，其中

$$\mathrm{cov}(X)_{ij}=\mathbb{E}((X_i-\mathbb{E}X_i)(X_j-\mathbb{E}X_j))$$

但有时随机向量 X 的二阶矩矩阵是非常有用的，其定义如下：

$$\Sigma=\Sigma(X)=\mathbb{E}XX^{\mathrm{T}}$$

41

此二阶矩矩阵是随机变量 Z 的二阶矩$\mathbb{E}Z^2$ 的高维推广. 通过变换(将 X 替换为 $X-\mu$)，我们在许多问题中可以假设 X 是零均值的，因此协方差矩阵与二阶矩矩阵相等：

$$\mathrm{cov}(X)=\Sigma(X)$$

这一结论使得我们在未来能够主要聚焦于二阶矩矩阵 $\Sigma=\Sigma(X)$而不是协方差矩阵 $\mathrm{cov}(X)$.

类似于协方差矩阵，二阶矩矩阵 Σ 也是一个 $n\times n$ 的对称半正定矩阵. 根据这类矩阵的谱理论，其各特征值 s_i 是非负实数. 进一步地，由谱分解理论知 Σ 可表示为

$$\Sigma=\sum_{i=1}^{n}s_iu_iu_i^{\mathrm{T}}$$

其中，$u_i\in\mathbb{R}^n$ 是 Σ 的特征向量. 我们一般按特征值 u_i 递减方式排列以上和的形式.

主成分分析法

在实际应用中，当我们要使用 n 维随机向量表示数据时，比如在本章开头提到的生成数据，二阶矩 Σ 的谱分解(spectral decomposition)十分重要. 将最大的特征值 s_1 对应的特征向量 u_1 作为主方向，在这个方向上，分布是最大程度延伸的，并且最好地解释了数据的变化. 将第二大特征值 s_2 对应的特征向量 u_2 作为下一个主方向，它很好地解释了剩下的数据变化，以此类推. 图 3.3 直观的解释了这样一种情况.

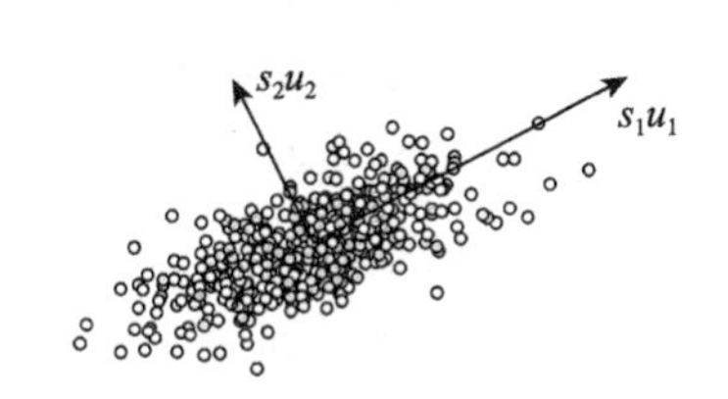

图 3.3 主成分分析法示例图. 图中展示了 $\mathbb{R}^2$ 空间中某个分布的 200 个样本点，协方差矩阵 Σ 有特征值 s_i 和特征向量 u_i

在真实数据中常见的情况是，只有少量特征值 s_i 足够大，可以认为能提供信息，剩下的特征值过小，应当视作噪声. 在这种情形下，数个主方向就能够解释数据中的绝大部分变化. 即使是在高维空间 $\mathbb{R}^n$ 中表示的数据，也可以降维，使其聚集在由少数的主方向生成的低维子空间 E 中.

主成分分析法(PCA)是一种最基础的数据分析算法，这种算法会计算前几个主方向，并将 $\mathbb{R}^n$ 中的数据投影到由此生成的子空间 E 中. 这可观地减少了数据的维度并且简化了数据分析. 比如生成子空间 E 是二维或者三维的，那么 PCA 还使得数据可以可视化.

42

各向同性

你或许还记得在初等概率论课程中，假设随机变量有零均值和单位方差会有多么方便. 在高维空间中这样的情况也成立，我们将各向同性的概念作为单位方差假设的推广.

3.2.1 定义（各向同性随机向量）　我们称 $\mathbb{R}^n$ 中的随机向量 X 是**各向同性**的，若 X 满足

$$\Sigma(X) = \mathbb{E}XX^{\mathrm{T}} = I_n$$

其中 I_n 表示 $\mathbb{R}^n$ 的单位矩阵.

回忆一下，对于任意正方差(方差不等于 0)的随机变量 X，都可以转化和伸缩为标准分数分布，即零均值和单位方差的随机变量 Z，即

$$Z = \frac{X-\mu}{\sqrt{\mathrm{Var}(X)}}$$

下列练习给出了高维情况下的标准分数分布.

3.2.2 练习（转化为各向同性）☕

(a) 设 Z 为 $\mathbb{R}^n$ 中的各向同性的零均值随机向量，$\mu \in \mathbb{R}^n$ 为确定的 n 维向量，Σ 为确定的 $n\times n$ 半正定矩阵. 检验随机向量

$$X := \mu + \Sigma^{\frac{1}{2}} Z$$

有均值 μ 和协方差矩阵 $\mathrm{cov}(X)=\Sigma$.

(b) 令 X 为一个随机向量，其协方差矩阵 $\Sigma=\mathrm{cov}(X)$ 可逆. 检验随机向量

$$Z := \Sigma^{-\frac{1}{2}}(X-\mu)$$

是一个各向同性的零均值随机向量.

这样的结果使得我们可以在之后得出关于随机向量的结论时，做出随机向量各向同性和零均值这样不失一般性的假设.

各向同性分布的性质

3.2.3 引理（各向同性的性质特征）　$\mathbb{R}^n$ 中的随机向量 X 是各向同性的充要条件是

43

$$\mathbb{E}\langle X, x\rangle^2 = \|x\|_2^2, \quad 对所有\ x \in \mathbb{R}^n$$

证明　由于两个对称的 $n\times n$ 矩阵 A 和 B 相等的充要条件是，对任意 $x\in\mathbb{R}^n$，有 $x^{\mathrm{T}}Ax = x^{\mathrm{T}}Bx$ 成立(自己检验)，所以 X 是各向同性的，当且仅当

$$x^{\mathrm{T}}(\mathbb{E}XX^{\mathrm{T}})x = x^{\mathrm{T}}I_n x, \quad 对所有\ x \in \mathbb{R}^n$$

等式左边即为 $\mathbb{E}\langle X, x\rangle^2$，而等式右边即为 $\|x\|_2^2$，证毕. ■

在引理 2.2.3 中，如果 x 是单位向量，可以将 $\langle X, x\rangle$ 视为投影 X 在 x 方向上的一维边缘分布，此时，X 是各向同性的当且仅当 X 的所有一维边缘分布都有单位方差. 粗略地说，一个各向同性的分布是均匀地体现在所有方向的.

3.2.4 引理　设 X 为 $\mathbb{R}^n$ 中各向同性的随机向量，那么有

$$\mathbb{E}\|X\|_2^2 = n$$

进一步，若 X 和 Y 为 $\mathbb{R}^n$ 中两个独立的各向同性的随机向量，那么有

$$\mathbb{E}\langle X,Y\rangle^2 = n$$

证明　为了证明第一部分，我们有

$$\begin{aligned}\mathbb{E}\|X\|_2^2 &= \mathbb{E}X^{\mathrm{T}}X = \mathbb{E}\mathrm{tr}(X^{\mathrm{T}}X) \quad (\text{将 } X^{\mathrm{T}}X \text{ 看作 } 1\times 1 \text{ 矩阵})\\ &= \mathbb{E}\mathrm{tr}(XX^{\mathrm{T}}) \quad (\text{由迹的循环性质})\\ &= \mathrm{tr}(\mathbb{E}XX^{\mathrm{T}}) \quad (\text{由线性性})\\ &= \mathrm{tr}(I_n) \quad (\text{由各向同性})\\ &= n\end{aligned}$$

为了证明第二部分，我们用到了条件期望. 先取 Y 的某个确定值，然后关于 X 取条件期望，记为 $\mathbb{E}_X$. 由全期望公式知

$$\mathbb{E}\langle X,Y\rangle^2 = \mathbb{E}_Y\mathbb{E}_X(\langle X,Y\rangle^2 \mid Y)$$

其中，$\mathbb{E}_Y$ 表示关于 Y 的条件期望，为了计算里面的期望，我们应用引理 3.2.3 当 $x=Y$ 时的情形，可以得到里面的期望等于$\|Y\|_2^2$，因此

$$\begin{aligned}\mathbb{E}\langle X,Y\rangle^2 &= \mathbb{E}_Y\|Y\|_2^2\\ &= n \quad (\text{由引理第一部分})\end{aligned}$$

证毕. ■

3.2.5 注(独立向量的几乎正交性)　我们将引理 3.2.4 中的随机向量 X 和 Y 标准化，记

$$\overline{X} := \frac{X}{\|X\|_2}, \quad \overline{Y} := \frac{Y}{\|Y\|_2}$$

44

由引理 3.2.4 知，$\|X\|_2 \sim \sqrt{n}$，$\|Y\|_2 \sim \sqrt{n}$，且$\langle X, Y\rangle \sim \sqrt{n}$大概率[⊖]成立. 这意味着

$$|\langle \overline{X},\overline{Y}\rangle| \sim \frac{1}{\sqrt{n}}$$

由此，在高维空间中独立各同向性的随机向量趋近于几乎正交，见图 3.4.

由于与低维空间中的情况不同，这可能听起来令人惊讶，例如平面上两个独立同分布的随机方向间夹角均值为$\frac{\pi}{4}$(验证!). 但是正如我们在本章开头提到的那样，在高维空间中有更多的复杂性. 这是对随机方向在高维空间中往往相距较远(即几乎正交)的一种直觉性解释.

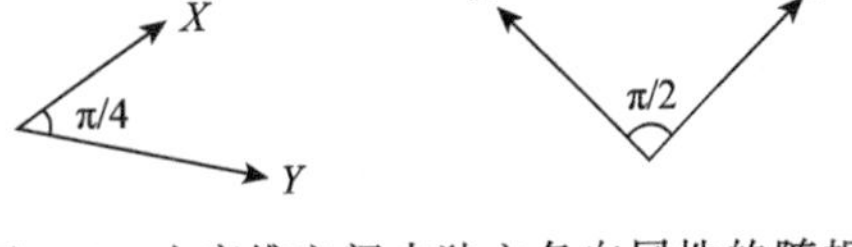

图 3.4　在高维空间中独立各向同性的随机向量趋近于(tend to be)几乎正交，但在低维空间中不成立. 在平面上，平均角度为$\frac{\pi}{4}$，而在高维空间中这个值接近于$\frac{\pi}{2}$

3.2.6 练习(两个独立各向同性的向量间的距离)☕　设 X 和 Y 为 $\mathbb{R}^n$ 中两个独立各向同性的零均值随机向量，求证：

$$\mathbb{E}\|X-Y\|_2^2 = 2n$$

⊖ 这个论证不是十分严谨的，因为引理 3.2.4 是关于期望的，且不是大概率，要使得论证更严谨，可以使用定理 3.1.1，关于范数的集中.

3.3　高维分布举例

在这一节中，我们介绍几个常见的高维各向同性分布的例子.

球状分布与伯努利分布

各同向性的随机向量的坐标往往是不相关的(为什么?)，但却未必是独立的. 这种情况的一个例子就是球面分布. 在球状分布中，随机向量 X 均匀地分布[⊖]在 $\mathbb{R}^n$ 中的以原点为中心、$\sqrt{n}$为半径的欧几里得球体上：

$$X \sim \mathrm{Unif}(\sqrt{n}S^{n-1})$$

3.3.1 练习☕ 说明服从球状分布的随机向量 X 是各向同性的，并证明 X 的坐标间是不独立的.

45

一个很好的 $\mathbb{R}^n$ 中的离散各向同性随机向量的例子是对称的伯努利分布. 我们称随机向量 $X=(X_1, \cdots, X_n)$是服从对称伯努利分布的，若坐标 X_i是独立的、对称的伯努利随机变量. 等价地，我们可以称 X 在 $\mathbb{R}^n$中的单位立方体上服从均匀分布：

$$X \sim \mathrm{Unif}(\{-1,1\}^n)$$

对称伯努利分布是各向同性的(请读者自行检验!).

更一般地，我们考虑任意的随机向量 $X=(X_1, \cdots, X_n)$，其中 X_i是独立的随机变量，并且满足零均值和单位方差，那么 X 就是 $\mathbb{R}^n$中的各向同性随机向量. (为什么?)

多维正态分布

多维高斯分布亦称为多维正态分布，是最重要的高维分布之一. 对于 $\mathbb{R}^n$ 中的 n 维随机向量 $g=(g_1, \cdots, g_n)$，若 g 的每一个分量 g_i 都相互独立且都服从标准正态分布 $N(0, 1)$，则称其为 n 维标准正态分布，记作

$$g \sim N(0,I_n)$$

它的密度函数则是 n 个标准正态分布的密度函数(1.6)的乘积：

$$f(x) = \prod_{i=1}^{n} \frac{1}{\sqrt{2\pi}} e^{-\frac{x_i^2}{2}} = \frac{1}{(2\pi)^{\frac{n}{2}}} e^{-\frac{\|x\|_2^2}{2}}, \quad x \in \mathbb{R}^n \tag{3.4}$$

多维标准正态分布是各向同性的. (为什么?)

注意上式中的 $f(x)$与 x 的方向无关，而只与 x 的模$\|x\|$有关，因此多维标准正态分布的密度函数 $f(x)$具有旋转不变性. 综合上述讨论，我们有以下结论：

3.3.2 命题(旋转不变性)　*对于任一服从多维正态分布的 n 维随机向量 $g \sim N(0, I_n)$和给定的正交矩阵 U，都有*

$$Ug \sim N(0,I_n)$$

3.3.3 练习(旋转不变性)☕☕　根据标准正态分布的旋转不变性，推导出下列性质.

(a) 对任一服从多维正态分布的 n 维随机向量 $g \sim N(0, I_n)$和给定的 n 维向量 $u \in \mathbb{R}^n$，

⊖　更严谨地说，如果对任意(Borel)子集 $E \subset S^{n-1}$，概率 $\mathbb{P}\{X \in E\}$都等于 $n-1$ 维区域 E 和 S^{n-1}的面积的比，那么就称 X 是$\sqrt{n}S^{n-1}$上的均匀分布.

都有

$$\langle g,u\rangle \sim N(0,\|u\|_2^2)$$

(b) 对于相互独立的随机变量 $X_i \sim N(0,\ \sigma_i^2)$，都有

$$\sum_{i=1}^{n} X_i \sim N(0,\sigma^2),\quad 其中\ \sigma^2 = \sum_{i=1}^{n}\sigma_i^2$$

(c) 设 G 是一个 $m\times n$ 的高斯随机矩阵，即 G 中的元素均为服从标准正态分布 $N(0,\ 1)$ 的独立随机变量. 设 $u\in\mathbb{R}^n$ 为一固定的单位向量，那么有

46

$$Gu \sim N(0,I_m)$$

让我们回忆一下一般正态分布 $N(\mu,\ \Sigma)$的定义. 考虑向量 $\mu\in\mathbb{R}^n$ 和 n 阶半正定可逆矩阵Σ，根据练习 3.2.2，随机向量 $X:=\mu+\Sigma^{\frac{1}{2}}Z$ 的均值为 μ，协方差矩阵 $\mathrm{cov}(X)=\Sigma$，称这样的 X 为 $\mathbb{R}^n$ 空间中一般形式的多维正态分布，记作

$$X \sim N(\mu,\Sigma)$$

综上所述，我们说 $X\sim N(\mu,\ \Sigma)$当且仅当

$$Z := \Sigma^{-\frac{1}{2}}(X-\mu) \sim N(0,I_n)$$

$X\sim N(\mu,\ \Sigma)$的密度函数可通过对变量公式进行变形得到，它等于

$$f_X(x) = \frac{1}{(2\pi)^{\frac{n}{2}}\det(\Sigma)^{\frac{1}{2}}}\exp\left(-(x-\mu)^{\mathrm{T}}\Sigma^{-1}\frac{x-\mu}{2}\right),\quad x\in\mathbb{R}^n \tag{3.5}$$

图 3.5 展示了两个多维正态分布的密度函数的图像.

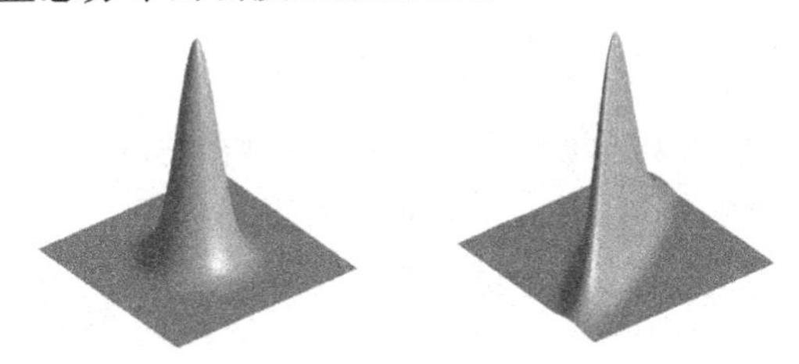

图 3.5　各向同性分布 $N(0,\ I_2)$和非各向同性分布 $N(0,\ \Sigma)$的密度函数图

还有一个重要的结论是，服从一般正态分布的随机向量 $X\sim N(\mu,\ \Sigma)$的系数是独立的，当且仅当它们是不相关的. (在本例中 $\Sigma=$In.)

3.3.4 练习(正态分布的特性)☕☕☕　设 X 为 $\mathbb{R}^n$ 上的随机向量，求证 X 服从多维正态分布，当且仅当对任意 $\theta\in\mathbb{R}^n$，内积$\langle X,\ \theta\rangle$服从(一维)正态分布. ☞

3.3.5 练习☕　设 $X\sim N(0,\ I_n)$.

(a) 求证：对于任意给定的 $\mathbb{R}^n$ 中的向量 u，v，都有

$$\mathbb{E}(\langle X,\mu\rangle\langle X,v\rangle) = \langle u,v\rangle \tag{3.6}$$

(b) 给定向量 $u\in\mathbb{R}^n$，考虑随机变量 $X_u:=\langle X,\ u\rangle$. 由练习 3.3.3 知，$X_u\sim N(0,\ \|u\|_2^2)$. 试验证

$$\|X_u - X_v\|_{L^2} = \|u-v\|_2$$

对任意给定的 u，$v\in\mathbb{R}^n$ 都成立(这里的$\|\cdot\|_{L^2}$表示随机变量在希尔伯特空间 L^2 中的范数，在(1.1)中我们已经介绍过).

47

3.3.6 练习☕ 设G为$m\times n$的高斯随机矩阵，即G中的元素均为相互独立的$N(0,1)$随机变量. u，$v\in\mathbb{R}^n$是单位正交向量. 求证Gu和Gv是相互独立的，且都服从$N(0,I_m)$的随机向量.
☞

正态分布和球面分布的相似性

与低维情形不同，多维标准正态分布$N(0,I_n)$并不像我们想象的那样会向原点集中，即在原点附近密度最大. 事实上，多维标准正态分布会集中分布在以$\sqrt{n}$为半径的薄球壳内，球壳的厚度为$O(1)$. 对于服从多维标准正态分布的随机向量$g\sim N(0,I_n)$，我们也有类似于(3.3)的集中不等式：

$$\mathbb{P}\{|\|g\|_2-\sqrt{n}|\geqslant t\}\leqslant 2\exp(-ct^2),\quad 对所有\ t\geqslant 0 \tag{3.7}$$

这表明，多维标准正态分布可能和球面上的均匀分布很相似. 下面我们来讨论二者的关系.

3.3.7 练习(正态分布和球面分布)☕ 在极坐标下表示多维标准正态分布的随机向量$g\sim N(0,I_n)$，即

$$g=r\theta$$

其中$r=\|g\|_2$表示向量g的长度，$\theta=\frac{g}{\|g\|_2}$为向量g的方向向量. 试证：

(a) r和θ是相互独立的随机变量.

(b) θ服从$n-1$维单位球S^{n-1}上的均匀分布.

由集中不等式(3.7)，我们可知$r=\|g\|_2\approx\sqrt{n}$的概率很大，因此

$$g\approx\sqrt{n}\theta\sim \mathrm{Unif}(\sqrt{n}S^{n-1})$$

换言之，高维标准正态分布和以$\sqrt{n}$为半径的球面上的均匀分布很接近，即

$$N(0,I_n)\approx \mathrm{Unif}(\sqrt{n}S^{n-1}) \tag{3.8}$$

图3.6刻画了这一事实，这与我们在低维中形成的直觉是相违背的.

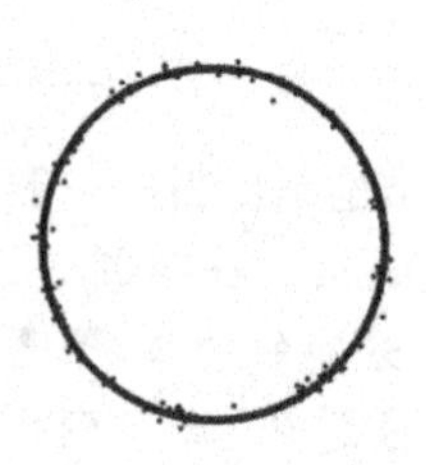

图3.6 左图是二维高斯分布的散点图，右图是更高维的高斯分布的直观图. 在高维情形下，标准正态分布和以$\sqrt{n}$为半径的球面上的均匀分布非常接近

框架

考虑一个极端离散分布的例子. 设随机向量X的坐标分别在集合$\{\sqrt{n}e_i\}_{i=1}^n$上服从均匀分布，其中$\{e_i\}_{i=1}^n$是$\mathbb{R}^n$上的典范基. 即

$$X\sim \mathrm{Unif}\{\sqrt{n}e_i:i=1,\cdots,n\}$$

那么，X 一定是 $\mathbb{R}^n$ 中的各向同性随机向量.（请读者自行验证一下！）

在所有的高维分布中，高斯分布总是最容易获取结论的分布，因此我们可以视其为“最好的”分布. 相反，坐标分布是所有分布中最离散的，因此是“最差的”分布.

一般形式的离散的、各向同性的分布来自于信号处理领域，被称为“框架”.

3.3.8 定义 称 $\mathbb{R}^n$ 中的向量集 $\{u_i\}_{i=1}^N$ 是一个**框架**，如果它们近似满足 Parseval 条件，即存在常数 A，$B>0$（称它们为**框架界**），使得对任意 $x\in\mathbb{R}^n$ 都有

$$A\|x\|_2^2 \leqslant \sum_{i=1}^N \langle u_i, x\rangle^2 \leqslant B\|x\|_2^2,\quad \text{对所有 } x\in\mathbb{R}^n$$

当 $A=B$ 时，称集合 $\{u_i\}_{i=1}^N$ 为**紧框架**.

3.3.9 练习 求证：如果

$$\sum_{i=1}^N u_i u_i^{\mathrm{T}} = AI_n \tag{3.9}$$

☞

那么 $\{u_i\}_{i=1}^N$ 是 $\mathbb{R}^n$ 空间中的紧框架，A 是 $\{u_i\}_{i=1}^N$ 的界.

在(3.9)式两边同时乘以向量 x，则有

$$\sum_{i=1}^N \langle u_i, x\rangle u_i = Ax,\quad \text{对任意 } x\in\mathbb{R}^n \tag{3.10}$$

等式(3.10)即为向量 x 的框架表达式. 该式是不是很眼熟？事实上，若 $\{u_i\}$ 是一组标准正交基，那么(3.10)式即为 x 的经典基表示，且此时 $A=1$.

我们可以将紧框架看作是不含线性独立条件的正交基的推广. $\mathbb{R}^n$ 中的任意正交基一定是一个紧框架. 图 3.7 中，形如“梅赛德斯-奔驰框架”也是一个紧框架，它是 R^2 中圆上的三个等距点.

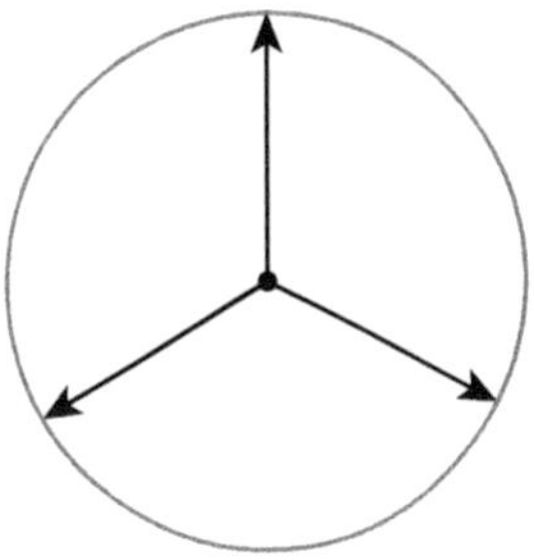

图 3.7 梅赛德斯-奔驰框架，$\mathbb{R}^2$ 空间中圆上的三个等距点构成了一个紧框架

现在，我们可以将框架和概率的概念联系起来了. 下面我们将阐释，紧框架是和各向同性分布有关的.

3.3.10 引理（紧框架和各向同性分布）

(i) 考虑 $\mathbb{R}^n$ 中的紧框架 $\{u_i\}_{i=1}^N$，边界为 $A=B$. 设 X 是在该框架上均匀分布的随机向量，即

$$X\sim \mathrm{Unif}\{u_i : i=1,\cdots,N\}$$

那么，$\left(\dfrac{N}{A}\right)^{\frac{1}{2}}X$ 是 $\mathbb{R}^n$ 中的各向同性的随机向量.

(ii) 考虑 $\mathbb{R}^n$ 中的各向同性的随机向量 X，它以概率 p_i 取有限向量值 x_i，其中 $i=1,\cdots,N$，那么向量

$$u_i := \sqrt{p_i}x_i,\quad i=1,\cdots,N$$

是 $\mathbb{R}^n$ 中以 $A=B=1$ 为界的紧框架.

证明 (i) 不失一般性，不妨假定 $A=N$（为什么?）. 在(3.9)和该假定下，我们有

$$\sum_{i=1}^{N} u_i u_i^{\mathrm{T}} = NI_n$$

两边同时除以 N，并将 $N^{-1}\sum_{i=1}^{N}$ 视为期望，则能证明 X 是各向同性的随机向量.

(ii) X 的各向同性意味着

$$\mathbb{E}XX^{\mathrm{T}} = \sum_{i=1}^{N} p_i x_i x_i^{\mathrm{T}} = I_n$$

记 $u_i := \sqrt{p_i} x_i$，则证明了 $A=1$ 情况下的(3.9)式. ■

各向同性的凸集

我们上一个高维分布的例子选自凸几何学中的内容. 考虑 $\mathbb{R}^n$ 空间中含有内点的非空有界凸集 K，我们称这样的集合为凸体. 设 X 为在 K 上按照 K 的标准体积确定的概率测度服从均匀分布的随机向量，即

$$X \sim \mathrm{Unif}(K)$$

记 X 的协方差矩阵为 Σ. 那么，由练习 3.2.2 可知，随机向量 $Z := \Sigma^{-\frac{1}{2}} X$ 是各向同性的，注意 Z 在 K 经过线性变换后的集合上服从均匀分布，即

50

$$Z \sim \mathrm{Unif}(\Sigma^{-\frac{1}{2}} K)$$

(为什么?)综上所述，我们得到了这样一种线性变换 $T := \Sigma^{-\frac{1}{2}}$，使得 TK 上的均匀分布具有各向同性. 有时也称 TK 本身为各向同性的.

在算法凸几何学(algorithmic convex geometry)中，我们认为各向同性凸体 TK 是凸体 K 的良好条件，这里的 T 可以看作是一个预条件因子，参考图 3.8. 与凸体 K 相关的算法往往比在良好条件下的凸体 K 来得更有用(比如一个用来计算 K 的容量的算法).

图 3.8　左图中的凸体 K 变换成了右图的各向同性凸体 TK，预条件因子 T 是根据 K 的协方差矩阵 Σ 计算得来的：$T=\Sigma^{-\frac{1}{2}}$

3.4　高维次高斯分布

我们在 2.5 节中介绍的次高斯分布的概念可以推广到高维上去. 为此，回忆练习 3.3.4，多维正态分布可以通过它的一维边际分布或投影线得到：随机向量 X 在 $\mathbb{R}^n$ 服从 n 维正态分布，当且仅当一维边际向量 $\langle X, x\rangle$ 对所有 $x \in \mathbb{R}^n$ 都是正态分布的. 运用这个特点，很自然地得出多维次高斯分布有如下定义：

3.4.1 定义(多维次高斯随机向量)　如果对所有 $x \in \mathbb{R}^n$，一维边际向量 $\langle X, x\rangle$ 都是次高斯随机变量，则称 $\mathbb{R}^n$ 中的随机向量 X 为**次高斯随机向量**. 定义 X 的**次高斯范数**为

$$\|X\|_{\psi_2} = \sup_{x \in S^{n-1}} \|\langle X, x\rangle\|_{\psi_2}$$

次高斯随机向量的典型例子是具有独立的次高斯分布坐标的随机向量：

3.4.2 引理（具有独立次高斯分布坐标的随机向量） 设 $X=(X_1, \cdots, X_n) \in \mathbb{R}^n$ 是具有独立的零均值次高斯分布坐标 X_i 的随机向量，则 X 是次高斯随机向量，并有

$$\|X\|_{\psi_2} \leqslant C \max_{i \leqslant n} \|X_i\|_{\psi_2}$$

证明 这是独立的次高斯随机变量的和也是次高斯的（我们在命题 2.6.1 中已经证明了这一点）这一结论的直接推论. 事实上，对于一个给定的单位向量 $x=(x_1, \cdots, x_n) \in S^{n-1}$，我们有

51

$$\|\langle X, x\rangle\|_{\psi_2}^2 = \left\|\sum_{i=1}^n x_i X_i\right\|_{\psi_2}^2 \leqslant C \sum_{i=1}^n x_i^2 \|X_i\|_{\psi_2}^2 \quad (\text{由命题 } 2.6.1)$$

$$\leqslant C \max_{i \leqslant n} \|X_i\|_{\psi_2}^2 \quad \left(\text{使用} \sum_{i=1}^n x_i^2 = 1\right)$$

证毕. ■

3.4.3 练习☕☕ 这个练习说明了引理 3.4.2 中坐标独立的作用.

(a) 设 $X=(X_1, \cdots, X_n) \in \mathbb{R}^n$ 为具有次高斯坐标 X_i 的随机向量. 证明 X 是一个次高斯随机向量.

(b) 举例一个随机向量 X，使得

$$\|X\|_{\psi_2} \gg \max_{i \leqslant n} \|X_i\|_{\psi_2}$$

许多重要的高维分布都是次高斯分布，但也有些不是. 现在我们讨论一些基本的分布.

高斯分布和伯努利分布

我们已经注意到，多维正态分布 $N(\mu, \Sigma)$ 是次高斯分布. 标准正态随机向量 $X \sim N(0, I_n)$ 具有 $O(1)$ 阶的次高斯范数：

$$\|X\|_{\psi_2} \leqslant C$$

（事实上，X 的所有的一维边际分布都是 $N(0, 1)$.）

接下来，考虑我们在 3.3.1 节中介绍的多维对称伯努利分布. 一个具有这种分布的随机向量 X 有独立的对称伯努利坐标. 由引理 3.4.2 知

$$\|X\|_{\psi_2} \leqslant C$$

离散分布

现在我们来看离散分布. 3.3.4 节中提到的最极端的例子是坐标分布. 回顾一下，一个具有坐标分布的随机向量 X 在集合 $\{\sqrt{n} e_i : i=1, \cdots, n\}$ 中是均匀分布的，其中 e_i 表示 $\mathbb{R}^n$ 中的典范基向量的 n 个元素集合.

X 是次高斯的吗？严格来说是的. 事实上，有限集中的每个分布都是次高斯的（为什么？）. 但是，不像高斯分布和伯努利分布，坐标分布有很大的次高斯范数.

3.4.4 练习☕ 求证：

$$\|X\|_{\psi_2} \asymp \sqrt{\frac{n}{\log n}}$$

因为有如此大的范数，故把 X 作为次高斯随机向量是没有意义的.

更一般地说，离散分布不是良好的次高斯分布，除非它们是定义在指数级增大的集合中.

52

3.4.5 练习 ☕☕☕☕　设 X 是一个在有限集 $T\subset\mathbb{R}^n$ 上的各向同性的随机向量，证明：为使 X 为次高斯的，且 $\|X\|_{\psi_2}=O(1)$，那么这个集合必须是按 n 的指数级增大的：

$$|T|\geqslant e^{cn}$$

特别地，这个观察排除了框架(见 3.3.4 节)作为好的次高斯分布，除非它们有指数级增大的项(在这种情况下，它们在实践中几乎毫无用处).

球面上的均匀分布

在我们之前的所有例子中，有用的次高斯随机向量都有独立的坐标. 然而，这并不是必要的，一个很好的例子就是半径为$\sqrt{n}$的球面上的均匀分布，我们在 3.4.3 节中介绍过. 我们通过将它转化为高斯分布 $N(0, I_n)$的函数，从而证明它是次高斯分布的.

3.4.6 定理(球面上的均匀分布是次高斯分布)　*设 X 为一个随机向量，它在 $\mathbb{R}^n$ 中以原点为中心，$\sqrt{n}$为半径的欧几里得球面上服从均匀分布：*

$$X\sim\mathrm{Unif}(\sqrt{n}S^{n-1})$$

那么 X 是次高斯分布的，且

$$\|X\|_{\psi_2}\leqslant C$$

证明　考虑标准正态随机向量 $g\sim N(0, I_n)$. 正如我们在练习 3.3.7 中注意到的，方向向量$\dfrac{g}{\|g\|_2}$均匀分布在单位球 S^{n-1}上. 因此，通过重新缩放，我们可以把随机向量 $X\sim\mathrm{Unif}(\sqrt{n}S^{n-1})$表示为

$$X=\sqrt{n}\,\frac{g}{\|g\|_2}$$

我们需要证明所有一维边际分布$\langle X, x\rangle$都是次高斯的. 根据旋转不变性，我们可以假定 $x=(1, 0, \cdots, 0)$，则$\langle X, x\rangle$为 X 中的第一个坐标 X_1. 我们需要找到尾分布概率

$$p(t):=\mathbb{P}\{|X_1|\geqslant t\}=\mathbb{P}\left\{\frac{|g_1|}{\|g\|_2}\geqslant\frac{t}{\sqrt{n}}\right\}$$

范数的集中(定理 3.3.1)意味着依大概率有

$$\|g\|_2\approx\sqrt{n}$$

这将问题简化为求 $\mathbb{P}\{\|g_1\|\geqslant t\}$的界，但是，正如我们从(2.3)中知道的，这个尾分布是次高斯的.

让我们更详细地证明这一点. 由定理 3.1.1 知

53

$$\big\|\|g\|_2-\sqrt{n}\big\|_{\psi_2}\leqslant C$$

因此，事件

$$\mathcal{E}:=\left\{\|g\|_2\geqslant\frac{\sqrt{n}}{2}\right\}$$

是有用的. 由(2.14)知，它的补集 $\mathcal{E}^c$ 有概率

$$\mathbb{P}(\mathcal{E}^c) \leqslant 2\exp(-cn) \tag{3.11}$$

则尾分布概率的界为

$$\begin{aligned}
p(t) &\leqslant \mathbb{P}\left\{\frac{|g_1|}{\|g\|_2} \geqslant \frac{t}{\sqrt{n}}, \mathcal{E}\right\} + \mathbb{P}(\mathcal{E}^c) \\
&\leqslant \mathbb{P}\left\{|g_1| \geqslant \frac{t}{2}, \mathcal{E}\right\} + 2\exp(-cn) \quad (\text{由 } \mathcal{E} \text{ 的定义及(3.11)}) \\
&\leqslant 2\exp\left(-\frac{t^2}{8}\right) + 2\exp(-cn) \quad (\text{消去 } \mathcal{E} \text{ 并利用(2.3)})
\end{aligned}$$

考虑两种情况. 如果 $t\leqslant\sqrt{n}$，则 $2\exp(-cn)\leqslant 2\exp\left(-\frac{ct^2}{8}\right)$. 我们有所需结论

$$p(t) \leqslant 4\exp(-c't^2)$$

反之，如果 $t>\sqrt{n}$，尾分布概率 $p(t)=\mathbb{P}\{|X_1|\geqslant t\}$ 等于零，因为我们总是有 $|X_1|\leqslant\|X\|_2=\sqrt{n}$，这就完成了证明. ■

3.4.7 练习(欧几里得球上的均匀分布)☕☕　将定理 3.4.6 推广到 $\mathbb{R}^n$ 上的以原点为中心，$\sqrt{n}$为半径的欧几里得球 $B(0, \sqrt{n})$上的均匀分布中去. 即证明一个随机向量

$$X \sim \text{Unif}(B(0,\sqrt{n}))$$

是次高斯分布的，并且有

$$\|X\|_{\psi_2} \leqslant C$$

3.4.8 注(投影极限定理)　定理 3.4.6 应与投影中心极限定理相比较. 它表明，当 n 增大时，球面上均匀分布的边际分布是渐近正态的(见图 3.9). 更准确地说，如果 $X\sim\text{Unif}(\sqrt{n}S^{n-1})$，那么对于任意给定的单位向量 x，当 $n\to\infty$时有

$$\langle X,x\rangle \to N(0,1), (\text{依分布})$$

因此，我们可以把定理 3.4.6 看成是投影极限定理的集中形式. 与 2.2 节的霍夫丁不等式相同，它是经典中心极限定理的集中形式.

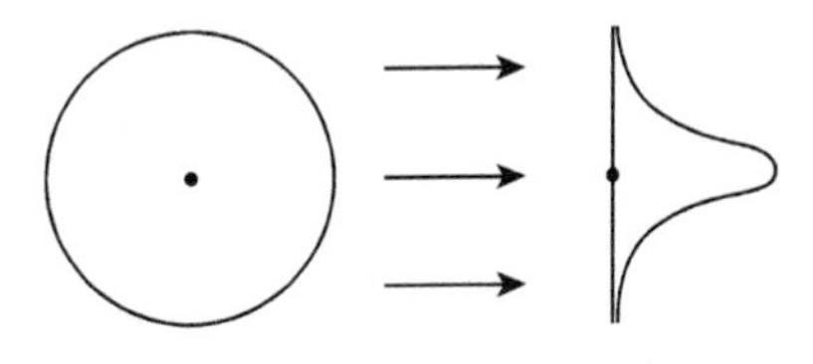

图 3.9　投影中心极限定理：当 $n\to\infty$ 时，半径为$\sqrt{n}$的球面上的均匀分布在直线上的投影收敛于正态分布 $N(0, 1)$

54

凸集上的均匀分布

结束这一节之前，让我们回到在 3.3.5 节中讨论过的凸集上的均匀分布类. 设 K 为凸集，且

$$X \sim \text{Unif}(K)$$

为各向同性随机向量. X 总是次高斯分布的吗?

对于某些几何体 K，这个结论是对的. 例如半径为$\sqrt{n}$的欧几里得球(练习 3.4.7)和单位立方体$[-1, 1]^n$(根据引理 3.4.2). 但对于其他的一些几何体来说，情况并非如此.

3.4.9 练习☕☕☕　考虑 $\mathbb{R}^n$ 中的 ℓ_1 范数的球:

$$K := \{x \in \mathbb{R}^n : \|x\|_1 \leqslant r\}$$

(a) 证明：当 $r \sim n$ 时，K 上的均匀分布是各向同性的.

(b) 证明：该分布不是次高斯分布.

然而，对于一般各向同性凸体 K，证明一个较弱的结果是有可能的. 随机向量 $X \sim \mathrm{Unif}(K)$的所有边际分布均都是次指数分布的，且对所有单位向量 x，都有

$$\|\langle X, x\rangle\|_{\psi_1} \leqslant C$$

这个结果由 C. Borell 引理推出，引理本身是 Brunn-Minkowski 不等式的结果.（见 79，第 2.2.b$_3$ 节.）

3.4.10 练习☕☕　证明定理 3.1.1 中的集中不等式对于一般各向同性次高斯随机向量 X 可能不成立. 因此，X 坐标的独立性是这个结果成立的一个必要条件.

3.5　应用：Grothendieck 不等式与半正定规划

在本节和下一节中，我们将使用高维高斯分布来研究一些看起来与概率无关的问题. 在这里，我们给出了 Grothendieck 不等式的一个概率证明. 这是一个重要的结论，我们将在以后分析一些计算困难的问题时使用.

3.5.1 定理(Grothendieck 不等式)　*考虑一个 $m \times n$ 的实数矩阵(a_{ij}). 假设对任意数 x_i，$y_j \in \{-1, 1\}$，我们有*

55

$$\left|\sum_{i,j} a_{ij} x_i y_j\right| \leqslant 1$$

那么，对于任意希尔伯特空间 H 和满足$\|u_i\| = \|v_j\| = 1$ 的任意向量 u_i，$v_j \in H$，必有

$$\left|\sum_{i,j} a_{ij}\langle u_i, v_j\rangle\right| \leqslant K$$

其中 $K \leqslant 1.783$ 是一个绝对常数.

很明显，这个定理中没有随机性，但我们的证明使用了概率方法. 我们会给出两个证明，在这一节中的证明中会得到常数 K 的较大的界，即 $K \leqslant 288$. 在 3.7 节中，我们给出了另一种证法，它得到了 $K \leqslant 1.783$ 的界，如定理 3.5.1 所述.

在开始介绍这个证明这前，让我们先做一个简单的观察.

3.5.2 练习☕

(a) 证明 Grothendieck 不等式的假设可以等价地表述为

$$\left|\sum_{i,j} a_{ij} x_i y_j\right| \leqslant \max_i |x_i| \max_j |y_j| \tag{3.12}$$

对任意实数 x_i 和 y_j 成立.

(b) 证明 Grothendieck 不等式的结论可以等价地表述为

$$\left|\sum_{i,j} a_{ij}\langle u_i, v_j\rangle\right| \leqslant K \max_i \|u_i\| \max_j \|v_j\| \tag{3.13}$$

对于任意希尔伯特空间 H 和任意向量 u_i，$v_j \in H$ 成立.

定理 3.5.1 在 $K \leqslant 288$ 时的证明　第 1 步：简化. 注意，如果我们允许 K 的值依赖于矩阵 $A = (a_{ij})$，则 Grothendieck 不等式是平凡的(例如，$K = \sum_{ij} |a_{ij}|$ 即可，自己检查!). 对给定矩阵 A 和任意希尔伯特空间 H 及任意向量 u_i，$v_j \in H$，取 $K = K(A)$为使结论

(3.13)成立的最小数. 我们的目标是证明 K 不依赖于矩阵 A 或维数 m 和 n.

不失一般性[⊖]，我们可以假设希尔伯特空间 H 为特定的空间，即 $\mathbb{R}^N$，配备的欧几里得范数为 $\|\cdot\|_2$. 设 u_i，$v_j\in\mathbb{R}^N$ 使 K 达到最小值，即

$$\sum_{i,j}a_{ij}\langle u_i,v_j\rangle=K,\quad \|u_i\|_2=\|v_j\|_2=1$$

56

第 2 步：引入随机性. 证明的主要思想是通过高斯随机变量实现向量 u_i，v_j

$$U_i:=\langle g,u_i\rangle,\quad V_j:=\langle g,v_j\rangle,\quad 其中\ g\sim N(0,I_N)$$

正如我们在练习 3.3.5 中所提到的，U_i 和 V_j 是标准的正态随机变量，其相关性完全依赖于向量 u_i 和 v_j 的内积：

$$\mathbb{E}U_iV_j=\langle u_i,v_j\rangle$$

因此

$$K=\sum_{i,j}a_{ij}\langle u_i,v_j\rangle=\mathbb{E}\sum_{i,j}a_{ij}U_iV_j \tag{3.14}$$

假设随机变量 U_i 和 V_j 几乎处处受某个常数控制，比如 R. 那么 Grothendieck 不等式的假设(3.12)就会推导出 $\left|\sum_{i,j}a_{ij}U_iV_j\right|\leqslant R^2$ 几乎处处成立，那么由(3.14)就得出 $K\leqslant R^2$.

第 3 步：截断. 当然，这种推理是有缺陷的：随机变量 U_i，$V_j\sim N(0,1)$几乎处处没有界. 为了解决这个问题，可以使用一个有用的截断技巧. 我们固定一些截断标准 $R\geqslant 1$，并将随机变量分解为

$$U_i=U_i^-+U_i^+,\quad 其中\ U_i^-=U_i\mathbf{1}_{\{|U_i|\leqslant R\}},\quad U_i^+=U_i\mathbf{1}_{\{|U_i|>R\}}$$

然后我们类似地分解 $V_j=V_j^-+V_j^+$. 现在 U_i^- 和 V_j^- 几乎处处有界 R，这正是我们所希望的. 其余项 U_i^+ 和 V_j^+ 的 L^2 范数很小：实际上，练习 2.1.4 中的界给出了

$$\|U_i^+\|_{L^2}^2\leqslant 2\left(R+\frac{1}{R}\right)\frac{1}{\sqrt{2\pi}}\mathrm{e}^{-\frac{R^2}{2}}<\frac{4}{R^2} \tag{3.15}$$

V_j^+ 是同样的.

第 4 步：分解和式. (3.14)中的和变为

$$K=\mathbb{E}\sum_{i,j}a_{ij}(U_i^-+U_i^+)(V_j^-+V_j^+)$$

当我们在每一项中展开积时，我们得到了四个和，现对每一个和求其界. 第一个和

$$S_1:=\mathbb{E}\sum_{i,j}a_{ij}U_i^-V_j^-$$

是最容易求界的. 由构造知，随机变量 U_i^- 和 V_j^- 几乎处处有界 R. 因此，正如我们在上面解释的那样，我们可以使用 Grothendieck 不等式的假设(3.12)得到 $S_1\leqslant R^2$.

57

我们不能对第二个和使用相同的方法求界，

$$S_2:=\mathbb{E}\sum_{i,j}a_{ij}U_i^+V_j^-$$

因为随机变量 U_i^+ 是无界的. 代替地，我们将随机变量 U_i^+ 和 V_j^- 视为具有内积$\langle X,Y\rangle_{L^2}=$

⊖ 事实上，我们可以自然地用向量 u_i 与 v_j 张成的 H 的子空间(使用与 H 相同的范数)去代替 H. 这个子空间的维数最多为 $N:=m+n$. 下一步，回忆一下这样一个事实：所有 N 维希尔伯特空间是相互等距的. 特别地，它们与(R^N，$\|\cdot\|_2$)空间是等距的，这种等距性通过这些空间的正交基构建.

$\mathbb{E}XY$的希尔伯特空间L^2中的元素. 那么，第二个和变为

$$S_2 = \sum_{i,j} a_{ij} \langle U_i^+, V_j^- \rangle_{L^2} \tag{3.16}$$

回忆一下(3.15)，由构造知$\|U_i^+\|_{L^2} < \frac{2}{R}$和$\|V_j^-\|_{L^2} \leqslant \|V_j\|_{L^2} = 1$. 然后，将 Grothendieck 不等式的结论(3.13)应用于希尔伯特空间 $H = L^2$，我们发现[㊀]

$$S_2 \leqslant K \frac{2}{R}$$

第三个和与第四个和，记 $S_3 := \mathrm{E}\sum_{i,j} a_{ij} U_i^- V_j^+$，$S_4 := \mathbb{E}\sum_{i,j} a_{ij} U_i^+ V_j^+$，它们可以与 S_2 相同的方法求界.(请读者自行完成!)

第 5 步：合并. 将这四个和的界代入，我们从(3.14)得出结论

$$K \leqslant R^2 + \frac{6K}{R}$$

使 $R=12$(例如)，并求解得到的不等式，结果是 $K \leqslant 288$. 定理得证. ■

3.5.3 练习(对称矩阵，$x_i = y_i$)☕☕☕　推导出具有实数项的对称 $n \times n$ 矩阵 $A = (a_{ij})$ 的 Grothendieck 不等式的下列形式：假定，对任何数 $x_i \in \{-1, 1\}$，有

$$\left| \sum_{i,j} a_{ij} x_i x_j \right| \leqslant 1$$

那么，对任意希尔伯特空间 H 和任意满足$\|u_i\| = \|v_j\| = 1$ 的向量 u_i，$v_j \in H$，有

$$\left| \sum_{i,j} a_{ij} \langle u_i, v_j \rangle \right| \leqslant 2K \tag{3.17}$$

58　其中 K 是 Grothendieck 不等式的绝对常数. ☞

半正定规划

Grothendieck 不等式特别有用的一个应用领域是对某些计算上难以解决的问题的分析. 解决此类问题的一个有效方法是尝试将它们放松为计算上更简单、更容易处理的问题，这通常使用半正定规划来完成，Grothendieck 不等式为这种放松提供了理论依据.

3.5.4 定义　**半正定规划**是一个下列类型的最优化问题：

$$\text{maximize}\langle A, X \rangle：\quad X \succcurlyeq 0，\ \langle B_i, X \rangle = b_i 对\ i = 1, \cdots, n \tag{3.18}$$

这里 A 和 B_i 是给定的 $n \times n$ 矩阵，b_i 是给定的实数. 运行“变量”X 是 $n \times n$ 半正定矩阵(positive-semide finite matrix)，用符号 $X \succcurlyeq 0$ 表示. 内积

$$\langle A, X \rangle = \mathrm{tr}(A^{\mathrm{T}} X) = \sum_{i,j=1}^{n} A_{ij} X_{ij} \tag{3.19}$$

是 $n \times n$ 矩阵空间上的典范内积.

请注意，如果我们最小化而不是最大化(3.18)，仍然会得到一个半正定规划.(要做到这一点，将 A 替换为 $-A$ 即可.)

㊀ 好像有点矛盾，难道我们能应用我们需要证明的不等式吗? 事实上，在证明开始的时候，我们取的 K 是使该不等式成立的最好常数，这里使用的 K 正是那个数.

每个半正定规划都是凸规划，它在一个矩阵凸集上最大化一个线性函数$\langle A, X\rangle$. 实际上，半正定矩阵的集合是凸的(为什么?)，它与由$\langle B_i, X\rangle = b_i$定义的线性子空间的交集也是如此.

这是一个好消息，因为凸规划通常在算法上易于处理. 各种有效的解算器，例如内点法，可用于一般凸规划，对半正定规划(3.18)是特别有效的.

半正定放松

半正定规划可以将计算有难度的问题放松成便于计算的问题，例如

$$\text{maximize} \sum_{i,j=1}^{n} A_{ij} x_i x_j : x_i = \pm 1 \text{ 对 } i = 1, \cdots, n \tag{3.20}$$

其中 A 是一个给定的 $n\times n$ 对称矩阵. 这是整数优化问题，可行集由 2^n 个向量 $x=(x_i)\in\{-1, 1\}^n$ 组成，因此通过穷举搜索找到最大值将需要指数级的时间. 是否有更明智的方法来解决这个问题? 不太可能：问题(3.20)通常在计算上很难(NP-难题).

尽管如此，我们可以将问题(3.20)“放松”为一个半正定规划，该规划可以近似地计算最大值，直到得到常数因子. 为了形成这样的放松，让我们在(3.20)中替换数字 $x_i=\pm 1$ 为它们的高维形式—$\mathbb{R}^n$ 中的单位向量 X_i. 因此我们考虑下列最优化问题：

59

$$\text{maximize} \sum_{i,j=1}^{n} A_{ij} \langle X_i, X_j\rangle : \quad \|X_i\|_2 = 1 \text{ 对 } i = 1, \cdots, n \tag{3.21}$$

3.5.5 练习☕☕ 求证优化问题(3.21)等价于下列半正定规划：

$$\text{maximize} \langle A, X\rangle : X \succcurlyeq 0, \quad X_{ii} = 1 \text{ 对 } i = 1, \cdots, n \tag{3.22}$$

☞

放松的保障

我们现在可以看到 Grothendieck 不等式如何保障半正定放松的准确性：半正定规划(3.21)近似于整数优化问题(3.20)中的最大值，直到绝对常数因子.

3.5.6 定理 *设 INT(A)表示整数优化问题(3.20)中的最大值，SDP(A)表示半正定问题(3.21)中的最大值，那么*

$$\text{INT}(A) \leqslant \text{SDP}(A) \leqslant 2K \quad \text{INT}(A)$$

其中 $K\leqslant 1.783$ 是 Grothendieck 不等式中的常数.

证明 第一个界由 $X_i=(x_i, 0, 0, \cdots, 0)^{\mathrm{T}}$ 得到，第二个界由练习 3.5.3 中对称矩阵的 Grothendieck 不等式得到(说明在那个练习中可以去掉绝对值). ■

虽然定理 3.5.6 允许我们近似(3.20)中的最大值，但是如何计算 x_i 从而得到这个近似值并不明确. 我们可以将给出半正定规划问题(3.21)解的向量(X_i)转换成近似求解(3.20)的 $x_i=\pm 1$ 吗? 在下一节中，我们使用图论中著名的 NP-难题——最大分割问题的例子来说明这一点.

3.5.7 练习☕☕☕ 设 A 是一个 $m\times n$ 矩阵，在 X_i, $Y_j\in\mathbb{R}^k$ 上考虑优化问题

$$\text{maximize} \sum_{i,j} A_{ij} \langle X_i, Y_j\rangle : \|X_i\|_2 = \|Y_j\|_2 = 1 \text{ 对所有 } i, j$$

将此问题表述为一个半正定规划.

☞

3.6 应用：图的最大分割

现在，为了找到一个图的最大分割——它在计算科学中是众所周知的 NP 难题，我们介绍半正定放松的应用.

60

图与分割

一个无向图 $G=(V, E)$ 定义为一系列顶点 V 以及一系列边 E 的集合，每条边是任意两个顶点之间的连线. 我们仅考虑有限简单图，即包含有限个顶点且不包含闭环和多重边界的图.

3.6.1 定义(最大分割) 把图 G 的顶点分为不相交的两组. 穿过两组顶点的边的条数即为**分割**. 取所有分割的最大值，得到图 G 的**最大分割**，记为 MAX-CUT(G)，如图 3.10 所示.

求已知图的最大分割在计算科学中是非常困难的.

一个简单的 0.5-近似算法

我们现在应用 3.5.1 中介绍的方法，将最大分割问题放松为一个半正定规划问题. 为了这个目的，需要先把该问题用线性代数的语言表示.

3.6.2 定义(邻接矩阵) n 个顶点的图 G 的**邻接矩阵** A 是一个 $n\times n$ 的对称矩阵. 当顶点 i 和 j 相连时，定义元素 $A_{ij}=1$，否则，$A_{ij}=0$.

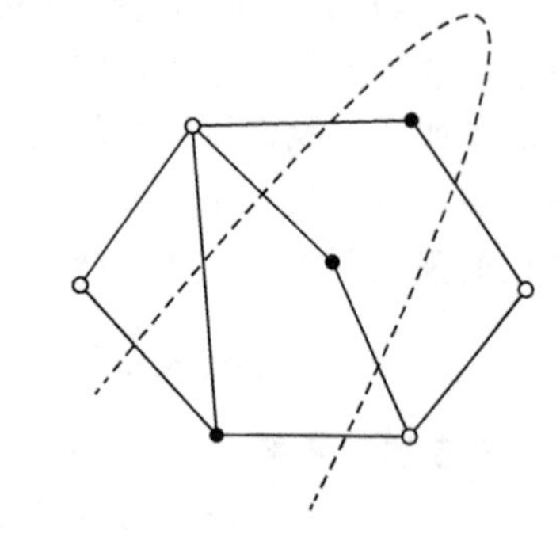

图 3.10 将顶点分为黑白两色，得到的最大分割如虚线所示. 这里 MAX-CUT$(G)=7$

将 G 的顶点记为 1，2，…，n. 把顶点分为两部分，可用向量

$$x=(x_i)\in\{-1,1\}^n$$

表示.

x_i 的符号表示顶点 i 所在的子集. 比如，图 3.10 中四个黑色顶点可标记为 $x_i=1$，白色顶点标记为 $x_i=-1$. G 对应于分法 x 的分割就是连结相反符号的顶点之间的边的条数，即

61

$$\mathrm{CUT}(G,x)=\frac{1}{2}\sum_{i,j:x_ix_j=-1}A_{ij}=\frac{1}{4}\sum_{i,j=1}^{n}A_{ij}(1-x_ix_j) \tag{3.23}$$

(系数$\frac{1}{2}$防止边(i, j)和(j, i)的重复计算.)最大分割通过对所有 x 取 CUT(G, x)的最大值得到，即

$$\text{MAX-CUT}(G)=\frac{1}{4}\max\left\{\sum_{i,j=1}^{n}A_{ij}(1-x_ix_j): x_i=\pm 1 \text{ 对所有 } i\right\} \tag{3.24}$$

让我们从一个简单的求最大分割的 0.5-近似算法——找一个分割至少穿过 G 的一半的边开始.

3.6.3 命题(求最大分割的 0.5-近似算法) 把 G 的顶点随机地分为两组(一共有 2^n 种可能的分法)，那么分割的期望值满足不等式

$$0.5|E|\geqslant 0.5\text{MAX-CUT}(G)$$

其中，$|E|$表示为G的总边数.

证明 随机分割由对称伯努利随机向量$x\sim \mathrm{Unif}(\{-1, 1\}^n)$形成，它的坐标是独立的对称伯努利分布. 则在(3.23)中有$\mathbb{E}x_i x_j=0(i\neq j)$，$A_{ij}=0(i=j)$(因为图没有闭环). 由期望的线性性，我们得到

$$\mathbb{E}\mathrm{CUT}(G,x)=\frac{1}{4}\sum_{i,j=1}^{n}A_{ij}=\frac{1}{2}|E|$$

得证. ■

3.6.4 练习☕☕ 对任意$\varepsilon>0$，对最大分割给定一个$(0.5-\varepsilon)$-近似算法，它总能得到一个合适的分割，但运行时间可能是随机的. 给出期望运行时间的界. ☞

半正定放松

现在给出一个由 Goemans 和 Williamson 提出的 0.878-近似算法，它是建立在 NP 难题(3.24)的半正定放松上的. 应该能猜到这个放松是什么样子：回忆一下 3.21，很自然地想到下列半正定问题

$$\mathrm{SDP}(G):=\frac{1}{4}\max\left\{\sum_{i,j=1}^{n}A_{ij}(1-\langle X_i,X_j\rangle):\|X_i\|_2=1\quad 对所有\ i\right\}\tag{3.25}$$

(为什么这是一个半正定规划?)

显然，不仅在 0.878 因子内 SDP(G)近似于 MAX-CUT(G)，而且我们可以得到G的一个具体分割(例如x_i)也达到该值. 为此，我们叙述一下如何把(3.25)中的解(X_i)转化为$x_i=\pm 1$.

62

这可以通过以下随机转化的方法来实现. 在n维空间中选取一个随机超平面，它把向量集X_i分为两部分：一部分记为$x_i=1$，另一部分记为$x_i=-1$. 同样，我们可以选取一个标准正态随机向量

$$g\sim N(0,I_n)$$

并令

$$x_i:=\mathrm{sign}\langle X_i,g\rangle,\quad i=1,\cdots,n\tag{3.26}$$

如图 3.11 所示. ㊀

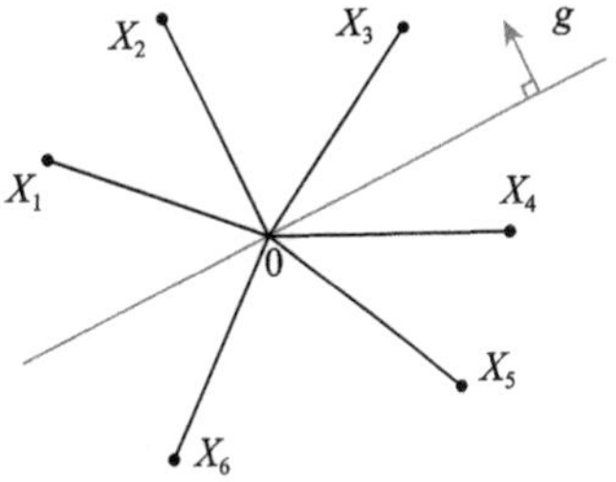

X_1 X_2 X_3 X_4 X_5 X_6 g 0

图 3.11 $\mathbb{R}^n$中的向量X_i随机转化为$x_i=\pm 1$. 对点X_i的形态和一个来自正态随机向量g的随机超平面，我们设$x_1=x_2=x_3=1$，$x_4=x_5=x_6=-1$

3.6.5 定理(最大分割的 0.878-近似算法) 设G是带邻接矩阵A的图，$x=(x_i)$为半正定规划(3.25)的解(X_i)的随机转化的结果. 则有

$$\mathbb{E}\mathrm{CUT}(G,x)\geqslant 0.878\ \ \mathrm{SDP}(G)\geqslant 0.878\ \ \mathrm{MAX\text{-}CUT}(G)$$

定理的证明是建立在下列恒等式基础上的. 我们可以把它看成是用来证明 Grothendieck 不等式(定理 3.5.1)的恒等式(3.6)的更高级形式.

3.6.6 引理(Grothendieck 恒等式) 考虑一个随机向量$g\sim N(0, I_n)$. 那么，对于S^{n-1}中的任意固定向量u，v，必有

㊀ 转化时，代替正态分布，我们可以使用$\mathbb{R}^n$中任何其他的旋转变量，例如球面S^{n-1}上的均匀分布.

$$\mathbb{E}(\text{sign}\langle g,u\rangle \text{sign}\langle g,v\rangle) = \frac{2}{\pi}\arcsin\langle u,v\rangle$$

63

3.6.7 练习☕☕ 证明 Grothendieck 恒等式. ☞

Grothendieck 恒等式的不足是含有非线性函数 arcsin，这种函数很难处理. 让我们通过数学不等式把它替换为一个线性函数.

$$1-\frac{2}{\pi}\arcsin t = \frac{2}{\pi}\arccos t \geqslant 0.878(1-t), \quad t \in [-1,1] \tag{3.27}$$

这个用软件很容易验证，见图 3.12.

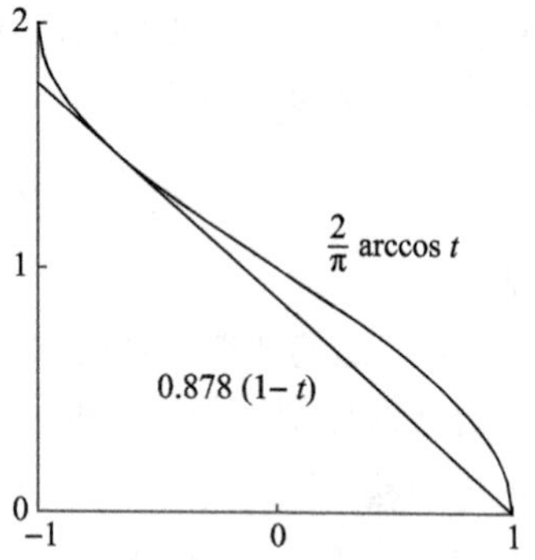

图 3.12　不等式 $\frac{2}{\pi}\arccos t \geqslant 0.878(1-t)$ 对所有 $t\in[-1, 1]$ 都成立

定理 3.6.5 的证明　由(3.23)式及期望的线性性，有

$$\mathbb{E}\text{CUT}(G,x) = \frac{1}{4}\sum_{i,j=1}^{n} A_{ij}(1-\mathbb{E}x_i x_j)$$

由转化步骤(3.26)中 x_i 的定义可以得到

$$\begin{aligned} 1-\mathbb{E}x_i x_j &= 1-\mathbb{E}(\text{sign}\langle X_i,g\rangle \text{sign}\langle X_j,g\rangle) \\ &= 1-\frac{2}{\pi}\arcsin\langle X_i,X_j\rangle \quad (\text{由 Grothendieck 恒等式，引理 3.6.6}) \\ &\geqslant 0.878(1-\langle X_i,X_j\rangle) \quad (\text{由(3.27)}) \end{aligned}$$

因此

$$\mathbb{E}\text{CUT}(G,x) \geqslant 0.878 \times \frac{1}{4}\sum_{i,j=1}^{n} A_{ij}(1-\langle X_i,X_j\rangle) = 0.878\text{SDP}(G)$$

这就证明了定理中的第一个不等式. 第二个不等式是平凡的，因为 SDP$(G)\geqslant$MAX-CUT(G). (为什么?) ■

3.7　核技巧与 Grothendieck 不等式的改良

在 3.5 节给出的 Grothendieck 不等式的证明中，绝对常数 K 是一个很大的值. 我们现在给出另一个证明，它给出了(几乎)最著名的常数 $K\leqslant 1.783$.

64

我们的新方法是建立在 Grothendieck 恒等式(引理 3.6.6)基础上的，使用这个恒等式的主要挑战来自于函数 $\arcsin x$ 的非线性. 有人认为，没有这样的非线性，但我们假设有 $\mathbb{E}(\text{sign}\langle g, u\rangle \text{sign}\langle g, v\rangle)=\frac{2}{\pi}\langle u, v\rangle$，那么 Grothendieck 不等式由

$$\frac{2}{\pi}\sum_{i,j} a_{ij}\langle u_i,v_j\rangle = \sum_{i,j} a_{ij}\,\mathbb{E}(\text{sign}\langle g,u_i\rangle \text{sign}\langle g,v_j\rangle) \leqslant 1$$

就能得到，在最后一步，我们交换了求和与求期望的顺序，并使用了对于 $x_i=\text{sign}\langle g, u_i\rangle$ 和 $y_j=\text{sign}\langle g, y_j\rangle$ 的 Grothendieck 不等式假设. 这就得出 Grothendieck 不等式的证明，且 $K\leqslant\frac{\pi}{2}\approx 1.57$.

这种观点当然是错误的. 为了解决 Grothendieck 恒等式中出现的非线性形式$\frac{2}{\pi}\arcsin\langle u, v\rangle$，我们运用以下非常强大的技巧：将$\frac{2}{\pi}\arcsin\langle u, v\rangle$表示为某个希尔伯特空间 H 中的向量 u'，v'的(线性)内积$\langle u', v'\rangle$. 在机器学习的文献中，这种方法被称作核技巧(kernel trick).

显式构造非线性变换 $u'=\Phi(u)$，$v'=\Psi(v)$是可行的. 我们的构造用张量的理论很容易理解，张量是矩阵概念的高维推广.

3.7.1 定义(张量) **张量**是一个多维数组. 因此，一个 $\boldsymbol{k}$ **阶张量**$(a_{i_1\cdots i_k})$是实数集 $a_{i_1\cdots i_k}$ 的 k 维数组. 张量 $A=(a_{i_1\cdots i_k})$和 $B=(b_{i_1\cdots i_k})$的**内积**由 $\mathbb{R}^{n_1\times\cdots\times n_k}$ 空间的典范内积定义：

$$\langle A,B\rangle := \sum_{i_1,\cdots,i_k} a_{i_1\cdots i_k} b_{i_1\cdots i_k} \tag{3.28}$$

3.7.2 例 标量、向量和矩阵都是张量的例子. 特别地，正如我们在(3.19)提到的，$m\times n$ 矩阵的张量内积(3.28)为

$$\langle A,B\rangle = \mathrm{tr}(A^{\mathrm{T}}B) = \sum_{i=1}^{m}\sum_{j=1}^{n} A_{ij}B_{ij}$$

3.7.3 例(秩-1 张量) 每个向量 $u\in\mathbb{R}^n$ 定义了一个 k 阶张量积 $u\otimes\cdots\otimes u$，它是一个张量，其元素为 u 的所有元素的 k 元组的乘积. 换句话说，

$$u\otimes\cdots\otimes u = u^{\otimes k} := (u_{i_1}\cdots u_{i_k}) \in \mathbb{R}^{n\times\cdots\times n}$$

特别地，对于 $k=2$，张量积 $u\otimes u$ 就是 $n\times n$ 矩阵，它是 u 与自身的外积：

$$u\otimes u = (u_i u_j)_{i,j=1}^{n} = uu^{\mathrm{T}}$$

我们同样可以定义不同向量 u，v，…，z 的张量积 $u\otimes v\otimes\cdots\otimes z$.

3.7.4 练习☕ 求证：对任意向量 u，$v\in\mathbb{R}^n$ 和 $k\in\mathbb{N}$，有

$$\langle u^{\otimes k}, v^{\otimes k}\rangle = \langle u,v\rangle^k$$

65

这个练习说明了一个显著的事实：我们可以把形如$\langle u, v\rangle^k$ 这样的非线性形式表示为其他空间中常见的、线性的内积. 由公式表示，严格地说存在一个希尔伯特空间 H 和一个变换 Φ：$\mathbb{R}^n\to H$，使得

$$\langle\Phi(u),\Phi(v)\rangle = \langle u,v\rangle^k$$

在这种情况下，H 是 k 阶张量的空间，并且 $\Phi(u)=u^{\otimes k}$.

在接下来的两个练习中，我们将这个结果推广到更一般的非线性上去.

3.7.5 练习☕☕

(a) 求证：存在一个希尔伯特空间 H 和一个变换 Φ：$\mathbb{R}^n\to H$，使得

$$\langle\Phi(u),\Phi(v)\rangle = 2\langle u,v\rangle^2 + 5\langle u,v\rangle^3, \quad 对所有\ u,v\in\mathbb{R}^n$$

☞

(b) 更一般地，考虑一个多项式 f：$\mathbb{R}\to\mathbb{R}$ 和 H，Φ，使得

$$\langle\Phi(u),\Phi(v)\rangle = f(\langle u,v\rangle), \quad 对所有\ u,v\in\mathbb{R}^n$$

(c) 求证：对于任意有非负系数的实解析函数，即可表示为收敛级数的函数 f：$\mathbb{R}\to\mathbb{R}$

$$f(x) = \sum_{k=0}^{\infty} a_k x^k, \quad x\in\mathbb{R} \tag{3.29}$$

（对所有的 k，$a_k \geqslant 0$），上面的结论也成立.

3.7.6 练习 设 f：$\mathbb{R} \to \mathbb{R}$ 为一个实解析函数（(3.29)中的系数是非负的）. 求证存在一个希尔伯特空间 H 和变换 Φ，Ψ：$\mathbb{R}^n \to H$，使得

$$\langle \Phi(u), \Psi(v) \rangle = f(\langle u, v \rangle), \quad \text{对所有 } u, v \in \mathbb{R}^n$$

进一步，验证

$$\|\Phi(u)\|^2 = \|\Psi(u)\|^2 = \sum_{k=0}^{\infty} |a_k| \|u\|_2^{2k}$$ ☞

特别地，让我们考虑出现在 Grothendieck 恒等式中的关于$\frac{2}{\pi}\arcsin\langle u, v\rangle$的核技巧.

3.7.7 引理 存在一个希尔伯特空间 H 和变换 Φ，Ψ：$S^{n-1} \to S(H)$，[⊖]使得

$$\frac{2}{\pi}\arcsin\langle \Phi(u), \Psi(v) \rangle = \beta\langle u, v \rangle, \quad \text{对所有 } u, v \in S^{n-1} \tag{3.30}$$

66

其中 $\beta = \frac{2}{\pi}\ln(1+\sqrt{2})$.

证明 将所需恒等式(3.30)重写为

$$\langle \Phi(u), \Psi(v) \rangle = \sin\left(\frac{\beta\pi}{2}\langle u, v \rangle\right) \tag{3.31}$$

由练习 3.7.6 知存在一个希尔伯特空间 H 和映射 Φ，Ψ：$\mathbb{R}^n \to H$ 满足(3.31). 只剩下确定 β 的值，使得 Φ 和 Ψ 从单位向量映射到单位向量. 为了做到这一点，我们回忆一下泰勒级数

$$\sin t = t - \frac{t^3}{3!} + \frac{t^5}{5!} - \cdots, \quad \sinh t = t + \frac{t^3}{3!} + \frac{t^5}{5!} + \cdots$$

由练习 3.7.6 知，对任意 $u \in S^{n-1}$，我们有

$$\|\Phi(u)\|^2 = \|\Psi(u)\|^2 = \sinh\left(\frac{\beta\pi}{2}\right)$$

如果我们设

$$\beta := \frac{2}{\pi}\operatorname{arcsinh}(1) = \frac{2}{\pi}\ln(1+\sqrt{2})$$

则上式为 1，引理得证. ■

现在我们准备证明 Grothendieck 不等式（定理 3.5.1），其常数

$$K \leqslant \frac{1}{\beta} = \frac{\pi}{2\ln(1+\sqrt{2})} \approx 1.783$$

定理 3.5.1 的证明 不失一般性，假定 u_i，$v_j \in S^{N-1}$（与我们在 3.5 节中的证明同样的道理）. 引理 3.7.7 给我们提供了在某个希尔伯特空间 H 中的单位向量 $u_i' = \Phi(u_i)$ 和 $v_j' = \Psi(v_j)$，满足

$$\frac{2}{\pi}\arcsin\langle u_i', v_j' \rangle = \beta\langle u_i, v_j \rangle, \quad \text{对所有 } i, j$$

⊖ 这里，S^{n-1} 表示 $\mathbb{R}^n$ 中的单位欧几里得球，$S(H)$ 表示希尔伯特空间 H 中的单位球.

我们可以再次假定对于某个 M 有 $H=\mathbb{R}^M$，(为什么?)那么

$$\begin{aligned}\beta\sum_{i,j}a_{ij}\langle u_i,v_j\rangle &= \sum_{i,j}a_{ij}\frac{2}{\pi}\arcsin\langle u_i',v_j'\rangle \\ &= \sum_{i,j}a_{ij}\mathbb{E}(\operatorname{sign}\langle g,u_i'\rangle\operatorname{sign}\langle g,v_j'\rangle) \quad (\text{由引理 } 3.6.6) \\ &\leqslant 1\end{aligned}$$

其中，在最后一步，我们交换了求和与求期望的顺序，并使用了 $x_i=\operatorname{sign}\langle g, u_i'\rangle$ 和 $y_j=\operatorname{sign}\langle g, y_j'\rangle$ 的 Grothendieck 不等式假定，这就得到了关于 $K\leqslant\frac{1}{\beta}$ 的 Grothendieck 不等式. ■

67

核与特征映射

由于核技巧在证明 Grothendieck 不等式时如此成功，我们可能会问：核技巧还能处理哪些非线性问题？设

$$K:\mathcal{X}\times\mathcal{X}\to\mathbb{R}$$

是 $\mathcal{X}$ 集合上的双变量函数. 在 K 满足什么条件时，我们可以找到希尔伯特空间 H 和一个变换

$$\Phi:\mathcal{X}\to H$$

使得

$$\langle\Phi(u),\Phi(v)\rangle = K(u,v),\quad \text{对所有 } u,v\in\mathcal{X}? \tag{3.32}$$

这个问题的答案由 Mercer 定理给出，更准确地说，是由 Moore-Aronszajn 定理给出. 其充要条件是 K 是一个半正定核，这意味着，对于任意有限点集 u_1，…，$u_N\in\mathcal{X}$，矩阵

$$(K(u_i,u_j))_{i,j=1}^N$$

是半正定的. 这个映射 Φ 称为特征映射，希尔伯特空间 H 可以由核 K 构造为一个(唯一的)可再生核希尔伯特空间.

机器学习中常见的 $\mathbb{R}^n$ 上的半正定核的例子包括高斯核(也称为径向基函数核)

$$K(u,v) = \exp\left(-\frac{\|u-v\|_2^2}{2\sigma^2}\right),\quad u,v\in\mathbb{R}^n,\sigma>0$$

与多项式核

$$K(u,v) = (\langle u,v\rangle + r)^k,\quad u,v\in\mathbb{R}^n,r>0,k\in\mathbb{N}$$

核技巧(3.32)将一般的核 $K(u, v)$表示为一个内积，这在机器学习中非常流行. 它允许使用开发线性模型的方法来处理非线性模型(由核 K 决定). 与我们在本节中所做的相反，在机器学习应用程序中，通常不需要显式地表出希尔伯特空间 H 和特征映射 Φ：$\mathcal{X}\to H$. 事实上，为了计算 H 中的内积$\langle\Phi(u), \Phi(v)\rangle$，不需要知道 Φ，由恒等式(3.32)就可以直接计算 $K(u, v)$.

3.8 后注

关于随机向量范数的集中的定理 3.1.1 是众所周知的，但是在现有文献中比较难找到，我们在后面将证明一个更一般的结果定理. 定理 6.3.2 对于各向异性的随机向量是有效的. 定理 3.1.1 中关于 K 的平方的依赖关系是否是最优的仍未知. 人们可能也想知道坐

标不一定独立的随机向量 X 的范数 $\|X\|_2$ 的集中，特别地，当随机向量 X 均匀地分布在一个凸集 K 上时，范数的集中是几何泛函分析中的核心问题，见[91，2节]和[35，第12章].

68

练习3.3.4提到了Cramér-Wold定理，这是特征函数的唯一性定理的一个直接结果，见[22，29节].

3.3.4节所介绍的框架的概念是正交基概念的一个很重要的推广. 如果我们想读到更多关于框架及其在信号处理和数据压缩中的应用，参见比如[50，117].

3.3.5节和3.4.4节讨论了在凸集上服从均匀分布的随机向量. 文献[11，35]详细地研究了这个主题，概述[180，212]介绍了计算高维凸集体积的算法.

我们在3.4节中对次高斯随机向量的讨论主要参考了[216]. 定理3.4.6的另一种几何证明可在[13，引理2.2]中找到.

Grothendieck不等式(定理3.5.1)最初是由A. Grothendieck在1953年证明的[88]，该证明以常数 $K\leqslant\sin\frac{\pi}{2}\approx 2.30$ 为界，这一原始证明也见[129，2节]. 对于Grothendieck不等式中关于 K 的更好或更坏界的其他证明，可参考[34]了解其历史. 文献[111，164]讨论了Grothendieck不等式在数学和计算机科学的各个分支中的应用. 我们对Grothendieck不等式的第一个证明，即3.5节给出的证明，与[5，8.1节]类似，它由Mark Rudelson所给出，能成功地引起读者的兴趣. 我们的第二个证明，即3.7节给出的，来自J.-L. Krivine[118]，这个证明的不同版本可以在[7]和[122]中找到，常数的界

$$K\leqslant\frac{\pi}{2\ln(1+\sqrt{2})}\approx 1.783$$

由Krivine给出，这是目前已知的关于 K 的最好的显式界. 然而，已经证明可能存在的最佳界必须严格小于Krivine界，但目前还没有已知的具体数，见[34].

本章的3.5节是关于最优化问题的半正定放松问题. 为了介绍凸优化知识，包括半正定规划，我们参考了文献[33，38，122，28]. 利用Grothendieck不等式来分析半正定放松，见[111，7]. 我们在3.6节中提出的最大分割问题参考了[38，6.6节]和[122，第7章]，在“半正定放松”一节中讨论的最大分割的半正定方法是由M. Goemans和D. Williamson在1995年提出的，见[81]. 由Goemans-Williamson算法得到的近似比例

$$\frac{2}{\pi}\min_{0\leqslant\theta\leqslant\pi}\frac{\theta}{1-\cos\theta}\approx 0.878$$

仍然是最大分割问题的最著名的常数. 如果唯一对策猜想是正确的，这个比例就无法提高了，即任何更好的近似都很难计算，见[110].

在3.7节中，我们给出了Krivine对Grothendieck不等式的证明，见[118]. 我们还简要地讨论了核方法. 要了解关于核的更多信息，再生核希尔伯特空间及其在机器学习中的应用，参见概述[100].

69

第4章 随机矩阵

我们现在开始学习随机矩阵的非渐近理论，该理论还将在之后的章节中继续学习. 在4.1节中，简要介绍奇异值与矩阵范数以及它们的关系. 4.2节介绍重要的几何概念——网，覆盖和填充数，测度熵，并讨论这些带有体积和编码的量的关系. 在4.4节和4.6节中，我们建立一个基本的ε-网概念，并将其用于随机矩阵. 我们首先给出算子范数的一个界(定理4.4.5)，然后给出随机矩阵所有奇异值的一个更强的双侧界(定理4.6.1). 本章还讨论了随机矩阵理论的三个应用：用于复杂网络中恢复集群或社区的谱聚类算法(4.5节)、协方差估计(4.7节)、将数据表示为几何点集的谱聚类算法.

4.1 矩阵基础知识

在线性代数基础课程中，读者应该学习过奇异值分解的概念，不过，在这里我们将重新介绍它. 然后我们将引入两个矩阵范数——算子范数和弗罗贝乌斯范数，并讨论它们之间的关系.

奇异值分解

设A是一个$m\times n$实值矩阵. 回忆一下矩阵A可以用奇异值分解(SVD)表示，它可以写成

$$A=\sum_{i=1}^{r}s_i u_i v_i^{\mathrm{T}},\quad 其中\ r=\operatorname{rank}(A) \tag{4.1}$$

这里的非负数$s_i=s_i(A)$是A的奇异值，向量$u_i\in\mathbb{R}^m$是A的左奇异向量，$v_i\in\mathbb{R}^n$是A的右奇异向量.

为了方便起见，当$r<i\leqslant n$时，我们通常通过令$s_i=0$来扩展奇异值序列. 对奇异值序列，按非递增顺序排列：

$$s_1\geqslant s_2\geqslant\cdots\geqslant s_n\geqslant 0$$

左奇异向量u_i是AA^{T}的标准正交特征向量，右奇异向量v_i是矩阵$A^{\mathrm{T}}A$的标准正交特征向量，奇异值s_i是AA^{T}，也是$A^{\mathrm{T}}A$的特征值λ_i的平方根：

$$s_i(A)=\sqrt{\lambda_i(AA^{\mathrm{T}})}=\sqrt{\lambda_i(A^{\mathrm{T}}A)}$$

特别地，如果A是一个对称矩阵，那么A的奇异值就是A的特征值λ_i的绝对值：

$$s_i(A)=|\lambda_i(A)|$$

此时A的左、右奇异向量都是A的特征向量.

Courant-Fisher最小-最大定理给出了下面的对称矩阵A的特征值$\lambda_i(A)$的变化特性，假设特征值是以非递增顺序排列的，则

$$\lambda_i(A)=\max_{\dim E=i}\ \min_{x\in S(E)}\langle Ax,x\rangle \tag{4.2}$$

这里最大值在 $\mathbb{R}^n$ 的所有 i 维子空间 E 上取的，最小值是对所有单位向量 $x\in E$ 取的，$S(E)$表示子空间 E 中的欧几里得单位球面. 对奇异值，由最小-最大定理马上得到

$$s_i(A)=\max_{\dim E=i}\min_{x\in S(E)}\|Ax\|_2$$

4.1.1 练习 假设 A 是一个具有奇异值分解

$$A=\sum_{i=1}^{n}s_iu_iv_i^{\mathrm{T}}$$

的可逆矩阵，求证

$$A^{-1}=\sum_{i=1}^{n}\frac{1}{s_i}v_iu_i^{\mathrm{T}}$$

算子范数和极端奇异值

$m\times n$ 矩阵空间存在几个经典范数，我们介绍其中两个——算子范数和弗罗贝尼乌斯范数——并介绍它们与 A 的谱之间的联系.

当我们考虑空间 $\mathbb{R}^m$ 和欧几里得范数 $\|\cdot\|_2$ 时，我们用 ℓ_2^m 表示这个希尔伯特空间，矩阵 A 作为一个从 ℓ_2^n 到 ℓ_2^m 的线性算子. 它的算子范数也称为谱范数，定义为

$$\|A\|:=\|A:\ell_2^n\to\ell_2^m\|=\max_{x\in\mathbb{R}^n\setminus\{0\}}\frac{\|Ax\|_2}{\|x\|_2}=\max_{x\in S^{n-1}}\|Ax\|_2$$

同样地，A 的算子范数可以通过对所有单位向量 x，y 求二次型$\langle Ax, y\rangle$的最大值来计算：

$$\|A\|=\max_{x\in S^{n-1},y\in S^{m-1}}\langle Ax,y\rangle$$

按照谱理论，A 的算子范数等于 A 的最大奇异值：

$$s_1(A)=\|A\|$$

71 (自己验证!)

最小奇异值 $s_n(A)$也有特殊的意义. 根据定义，它只能是非零的高矩阵，其中 $m\geqslant n$. 在这种情况下 A 有满秩 n，当且仅当 $s_n(A)>0$. 进一步，$s_n(A)$是 A 的非退化的定量测度. 事实上，

$$s_n(A)=\frac{1}{\|A^+\|}$$

其中 A^+是 A 的 Moore - Penrose 广义逆矩阵，它的范数$\|A^+\|$是算子 A^{-1}限制在 A 的像上的范数.

弗罗贝尼乌斯范数

一个元素为 A_{ij}的矩阵 A 的弗罗贝尼乌斯范数，也叫希尔伯特-施密特范数，定义为

$$\|A\|_F=\Big(\sum_{i=1}^{m}\sum_{j=1}^{n}|A_{ij}|^2\Big)^{\frac{1}{2}}$$

因此，弗罗贝尼乌斯范数是 $\mathbb{R}^{m\times n}$矩阵空间上的欧几里得范数. 对于奇异值，弗罗贝尼乌斯范数由

$$\|A\|_F=\Big(\sum_{i=1}^{r}s_i(A)^2\Big)^{\frac{1}{2}}$$

计算.

$\mathbb{R}^{m\times n}$上的典范内积可以由矩阵表示为

$$\langle A,B\rangle = \mathrm{tr}(A^{\mathrm{T}}B) = \sum_{i=1}^{m}\sum_{j=1}^{n}A_{ij}B_{ij} \tag{4.3}$$

显然，典范内积可得到典范欧几里得范数，即

$$\|A\|_F^2 = \langle A,A\rangle$$

现在我们来比较算子范数和弗罗贝尼乌斯范数. 先看一下 A 的奇异值的向量 $s=(s_1, \cdots, s_r)$，这些范数变成 ℓ_∞ 和 ℓ_2 范数，分别为

$$\|A\| = \|s\|_\infty, \quad \|A\|_F = \|s\|_2$$

对 $s\in\mathbb{R}^n$ 使用不等式 $\|s\|_\infty \leqslant \|s\|_2 \leqslant \sqrt{r}\|s\|_\infty$（自己验证!），我们得到了算子范数与弗罗贝尼乌斯范数之间可能是最佳的关系：

$$\|A\| \leqslant \|A\|_F \leqslant \sqrt{r}\|A\| \tag{4.4}$$

4.1.2 练习☕☕ 求证：对任意矩阵 A 的奇异值 s_i，下列不等式成立：

72

$$s_i \leqslant \frac{1}{\sqrt{i}}\|A\|_F$$

低秩近似

假设我们想用一个秩为 $k<r$ 的矩阵 A_k 来逼近一个秩为 r 的矩阵 A，那么 A_k 的最佳选择是什么? 换句话说，什么矩阵 A_k 使其与 A 的距离最小? 这个距离可以用算子范数或弗罗贝尼乌斯范数来表示.

在这两种情况下，Eckart-Young-Mirsky 定理给出了这个低秩近似问题的答案. 它指出最小值 A_k 是通过截断 A 的奇异值分解的第 k 项得到的：

$$A_k = \sum_{i=1}^{k} s_i u_i v_i^{\mathrm{T}}$$

换句话说，Eckart-Young-Mirsky 定理指出：

$$\|A - A_k\| = \min_{\mathrm{rank}(A')\leqslant k}\|A - A'\|$$

对于弗罗贝尼乌斯范数(事实上，对于任何酉不变范数)也有类似的结论. 矩阵 A_k 通常被称为 A 的秩为 k 的最佳近似.

4.1.3 练习(秩为 k 的最佳近似)☕☕ 设 A_k 是矩阵 A 的秩为 k 的最佳近似. 将 $\|A-A_k\|^2$ 和 $\|A-A_k\|_F^2$ 用 A 的奇异值 s_i 表示出来.

近似等距

极端奇异值 $s_1(A)$ 和 $s_n(A)$ 具有重要的几何意义，它们分别是使下列不等式成立的最小数 m 和最大数 M：

$$m\|x\|_2 \leqslant \|Ax\|_2 \leqslant M\|x\|_2, \quad 对所有\ x\in\mathbb{R}^n \tag{4.5}$$

(自己验证). 把这个不等式应用到 $x-y$ 代替 x，我们得到

$$s_n(A)\|x-y\|_2 \leqslant \|Ax-Ay\|_2 \leqslant s_1(A)\|x-y\|_2, \quad 对所有\ x\in\mathbb{R}^n$$

这意味着矩阵 A，作为从 $\mathbb{R}^n$ 到 $\mathbb{R}^m$ 的算子，只能通过一个介于 $s_n(A)$ 和 $s_1(A)$ 之间的因子来改变任意点之间的距离. 因此，极端奇异值控制了 $\mathbb{R}^n$ 在 A 作用下几何形状的变形.

在这种意义下，能够精确地保持距离的最佳矩阵被称为等距. 让我们回忆一下它们的特性，其可以用初等线性代数来证明.

4.1.4 练习(等距)☕ 设 A 为 $m\times n$ 矩阵，$m\geqslant n$. 证明下面的陈述是等价的.

(a) $A^{\mathrm{T}}A=I_n$.

73

(b) $P:=AA^{\mathrm{T}}$ 是 $\mathbb{R}^m$ 中维数为 n 的子空间上的正交投影[⊖].

(c) A 是等距的，也称 A 是将 $\mathbb{R}^n$ 等距嵌入到 $\mathbb{R}^m$ 的，即

$$\|Ax\|_2=\|x\|_2,\quad 对所有\ x\in\mathbb{R}^n$$

(d) A 的所有奇异值等于1，或者说

$$s_n(A)=s_1(A)=1$$

通常情况下，练习 4.1.4 的条件只能近似成立，在这种情况下，我们把 A 看作是近似等距.

4.1.5 引理(近似等距) 设 A 为一个 $m\times n$ 矩阵，$\delta>0$. 如果

$$\|A^{\mathrm{T}}A-I_n\|\leqslant\max(\delta,\delta^2)$$

那么

$$(1-\delta)\|x\|_2\leqslant\|Ax\|_2\leqslant(1+\delta)\|x\|_2,\quad 对所有\ x\in\mathbb{R}^n \tag{4.6}$$

因此，A 的所有奇异值介于 $1-\delta$ 和 $1+\delta$ 之间：

$$1-\delta\leqslant s_n(A)\leqslant s_1(A)\leqslant 1+\delta \tag{4.7}$$

证明 为了证明(4.6)，不失一般性，假设 $\|x\|_2=1$(为什么?). 然后，利用假设，我们得到

$$\max(\delta,\delta^2)\geqslant|\langle(A^{\mathrm{T}}A-I_n)x,x\rangle|=|\|Ax\|_2^2-1|$$

应用初等不等式

$$\max(|z-1|,|z-1|^2)\leqslant|z^2-1|,\quad z\geqslant 0 \tag{4.8}$$

对 $z=\|Ax\|_2$，我们得到

$$|\|Ax\|_2-1|\leqslant\delta$$

这证明了(4.6)，由(4.6)立即得到(4.7)，正如我们在本节开始所看到的那样. ■

4.1.6 练习(近似等距)☕☕ 证明引理 4.1.5 的逆命题：如果(4.7)成立，则

$$\|A^{\mathrm{T}}A-I_n\|\leqslant 3\max(\delta,\delta^2)$$

4.1.7 注(投影与等距) 考虑一个 $n\times m$ 矩阵 Q，那么

$$QQ^{\mathrm{T}}=I_n$$

当且仅当

$$P:=Q^{\mathrm{T}}Q$$

是 $\mathbb{R}^m$ 到 n 维子空间上的正交投影到(这可以直接被验证，也可以从练习 4.1.4 中通过取 $A=Q^{\mathrm{T}}$ 推导出来). 在这种情况下，矩阵 Q 本身通常被称为 $\mathbb{R}^m$ 到 $\mathbb{R}^n$ 的投影.

74

注意，当且仅当 A^{T} 是 $\mathbb{R}^m$ 到 $\mathbb{R}^n$ 的投影时，它才是 $\mathbb{R}^n$ 到 $\mathbb{R}^m$ 的等距嵌入. 这些结论也可用于近似等距 A，在这种情况下转置 A^{T} 是一个近似的投影.

⊖ 回想一下，如果 $P^2=P$，那么 P 就是投影；如果 P 的像和核是正交子空间，那么 P 就是正交的.

4.1.8 **练习**(酉矩阵的等距和投影)☕ 等距和投影的典型例子可以由固定的酉矩阵U构造. 验证：通过选择列子集得到的U的子矩阵是等距，通过选择行子集得到的U的子矩阵是投影.

4.2 网、覆盖数和填充数

下面我们将构造一种简单而有力的方法—ε-网理论——并说明它对随机矩阵分析的用处. 在本节中，我们介绍ε-网的概念，你可能在实分析课程中遇到过这个概念. 我们将同时介绍其他一些基本概念——覆盖、填充、熵、体积和编码.

4.2.1 **定义**(ε-网) 设(T, d)是一个度量空间. 考虑子集$K\subset T$，并设$\varepsilon>0$，称子集$\mathcal{N}\subseteq K$为K的一个**ε-网**. 如果K中的每个点都与$\mathcal{N}$中某个点的距离不超过ε，即

$$\forall x \in K, \exists x_0 \in \mathcal{N}: d(x,x_0) \leqslant \varepsilon$$

等价地，$\mathcal{N}$是K的一个ε-网，当且仅当K可以被若干个中心在$\mathcal{N}$内，半径为ε的球覆盖，见图4.1a.

如果你对上述定义感到疑惑，有一个重要的例子可以帮助理解. 设$T=\mathbb{R}^n$，d表示欧几里得距离，即

$$d(x,y) = \|x-y\|_2, \quad x,y \in \mathbb{R}^n \tag{4.9}$$

在这种情况下，我们可以用圆球覆盖子集$K\subset\mathbb{R}^n$，如图4.1a所示. 我们已经在推论0.0.4中见过一个覆盖的例子，其中K是一个多面体.

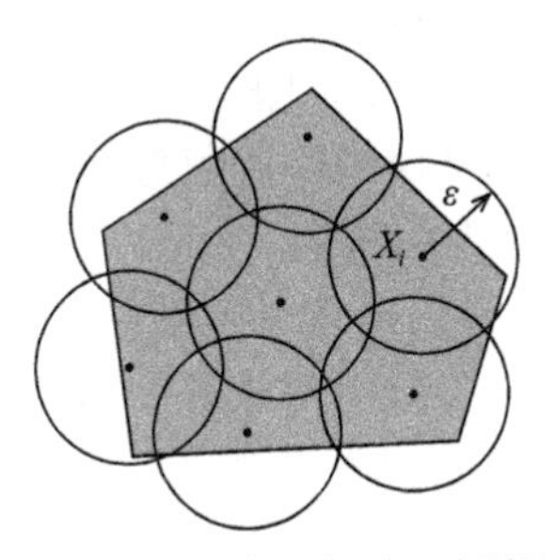

a) 五边形区域K由7个ε-球覆盖，有$\mathcal{N}(K,\varepsilon)\leqslant 7$

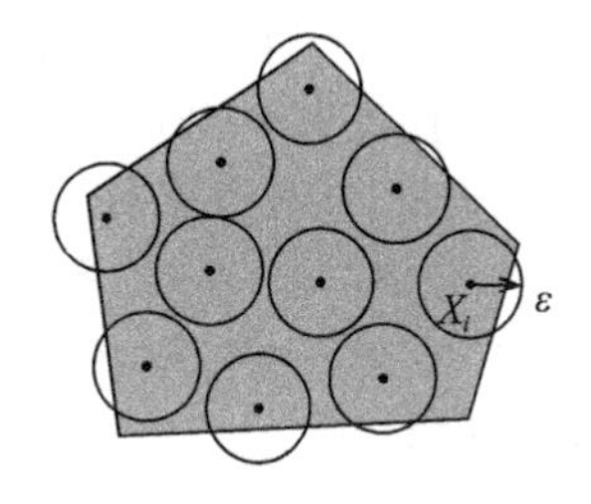

b) 五边形区域K被10个ε-球填充，有$\mathcal{P}(K,\varepsilon)\leqslant 10$

图4.1 覆盖和填充

75

4.2.2 **定义**(覆盖数) K的所有ε-网的最小元素数称为K的**覆盖数**，记作$\mathcal{N}(K, d, \varepsilon)$. 等价地，$\mathcal{N}(K, d, \varepsilon)$是中心在$K$内、半径为ε、覆盖$K$的闭球的最小数量.

4.2.3 **注**(紧致性) 实分析中的一个重要结果指出，度量空间(T, d)的子集K是预紧的(即K的闭包是紧的)，当且仅当

$$\mathcal{N}(K,d,\varepsilon) < \infty, \quad 对所有\ \varepsilon > 0$$

因此，我们可以把$\mathcal{N}(K, d, \varepsilon)$的大小看作$K$的紧性的量化指标.

与覆盖密切相关的是填充这个概念.

4.2.4 **定义**(填充数) 若度量空间(T, d, ε)的子集$\mathcal{N}$对所有不同的点x，y有$d(x, y)>\varepsilon$，则称$\mathcal{N}$是**ε-分离的**. 集合$K\subset T$的ε-分离子集的最大可能数目称为K的**填充**

数，记作 $\mathcal{P}(K, d, \varepsilon)$.

4.2.5 练习(将球填充到 K 中)☕☕

(a) 假设 T 是一个赋范空间. 证明 $\mathcal{P}(K, d, \varepsilon)$是中心在 K 内，半径为$\frac{\varepsilon}{2}$的不相交的闭球的最大数量. 参见图 4.1b.

(b) 举例说明，对于一般的度量空间 T，之前的叙述可能是错误的.

4.2.6 引理(分离集中的网)　设 $\mathcal{N}$是 K 的一个极大[⊖] ε-分离子集，则 $\mathcal{N}$是 K 的一个 ε-网.

证明　设 $x \in K$，我们要证明存在 $x_0 \in \mathcal{N}$，有 $d(x, x_0) \leqslant \varepsilon$. 如果 $x \in \mathcal{N}$，则取 $x_0 = x$，结论显然成立. 现假设 $x \notin \mathcal{N}$，极大性假设意味着 $\mathcal{N} \cup \{x_0\}$不是 ε-分离的. 但这也恰恰说明了对某个 $x_0 \in \mathcal{N}$，有 $d(x, x_0) \leqslant \varepsilon$，证毕. ■

4.2.7 注(构造网)　引理 4.2.6 可以给出下面一个简单的算法来构造给定集合 K 的 ε-网. 任意取点 $x_1 \in K$，取与 x_1 距离大于 ε 的点 $x_2 \in K$，再取 x_3，使之与 x_1，x_2 的距离大于 ε，以此类推. 如果 K 是紧的，则算法在有限时间内终止(为什么?)，并得到 K 的一个 ε-网.

覆盖数和填充数本质上是等价的：

4.2.8 引理(覆盖数和填充数的等价性)　对于任何集合 $K \subset T$ 和任意 $\varepsilon > 0$，我们有

76

$$\mathcal{P}(K,d,2\varepsilon) \leqslant \mathcal{N}(K,d,\varepsilon) \leqslant \mathcal{P}(K,d,\varepsilon)$$

证明　上界可由引理 4.2.6 得出. (为什么?)

为证明下界，在 K 中选取一个 2ε-分离的子集 $\mathcal{P} = \{x_i\}$和 K 的一个 ε-网 $\mathcal{N} = \{y_j\}$. 根据网的定义，每个点 x_i 属于以某一点 y_j 为球心的闭 ε-球. 进一步，因为任何闭球都不能包含一对 2ε-分离点，每个以 y_j 为球心的 ε-球至多包含一个 x_i. 由鸽子洞原理得 $|\mathcal{P}| \leqslant |\mathcal{N}|$. 因为不等式对任意填充数 $\mathcal{P}$ 和覆盖数 $\mathcal{N}$ 都成立，引理下界由此得证. ■

4.2.9 练习(允许中心在 K 外)☕☕☕　在 K 的覆盖数的定义中，我们要求形成覆盖的球 $B(x_i, \varepsilon)$的中心 x_i 在 K 中. 现在放宽这个条件，定义类似的外覆盖数 $\mathcal{N}^{\text{ext}}(K, d, \varepsilon)$，但不要求 $x_i \in K$. 证明

$$\mathcal{N}^{\text{ext}}(K,d,\varepsilon) \leqslant \mathcal{N}(K,d,\varepsilon) \leqslant \mathcal{N}^{\text{ext}}\left(K,d,\frac{\varepsilon}{2}\right)$$

4.2.10 练习(单调性)☕☕☕　给出一个下列单调性的反例：

$$L \subset K \quad \text{蕴涵} \quad \mathcal{N}(L,d,\varepsilon) \leqslant \mathcal{N}(K,d,\varepsilon)$$

证明单调性的一个近似结论：

$$L \subset K \quad \text{蕴涵} \quad \mathcal{N}(L,d,\varepsilon) \leqslant \mathcal{N}\left(K,d,\frac{\varepsilon}{2}\right)$$

覆盖数和体积

现在让我们用一个重要的例子来专门讨论覆盖数，设 $T = \mathbb{R}^n$，其欧几里得度量为

$$d(x,y) = \|x - y\|_2$$

与(4.9)中相同. 为了简化记号，当从上下文中可以理解时，我们通常会省略该度量，因此写为

⊖ 在这里，我们所说的“极大”是指向 $\mathcal{N}$添加任何新的点都会破坏 $\mathcal{N}$的分离性.

$$\mathcal{N}(K,\varepsilon)=\mathcal{N}(K,d,\varepsilon)$$

如果覆盖数可以度量 K 的大小，那它与 K 的最经典的大小度量值——$\mathbb{R}^n$ 中 K 的体积有何联系？这两个量之间不可能有完全的等价性，因为“平面”集有零体积，但有非零的覆盖数.

不过仍然有一个有用的部分等价，其通常是非常精确的，建立在 $\mathbb{R}^n$ 中集合的 Minkowski 和的概念基础上.

4.2.11 定义(Minkowski 和)　设 A 和 B 是 $\mathbb{R}^n$ 的子集. Minkowski 和 $A+B$ 定义为

$$A+B:=\{a+b: a\in A, b\in B\}$$

图 4.2 给出了平面上两个集合的 Minkowski 和的例子.

77

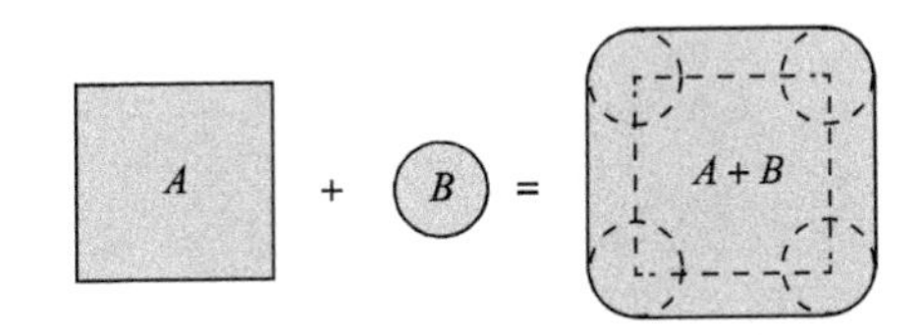

图 4.2　正方形和圆的 Minkowski 和是一个圆角的正方形

4.2.12 命题(覆盖数和体积)　设 K 是 $\mathbb{R}^n$ 的子集，$\varepsilon>0$，则有

$$\frac{|K|}{|\varepsilon B_2^n|}\leqslant\mathcal{N}(K,\varepsilon)\leqslant\mathcal{P}(K,\varepsilon)\leqslant\frac{\left|\left(K+\frac{\varepsilon}{2}B_2^n\right)\right|}{\left|\frac{\varepsilon}{2}B_2^n\right|}$$

这里，$|\cdot|$ 表示 $\mathbb{R}^n$ 中的体积，B_2^n 表示 $\mathbb{R}^n$ 中的单位欧几里得球[⊖]，所以 εB_2^n 是以 ε 为半径的欧几里得球.

证明　中间的不等式由引理 4.2.8 得到，所以我们只需证明左右两边的界.

先证明下界. 设 $N:=\mathcal{N}(K,\varepsilon)$，则 K 可以用 N 个以 ε 为半径的球覆盖，比较体积，可得

$$|K|\leqslant N|\varepsilon B_2^n|$$

两边同时除以 $|\varepsilon B_2^n|$，可得下界成立.

最后证明上界. 设 $N:=\mathcal{P}(K,\varepsilon)$. 那么，我们能够构造 N 个中心为 $x_i\in K$，半径为 $\frac{\varepsilon}{2}$ 的不相交闭球 $B\left(x_i,\frac{\varepsilon}{2}\right)$(见练习 4.2.5). 虽然这些球不一定完全在 K 内部(见图 4.1b)，但它们确实在一个稍大的集合中，即 $K+\left(\frac{\varepsilon}{2}\right)B_2^n$ 中(为什么?). 通过比较体积，我们有

$$N\left|\frac{\varepsilon}{2}B_2^n\right|\leqslant\left|K+\frac{\varepsilon}{2}B_2^n\right|$$

这就证明了命题的上界.　■

⊖　所以 $B_2^n=\{x\in\mathbb{R}^n: \|x\|_2\leqslant 1\}$.

体积界(4.10)的一个重要结果是欧几里得球及许多其他集合的覆盖数(因而填充数)，与维度 n 是呈指数关系的. 让我们来验证它.

4.2.13 推论(欧几里得球的覆盖数)　对于任何 $\varepsilon>0$，单位欧几里得球 B_2^n 的覆盖数满足结论

$$\left(\frac{1}{\varepsilon}\right)^n \leqslant \mathcal{N}(B_2^n,\varepsilon) \leqslant \left(\frac{2}{\varepsilon}+1\right)^n$$

78 单位欧几里得球面 S^{n-1} 有同样的上界.

证明　下界由命题 4.2.12 立即得出，因为 $\mathbb{R}^n$ 中的立体的体积有下式：

$$|\varepsilon B_2^n| = \varepsilon^n |B_2^n|$$

上界也可由命题 4.2.12 得出：

$$\mathcal{N}(B_2^n,\varepsilon) \leqslant \frac{\left|\left(1+\frac{\varepsilon}{2}\right)B_2^n\right|}{\left|\frac{\varepsilon}{2}B_2^n\right|} = \frac{\left(1+\frac{\varepsilon}{2}\right)^n}{\left(\frac{\varepsilon}{2}\right)^n} = \left(\frac{2}{\varepsilon}+1\right)^n$$

球面的上界可以用同样的方式证明. ■

为了简化界，注意到在非平凡范围 $\varepsilon\in(0, 1]$内，我们有

$$\left(\frac{1}{\varepsilon}\right)^n \leqslant \mathcal{N}(B_2^n,\varepsilon) \leqslant \left(\frac{3}{\varepsilon}\right)^n \tag{4.10}$$

在 $\varepsilon>1$ 的平凡范围内，单位球刚好被一个 ε-球覆盖，因此 $N(B_2^n, \varepsilon)=1$.

我们刚刚给出的体积结论对许多其他情形也是成立的，让我们举一个重要的例子.

4.2.14 定义(汉明立方体)　**汉明立方体** $\{0, 1\}^n$ 由所有长度为 n 的二进制字符串组成. 两个二进制字符串 x，y 的**汉明距离** $d_H(x, y)$定义为两者的不一致的二进制位数，即

$$d_H(x,y):=\#\{i: x(i)\neq y(i)\},\quad x,y\in\{0,1\}^n$$

加进了该度量后，汉明立方体变为一个度量空间$(\{0, 1\}^n, d_H)$，有时称为**汉明空间**.

4.2.15 练习☕　验证 d_H 确是一个度量.

4.2.16 练习(汉明立方体的覆盖数和填充数)☕☕☕　设 $K=\{0, 1\}^n$，求证：对每个整数 $m\in[0, n]$，有

$$\frac{2^n}{\sum_{k=0}^{m}\binom{n}{k}} \leqslant \mathcal{N}(K,d_H,m) \leqslant \mathcal{P}(K,d_H,m) \leqslant \frac{2^n}{\sum_{k=0}^{\lfloor m/2\rfloor}\binom{n}{k}}$$ ☞

为使上述界更容易计算，你可以使用练习 0.0.5 中的二项式求和的界.

4.3　应用：纠错码

覆盖和填充理论经常出现在编码理论的应用中. 在本节，我们给出两个例子，将覆盖

79 和填充理论与复杂性和纠错应用联系起来.

度量熵与复杂性

从直观上讲，覆盖数和填充数反映了集合 K 的复杂程度. 覆盖数的对数$\log_2\mathcal{N}(K, \varepsilon)$通常称为 K 的度量熵. 正如我们即将看到的，度量熵等于编码 K 中的点所需的比特数.

4.3.1 命题（度量熵和编码） 设(T, d)是一个度量空间，考虑其上的子集$K\subset T$. 用$\mathcal{C}(K, d, \varepsilon)$表示可以按度量$d$以精度为$\varepsilon$表述每个点$x\in K$的最小比特数，那么有

$$\log_2\mathcal{N}(K,d,\varepsilon)\leqslant\mathcal{C}(K,d,\varepsilon)\leqslant\log_2\mathcal{N}\left(K,d,\frac{\varepsilon}{2}\right)$$

证明 先证下界. 设$\mathcal{C}(K, d, \varepsilon)\leqslant N$，这意味着存在一个变换（"编码"），将点$x\in K$变换到以精度为$\varepsilon$表述点的长度为$N$的字符串. 这种变换可将$K$分成最多$2^N$个子集，这些子集可由对相同字符串表示的点进行分组而获得，见图4.3. 每个子集的直径[⊖]不可超过ε，因此每个子集可被一个中心在K内，半径为ε的球覆盖（为什么?）. 因此K可被最多2^N个半径为ε的球覆盖，即$\mathcal{N}(K, d, \varepsilon)\leqslant 2^N$. 对两边取对数，我们就得到命题中的下界.

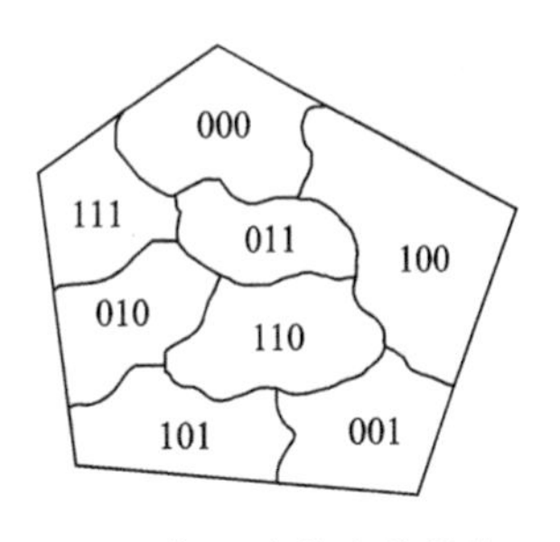

图4.3 将K中的点编码为N比特字符串会将K分成最多2^N个子集

现在证明上界. 假设$\log_2\mathcal{N}\left(K, d, \frac{\varepsilon}{2}\right)\leqslant N$，这意味着存在$K$中的一个$\frac{\varepsilon}{2}$-网$\mathcal{N}$，有基数$|\mathcal{N}|\leqslant 2^N$. 对每个点$x\in K$，我们取定一个最接近$x$的点$x_0\in\mathcal{N}$. 由于最多存在$2^N$个这样的点，因此$N$比特足以表述点$x_0$. 需要注意的是，编码$x\mapsto x_0$表示$K$中精度为$\varepsilon$的点. 事实上，如果$x$和$y$都被同一个$x_0$编码，则由三角形不等式有

$$d(x,y)\leqslant d(x,x_0)+d(y,y_0)\leqslant\frac{\varepsilon}{2}+\frac{\varepsilon}{2}=\varepsilon$$

这就证明了$\mathcal{C}(K, d, \varepsilon)\leqslant N$，证毕. ■ 80

纠错码

假设 Alice 想要给 Bob 发一封有k个字母的信息，例如

x:="fill the glass"

进一步假设有一个窃听者，他至多可以改变信息中的r个字母来篡改 Alice 想要发的信息. 例如当$r=2$时，Bob 也许会收到以下文字：

y:="bill the class"

那么是否存在一种能够纠正已经遭到窃听者破坏的信息从而使得 Alice 和 Bob 的交流不受影响的方法呢?

一个最普遍的方法就是使用冗余的字母. Alice 可以把这个带有k个字母的信息扩展成一个更长的、带有n个字母的信息，其中$n>k$，她希望即使有r个字母被篡改，额外的信息仍能够帮助 Bob 得到正确的信息.

4.3.2 例（重复编码） Alice 可以只需将信息重复几次，也就是发送给 Bob 如下文字：

$E(x)$:="fill the glass fill the glass fill the glass fill the glass fill the glass"

然后 Bob 可以使用大数解码法，即分析任何一个特定字母的权重. 他会从$E(x)$已经被修改

⊖ 若(T, d)是一个度量空间，并且$K\subset T$，则集合K的直径的定义为$\operatorname{diam}(K):=\sup\{d(x, y): x, y\in K\}$.

了的信息中选出出现最频繁的字母. 如果原始信息 x 重复了 $2r+1$ 次，那么即使 $E(x)$被篡改了 r 个字母，这种译码方法也能恢复 x.(为什么?)

大数解码法的问题就是效率较低：它要用

$$n=(2r+1)k \tag{4.11}$$

个字母来破译一个带有 k 个字母的信息. 我们马上会看到，存在一种纠错码，使用的字母个数远远小于 n.

先让我们描述一下这种纠错码的概念，即把一则含有 k 个字母的信息扩展成含有 n 个字母的信息，从而可以纠正 r 个错误. 为了简便起见，我们用只含有 0 和 1 的二进制代码来代替英文字母进行讨论.

4.3.3 定义(纠错码)　设 k，n 和 r 是固定整数. 如下两个映射

$$E:\{0,1\}^k\to\{0,1\}^n,\quad D:\{0,1\}^n\to\{0,1\}^k$$

称为能纠正 r 个错误的**编码**和**解码**映射，如果对于任意 $x\in\{0,1\}^n$，以及任意 $y\in\{0,1\}^k$，其中 y 与 $E(x)$至多有 r 个字符不同，都有

$$D(y)=x$$

编码映射 E 被称为**纠错码**，它的像 $E(\{0,1\}^k)$被称为**编码本**(通常，像本身也被称为**纠错码**)，像中的元素 $E(x)$被称为**码字**.

现在我们要将纠错码和汉明立方体$(\{0,1\}^n, d_H)$中的填充数联系起来，d_H 是定义 4.2.14 中介绍的汉明度量.

81

4.3.4 引理(纠错与填充)　设有正整数 k，n 和 r 满足下列条件

$$\log_2\mathcal{P}(\{0,1\}^n,d_H,2r)\geqslant k$$

那么存在一个纠错码，它可以将长度为 k 的字符串编码成长度为 n 的字符串，并且可以纠正 r 个错误.

证明　由假设，存在一个子集 $\mathcal{N}\subset\{0,1\}^n$，其基数$|\mathcal{N}|=2^k$，使得以 $\mathcal{N}$ 中的点为球心，r 为半径的闭球是互不相交的(为什么?). 然后我们定义编码和解码映射如下：取 $E:\{0,1\}^k\to\mathcal{N}$是任意一个一一映射，以及 $D:\{0,1\}^n\to\{0,1\}^k$ 是最近邻解码器[⊖].

如果 $y\in\{0,1\}^n$ 与 $E(x)$至多有 r 位不同，y 位于以 $E(x)$为中心，r 为半径的闭球内. 由构造知这些闭球是互不相交的，所以相比 $\mathcal{N}$ 中其他任何码字 $E(x')$，y 一定更加严格接近 $E(x)$. 因此该最近邻正确地解码了 y，换言之，$D(y)=x$，证毕. ■

让我们将练习 4.2.16 中汉明立方体的填充数的界代入引理 4.3.4 中.

4.3.5 定理(纠错码的存在性)　设有正整数 k，n 和 r 满足下列条件

$$n\geqslant k+2r\log_2\left(\frac{\mathrm{e}n}{2r}\right)$$

那么存在一个纠错码可以将长度为 k 的字符串编码成长度为 n 的字符串，并且可以纠正 r 个错误.

证明　从填充数到覆盖数，使用引理 4.2.8，然后再利用练习 4.2.16 中汉明立方体的

⊖ 严格地，我们令 $D(y)=x_0$，其中 $E(x_0)$是 $\mathcal{N}$中到 y 的最近的码字.

填充数的界(并且简化使用练习 0.0.5)，我们得到

$$\mathcal{P}(\{0,1\}^n, d_H, 2r) \geqslant \mathcal{N}(\{0,1\}^n, d_H, 2r) \geqslant 2^n\left(\frac{2r}{en}\right)^{2r}$$

由假定，这个量的下界可进一步改进为 2^k. 应用引理 4.3.4，定理得证. ■

严格地，定理 4.3.5 表明，如果我们让附加信息 $n-k$ 几乎是 r 的线性函数：

$$n-k \sim r\log\frac{n}{r}$$

那么，我们能纠正 r 个错误. 这个附加信息比重复编译(4.11)要少得多. 例如，在校正 Alice 发出的包含 12 个字母的信息 "fill the glass" 中的两处错误时，只需要将其编码成 30 个字母的码字就足够了.

82

4.3.6 注(纠错比率)　对于一个已知的纠错码是否可靠，可以通过纠错比率和误差分数来判断，它们分别被定义为

$$R:=\frac{k}{n},\quad \delta:=\frac{r}{n}$$

定理 4.3.5 表明该纠错码的纠错比率高达

$$R \geqslant 1-f(2\delta)$$

其中 $f(t)=t\log_2\left(\frac{e}{t}\right)$.

4.3.7 练习(最优性)☕☕☕

(a) 证明引理 4.3.4 的逆命题.

(b) 推导定理 4.3.5 的逆命题. 即：任何一个可以把含有 k 位字符串编码为 n 位字符串，并纠正 r 个错误的纠错码，它的纠错比率一定为

$$R \leqslant 1-f(\delta)$$

其中 $f(t)=t\log_2\left(\frac{e}{t}\right)$.

4.4　随机次高斯矩阵的上界

我们现在要开始学习随机矩阵的非渐近理论. 随机矩阵理论 A 是研究 $m\times n$ 的带有随机元素的矩阵的，该理论的中心问题是矩阵 A 的奇异值分布、特征值(如果矩阵 A 是对称的)以及特征向量.

定理 4.4.5 将会以算子范数形式(等价于最大的奇异值)给出一个带有独立的次高斯元素的随机矩阵的第一个界，这个界不是最精确也不是最广泛的. 在 4.6 节和 6.5 节中我们将会得到更精确、更普遍的结论.

但在这之前，让我们先了解如何用 ε-网来计算一个矩阵的算子范数.

网的范数计算

ε-网的概念能够帮助我们简化高维背景下的各种问题，其中一类就是计算 $m\times n$ 阶矩阵 A 的算子范数. 在 4.1 节中我们已经定义了算子范数：

$$\|A\| = \max_{x\in S^{n-1}}\|Ax\|_2$$

因此，要计算$\|A\|$就只需要在球面S^{n-1}上确定$\|Ax\|_2$的一致上界. 我们将会证明，不需要在整个球面上，只需要确定在该球面的ε-网上(在欧氏度量中)的界就足够了.

4.4.1 引理(在ε-网上计算算子范数)　设A是一个$m\times n$矩阵，$\varepsilon\in[0, 1)$. 那么，对于球面S^{n-1}上任何一个ε-网$\mathcal{N}$，我们有

83

$$\sup_{x\in\mathcal{N}}\|Ax\|_2\leqslant\|A\|\leqslant\frac{1}{1-\varepsilon}\sup_{x\in\mathcal{N}}\|Ax\|_2$$

证明　由于$\mathcal{N}\subset S^{n-1}$，不等式左端是显然成立的. 要证明右端，先固定一个向量$x\in S^{n-1}$，使得

$$\|A\|=\|Ax\|_2$$

选择一个与x接近的$x_0\in\mathcal{N}$，使得

$$\|x-x_0\|_2\leqslant\varepsilon$$

由算子范数的定义，有

$$\|Ax-Ax_0\|_2=\|A(x-x_0)\|_2\leqslant\|A\|\|x-x_0\|_2\leqslant\varepsilon\|A\|$$

使用三角不等式可得

$$\|Ax_0\|_2\geqslant\|Ax\|_2-\|Ax-Ax_0\|_2\geqslant\|A\|-\varepsilon\|A\|=(1-\varepsilon)\|A\|$$

不等式两边同时除以$1-\varepsilon$，证毕. ■

4.4.2 练习☕　设$x\in\mathbb{R}^n$，$\mathcal{N}$是球面S^{n-1}上的一个ε-网. 求证：

$$\sup_{y\in\mathcal{N}}\langle x,y\rangle\leqslant\|x\|_2\leqslant\frac{1}{1-\varepsilon}\sup_{y\in\mathcal{N}}\langle x,y\rangle$$

在4.1节中已经证明过矩阵A的算子范数可以通过最大化一个二次型得到：

$$\|A\|=\max_{x\in S^{n-1},y\in S^{m-1}}\langle Ax,y\rangle$$

进一步，对于对称矩阵，在上述公式中可取$x=y$. 接下来的练习将会表明我们不用在整个球面上控制二次型，只需要在ε-网上控制就足够了.

4.4.3 练习(网的二次型)☕☕　设A为$m\times n$矩阵，$\varepsilon\in\left[0, \frac{1}{2}\right)$.

(a) 证明：对于球面S^{n-1}上任意ε-网$\mathcal{N}$以及球面S^{m-1}上任意ε-网$\mathcal{M}$，我们有

$$\sup_{x\in\mathcal{N},y\in\mathcal{M}}\langle Ax,y\rangle\leqslant\|A\|\leqslant\frac{1}{1-2\varepsilon}\sup_{x\in\mathcal{N},y\in\mathcal{M}}\langle Ax,y\rangle$$

(b) 进一步证明，如果$m=n$，且A为对称阵，则有

$$\sup_{x\in\mathcal{N}}|\langle Ax,x\rangle|\leqslant\|A\|\leqslant\frac{1}{1-2\varepsilon}\sup_{x\in\mathcal{N}}|\langle Ax,x\rangle|$$ ☞

4.4.4 练习(网的范数的偏差)☕☕☕　设A为$m\times n$矩阵，$\mu\in\mathbb{R}$，$\varepsilon\in\left[0, \frac{1}{2}\right)$. 证明：对于球面$S^{n-1}$上的任意$\varepsilon$-网$\mathcal{N}$，我们有

84

$$\sup_{x\in S^{n-1}}|\|Ax\|_2-\mu|\leqslant\frac{C}{1-2\varepsilon}\sup_{x\in\mathcal{N}}|\|Ax\|_2-\mu|$$ ☞

次高斯随机矩阵的范数

我们将要得出有关随机矩阵的第一个结论. 接下来的定理表示带有独立的次高斯元素

的 $m\times n$ 随机矩阵 A 的范数以较大的概率满足

$$\|A\|\lesssim\sqrt{m}+\sqrt{n}$$

4.4.5 定理(带有次高斯元素矩阵的范数) 设 A 为一个 $m\times n$ 随机矩阵，它的每一个元素项 A_{ij} 都是独立的、零均值的次高斯随机变量. 对于任意 $t>0$，我们有[⊖]

$$\|A\|\leqslant CK(\sqrt{m}+\sqrt{n}+t)$$

成立的概率至少为 $1-2\exp(-t^2)$，其中 $K=\max\limits_{i,j}\|A_{ij}\|_{\psi_2}$.

证明 此证明是 ε-网结果的一个例子. 我们需要对单位球面上所有向量 x 和 y，确定 $\langle Ax, y\rangle$的界. 然后，我们会用网离散化球体(这一步是近似化)，对取自网的固定向量 x 和 y，建立$\langle Ax, y\rangle$的严格的界(这一步是集中)，最后找到对网中所有 x 和 y 都成立的一致界.

第 1 步：近似化. 选取 $\varepsilon=\frac{1}{4}$. 使用推论 4.2.13，我们可以找到球面 S^{n-1}上任意 ε-网 $\mathcal{N}$ 以及球面 S^{m-1}任意 ε-网 $\mathcal{M}$，它们的基数分别为

$$|\mathcal{N}|\leqslant 9^n,\quad |\mathcal{M}|\leqslant 9^m \tag{4.12}$$

由练习 4.4.3，矩阵 A 的算子范数可以利用这些网来定界如下：

$$\|A\|\leqslant 2\max_{x\in\mathcal{N},y\in\mathcal{M}}\langle Ax,y\rangle \tag{4.13}$$

第 2 步：集中. 固定 $x\in\mathcal{N}$，$y\in\mathcal{M}$，那么二次型

$$\langle Ax,y\rangle=\sum_{i=1}^{n}\sum_{j=1}^{m}A_{ij}x_iy_j$$

是独立的次高斯随机变量的和. 由命题 2.6.1 知，该和也是次高斯分布的，并且有

$$\begin{aligned}\|\langle Ax,y\rangle\|_{\psi_2}^2&\leqslant C\sum_{i=1}^{n}\sum_{j=1}^{m}\|A_{ij}x_iy_j\|_{\psi_2}^2\leqslant CK^2\sum_{i=1}^{n}\sum_{j=1}^{m}x_i^2y_j^2\\&=CK^2\Big(\sum_{i=1}^{n}x_i^2\Big)\Big(\sum_{j=1}^{m}y_i^2\Big)=CK^2\end{aligned}$$

联系之前的(2.14)，这个结论还可以表示为尾分布界

$$\mathbb{P}\{\langle Ax,y\rangle\geqslant u\}\leqslant 2\exp\Big(-\frac{cu^2}{K^2}\Big),\quad u\geqslant 0 \tag{4.14}$$

85

第 3 步：一致界. 接着，我们不固定 x 和 y，而是用一致界来进行控制. 假设事件 $\max\limits_{x\in\mathcal{N},y\in\mathcal{M}}\langle Ax, y\rangle\geqslant u$ 发生，那么就存在 $x\in\mathcal{N}$，$y\in\mathcal{M}$ 使得$\langle Ax, y\rangle\geqslant u$ 成立，因此一致界可推导出

$$\mathbb{P}\Big\{\max_{x\in\mathcal{N},y\in\mathcal{M}}\langle Ax,y\rangle\geqslant u\Big\}\leqslant\sum_{x\in\mathcal{N},y\in\mathcal{M}}\mathbb{P}\{\langle Ax,y\rangle\geqslant u\}$$

利用尾分布界(4.14)以及在 $\mathcal{N}$ 和 $\mathcal{M}$ 上的估计结果(4.12)，我们可求出上述概率的上界为

$$9^{n+m}2\exp\Big(-\frac{cu^2}{K^2}\Big) \tag{4.15}$$

⊖ 在类似这样的结论中，C 和 c 总是表示正绝对常数.

取

$$u = CK(\sqrt{n} + \sqrt{m} + t) \tag{4.16}$$

那么 $u^2 \geqslant C^2 K^2 (n+m+t^2)$，当常数 C 充分大时，(4.15)式中的指数也会充分大，比如 $\frac{cu^2}{K^2} \geqslant 3(n+m)+t^2$，那么就有

$$\mathbb{P}\left\{\max_{x \in \mathcal{N}, y \in \mathcal{M}} \langle Ax, y \rangle \geqslant u\right\} \leqslant 9^{n+m} 2\exp(-3(n+m)-t^2) \leqslant 2\exp(-t^2)$$

最后，结合(4.13)式，我们得到

$$\mathbb{P}\{\|A\| \geqslant 2u\} \leqslant 2\exp(-t^2)$$

再结合(4.16)式中选取的 u，我们就完成了证明. ■

4.4.6 练习(范数的期望)☕ 从定理 4.4.5 推出

$$\mathbb{E}\|A\| \leqslant CK(\sqrt{m} + \sqrt{n})$$

4.4.7 练习(最优性)☕☕ 假设定理 4.4.5 中矩阵元素 A_{ij} 有单位方差，证明：

$$\mathbb{E}\|A\| \geqslant C(\sqrt{m} + \sqrt{n})$$

☞

定理 4.4.5 可以很容易推广到对称矩阵的情形：依大概率，对称矩阵其上界为

$$\|A\| \lesssim \sqrt{n}$$

4.4.8 推论(次高斯随机矩阵的范数) 设 A 为一个 $n \times n$ 的对称随机矩阵，其对角线及对角线以上的元素 A_{ij} 是独立的、零均值的次高斯随机变量，那么，对于任意的 $t>0$，我们有

$$\|A\| \leqslant CK(\sqrt{n} + t)$$

86

成立的概率至少为 $1-4\exp(-t^2)$，其中 $K = \max_{i,j} \|A_{ij}\|_{\psi_2}$.

证明 将矩阵 A 分解为上三角部分 A^+ 和下三角部分 A^-. 对角线元素在哪一部分都不影响，这里不妨把它放入 A^+ 中. 那么就有

$$A = A^+ + A^-$$

将定理 4.4.5 分别应用到 A^+ 和 A^- 上. 由一致界，在至少为 $1-4\exp(-t^2)$ 的概率下同时成立

$$\|A^+\| \leqslant CK(\sqrt{n} + t), \quad \|A^-\| \leqslant CK(\sqrt{n} + t)$$

再由三角不等式 $\|A\| \leqslant \|A^+\| + \|A^-\|$，推论得证. ■

4.5 应用：网络中的社区发现

随机矩阵理论的结论在很多应用中都十分有效，这里给出在网络分析中的一个实例.

真实世界的网络往往有很多社区——即紧密联系的顶点的聚类，准确而高效地发现这些社区是网络分析的主要问题之一，也即社区发现问题.

随机分块模型

我们将尝试以一个最简单的概率模型来解决社区发现问题，即仅包含两个社区的网络，它是在 2.4 节中介绍过的 Erdös-Rényi 随机图模型的简单推广.

4.5.1 定义(随机分块模型) 把 n 个点分配到两个集合(社区)，且每个集合各有 $\frac{n}{2}$ 个点. 以下列方式构造随机图 G：对任意两个点，若它们属于同一社区，则以概率 p 将其连接；若它们属于不同社区，则以概率 q 将其连接. 称这种关于图的划分为**随机分块模型**，并记为 $G(n, p, q)$[⊖].

对于 $p=q$ 的这种特殊情况，它就是 Erdös-Rényi 模型 $G(n, p)$. 但是这里我们假定 $p>q$，在这种情况下，边更有可能在社区内部出现而非跨社区出现. 这里给出了一个网络社区结构图，见图 4.4.

期望邻接矩阵

对于图 G 而言，可以十分方便地用其邻接矩阵 A 将其确定，邻接矩阵已在定义 3.6.2 中介绍过. 对于一个随机图 $G \sim G(n, p, q)$，其邻接矩阵 A 是一个随机矩阵. 下面将用本章前面已介绍的工具来讨论 A.

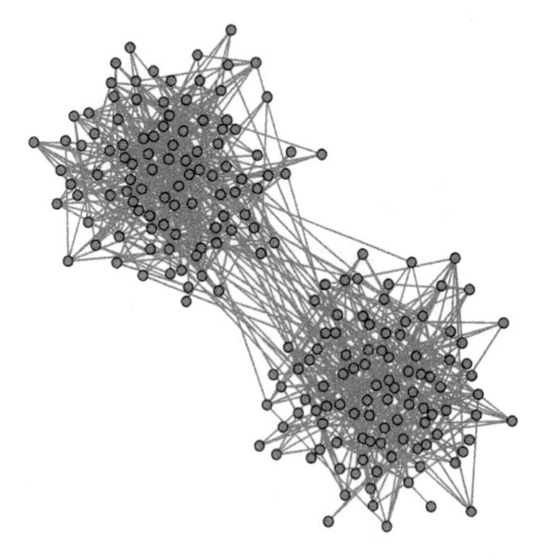

图 4.4 由随机分块模型 $G(n, p, q)$ 生成的随机图，$n=200$，$p=\frac{1}{20}$，$q=\frac{1}{200}$

将 A 分成两个部分，即确定性部分 A 和随机部分 R，D 是 A 的期望：

$$A = D + R$$

不妨把 D 看作是提供信息的部分("信号")，把 R 看作是"噪声".

为了弄明白为什么 D 是提供信息的，我们来计算它的特征结构. 元素 A_{ij} 服从伯努利分布，根据点 i 和点 j 在社区中的属性，A_{ij} 要么服从 $\mathrm{Ber}(p)$ 分布，要么服从 $\mathrm{Ber}(q)$ 分布. 则矩阵 D 中各项元素要么以概率 p，要么以概率 q 依赖于社区属性. 为了说明这点，如果把属于同一个社区的点放到一起，则对 $n=4$ 的矩阵 D 有如下形式：

$$D = \mathbb{E}A = \left[\begin{array}{cc|cc} p & p & q & q \\ p & p & q & q \\ \hline q & q & p & p \\ q & q & p & p \end{array}\right]$$

4.5.2 练习 矩阵 D 的秩为 2，且非零特征值 λ_i 和相应的特征向量 u_i 为

$$\lambda_1 = \left(\frac{p+q}{2}\right)n, \quad u_1 = \begin{bmatrix} 1 \\ 1 \\ \hdashline 1 \\ 1 \end{bmatrix}; \quad \lambda_2 = \left(\frac{p-q}{2}\right)n, \quad u_2 = \begin{bmatrix} 1 \\ 1 \\ \hdashline -1 \\ -1 \end{bmatrix} \tag{4.17}$$

⊖ 随机分块模型也可以指更广义的包含多个大小不同的社区随机图模型.

这里重要的目标是第二个特征向量 u_2，它包含了社区结构的所有信息，如果知道了 u_2，则可以根据 u_2 系数的大小准确地识别这些社区.

但是我们不知道 $D=\mathbb{E}A$，所以我们对 u_2 无从所知. 然而，已知 $A=D+R$，一个含有噪声形式的 D. 信号 D 的大小是

87～88

$$\|D\|=\lambda_1 \sim n$$

而噪声 R 的大小可以由推论 4.4.8 来估计：

$$\|R\|\leqslant C\sqrt{n}, \quad \text{以至少为 } 1-4\mathrm{e}^{-n} \text{ 的概率} \tag{4.18}$$

因此，对于充分大的 n，噪声 R 远比信号 D 的重要性小，也就是说，A 充分接近于 D，所以我们可以用 A 而不用 D 来获取社区信息. 这一点可以通过矩阵的经典扰动理论来论证.

扰动理论

扰动理论描述了在随机矩阵的扰动下，矩阵的特征值和特征向量如何变化. 对于特征值，有如下定理：

4.5.3 定理(Weyl 不等式)　*对任意具有相同维数的对称矩阵 S 和 T，均有*

$$\max_i |\lambda_i(S)-\lambda_i(T)|\leqslant\|S-T\|$$

因此，算子范数决定了谱的稳定性.

4.5.4 练习☕☕　用 Courant-Fisher 最小-最大特征值界定方法(4.2)推导 Weyl 不等式.

对于特征向量也有一个类似的结论成立，但是在探究扰动前后的相同特征向量时应该十分谨慎. 若特征值 $\lambda_i(S)$ 和 $\lambda_{i+1}(S)$ 彼此非常接近，则扰动会交换它们的顺序，导致我们去比较错误的特征向量. 为了防止这种现象发生，我们假定矩阵 S 的特征值是完全分离的.

4.5.5 定理(Davis-Kahan)　*设 S 和 T 是具有相同维数的对称矩阵. 固定 i，并且假定 S 的第 i 个最大的特征值和谱中的其他特征值是完全分离的：*

$$\min_{j:j\neq i}|\lambda_i(S)-\lambda_j(S)|=\delta>0$$

则矩阵 S 和 T 中第 i 个最大的特征值分别对应的特征向量，其夹角(在 0 到 $\frac{\pi}{2}$ 之间取值)满足下列结论：

$$\sin\angle(v_i(S),v_i(T))\leqslant\frac{2\|S-T\|}{\delta}$$

这里对 Davis-Kahan 定理的证明省略.

Davis-Kahan 定理的结论表明，在差一个符号的意义下，单位特征向量 $v_i(S)$ 和 $v_i(T)$ 非常接近，即

$$\exists\,\theta\in\{-1,1\}:\|v_i(S)-\theta v_i(T)\|_2\leqslant\frac{2^{\frac{3}{2}}\|S-T\|}{\delta} \tag{4.19}$$

89

(请读者自行验证!)

谱聚类

回到社区发现问题，在下列情形中应用 Davis-Kahan 定理：$S=D$，$T=A=D+R$ 以

及第 2 个最大的特征值. 需要验证 λ_2 和矩阵 D 谱中的其他特征值完全分离，即与 0 和 λ_1，其距离是

$$\delta = \min(\lambda_2, \lambda_1 - \lambda_2) = \min\left(\frac{p-q}{2}, q\right)n =: \mu n$$

回忆一下 $R=T-S$ 的界(4.18)，并应用 4.19，我们能得到 D 与 A 的单位特征向量的距离的界. 即存在一个符号 $\theta \in \{-1, 1\}$，使得

$$\| v_2(D) - \theta v_2(A) \|_2 \leqslant \frac{C\sqrt{n}}{\mu n} = \frac{C}{\mu\sqrt{n}}$$

的概率为 $1-4\mathrm{e}^{-n}$. 我们已经在(4.17)中计算过矩阵 D 的特征向量 $u_i(D)$，但是带一个范数 $\sqrt{n}$. 故两边都乘以 $\sqrt{n}$，可以得到如下规范化的结果：

$$\| u_2(D) - \theta u_2(A) \|_2 \leqslant \frac{C}{\mu}$$

可以得出大部分 $\theta v_2(A)$ 和 $v_2(D)$ 系数的符号都必须一致. 事实上，因为

$$\sum_{j=1}^{n} | u_2(D)_j - \theta u_2(A)_j |^2 \leqslant \frac{C}{\mu^2} \tag{4.20}$$

并且从(4.17)可知 $u_2(D)_j$ 的系数全是 ± 1，所以对于每个系数 j，若 $\theta v_2(A)_j$ 和 $v_2(D)_j$ 的符号不一致，则其至少在(4.20)式的和中贡献了 1，那么不一致符号的数目可被 $\frac{C}{\mu^2}$ 控制.

概括起来，可以用向量 $v_2(A)$ 去准确估计(4.17)中的向量 $v_2 = v_2(D)$，正是其符号确定了两个社区，这种社区发现方法通常被称为谱聚类算法. 现在详细地将刚刚得到的结论和方法表述出来.

谱聚类算法

输入 图 G

输出 一个把 G 中的点划分到两个社区中的分法

1. 计算图的邻接矩阵 A
2. 计算 A 的第 2 个最大的特征值对应的特征向量 $v_2(A)$
3. 根据 $v_2(A)$ 系数的符号，把点划分到两个社区中(更具体地，若 $v_2(A)>0$，则把点 j 放进第一个社区，否则放进第二个社区.)

90

4.5.6 定理(随机分块模型的谱聚类) 若 $G \sim G(n, p, q)$，且 $p>q$，$\min(q, p-q)=\mu>0$，则谱聚类算法正确确定 G 的社区的概率不小于$1-4\mathrm{e}^{-n}$，并且错误分类的点个数不超过$\frac{C}{\mu^2}$.

总之，谱聚类算法正确地分类除去常数(constant)个数点之外的所有点，假定随机图足够稠密($q \geqslant$ constant)，则社区内部的边和跨社区的边是良好地分离的($p-q \geqslant$ constant).

4.6　次高斯矩阵的双侧界

回到定理 4.4.5，定理 4.4.5 给出了元素是独立次高斯的 $m\times n$ 矩阵 A 的谱的上界，实际上这给出了

$$s_1(A)\leqslant C(\sqrt{m}+\sqrt{n})$$

以大概率成立. 下面将通过两种重要的方式来改进这个结果.

首先，我们将证明矩阵 A 的全部谱有更加精确的上下界：

$$\sqrt{m}-C\sqrt{n}\leqslant s_i(A)\leqslant\sqrt{m}+C\sqrt{n}$$

换句话说，我们将会证明一个高阶随机矩阵($m\gg n$)按 4.1 节中的表述是近似等距的.

其次，元素独立性将会放宽到仅仅是行的独立性，因此假定 A 的各行是次高斯随机向量(已经在前面的 3.4 节中研究过这样的向量)，这种独立性的放宽在数据科学的一些应用中十分重要. 在数据科学中矩阵 A 的各行可能是取自高维分布的样本，而这些样本通常是相互独立的，因而 A 的各行也是独立的. 但是没有理由去假定 A 的各列是独立的，因为分布的坐标(参数)通常是不独立的.

4.6.1 定理(次高斯矩阵的双侧界)　若 A 是 $m\times n$ 矩阵，且各行 A_i 是 $\mathbb{R}^n$ 中独立的、零均值的次高斯各向同性随机向量，那么，对任意 $t\geqslant 0$，有

$$\sqrt{m}-CK^2(\sqrt{n}+t)\leqslant s_n(A)\leqslant s_1(A)\leqslant\sqrt{m}+CK^2(\sqrt{n}+t)\tag{4.21}$$

成立的概率至少为 $1-2\exp(-t^2)$，其中 $K=\max_i\|A_i\|_{\psi_2}$.

我们将证明一个比(4.21)稍强的结果，即

$$\left\|\frac{1}{m}A^{\mathrm{T}}A-I_n\right\|\leqslant K^2\max(\delta,\delta^2),\quad 其中\ \delta=C\left(\sqrt{\frac{n}{m}}+\frac{t}{\sqrt{m}}\right)\tag{4.22}$$

由引理 4.1.5，可以立即得到(4.22)蕴含(4.21). (自己验证)

证明　我们用 ε-网理论来证明(4.22)，这与定理 4.4.5 的证明很像，但是我们这里使用的是伯恩斯坦集中不等式而不是霍夫丁不等式.

91

第 1 步：近似. 由推论 4.2.13，可以找到单位球面 S^{n-1} 上的一个 $\frac{1}{4}$-网 $\mathcal{N}$，使得 $\mathcal{N}$ 的势(大小)满足

$$|\mathcal{N}|\leqslant 9^n$$

利用引理 4.4.1，可以在 $\mathcal{N}$ 上估计(4.22)的算子范数：

$$\left\|\frac{1}{m}A^{\mathrm{T}}A-I_n\right\|\leqslant 2\max_{x\in\mathcal{N}}\left|\left\langle\left(\frac{1}{m}A^{\mathrm{T}}A-I_n\right)x\right\rangle\right|=2\max_{x\in\mathcal{N}}\left|\frac{1}{m}\|Ax\|_2^2-1\right|$$

为了完成(4.22)的证明，只需证明

$$\max_{x\in\mathcal{N}}\left|\frac{1}{m}\|Ax\|_2^2-1\right|\leqslant\frac{\varepsilon}{2},\quad 其中\ \varepsilon:=K^2\max(\delta,\delta^2)$$

以要求的概率成立即可.

第 2 步：集中. 固定 $x\in S^{n-1}$，并将 $\|Ax\|_2^2$ 表示为独立随机变量的和

$$\|Ax\|_2^2=\sum_{i=1}^m\langle A_i,x\rangle^2=:\sum_{i=1}^m X_i^2\tag{4.23}$$

这里 A_i 表示 A 的行，由假设知，A_i 是独立的，各向同性的次高斯随机向量，且 $\|A_i\|_{\psi_2}\leqslant K$，则 $X_i=\langle A_i, x\rangle$ 也是独立的次高斯随机变量，且 $\mathbb{E}X_i^2=1$，$\|X_i\|_{\psi_2}\leqslant K$，因此 X_i^2-1 是独立的、零均值的次指数随机变量，并且

$$\|X_i^2-1\|_{\psi_1}\leqslant CK^2$$

(自己验证，在定理 3.1.1 的证明中我们做过一个类似的计算). 现在使用伯恩斯坦不等式(推论 2.8.3)得到

$$\begin{aligned}\mathbb{P}\left\{\left|\frac{1}{m}\|Ax\|_2^2-1\right|\geqslant\frac{\varepsilon}{2}\right\}&=\mathbb{P}\left\{\left|\frac{1}{m}\sum_{i=1}^m X_i^2-1\right|\geqslant\frac{\varepsilon}{2}\right\}\\&\leqslant 2\exp\left(-c_1\min\left(\frac{\varepsilon^2}{K^4},\frac{\varepsilon}{K^2}\right)m\right)\\&=2\exp(-c_1\delta^2 m)\quad\left(\text{由于 }\frac{\varepsilon}{K^2}=\max(\delta,\delta^2)\right)\\&\leqslant 2\exp(-c_1C^2(n+t^2))\end{aligned}$$

最后的界是由(4.22)中 δ 的定义和不等式 $(a+b)^2\geqslant a^2+b^2$，$a\geqslant 0$，$b\geqslant 0$ 得到的.

第 3 步：一致界. 现在利用一致界让 $x\in\mathcal{N}$ 动起来. $\mathcal{N}$ 的势由 9^n 控制，则在(4.22)中选择绝对常数 C 足够大，可得

$$\mathbb{P}\left\{\max_{x\in\mathcal{N}}\left|\frac{1}{m}\|Ax\|_2^2-1\right|\geqslant\frac{\varepsilon}{2}\right\}\leqslant 9^n 2\exp(-c_1C^2(n+t^2))\leqslant 2\exp(-t^2)$$

正如在第一步中说明的那样，这完成了定理的证明. ■ 92

4.6.2 练习☕☕ 由(4.22)式推出

$$\mathbb{E}\left\|\frac{1}{m}A^{\mathrm{T}}A-I_n\right\|\leqslant CK^2\left(\sqrt{\frac{n}{m}}+\frac{n}{m}\right)$$ ☞

4.6.3 练习☕☕ 由定理 4.6.1 推出期望有下列界：

$$\sqrt{m}-CK^2\sqrt{n}\leqslant\mathbb{E}s_n(A)\leqslant\mathbb{E}s_1(A)\leqslant\sqrt{m}+CK^2\sqrt{n}$$

4.6.4 练习☕☕☕ 使用定理 3.1.1 得到 $\|Ax\|_2$ 的一个集中界，并利用练习 4.4.4 简化为网的一致界，给出定理 4.6.1 的更简单的证明.

4.7 应用：协方差估计与聚类算法

假设我们要分析 $\mathbb{R}^n$ 中未知分布的高维样本数据 X_1，…，X_m，一种最基本的数据研究方法就是主成分分析法(PCA)，这种方法我们在 3.2 节中简单叙述过.

既然没有办法知道总体的分布，而仅有有限个样本 $\{X_1, \cdots, X_m\}$，我们只能希望近似计算出总体的协方差矩阵，在这个基础上我们可以利用 Davis-Kahan 定理 4.5.5 去估计该分布的主成分，它是该协方差矩阵的特征向量.

那么，我们如何由样本估计出总体的协方差矩阵呢？设 X 表示(未知)分布的总体随机向量. 为了简单起见，不妨设 X 是零均值的，则其协方差矩阵如下：

$$\Sigma=\mathbb{E}XX^{\mathrm{T}}$$

(实际上，我们的分析并不一定要求 X 有零均值，像 3.2 节处理的那样，Σ 是 X 的二阶矩

矩阵.）

为了估计 Σ，我们可以用样本协方差矩阵 Σ_m，可通过样本 X_1，…，X_m 计算得到：

$$\Sigma_m = \frac{1}{m}\sum_{i=1}^{m} X_i X_i^{\mathrm{T}}$$

换言之，为了计算 Σ，我们把总体分布的期望（"群体期望"）替换成样本均值（"样本期望"）.

因为 X_i 与 X 是同分布，所以我们的估计是无偏的，即

$$\mathbb{E}\Sigma_m = \Sigma$$

通过对 Σ 的每一个元素使用大数定律（定理 1.3.1），我们有

93

$$\Sigma_m \xrightarrow{\text{几乎处处}} \Sigma$$

当样本容量 m 趋近于无穷时，这就引出了一个定量问题：m 要取到多大才能以极高的概率满足

$$\Sigma_m \approx \Sigma$$

考虑到维数的因素，样本点个数为 m 时，我们至少需要 $m \gtrsim n$（思考一下为什么？）. 接下来我们将证明 $m \sim n$ 就足够了.

4.7.1 定理（协方差估计） 设 X 是 $\mathbb{R}^n$ 中的次高斯随机向量. 确切地说，假设存在 $K \geqslant 1$，使得[⊖]

$$\|\langle X, x\rangle\|_{\psi_2} \leqslant K\|\langle X, x\rangle\|_{L^2}, \quad \text{对任意 } x \in \mathbb{R}^n \tag{4.24}$$

那么，对每一个正整数 m，必有

$$\mathbb{E}\|\Sigma_m - \Sigma\| \leqslant CK^2\left(\sqrt{\frac{n}{m}} + \frac{n}{m}\right)\|\Sigma\|$$

证明 让我们将随机向量 X，X_1，…，X_m 视为各向同性的. 存在独立的各向同性随机向量 Z，Z_1，…，Z_m，使得

$$X = \Sigma^{\frac{1}{2}} Z, \quad X_i = \Sigma^{\frac{1}{2}} Z_i$$

（我们在练习 3.2.2 中已经检验过这一点）. 由次高斯假设（4.24），我们得到

$$\|Z\|_{\psi_2} \leqslant K, \quad \|Z_i\|_{\psi_2} \leqslant K$$

（请读者自行检验！）那么

$$\|\Sigma_m - \Sigma\| = \|\Sigma^{\frac{1}{2}} R_m \Sigma^{\frac{1}{2}}\| \leqslant \|R_m\|\|\Sigma\|, \quad \text{其中 } R_m := \frac{1}{m}\sum_{i=1}^{m} Z_i Z_i^{\mathrm{T}} - I_n \tag{4.25}$$

考虑 $m \times n$ 的随机矩阵 A，其行为 Z_i^{T}，那么

$$\frac{1}{m}A^{\mathrm{T}}A - I_n = \frac{1}{m}\sum_{i=1}^{m} Z_i Z_i^{\mathrm{T}} - I_n = R_m$$

我们对 A 运用定理 4.6.1，得到

$$\mathbb{E}\|R_m\| \leqslant CK^2\left(\sqrt{\frac{n}{m}} + \frac{n}{m}\right)$$

⊖ 在这里我们用到了 1.1 节中随机变量的 L^2 范数的概念：$\|\langle X, x\rangle\|_{L^2}^2 = \mathbb{E}\langle X, x\rangle^2 = \langle \Sigma x, x\rangle$.

(见练习 4.6.2). 我们将上式代入(4.25)，定理得证. ■

4.7.2 注(样本复杂度)　定理 4.7.1 表明：对于任意 $\varepsilon\in(0,1)$，如果取一个容量为

$$m\sim\varepsilon^{-2}n$$

的样本，我们能保证协方差估计有一个与 ε 有关的较好误差

$$\mathbb{E}\|\Sigma_m-\Sigma\|\leqslant\varepsilon\|\Sigma\|$$

94

换言之，如果样本容量 m 与维度 n 成正比，我们就可以用样本协方差矩阵精确地估计出总体分布的协方差矩阵.

4.7.3 练习(尾分布界)☕　我们的讨论也表明下面的结论有很高的概率保证. 验证：对任意 $u\geqslant 0$，

$$\|\Sigma_m-\Sigma\|\leqslant CK^2\left(\sqrt{\frac{n+u}{m}}+\frac{n+u}{m}\right)\|\Sigma\|$$

成立的概率至少为 $1-2\mathrm{e}^{-u}$.

应用：点集的聚类

可以应用聚类算法直观地表示定理 4.7.1. 在 4.5 节中，我们尝试从数据中区分出不同的聚类. 但由于数据的属性不相同，我们在这里将使用 $\mathbb{R}^n$ 中的点集而不是网络进行处理. 其主体思想是将所给集合的点分为若干个聚类. 数据科学上并没有明确定义聚类由什么组成，但学界普遍认为相同聚类中的点的距离比不同聚类中的点的距离更小.

就如我们之前在网络中所做的一样，我们要设计一个 $\mathbb{R}^n$ 上点集的两社区的基本概率模型，并研究这一模型的聚类问题.

4.7.4 定义(高斯混合模型)　通过如下方法在 $\mathbb{R}^n$ 上产生 m 个随机点：抛一枚硬币，如果是正面，就从 $N(\mu,I_n)$ 中取一个随机点；如果是反面，就从 $N(-\mu,I_n)$ 中取一个随机点. 这些点的分布就称为是均值为 μ 和 $-\mu$ 的**高斯混合模型**.

类似地，我们考虑随机向量

$$X=\theta\mu+g$$

其中 θ 是对称伯努利随机变量，$g\in N(0,I_n)$，θ 和 g 是相互独立的. 从 X 中抽取一组独立的样本 $X_1,\cdots,X_m$，则这组样本服从高斯混合模型分布，见图 4.5.

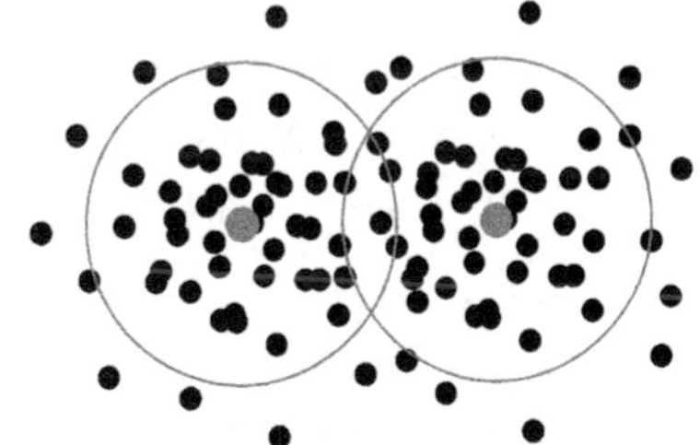

图 4.5　由高斯混合模型模拟产生的散点图，其有不同均值的两个聚类

假设我们有一组从高斯混合模型中抽取的 m 个样本，接下来的目标是区分每一个点各自属于的类. 在这里我们可以运用处理网络时的 3.2 节中的谱聚类的变形来完成.

注意到 X 的分布不是各向同性的，而是沿着 μ 的方向伸展(可由图 4.5 直观地看出)，因此这就是我们可能使用谱方法的原因，于是我们可以通过计算数据的第一个主成分来近似计算 μ. 接下来我们把这些数据点投影到包含 μ 的线上去，通过观察投影落在哪一边从而对它们进行分类. 这引出了下列算法.

95

谱聚类算法

输入　$\mathbb{R}^n$ 中的点 X_1，…，X_m

输出　一个将点分为两个聚类的划分

1：计算样本协方差矩阵 $\Sigma_m = m^{-1}\sum_{i=1}^{m} X_i X_i^{\mathrm{T}}$

2：计算对应于 Σ_m 的最大特征值的特征向量 $v=v_1(\Sigma_m)$

3：按照 v 与数据点的内积的符号将上述点划分为两个社区(具体来说就是，如果 $\langle v, X_i\rangle>0$，就把 X_i 归在一个社区，反之就归为另一个社区)

4.7.5 定理(高斯混合模型的谱聚类的保障)　设 X_1，…，X_m 是取自上述高斯混合模型的 $\mathbb{R}^n$ 中的点，即有两个均值分别为 μ 与 $-\mu$ 的社区.

设 $\varepsilon>0$，使得 $\|\mu\|_2 \geqslant C\sqrt{\log\frac{1}{\varepsilon}}$，且样本容量满足

$$m \geqslant \left(\frac{n}{\|\mu\|_2}\right)^c$$

其中 $c>0$ 是近似绝对常数. 那么，以至少 $1-4\mathrm{e}^{-n}$ 的概率保证，上述谱聚类算法分类社区精确到最多只有 εm 个错分点.

4.7.6 练习(高斯混合模型的谱聚类)☕☕☕　证明应用于高斯混合模型的谱聚类算法的定理 4.7.5，其证明步骤如下：

(a) 计算 X 的协方差矩阵 Σ. 注意对应于最大特征值的特征向量是平行于 μ 的.

(b) 用协方差估计的结果证明：如果样本容量 m 充分大，样本协方差矩阵 Σ_m 趋近于 Σ.

96

(c) 运用 Davis-Kahan 定理 4.5.5 证明第一个特征向量 $v=v_1(\Sigma_m)$ 接近于 μ 的方向.

(d) 指出 $\langle\mu, X_i\rangle$ 的符号能断定 X_i 落在哪一个社区.

(e) 因为 $v\approx\mu$，同样能得出 v 的结论.

4.8　后注

4.2 节中介绍的覆盖数和填充数的概念被广泛使用在渐近几何分析中. 这一节我们学过的大部分内容可以通过一般搜索找到，例如[11，第 4 章]和[164].

在 4.3 节中我们给出了纠错码的一些基本结论，文献[210]给出了更系统的编码理论介绍. 定理 4.3.5 是 Gilbert-Varshamov 界误差纠错码的简化形式，我们对这一结果的证明是建立在练习 0.0.5 的二项式求和的界基础上的. 对于二项式求和的界的稍加收紧会得到注 4.3.6 中如下关于纠错比率的改进界：

$$R \geqslant 1 - h(2\delta) - o(1)$$

其中

$$h(x) = -x\log_2(x) + (1-x)\log_2(1-x)$$

是二元熵函数，这一结果被称为 Gilbert-Varshamov 界. 通过类似地收紧练习 4.3.7 的结果

我们能够证明，对于任意的纠错码，纠错比率的界为

$$R \leqslant 1 - h(\delta)$$

这一结果被称为汉明界.

4.4 节与 4.6 节中的非渐近随机矩阵理论选自文献[216].

在 4.5 节中，我们给出了随机矩阵理论在网络上的应用. 更进一步的网络分析跨学科综合应用的详细介绍见文献[154]，随机分块模型(定义 4.5.1)参考[101]. 随机分块模型中的社区发现问题引起了越来越多人的兴趣，见文献[154]及综述[75]，论文包括[137，221，153，94，1，26，54，124，92，106].

在 4.7 节中，我们参考[216]讨论了协方差估计，更加一般的结论将会在 9.2 节中给出. 协方差估计问题在高维统计中已经被大量研究了，见参考文献[216，170，115，42，127，52].

在 4.7 节中，我们给出了高斯混合模型的聚类的一个应用，这个问题在统计和计算科学领域也被广泛研究了，见文献[149，第 6 章]和[109，150，18，102，10，87]等.

97

第5章　没有独立性的集中

前几章，我们得到集中不等式的方法主要依赖于随机向量的独立性. 接下来，我们需要寻找一些不需要独立性而得到集中的方法. 在5.1节中，我们将说明如何通过等周不等式去获得集中不等式，在这一章中，我们首先介绍欧几里得球面的例子，然后在5.2节中再讨论一般情形的例子.

在5.3节中，我们利用球面上的集中得到Johnson-Lindenstrauss引理，即对高维数据降维的基本结论.

5.4节将介绍矩阵集中不等式. 我们将证明矩阵伯恩斯坦不等式——2.8节随机矩阵的经典伯恩斯坦不等式的一个著名推广. 在5.5节和5.6节中我们将用两个不独立集中的应用来扩展我们的分析，它们分别是：对社区发现的分析，对于稀疏网络以及$\mathbb{R}^n$中非常一般的分布的协方差估计.

5.1　球面上利普希茨函数的集中

考虑高斯随机向量$X \sim N(0, I_n)$以及函数$f: \mathbb{R}^n \to \mathbb{R}$，什么时候随机向量$f(X)$集中于它的平均值，即

$$\text{以很大的概率 } f(X) \approx \mathbb{E} f(X) \text{ 呢？}$$

对于线性函数f这个问题是简单的. 事实上，在这种情况下，在$f(X)$是正态分布的，显然，它很好地集中在它的平均值周围(见练习3.3.3和命题2.1.2).

现在来研究随机向量X的非线性函数$f(X)$的集中. 对于完全任意的函数f，我们不期望得到很好的集中(为什么呢?). 但是如果f变化得不太剧烈，仍有可能得到好的集中. 我们现在介绍的利普希茨函数的概念将帮助我们严格地排除那些剧烈振荡的函数.

利普希茨函数

5.1.1 定义(利普希茨函数)　设(X, d_X)和(Y, d_Y)为两个度量空间. 函数$f: X \to Y$被称为**利普希茨函数**，如果$L \in \mathbb{R}$，使得

$$d_Y(f(u), f(v)) \leqslant L d_X(u, v), \quad \text{对于任意的 } u, v \in X$$

满足上述不等式的所有L的下确界被称为f的**利普希茨范数**，记为$\|f\|_{\mathrm{Lip}}$.

换句话说，利普希茨函数不能放大两点的距离太多. $\|f\|_{\mathrm{Lip}} \leqslant 1$的利普希茨函数通常被称为压缩函数，因为这种函数能使距离变小.

利普希茨函数形成了一类介于一致连续函数和可微函数的中间类.

5.1.2 练习(连续、可微和利普希茨函数)☕☕　证明下列结论

(a) 利普希茨函数是一致连续的.

(b) 可微函数$f: \mathbb{R}^n \to \mathbb{R}$为利普希茨函数，并且有

$$\|f\|_{\text{Lip}} \leqslant \|\nabla f\|_{\infty}$$

(c) 举一个不是利普希茨函数但一致连续的函数 $f:[-1,1]\to\mathbb{R}$.

(d) 举一个不可微的利普希茨函数 $f:[-1,1]\to\mathbb{R}$.

下面是 $\mathbb{R}^n$ 空间上一些有用的利普希茨函数的例子.

5.1.3 练习(线性泛函以及利普希茨函数的范数)☕☕　证明下列结论

(a) 对于固定的 $\theta\in\mathbb{R}^n$，线性泛函

$$f(x)=\langle x,\theta\rangle$$

为 $\mathbb{R}^n$ 空间上的利普希茨函数，且 $\|f\|_{\text{Lip}}=\|\theta\|_2$.

(b) 更一般地，视为线性算子的 $m\times n$ 矩阵 A

$$A:(\mathbb{R}^n,\|\cdot\|_2)\to(\mathbb{R}^m,\|\cdot\|_2)$$

为利普希茨函数，且 $\|A\|_{\text{Lip}}=\|A\|$.

(c) $(\mathbb{R}^n,\ \|\cdot\|_2)$上的任意范数 $f(x)=\|x\|$ 是利普希茨函数. f 的利普希茨范数满足

$$\|x\|\leqslant L\|x\|_2,\quad \text{对所有 } x\in\mathbb{R}^n$$

通过等周不等式得到集中

这一节主要的结论为，欧几里得球面 $S^{n-1}=\{x\in\mathbb{R}^n:\|x\|_2=1\}$ 上的任意利普希茨函数都有很好的集中.

5.1.4 定理(球面上利普希茨函数的集中)　考虑随机向量 $X\sim\text{Unif}(\sqrt{n}S^{n-1})$，也就是 X 服从半径为$\sqrt{n}$的欧几里得球面上的均匀分布. 考虑利普希茨函数[⊖] $f:\sqrt{n}S^{n-1}\to\mathbb{R}$，那么有

99

$$\|f(X)-\mathbb{E}f(X)\|_{\psi_2}\leqslant C\|f\|_{\text{Lip}}$$

利用次高斯范数的定义，定理 5.1.4 的结论也可叙述为：对任意的 $t\geqslant0$，有

$$\mathbb{P}\{|f(X)-\mathbb{E}f(X)|\geqslant t\}\leqslant 2\exp\left(-\frac{ct^2}{\|f\|_{\text{Lip}}^2}\right)$$

让我们找出证明定理 5.1.4 的方法. 我们已经证明了线性函数的情形. 事实上定理 3.4.6 说明了 $X\sim\text{Unif}(\sqrt{n})S^{n-1}$ 是一个次高斯随机向量，由定义可知随机向量 X 的任意线性函数仍为次高斯随机变量.

为了证明一般情形下的定理 5.1.4，我们将证明任意非线性利普希茨函数集中得至少像线性函数一样好. 为了说明这点，我们将比较它们下水平集的面积——形如$\{x:f(x)\leqslant a\}$的球体的子集，而不是直接比较线性函数和非线性函数. 线性函数的下水平集显然为球冠(Spherical cap). 利用名著的几何原理——等周不等式，我们可以比较一般集合与球冠的面积.

等周不等式最常见的是应用于 $\mathbb{R}^3$ 的子集(对 $\mathbb{R}^n$ 的子集也同样适用).

5.1.5 定理($\mathbb{R}^n$ 上的等周不等式)　在所有给定体积的子集 $A\subset\mathbb{R}^n$ 中，欧几里得球体有最小的表面积. 进一步，对任意 $\varepsilon>0$，欧几里得球体是 A 的 ε-邻域[⊜]

$$A_\varepsilon:=\{x\in\mathbb{R}^n:\exists\, y\in A\text{ 使得}\|x-y\|_2\leqslant\varepsilon\}=A+\varepsilon B_2^n$$

⊖ 该定理对球面上的测地度量($d(x,\ y)$为连接 x 与 y 的最短弧的长度)与欧几里得度量 $d(x,\ y)=\|x-y\|_2$ 均成立，我们将证明在欧几里得度量情况下的定理 5.1.4，而练习 5.1.11 将考虑测地度量的情况.

⊜ 这里我们使用此记号表示在定义 4.2.11 中介绍的 Minkowski 和.

的体积的最小化.

图5.1图示了等周不等式. 值得注意的是，定理5.1.5的后半部分隐含了定理的前半部分. 事实上，只需令 $\varepsilon \to 0$ 即可.

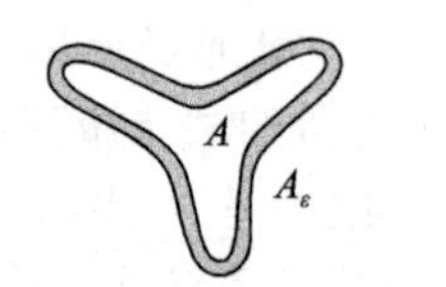

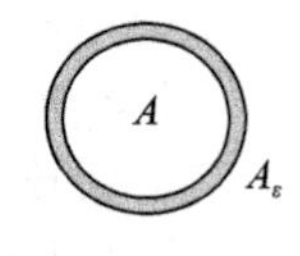

图5.1　$\mathbb{R}^n$ 上的等周不等式说明了在所有给定体积的子集 $A \subset \mathbb{R}^n$ 中，欧几里得球体最小化 ε-邻域 A_ε 的体积

类似的等周不等式适用于球面 S^{n-1} 的子集，且在此情况下极小值为球冠——单点的邻域[1]. 为了说明此原理，我们用 σ_{n-1} 表示球面 S^{n-1} 上的测度面积(也即 $n-1$ 维的勒贝格测度)

5.1.6 定理(球面上的等周不等式)　令 $\varepsilon>0$，在所有给定面积为 $\sigma_{n-1}(A)$ 的集合 $A \subset S^{n-1}$ 中，球冠最小化邻域 $\sigma_{n-1}(A_\varepsilon)$

100

$$A_\varepsilon := \{x \in S^{n-1} : \exists\, y \in A \text{ 使得} \|x-y\|_2 \leqslant \varepsilon\}$$

的面积.

在本书中，我们不证明等周不等式(定理5.1.5和定理5.1.6)，本章的后注提到了这些结论的证明.

球面上集合的放大

等周不等式隐含了一个听起来可能违背直觉的现象：如果集合 A 在面积意义下占据一半以上的球面，则邻域 A_ε 将占据该球面的绝大部分. 现在我们来描述并证明这个放大现象，然后再用启发式的方式解释它. 由于有定理5.1.4，比起单位球来，研究半径为 $\sqrt{n}$ 的球面会更加方便.

5.1.7 引理(放大)　设 A 为球面 $\sqrt{n}S^{n-1}$ 的子集，σ 表示该球面上的测度面积. 如果有 $\sigma(A) \geqslant \frac{1}{2}$[2]，那么，对任意的 $t \geqslant 0$，必有

$$\sigma(A_t) \geqslant 1 - 2\exp(-ct^2)$$

证明　考虑用第一坐标定义的半球

$$H := \{x \in \sqrt{n}S^{n-1} : x_1 \leqslant 0\}$$

通过假设 $\sigma(A) \geqslant \frac{1}{2} = \sigma(H)$，由等周不等式(定理5.1.6)可得

$$\sigma(A_t) \geqslant \sigma(H_t) \tag{5.1}$$

半球 H 的邻域 H_t 是一个球冠，通过直接计算我们可以求出它的面积，但是利用定理3.4.6会更加容易. 由定理3.4.6知，随机向量

$$X \sim \mathrm{Unif}(\sqrt{n}S^{n-1})$$

是次高斯随机向量，且 $\|X\|_{\psi_2} \leqslant C$. 因为 σ 为球面上的一致概率测度，则有

$$\sigma(H_t) = \mathbb{P}\{X \in H_t\}$$

由邻域的定义有

[1] 更严格地，集中在以点 $a \in S^{n-1}$ 为心，半径为 ε 的闭球冠定义为 $C(a, \varepsilon) = \{x \in S^{n-1} : \|x-a\|_2 \leqslant \varepsilon\}$.

[2] 这里集合 A 的邻域 A_t 可以按照之前的方式定义，也就是 $A_t := \{x \in \sqrt{n}S^{n-1} : \exists\, y \in A \text{ 使得} \|x-y\|_2 \leqslant \varepsilon\}$.

$$H_t \supset \left\{x \in \sqrt{n}S^{n-1}: x_1 \leqslant \frac{t}{\sqrt{2}}\right\} \tag{5.2}$$

(验证此结论，留作练习 5.1.8.)从而

$$\sigma(H_t) \geqslant \mathbb{P}\left\{X_1 \leqslant \frac{t}{\sqrt{2}}\right\} \geqslant 1-2\exp(-ct^2)$$

最后一个不等式成立是因为$\|X_1\|_{\psi_2} \leqslant \|X\|_{\psi_2} \leqslant C$，代入(5.1)式，引理得证. ■ [101]

5.1.8 练习☕☕ 证明包含关系(5.2)式.

引理 5.1.7 中面积界的数值$\frac{1}{2}$是相当任意的. 下一个练习表明，该数值可以是任意常数，甚至是指数级小的量.

5.1.9 练习(指数级小的集合的放大性)☕☕☕ 设 A 为球面$\sqrt{n}S^{n-1}$的子集，满足

$$\sigma(A) > 2\exp(-cs^2), \quad \text{对某个 } s>0$$

(a) 证明 $\sigma(A_s) > \frac{1}{2}$.

(b) 推出对于任意的 $t \geqslant s$，有

$$\sigma(A_{2t}) \geqslant 1-\exp(ct^2)$$

其中 $c>0$ 为引理 5.1.7 中的绝对常数. ☞

5.1.10 注(零一律) 我们刚刚讨论的放大现象可能在一开始是违背直觉的. 练习 5.1.9 中的指数级小的集合 A 怎么能只在一个很小的扰动 $2t$ 下剧烈地转变为一个指数级大的集合 A_{2t} 呢(其中的 t 可以比球面的半径$\sqrt{n}$小得多)？不论这点看起来有多么复杂，它仍是高维空间上的典型现象. 回忆一下概率论中的零一律. 零一律表明由许多随机变量决定的事件趋于有概率 0 或者 1.

定理 5.1.4 的证明

不失一般性，我们可以假设$\|f\|_{\text{Lip}}=1$(为什么?)，用 M 表示 $f(X)$的中位数. 中位数是满足下列条件的数[⊖]：

$$\mathbb{P}\{f(X) \leqslant M\} \geqslant \frac{1}{2}, \quad \mathbb{P}\{f(X) \geqslant M\} \geqslant \frac{1}{2}$$

考虑下水平集

$$A := \{x \in \sqrt{n}S^{n-1}: f(x) \leqslant M\}$$

因为 $\mathbb{P}\{X \in A\} \geqslant \frac{1}{2}$，所以由引理 5.1.7 可得出

$$\mathbb{P}\{X \in A_t\} \geqslant 1-2\exp(-ct^2) \tag{5.3}$$

另一方面，可以证明

$$\mathbb{P}\{X \in A_t\} \leqslant \mathbb{P}\{f(X) \leqslant M+t\} \tag{5.4}$$

[102]

事实上，如果 $X \in A_t$，则有 $y \in A$ 使得$\|X-y\|_2 \leqslant t$. 由定义可知，$f(y) \leqslant M$. 又因为 f 为

⊖ 中值可能不唯一，但是对于连续的、一一对应的函数 f，中值是唯一的.(请读者自行验证!)

利普希茨函数，且满足$\|f\|_{\text{Lip}}=1$，则可得

$$f(X)\leqslant f(y)+\|X-y\|_2\leqslant M+t$$

即(5.4)式得证.

结合(5.3)式和(5.4)式，可得

$$\mathbb{P}\{f(X)\leqslant M+t\}\geqslant 1-2\exp(-ct^2)$$

同理证明$-f$的情形，可以得到$f(X)\geqslant M-t$的概率的一个类似的界(自己证明!). 结合两者的结论，可得$|f(X)-M|\leqslant t$的概率的界，从而

$$\|f(X)-M\|_{\psi_2}\leqslant C$$

但此时中位数M依旧还未被期望$\mathbb{E}f$代替. 要实现这步只需应用中心引理2.6.8(怎么应用?)，则定理5.1.4得证. ■

5.1.11 练习(测地度量)☕☕☕　我们已经证明了在球面欧几里得度量$\|x-y\|_2$意义下的利普希茨函数f的定理5.1.4，求证：对测地度量该结论仍然成立. 测地度量是连接x与y的最短弧的长度.

5.1.12 练习(单位球面的集中)☕　定理5.1.4是关于比例球面$\sqrt{n}S^{n-1}$的情形，试着推出单位球面S^{n-1}上的利普希茨函数f满足

$$\|f(X)-\mathbb{E}f(X)\|_{\psi_2}\leqslant\frac{C\|f\|_{\text{Lip}}}{\sqrt{n}}\tag{5.5}$$

其中$X\sim\text{Unif}(S^{n-1})$. 等价地，对任意$t\geqslant 0$，有

$$\mathbb{P}\{|f(X)-\mathbb{E}f(X)|\geqslant t\}\leqslant 2\exp\left(-\frac{cnt^2}{\|f\|_{\text{Lip}}^2}\right)\tag{5.6}$$

在我们刚刚提出的得到集中的几何方法中，我们首先(a)证明放大不等式(引理5.1.7)，然后(b)推出关于中位数的集中，接着(c)用期望代替中位数. 下一个练习表明这三步反过来也成立.

5.1.13 练习(关于期望的集中和关于中位数的集中是等价的)☕☕　考虑以中位数为M的随机变量Z，证明

$$c\|Z-\mathbb{E}Z\|_{\psi_2}\leqslant\|Z-M\|_{\psi_2}\leqslant C\|Z-\mathbb{E}Z\|_{\psi_2}$$

103　其中c，$C>0$为绝对常数. ☞

5.1.14 练习(集中和放大是等价的)☕☕☕　考虑在度量空间(T,d)中取值的随机向量X. 假设存在常数$K>0$，使得

$$\|f(X)-\mathbb{E}f(X)\|_{\psi_2}\leqslant K\|f\|_{\text{Lip}}$$

对于任意的利普希茨函数$f:T\to\mathbb{R}$成立，对子集$A\subset T$，定义$\sigma(A):=\mathbb{P}(X\in A)$($\sigma$是$T$上的概率测度). 求证：如果$\sigma(A)\geqslant\frac{1}{2}$，那么，对任意$t\geqslant 0$，必有

$$\sigma(A_t)\geqslant 1-2\exp\left(-\frac{ct^2}{K^2}\right)$$

其中$c>0$为绝对常数. ☞

5.1.15 练习(相互几乎正交点的指数集)☕☕☕　从线性代数中，我们知道$\mathbb{R}^n$上正交的向量集最多包含n个向量. 但是，如果我们放松条件为这些向量是几乎正交的，就将会

有指数级多的向量. 按照以下的步骤证明这个违背直觉的事实：对于固定的$\varepsilon\in(0,1)$，求证在$\mathbb{R}^n$中存在几乎正交的单位向量集$\{x_1,\cdots,x_N\}$，即

$$|\langle x_1,x_j\rangle|\leqslant\varepsilon,\quad 对所有 i\neq j$$

使得这个集合元素的个数为n指数级多：

$$N\geqslant\exp(c(\varepsilon)n)$$

☞

5.2 其他度量空间的集中

在这部分内容中，我们把球体的集中拓展到其他空间中. 为了达到这一目的，注意到我们对于定理5.1.4的证明基于以下两要素：

(i) 等周不等式；

(ii) 等周不等式的极小值放大.

这两个要素不是球体特有的，许多其他的度量空间也满足(i)和(ii)，因此在这些空间中也可以证明集中. 我们将讨论这样的两个例子，$\mathbb{R}^n$空间中的高斯集中和汉明立方体集中，然后我们将介绍一些可以体现集中的其他情形.

高斯集中

$\mathbb{R}^n$空间中的经典等周不等式定理5.1.5，不仅关于体积成立，也关于$\mathbb{R}^n$空间中的高斯测度成立. 一个(Borel)集合$A\subset\mathbb{R}^n$的高斯测度定义为[⊖]

$$\gamma_n(A):=\mathbb{P}\{X\in A\}=\frac{1}{(2\pi)^{\frac{n}{2}}}\int_A \mathrm{e}^{-\frac{\|x\|_2^2}{2}}\mathrm{d}x$$

其中$X\sim N(0,I_n)$为$\mathbb{R}^n$空间中的标准正态随机向量.

104

5.2.1 定理(高斯等周不等式) 设$\varepsilon>0$，那么，在所有固定高斯测度$\gamma_n(A)$的集合$A\subset\mathbb{R}^n$中，半空间最小化邻域$\gamma_n(A_\varepsilon)$的高斯测度.

我们通过这种方法替换球体，并用定理5.2.1推导出如下的高斯集中不等式.

5.2.2 定理(高斯集中不等式) 对任一随机向量$X\sim N(0,I_n)$及利普希茨函数f：$\mathbb{R}^n\to\mathbb{R}$(关于欧几里得度量)，必有

$$\|f(X)-\mathbb{E}f(X)\|_{\psi_2}\leqslant C\|f\|_{\text{Lip}} \tag{5.7}$$

5.2.3 练习☕☕☕ 利用高斯等周不等式(定理5.2.1)推导出高斯集中不等式(定理5.2.2). ☞

定理5.2.2的两个特殊情况应该已经熟悉了：

(i) 因为正态分布$N(0,I_n)$是次高斯的，所以对于线性函数f，定理5.2.2成立.

(ii) 对于欧几里得范数$f(x)=\|x\|_2$，定理5.2.2可由定理3.1.1得出.

5.2.4 练习(用L^p范数代替期望)☕☕☕ 证明在球体和高斯空间的集中结果(定理5.1.4和定理5.2.2)中，期望$\mathbb{E}f(X)$能被L^p范数$(\mathbb{E}f^p)^{\frac{1}{p}}$代替(对于任意$p>0$及任意非负函数$f$均成立)，其中，常数可能依赖于$p$.

⊖ 回忆3.3节$\mathbb{R}^n$空间中标准正态分布的定义.

汉明立方体集中

我们已经知道等周在两个度量空间是如何形成集中的，即(a)配备了欧几里得度量(或测地度量)和一致测度的球面 S^{n-1}，和(b)配备了欧几里得度量和高斯测度的 $\mathbb{R}^n$. 类似的方法产生了一些其他度量测度空间的集中. 在定义 4.2.14 中我们已经介绍过的汉明立方体

$$(\{0,1\}^n,d,\mathbb{P})$$

就是其中之一. 用 $d(x, y)$表示标准的汉明距离，它表示二进制字符串 x 和 y 不一致时数字的分数，即

$$d(x,y)=\frac{1}{n}|\{i: x_i\neq y_i\}|$$

测度 $\mathbb{P}$ 为汉明立方体上的一致概率测度，也就是说，

105

$$\mathbb{P}(A)=\frac{|A|}{2^n},\quad 对任意 A\subset\{0,1\}^n$$

5.2.5 定理(汉明立方体集中)　考虑随机向量 $X\sim\mathrm{Unif}\{0, 1\}^n$(因此，$X$ 的坐标为独立的 $\mathrm{Ber}\left(\frac{1}{2}\right)$随机变量.)及函数 f: $\{0, 1\}^n\to\mathbb{R}$，那么有

$$\|f(X)-\mathbb{E}f(X)\|_{\psi_2}\leqslant\frac{C\|f\|_{\mathrm{Lip}}}{\sqrt{n}}\tag{5.8}$$

该结果可从汉明立方体上的等周不等式推出，最小化被称为汉明球—关于汉明距离的单点邻域.

对称群

对称群 S_n 由 n 个符号的所有 $n!$个排列组成，我们选择$\{1, \cdots, n\}$作为特殊的情形. 可以把对称群看作一个度量测度空间

$$(S_n,d,\mathbb{P})$$

这里的 $d(\pi, \rho)$为标准汉明距离——π 和 ρ 排列不一致时符号数的分数：

$$d(\pi,\rho)=\frac{1}{n}|\{i:\pi(i)\neq\rho(i)\}|$$

测度 $\mathbb{P}$ 为 S_n 上的一致概率测度，也就是说，

$$\mathbb{P}(A)=\frac{|A|}{n!},\quad 对任意 A\subset S_n$$

5.2.6 定理(对称群的集中)　考虑随机排列 $X\sim\mathrm{Unif}(S_n)$和函数 f: $S_n\to\mathbb{R}$，那么集中不等式(5.8)成立.

有严格正曲率的黎曼流形

一类广泛的具有良好集中性质的例子涉及黎曼流形的概念. 我们也知道读者不一定具备微分几何方面的背景知识，所以以下内容作为选学材料.

设(M, g)为紧的连通的光滑黎曼流形. M 上的典范距离 $d(x, y)$定义为最小测地线(关于黎曼张量 g)，它是连接 x 和 y 的最小弧长. 黎曼流形可看作度量测度空间

$$(M, d, \mathbb{P})$$

其中，$\mathbb{P}=\frac{\mathrm{d}v}{V}$是$M$上的概率测度，它是由黎曼体积元$\mathrm{d}v$除以$M$的总体积$V$得到的.

设$c(M)$表示所有切线向量上的Ricci曲率张量的下确界. 假定$c(M)>0$，由半群工具可以证明

$$\|f(X)-\mathbb{E}f(X)\|_{\psi_2} \leqslant \frac{C\|f\|_{\mathrm{Lip}}}{\sqrt{c(M)}} \tag{5.9}$$

对于任意利普希茨函数f：$M\to\mathbb{R}$均成立.

106

下面给出一个例子，易知$c(S^{n-1})=n-1$，因此(5.9)给出了关于球面S^{n-1}上的集中不等式(5.5)的另一种形式. 接下来我们将介绍一些其他的例子.

特殊正交群

特殊正交群$SO(n)$由所有$\mathbb{R}^n$空间上的保距线性变换构成，等价地，$SO(n)$中的元素为行列式等于1的$n\times n$正交矩阵. 我们可以把特殊正交群看作度量测度空间

$$(SO(n), \|\cdot\|_F, \mathbb{P})$$

其中，距离为弗罗贝尼乌斯范数[㊀]$\|A-B\|_F$，$\mathbb{P}$为$SO(n)$空间上的均匀概率测度.

5.2.7 定理(特殊正交群上的集中)　*考虑随机正交矩阵$X\sim\mathrm{Unif}(SO(n))$及函数$f$：$SO(n)\to\mathbb{R}$，则集中不等式(5.8)成立.*

结果可从我们在5.2节中讨论的一般黎曼流形集中的结论中推导得到.

5.2.8 注(Haar测度)　在这里我们不深入讲解$SO(n)$空间上的均匀概率测度$\mathbb{P}$的严格定义. 让我们对感兴趣的读者简单地说：$\mathbb{P}$是$SO(n)$上的Haar测度——群作用下不变的唯一概率测度.[㊁]

我们可以用几种方法显式地构造随机正交矩阵$X\sim\mathrm{Unif}(SO(n))$. 例如，我们可以考虑如下的奇异值分解

$$G=U\Sigma V^{\mathrm{T}}$$

则左奇异向量的矩阵$X:=U$在$SO(n)$上均匀分布，然后可以通过如下构造定义$SO(n)$上的Haar测度μ：

$$\mu(A):=\mathbb{P}\{X\in A\}, \quad 对 A\subset SO(n)$$

(旋转不变性应该是直接的——读者自行验证.)

格拉斯曼流形

格拉斯曼流形$G_{n,m}$由所有$\mathbb{R}^n$空间上的所有m维子空间构成. 在$m=1$的特殊情形下，格拉斯曼流形可用球体S^{n-1}来定义(如何定义?)，所以我们将要介绍的集中结果包括球体作为特殊情况.

107

我们可以将格拉斯曼流形看作度量测度空间

$$(G_{n,m}, d, \mathbb{P})$$

㊀ 弗罗贝尼乌斯范数的定义在4.1节已给出.

㊁ $SO(n)$上的测度μ是旋转不变的：如果对于任意可测集$E\subset SO(n)$和任意$T\in SO(n)$，有$\mu(E)=\mu(T(E))$.

子空间 E 和 F 之间的距离可定义为算子范数[⊖]：

$$d(E,F)=\|P_E-P_F\|$$

其中，P_E 和 P_F 分别是在 E 和 F 上的正交投影.

概率 P 和前面介绍的相同，是 $G_{n,m}$空间上的均匀(Haar)概率测度. 这个测度允许我们讨论 $\mathbb{R}^n$ 空间中的随机的 m 维子空间

$$E\sim \mathrm{Unif}(G_{n,m})$$

或者，可以通过计算元素服从独立同 $N(0,\ 1)$分布的 $n\times m$ 高斯随机矩阵 G 的列跨度(即图像)来构造随机子空间 E(从而为格拉斯曼流形上的 Haar 测度). (旋转不变性同样应该是直接的——自行验证!)

5.2.9 定理(格拉斯曼流形上的集中)　考虑随机子空间 $X\sim\mathrm{Unif}(G_{n,m})$和函数 $f：G_{n,m}\to\mathbb{R}$，则集中不等式(5.8)成立.

结论可从 5.2 节中的特殊正交群上的集中推导得出. (让我们对感兴趣的读者谈谈这是如何做到的：我们可以把格拉斯曼流形表示为熵 $G_{n,k}=\dfrac{SO(n)}{(SO_m\times SO_{n-m})}$，并利用熵上的集中而得到.)

连续立方体和欧几里得球

对于单位欧几里得立方体$[0,\ 1]^n$ 和欧几里得球[⊜]$\sqrt{n}B_2^n$(两者均配有欧几里得距离和均匀概率测度)，相似的集中不等式也可以类似地得证. 它们可以通过将高斯测度分别推进到球和立方体上的均匀测度，然后由高斯集中推导出来. 我们将叙述这两个定理，并在其后的几个练习中证明它们.

5.2.10 定理(连续立方体上的集中)　考虑随机向量 $X\sim\mathrm{Unif}([0,\ 1]^n)$(因此，$X$ 的坐标在$[0,\ 1]$上是均匀分布的独立随机变量)以及利普希茨函数 $f：[0,\ 1]^n\to\mathbb{R}$(利普希茨范数由欧几里得距离确定)，则集中不等式(5.7)成立.

108

5.2.11 练习(由高斯分布推出均匀分布)☕☕　用 $\Phi(x)$表示标准正态分布 $N(0,\ 1)$的累积分布函数，考虑随机向量 $Z=(Z_1,\ \cdots,\ Z_n)\sim N(0,\ I_n)$，求证

$$\phi(Z):=(\Phi(Z_1),\cdots,\Phi(Z_n))\sim\mathrm{Unif}([0,1]^n)$$

5.2.12 练习(连续立方体上集中的证明)☕☕　通过前面的练习表示 $X=\Phi(Z)$，依照$\|f\circ\varphi\|_{\mathrm{Lip}}\leqslant\|f\|_{\mathrm{Lip}}\|\varphi\|_{\mathrm{Lip}}$使用高斯集中控制 $f\circ\varphi(Z)=f(\varphi(Z))$的偏差. 证明$\|\varphi\|_{\mathrm{Lip}}$不大于一个绝对常数，从而完成定理 5.2.10 的证明.

5.2.13 定理(欧几里得球上的集中)　考虑随机向量 $X\sim\mathrm{Unif}(\sqrt{n}B_2^n)$及利普希茨函数 $f：\sqrt{n}B_2^n\to\mathbb{R}$，(利普希茨范数由欧几里得距离确定)，则集中不等式(5.7)成立.

5.2.14 练习(欧几里得球上集中的证明)☕☕☕　用和前面练习相同的方法证明定理 5.2.13. 定义函数 φ：$\mathbb{R}^n\to\sqrt{n}B_2^n$，将高斯度量推进为$\sqrt{n}B_2^n$ 上的均匀测度，并验证 φ 存

⊖ 算子范数在 4.1 节有过介绍.

⊜ 回忆一下，B_2^n 表示单位欧几里得球，即 $B_2^n=\{x\in\mathbb{R}^n：\|x\|_2\leqslant 1\}$，且$\sqrt{n}B_2^n$ 是半径为$\sqrt{n}$的欧几里得球.

在有界的 Lipschitz 范数.

密度 $e^{-U(x)}$

可用上节中的推进方法得到 $\mathbb{R}^n$ 空间中其他分布的集中. 特别地，假设随机向量 X 的密度为

$$f(x) = e^{-U(x)}$$

这里 $U:=\mathbb{R}^n \to \mathbb{R}$ 是函数. 举例如下，如果 $X \sim N(0, I_n)$，则正态密度(3.4)为 $U(x)=\|x\|_2^2+c$，其中，c 为常数(依赖于 n，但不依赖于 x)，高斯集中对于 X 成立.

现在，如果 U 是一个曲率至少为 $\|x\|_2^2$ 的一般函数，那么我们期待至少应该有高斯集中. 这正是下一个定理将要叙述的. U 的曲率是借助 Hessian Hess $U(x)$ 来测定的，Hessian Hess $U(x)$ 定义为一个 $n\times n$ 对称矩阵，其第 i 行第 j 列元素等于 $\frac{\partial^2 U}{\partial x_i \partial x_j}$.

5.2.15 定理 假设 $\mathbb{R}^n$ 中的随机向量 X，其密度函数形为 $f(x)=e^{-U(x)}$，对某个函数 $U:=\mathbb{R}^n \to \mathbb{R}$. 假定存在 $\kappa>0$，使得[㊀]

$$\text{Hess}\, U(x) \succeq \kappa I_n, \quad \text{对所有 } x \in \mathbb{R}^n$$

则对任意的利普希茨函数 $f:=\mathbb{R}^n \to \mathbb{R}$，必有

$$\|f(X) - \mathbb{E} f(X)\|_{\psi_2} \leqslant \frac{C\|f\|_{\text{Lip}}}{\sqrt{\kappa}}$$

109

注意这个定理与黎曼流形上的集中不等式(5.9)相似. 这两个不等式都可以用半群工具来证明，我们在本书中就不给出了.

有独立有界坐标的随机向量

对于坐标独立且具有任意有界分布的随机向量 $X=(X_1, \cdots, X_n)$，存在定理 5.2.10 的一个著名的局部推广. 通过缩放，不失一般性，我们假设 $|X_i|\leqslant 1$，但不再要求 X_i 是均匀分布的.

5.2.16 定理(Talagrand 集中不等式) 考虑随机向量 $X=(X_1, \cdots, X_n)$，其坐标独立且满足

$$|X_i| \leqslant 1(\text{几乎处处})$$

那么，集中不等式(5.7)对于任意利普希茨凸函数 $f:[0, 1]^n \to \mathbb{R}$ 都成立.

特别地，Talagrand 集中不等式对 $\mathbb{R}^n$ 空间中的任意范数均成立. 在这里我们不证明这个定理了.

5.3 应用：Johnson-Lindenstrauss 引理

假设我们在 $\mathbb{R}^n$ 中有 N 个数据点，其中 n 非常大. 我们希望在不牺牲太多几何形状的情况下降低数据的维数. 降维最简单的形式是将数据点投影到低维子空间上

$$E \subset \mathbb{R}^n, \quad \dim(E):=m \ll n$$

㊀ 这里的矩阵不等式意指 Hess$U(x)-\kappa I_n$ 为半正定矩阵.

见图 5.2. 我们应该如何选择子空间 E 呢？它的维数 m 能有多小？

下面给出的 Johnson-Lindenstrauss 引理表明，如果我们选择 E 是维数为

$$m \sim \log N$$

的随机子空间，那么数据的几何结构将得到很好的保存.

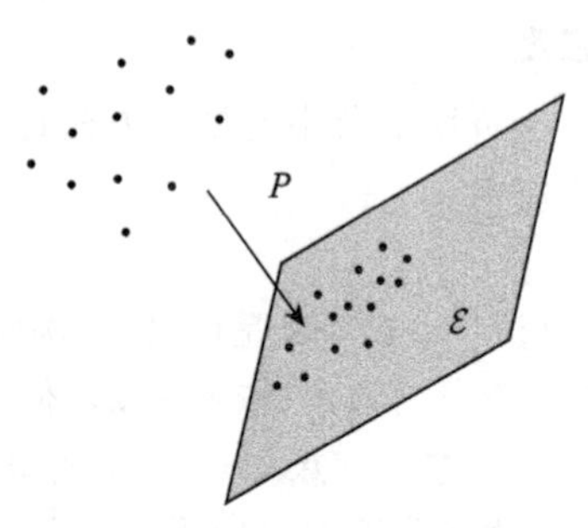

图 5.2 在 Johnson-Lindenstrauss 引理中，通过投影 P 将数据投影到一个随机低维子空间 E 上，数据的维数被降低了

回忆一下，在 5.2 节中我们已经遇到过随机子空间的概念. 我们称 E 是 $\mathbb{R}^n$ 中的 m 维随机子空间，均匀分布在格拉斯曼流形 $G_{n,m}$ 上，即，

$$E \sim \mathrm{Unif}(G_{n,m})$$

如果 E 是 $\mathbb{R}^n$ 的随机 m 维子空间，其分布是旋转不变的，即

$$\mathbb{P}\{E \in \mathcal{E}\} = \mathbb{P}\{U(E) \in \mathcal{E}\}$$

对任意固定的子集 $\mathcal{E} \in G_{n,m}$ 和任意的 $n \times n$ 正交矩阵 U 成立.

5.3.1 定理(Johnson-Lindenstrauss 引理) 设 $\mathcal{X}$ 为 $\mathbb{R}^n$ 中 N 个点的集合，$\varepsilon>0$. 假定

$$m \geqslant \frac{C}{\varepsilon^2}\log N$$

考虑 $\mathbb{R}^n$ 中一个随机 m 维子空间 E，它在 $G_{n,m}$ 上服从均匀分布. 用 P 表示 $\mathbb{R}^n$ 到 E 上的正交投影，那么缩放后的投影

$$Q := \sqrt{\frac{n}{m}}P$$

为 $\mathcal{X}$ 上的近似等距，即

$$(1-\varepsilon)\|x-y\|_2 \leqslant \|Qx-Qy\|_2 \leqslant (1+\varepsilon)\|x-y\|_2, \quad 对所有\ x,y \in \mathcal{X} \tag{5.10}$$

的概率至少为 $1-2\exp(-c\varepsilon^2 m)$.

Johnson-Lindenstrauss 引理的证明将建立在我们在 5.1 节中介绍过的球上的利普希茨函数的集中上. 我们首先考查随机投影 P 如何作用于固定向量 $x-y$ 上，然后对所有 N^2 个差 $x-y$ 取一致界.

5.3.2 引理(随机投影) 设 P 为 $\mathbb{R}^n$ 到均匀分布在 $G_{n,m}$ 中的随机 m 维子空间上的投影. 设 $z \in \mathbb{R}^n$ 为(定)点，$\varepsilon>0$. 则有

(i) $(\mathbb{E}\|Pz\|_2^2)^{\frac{1}{2}} = \sqrt{\frac{m}{n}}\|z\|_2$.

(ii) 成立的概率至少为 $1-2\exp(-c\varepsilon^2 m)$,

$$(1-\varepsilon)\sqrt{\frac{m}{n}}\|z\|_2 \leqslant \|Pz\|_2 \leqslant (1+\varepsilon)\sqrt{\frac{m}{n}}\|z\|_2$$

证明 不失一般性，我们可以假设 $\|z\|_2=1$(为什么?). 接下来，我们考虑一个等价模型：不是作用于固定向量 z 上的随机投影 P，而是作用于随机向量 z 上的固定投影 P. 特别地，如果 P 是固定的，设

$$z \sim \mathrm{Unif}(S^{n-1})$$

则 $\|Pz\|_2$ 的分布不变. (使用旋转不变性检验!)

110 ~ 111

再次使用旋转不变性，不失一般性，我们可以假设 P 是映射到 $\mathbb{R}^n$ 中的前 m 个坐标的坐标投影，因此

$$\mathbb{E}\|Pz\|_2^2 = \mathbb{E}\sum_{i=1}^{m} z_i^2 = \sum_{i=1}^{m}\mathbb{E}z_i^2 = m\mathbb{E}z_1^2 \tag{5.11}$$

由于随机向量 $z\sim \mathrm{Unif}(S^{n-1})$的坐标 z_i 是同分布的. 为了计算 $\mathbb{E}z_1^2$，注意到

$$1 = \|z\|_2^2 = \sum_{i=1}^{n} z_i^2$$

两边取期望，我们得到

$$1 = \sum_{i=1}^{n}\mathbb{E}z_i^2 = n\mathbb{E}z_1^2$$

从而

$$\mathbb{E}z_1^2 = \frac{1}{n}$$

代入(5.11)，我们得到

$$\mathbb{E}\|Pz\|_2^2 = \frac{m}{n}$$

这就证明了引理的第一部分.

引理的第二部分从球上的利普希茨函数的集中得到. 事实上

$$f(x) := \|Px\|_2$$

是 S^{n-1} 上的一个利普希茨函数，且 $\|f\|_{\mathrm{Lip}}=1$(请读者自行验证!). 然后由集中不等式(5.6)得到

$$\mathbb{P}\left\{\left|\|Px\|_2 - \sqrt{\frac{m}{n}}\right| \geqslant t\right\} \leqslant 2\exp(-cnt^2)$$

(这里我们使用了练习 5.2.4，在集中不等式中用量$(\mathbb{E}\|x\|_2^2)^{\frac{1}{2}}$代替 $\mathbb{E}\|x\|_2$). 取 $t:=\varepsilon\sqrt{\frac{m}{n}}$，引理得证. ■

Johnson-Lindenstrauss 引理的证明　考虑差集

$$\mathcal{X}-\mathcal{X} := \{x-y : x,y\in\mathcal{X}\}$$

我们想证明，在所需的概率下，不等式

$$(1-\varepsilon)\|z\|_2 \leqslant \|Qz\|_2 \leqslant (1+\varepsilon)\|z\|_2$$

对所有 $z\in\mathcal{X}-\mathcal{X}$ 成立. 因为 $Q=\sqrt{\frac{n}{m}}P$，这个不等式等价于

$$(1-\varepsilon)\sqrt{\frac{m}{n}}\|z\|_2 \leqslant \|Pz\|_2 \leqslant (1+\varepsilon)\sqrt{\frac{m}{n}}\|z\|_2 \tag{5.12}$$

112

对任意固定的 z，由引理 5.3.2 知(5.12)至少以概率 $1-2\exp(-c\varepsilon^2 m)$成立. 接下来在 $z\in\mathcal{X}-\mathcal{X}$上取一致界，不等式(5.12)对所有 $z\in\mathcal{X}-\mathcal{X}$ 同时成立的概率至少为

$$1-|\mathcal{X}-\mathcal{X}|\,2\exp(-c\varepsilon^2 m) \geqslant 1-N^2\,2\exp(-c\varepsilon^2 m)$$

若 $m\geqslant\frac{C}{\varepsilon^2}\log N$，则该概率至少为 $1-3\exp\left(-\frac{c\varepsilon^2 m}{2}\right)$，这就证明了 Johnson-Lindenstrauss

引理. ■

Johnson-Lindenstrauss 引理的一个显著特点是维数降低映射 A 是非适定的：它不依赖于数据. 同时还要注意，数据的环境维数 n 对结果没有任何影响.

5.3.3 练习(次高斯矩阵的 Johnson-Lindenstrauss 引理)☕☕☕　设 A 为 $m\times n$ 随机矩阵，其行为 $\mathbb{R}^n$ 中独立的零均值次高斯各向同性随机向量. 求证：对 $Q=\frac{1}{\sqrt{m}}A$，Johnson-Lindenstrauss 引理的结论成立.

5.3.4 练习(Johnson-Lindenstrauss 的最优性)☕☕☕　给出 N 个点的集合 $\mathcal{X}$ 的例子，使得其上没有投影到维数 $m\ll\log N$ 的子空间上的缩放投影是近似等距的. ☞

5.4 矩阵伯恩斯坦不等式

在本节中，我们将介绍如何将独立随机变量和 $\sum X_i$ 的集中不等式推广到独立随机矩阵的和的情形.

我们将证明矩阵版本的伯恩斯坦不等式(定理 2.8.4)，用随机矩阵替换随机变量 X_i，用算子 $\|\cdot\|$ 替换绝对值 $|\cdot|$. 在此过程中值得注意的是，我们不要求每个随机矩阵 X_i 中的元素、行或列独立.

5.4.1 定理(矩阵伯恩斯坦不等式)　设 $X_1, \cdots, X_N$ 为独立的、零均值的 $n\times n$ 对称随机矩阵，且 $\|X_i\|\leqslant K$ 对所有 i 几乎处处成立. 那么，对所有 $t\geqslant 0$，必有

$$\mathbb{P}\left\{\left\|\sum_{i=1}^{N}X_i\right\|\geqslant t\right\}\leqslant 2n\exp\left(-\frac{\frac{t^2}{2}}{\sigma^2+\frac{Kt}{3}}\right)$$

其中 $\sigma^2=\left\|\sum_{i=1}^{N}\mathbb{E}X_i^2\right\|$ 是和的矩阵方差的范数.

特别地，我们可以把这个界表示为次高斯和次指数尾分布的混合体，就像标量伯恩斯坦不等式一样：

$$\mathbb{P}\left\{\left\|\sum_{i=1}^{N}X_i\right\|\geqslant t\right\}\leqslant 2n\exp\left(-c\min\left(\frac{t^2}{\sigma^2},\frac{t}{K}\right)\right)$$

113

矩阵伯恩斯坦不等式的证明是建立在以下朴素的想法基础上的. 我们将尝试重复基于矩母函数(见 2.8 节)的经典方法，在每次出现时用矩阵替换标量. 在我们的大多数论证中，这种方法是可行的，除了其中的一个重要步骤. 在我们深入讨论这个证明之前，让我们先引入矩阵微积分，它能让我们把矩阵作为标量处理.

矩阵微积分

在本节中，我们讨论对称的 $n\times n$ 矩阵. 正如我们所知，加法运算 $A+B$ 可以很容易地从标量推广到矩阵. 但乘法运算我们需要小心，因为这种运算不是可以交换的：一般来说，$AB\neq BA$. 出于这个原因，矩阵伯恩斯坦不等式有时被称为不可交换的伯恩斯坦不等式. 矩阵的函数定义如下：

5.4.2 **定义**(矩阵函数)　考虑函数 $f:\mathbb{R}\to\mathbb{R}$ 和具有特征值 λ_i 和相应特征向量 μ_i 的 $n\times n$ 对称矩阵 X. 回忆一下，X 可以表示为谱分解

$$X=\sum_{i=1}^{n}\lambda_i u_i u_i^{\mathrm{T}}$$

那么定义

$$f(X):=\sum_{i=1}^{n}f(\lambda_i)u_i u_i^{\mathrm{T}}$$

换句话说，要从 X 得到矩阵 $f(X)$，我们不需改变特征向量，但是对特征值要取 f 的函数值.

下面的练习中，我们将检验矩阵函数的定义是否符合矩阵加法和乘法的基本法则.

5.4.3 **练习**(矩阵多项式及幂级数)☕☕

(a) 考虑多项式

$$f(x)=a_0+a_1x+\cdots+a_px^p$$

验证：对于矩阵 X，有

$$f(X)=a_0I+a_1X+\cdots+a_pX^p$$

在公式的右边，我们使用矩阵加法和乘法的标准法则，特别地，$X^p=X\cdots X$(p 次).

(b) 考虑 f 在 x_0 点收敛幂级数展开：

114

$$f(x)=\sum_{k=1}^{\infty}a_k(x-x_0)^k$$

验证矩阵项的级数的收敛性，并且有

$$f(X)=\sum_{k=1}^{\infty}a_k(X-X_0)^k$$

例如，对所有 $n\times n$ 对称矩阵 X，我们有

$$\mathrm{e}^K=I+X+\frac{X^2}{2!}+\frac{X^3}{3!}+\cdots$$

就像标量一样，矩阵可以互相比较. 为了达到这个目的，我们在 $n\times n$ 对称矩阵集合上定义如下偏序.

5.4.4 **定义**(半正定序)　当 X 是一个半正定矩阵时，我们称

$$X\succcurlyeq 0$$

等价地，如果 X 的所有特征值都满足 $\lambda_i(X)\geqslant 0$，也称 $X\succcurlyeq 0$. 当 $X-Y\succcurlyeq 0$ 时，我们称

$$X\succcurlyeq Y,\quad Y\preccurlyeq X$$

注意，由于有些矩阵对于 $X\succcurlyeq Y$ 和 $Y\succcurlyeq X$ 都不成立，因此 $\succcurlyeq$ 是偏序的，而不是全序的.(举个例子!)

5.4.5 **练习**☕☕☕　证明下列性质.

(a) $\|X\|\leqslant t$ 当且仅当 $-tI\preccurlyeq X\preccurlyeq tI$.

(b) 设 $f:\mathbb{R}\to\mathbb{R}$ 为增函数，同时 X，Y 是可交换矩阵，那么由 $X\preccurlyeq Y$ 可得 $f(X)\preccurlyeq f(Y)$.

(c) 设 f，$g:\mathbb{R}\to\mathbb{R}$ 是两个函数. 如果对所有满足 $|x|\leqslant K$ 的 $x\in\mathbb{R}$ 均有 $f(x)\leqslant g(x)$，则对于所有满足 $\|X\|\leqslant K$ 的 X 都有 $f(X)\preccurlyeq g(X)$.

(d) 如果 $X\preccurlyeq Y$，则有 $\mathrm{tr}(X)\leqslant\mathrm{tr}(Y)$.

迹不等式

到目前为止，我们扩展矩阵标量概念的尝试还没有遇到任何阻力，但这不会总是很顺利. 矩阵乘积的非交换性($AB\neq BA$)导致一些重要的标量恒等式在矩阵情形失效. 其中一个恒等式是 $e^{x+y}=e^x e^y$，它仅适用于标量，不适用于矩阵：

5.4.6 练习☕☕☕ 设 X 和 Y 为 $n\times n$ 对称矩阵.

(a) 求证：如果矩阵可交换，即 $XY=YX$. 则

115

$$e^{X+Y}=e^X e^Y$$

(b) 找出矩阵 X 和 Y 的例子，使得

$$e^{X+Y}\neq e^X e^Y$$

这对我们来说是遗憾的，因为我们在处理随机变量和的集中时使用了恒等式 $e^{x+y}=e^x e^y$. 事实上，这个恒等式允许我们把矩母函数 $\mathbb{E}\exp(\lambda S)$分解成指数的乘积，见(2.6).

尽管如此，对于缺失的等式 $e^{X+Y}=e^X e^Y$，还是有一些有用的替代方法. 我们在这里给出其中的两个，但不加以证明. 它们属于庞大的迹不等式家族.

5.4.7 定理(Golden-Thompson 不等式) *对任何 $n\times n$ 对称矩阵 A 和 B，有*

$$\operatorname{tr}(e^{A+B})\leqslant\operatorname{tr}(e^A e^B)$$

5.4.8 定理(Lieb 不等式) *设 H 是一个 $n\times n$ 对称矩阵. 在矩阵上定义函数*

$$f(X):=\operatorname{tr}\exp(H+\log X)$$

那么 f 在 $n\times n$ 正定对称矩阵空间上是凹的[⊖].

注意，在标量情况下，当 $n=1$ 时，函数 f 是线性的，Lieb 不等式是平凡的.

矩阵伯恩斯坦不等式的证明既可以基于 Golden-Thompson 不等式，也可以基于 Lieb 不等式. 我们将使用 Lieb 不等式，下面说明它能使随机矩阵也成立. 如果 X 是一个随机矩阵，那么由 Lieb 和詹森不等式，知

$$\mathbb{E}f(X)\leqslant f(\mathbb{E}X)$$

(为什么詹森不等式对随机矩阵也成立?). 将其应用于 $X=e^Z$，我们得到如下结果.

5.4.9 引理(随机矩阵的 Lieb 不等式) *设 H 为一个 $n\times n$ 固定的对称矩阵，Z 为一个随机 $n\times n$ 对称矩阵. 那么*

$$\mathbb{E}\operatorname{tr}\exp(H+Z)\leqslant\operatorname{tr}\exp(H+\log\mathbb{E}e^Z)$$

矩阵伯恩斯坦不等式的证明

116

现在我们已经准备好使用 Lieb 不等式证明矩阵伯恩斯坦不等式了，即定理 5.4.1.

第 1 步：归结为矩母函数. 为了得到和

$$S:=\sum_{i=1}^N X_i$$

的范数的界，我们需要控制 S 的最大特征值和最小特征值，我们将分别处理它们. 严格地，考虑最大特征值

⊖ 凹性表示对矩阵 X，Y 和参数 $\lambda\in[0,1]$，不等式 $f(\lambda X+(1-\lambda)Y)\geqslant\lambda f(X)+(1-\lambda)f(Y)$成立.

$$\lambda_{\max}(S):=\max_i \lambda_i(S)$$

注意到

$$\|S\|=\max_i|\lambda_i(S)|=\max(\lambda_{\max}(S),\lambda_{\max}(-S)) \tag{5.13}$$

为了得到 $\lambda_{\max}(S)$的界，我们继续使用标量情况下计算矩母函数(见 2.2 节)的方法. 为了这个目的，给定 $\lambda\geqslant 0$，使用马尔可夫不等式，我们得到

$$\mathbb{P}\{\lambda_{\max}(S)\geqslant t\}=\mathbb{P}\{e^{\lambda\cdot\lambda_{\max}(S)}\geqslant e^{\lambda t}\}\leqslant e^{-\lambda t}\mathbb{E}e^{\lambda\cdot\lambda_{\max}(S)} \tag{5.14}$$

由定义 5.2.4 知，$e^{\lambda S}$的特征值是 $e^{\lambda\cdot\lambda_i(S)}$，我们有

$$E:=\mathbb{E}e^{\lambda\cdot\lambda_{\max}(S)}=\mathbb{E}\lambda_{\max}(e^{\lambda S})$$

由于 $e^{\lambda S}$的特征值都是正的，并且最大的特征值小于所有特征值的和，即 $e^{\lambda S}$的迹，因而

$$E\leqslant \mathbb{E}\mathrm{tr}\ e^{\lambda S}$$

第 2 步：应用 Lieb 不等式. 为应用 Lieb 不等式(定理 5.4.9)做准备，我们从和 S 里分离出来最后一项：

$$E\leqslant \mathbb{E}\mathrm{tr}\ \exp\Big(\sum_{i=1}^{N-1}\lambda X_i+\lambda X_N\Big)$$

在条件$(X_i)_{i=1}^{N-1}$下，对固定的矩阵 $H:=\sum_{i=1}^{N-1}\lambda X_i$ 和随机矩阵 $Z:=\lambda X_N$ 应用引理 5.4.9，我们有

$$E\leqslant \mathbb{E}\mathrm{tr}\ \exp\Big(\sum_{i=1}^{N-1}\lambda X_i+\log \mathbb{E}e^{\lambda X_N}\Big)$$

(具体而言，首先对条件期望应用引理 5.4.9，然后运用全期望公式在不等式两边取期望.)

我们用相似的方法继续：从和 $\sum_i^{N-1}\lambda X_i$ 中分离出下一项 λX_{N-1}，然后对 $Z=\lambda X_{N-1}$再次应用引理 5.4.9. 重复以上步骤 N 次，我们得到

$$E\leqslant \mathrm{tr}\ \exp\Big(\sum_{i=1}^{N}\log \mathbb{E}e^{\lambda X_i}\Big) \tag{5.15}$$

第 3 步：单项的矩母函数. 接下来要求对于每一项 X_i，矩阵值矩母函数 $\mathbb{E}e^{\lambda X_i}$是有界的. 这是一个标准的任务，其讨论方式和标量的情况类似.

117

5.4.10 引理(矩母函数)　设 X 是 $n\times n$ 零均值的随机对称矩阵，并且$\|X\|\leqslant K$ 几乎处处成立，那么

$$\mathbb{E}\exp(\lambda X)\preceq \exp(g(\lambda)\mathbb{E}X^2),\quad 其中\ g(\lambda)=\frac{\frac{\lambda^2}{2}}{1-\frac{|\lambda|K}{3}}$$

当$|\lambda|<\frac{3}{K}$时成立.

证明　首先注意到，我们可以通过如下的泰勒展开式的前几项来得到(标量)指数函数的界：

$$e^z\leqslant 1+z+\frac{1}{1-\frac{|z|}{3}}\frac{z^2}{2},\quad |z|<3$$

（为了获得这个不等式，展开 $e^z=1+z+z^2\sum_{p=2}^{\infty}\frac{z^{p-2}}{p!}$，并利用 $p!\geqslant 2\times 3^{p-2}$）. 下一步，对 $z=\lambda x$ 使用这个不等式，如果 $\|x\|\leqslant K$ 并且 $|\lambda|<\frac{3}{K}$，那么，我们得到

$$e^{\lambda x}\leqslant 1+\lambda x+g(\lambda)x^2$$

其中 $g(\lambda)$ 是引理中表述的函数.

最后，我们可以使用练习 5.4.5(c)将这个不等式从标量推广到矩阵. 我们得到：如果 $\|X\|\leqslant K$ 并且 $|\lambda|<\frac{3}{K}$，那么

$$e^{\lambda X}\preccurlyeq I+\lambda X+g(\lambda)X^2$$

两边取期望，并且使用 $\mathbb{E}X=0$ 的假定，得到

$$\mathbb{E}e^{\lambda X}\preccurlyeq I+g(\lambda)\mathbb{E}X^2$$

为了得到右边的界，我们可以使用适用于所有标量 z 的不等式 $1+z\leqslant e^z$，因此不等式 $I+Z\preccurlyeq e^Z$ 对所有矩阵 Z 成立，特别地，对 $Z=g(\lambda)\mathbb{E}X^2$ 也成立（这里我们可以再次使用练习 5.4.5(c)）. 这就得到了引理的结论. ■

第 4 步：完成证明. 让我们回到(5.15)中的量的界. 使用引理 5.4.10，我们得到

$$E\leqslant \operatorname{tr}\exp\left(\sum_{i=1}^{N}\log \mathbb{E}e^{\lambda X_i}\right)\leqslant \operatorname{tr}\exp(g(\lambda)Z),\quad 其中\ Z:=\sum_{i=1}^{N}\mathbb{E}X_i^2$$

（这里，关于对数函数和指数函数我们运用了练习 5.4.5(b)，对两边取迹我们运用了练习 5.4.5(d).）

因为 $\exp(g(\lambda)Z)$ 的迹是其 n 个正的特征值的和，它不超过最大特征值的 n 倍，所以

$$\begin{aligned}E&\leqslant n\lambda_{\max}(\exp(g(\lambda)Z))=n\exp[g(\lambda)\lambda_{\max}(Z)]\quad（为什么?）\\&=n\exp(g(\lambda)\|Z\|)\quad（由于\ Z\succcurlyeq 0）\\&=n\exp(g(\lambda)\sigma^2)\quad（由定理中\ \sigma\ 的定义）\end{aligned}$$

将 $E=\mathbb{E}e^{\lambda\cdot\lambda_{\max}(S)}$ 的界代入(5.14)中，我们得到

118

$$\mathbb{P}\{\lambda_{\max}(S)\geqslant t\}\leqslant n\exp(-\lambda t+g(\lambda)\sigma^2)$$

我们已经获得了对满足 $|\lambda|<\frac{3}{K}$ 的所有 $\lambda>0$ 成立的界，所以可以找到一个 λ 使界达到最小，$\lambda=\frac{t}{\sigma^2+\frac{Kt}{3}}$ 是最小值点（自己验证!），从而得到

$$\mathbb{P}\{\lambda_{\max}(S)\geqslant t\}\leqslant n\exp\left(-\frac{\frac{t^2}{2}}{\sigma^2+\frac{Kt}{3}}\right)$$

对 $-S$ 重复上述过程，并且在(5.13)中组合这两个界，我们就完成了定理 5.4.1 的证明（详细过程请读者自己完成!） ■

矩阵 Khintchine 不等式

矩阵伯恩斯坦不等式关于 $\left\|\sum_{i=1}^{N}X_i\right\|$ 给出了一个较好的尾分布界，特别地，它包含了关

于期望的一个不平凡的界.

5.4.11 **练习**(矩阵伯恩斯坦不等式：期望)☕☕☕　设 X_1，…，X_N 是 $n\times n$ 独立的、零均值的随机对称矩阵，并且对所有的 i，$\|X_i\|\leqslant K$ 几乎处处成立. 用伯恩斯坦不等式推出

$$\mathbb{E}\left\|\sum_{i=1}^{N}X_i\right\|\lesssim\left\|\sum_{i=1}^{N}\mathbb{E}X_i^2\right\|^{\frac{1}{2}}\sqrt{\log n}+K\log n$$

☞

注意到，在标量的情况下，即 $n=1$ 时，关于期望的界是平凡的. 在这种情况下，我们有

$$\mathbb{E}\left|\sum_{i=1}^{N}X_i\right|\leqslant\left(\mathbb{E}\left|\sum_{i=1}^{N}X_i\right|^2\right)^{\frac{1}{2}}=\left(\sum_{i=1}^{N}\mathbb{E}X_i^2\right)^{\frac{1}{2}}$$

其中我们使用了独立随机变量和的方差等于方差的和这个性质.

在矩阵伯恩斯坦不等式证明中建立的技巧可以用来证明其他经典的集中不等式的矩阵形式. 在接下来的两个练习中，读者可以证明出霍夫丁不等式和 Khintchine 不等式的矩阵形式(练习 2.6.6).

5.4.12 **练习**(矩阵霍夫丁不等式)☕☕☕　设 ε_1，…，ε_n 是独立的对称伯努利随机变量，A_1，…，A_N 是 $n\times n$ 对称矩阵(确定性的). 求证，对任意 $t\geqslant 0$，有

$$\mathbb{P}\left\{\left\|\sum_{i=1}^{N}\varepsilon_iA_i\right\|\geqslant t\right\}\leqslant 2n\exp\left(-\frac{t^2}{2\sigma^2}\right)$$

其中，$\sigma^2=\left\|\sum_{i=1}^{N}A_i^2\right\|$.　☞　119

由这个结论，我们可以推导出矩阵形式的 Khintchine 不等式.

5.4.13 **练习**(矩阵 Khintchine 不等式)☕☕☕　设 ε_1，…，ε_N 是独立的对称伯努利随机变量，A_1，…，A_N 是 $n\times n$ 对称矩阵(确定性的).

(a) 求证：

$$\mathbb{E}\left\|\sum_{i=1}^{N}\varepsilon_iA_i\right\|\leqslant C\sqrt{\log n}\left\|\sum_{i=1}^{N}A_i^2\right\|^{\frac{1}{2}}$$

(b) 更一般地，求证：对每一个 $p\in[1,\infty)$，有

$$\left(\mathbb{E}\left\|\sum_{i=1}^{N}\varepsilon_iA_i\right\|^p\right)^{\frac{1}{p}}\leqslant C\sqrt{p+\log n}\left\|\sum_{i=1}^{N}A_i^2\right\|^{\frac{1}{2}}$$

从标量到矩阵的代价是定理 5.4.1 中概率界的前因子 n，考虑到练习 5.4.11～5.4.13 期望界中该因子变成了维数 n 的对数，这是一个较小的代价. 下面的练习表明对数因子通常也是需要的.

5.4.14 **练习**(矩阵伯恩斯坦不等式的精确性)☕☕☕　设 X 是分别以 $\frac{1}{n}$ 的概率取值 $e_ke_k^{\mathrm{T}}$，$k=1$，…，n 的 n×n 随机矩阵，(这里(e_k)表示 $\mathbb{R}^n$ 空间中的标准基)，又设 X_1，…，X_N 是 X 的独立副本，考虑和

$$S:=\sum_{i=1}^{N}X_i$$

它是一个对角矩阵.

(a) 证明元素 S_{ii} 的分布与将 N 个球独立地丢进 n 个箱子里，第 i 个箱子里球的数目的

分布相同.

(b) 与本题相关的是经典优惠券收藏者问题，求证：如果 $N \asymp n$，那么[⊖]

$$\mathbb{E}\|S\| \asymp \frac{\log n}{\log\log n}$$

说明：如果对数因子从其中被移除，那么练习 5.4.11 中的界将会失效.

120

下面的练习将通过减弱矩阵 X_i 的对称性和平方来推广矩阵伯恩斯坦不等式.

5.4.15 练习(矩形矩阵的矩阵伯恩斯坦不等式)☕☕☕　设 $X_1, \cdots, X_N$ 是独立的零均值 $m \times n$ 随机矩阵，并且对所有的 i，$\|X_i\| \leqslant K$ 几乎处处成立，求证：对 $t \geqslant 0$，有

$$\mathbb{P}\left\{\left\|\sum_{i=1}^{N} X_i\right\| \geqslant t\right\} \leqslant 2(m+n)\exp\left(-\frac{\frac{t^2}{2}}{\sigma^2 + \frac{Kt}{3}}\right)$$

其中，

$$\sigma^2 = \max\left(\left\|\sum_{i=1}^{N} \mathbb{E}X_i^{\mathrm{T}} X_i\right\|, \left\|\sum_{i=1}^{N} \mathbb{E}X_i X_i^{\mathrm{T}}\right\|\right)$$ ☞

5.5　应用：用稀疏网络进行社区发现

在 4.5 节中，我们分析了一种针对网络中社区发现的基本方法——谱聚类算法，我们考查了具有两个社区的随机分块模型 $G(n, p, q)$ 的谱聚类性能，并且给出了社区是如何以高精度和高概率被识别的(定理 4.5.6).

现在我们用矩阵伯恩斯坦不等式再次考查谱聚类的性能. 在下面的两个练习中，我们发现谱聚类可用于比定理 4.5.6 包含的更加稀疏的网络服务.

在 4.5 节中，我们用 A 表示取自 $G(n, p, q)$ 的随机图的邻接矩阵，且将 A 表示为

$$A = D + R$$

其中 $D = \mathbb{E}A$ 是一个确定性的矩阵(“信号”)，R 是随机的(“噪声”). 正如我们知道的那样，谱聚类方法的成功取决于噪声 $\|R\|$ 以高概率是很小的这一事实(回忆(4.18)). 在下面的练习中，矩阵伯恩斯坦不等式被用来得到一个 $\|R\|$ 更好的界.

5.5.1 练习(噪声的控制)☕☕☕

(a) 按下列方法将邻接矩阵 A 表示为独立随机矩阵的和：

$$A = \sum_{1 \leqslant i < j \leqslant n}^{n} Z_{ij}$$

每个 Z_{ij} 编码了顶点 i 和 j 之间边的贡献，因此 Z_{ij} 的非零项应当仅有 (ij) 和 (ji).

(b) 应用矩阵伯恩斯坦不等式证明

$$\mathbb{E}\|R\| \lesssim \sqrt{d\log n} + \log n$$

其中 $d = \frac{1}{2}(p+q)n$ 是图的期望平均度数.

⊖ 如果存在常数 c，$C>0$ 使得 $ca_n < b_n < Ca_n$，那么我们记作 $a_n \asymp b_n$.

5.5.2 练习(稀疏网络的谱聚类)☕☕☕ 用练习 5.5.1 中的界去得到一个比我们在 4.5 节中介绍的谱聚类性能更好的保障. 特别地，证明：只要平均期望度数满足

$$d \gg \log n$$

谱聚类就对稀疏网络有效.

121

5.6 应用：一般分布的协方差估计

在 3.2 节中，我们看到了如何用一个容量为 $O(n)$ 的样本精确估计 $\mathbb{R}^n$ 中一个次高斯分布的协方差矩阵. 在本节中，我们去掉了次高斯的要求，这使得协方差估计更一般，尤其是对离散的分布成为可能. 我们付出的代价很小，只是一个对数过采样因子. 事实上，下面的定理表明，$O(n\log n)$ 个样本足以估计 $\mathbb{R}^n$ 空间中一般分布的协方差.

如 4.7 节中一样，我们用其样本形式估计二阶矩矩阵 $\Sigma = \mathbb{E}XX^{\mathrm{T}}$

$$\Sigma_m = \frac{1}{m}\sum_{i=1}^{m} X_i X_i^{\mathrm{T}}$$

如果我们假定 X 的均值为 0(我们通常这样做是为了简单起见)，那么 Σ 是 X 的协方差矩阵，Σ_m 是 X 的样本协方差矩阵.

5.6.1 定理(一般协方差估计) 设 X 是 $\mathbb{R}^n$ 中的一个随机向量，假定对某个 $K \geqslant 1$，有

$$\|X\|_2 \leqslant K(\mathbb{E}\|X\|_2^2)^{\frac{1}{2}}\text{(几乎处处)} \tag{5.16}$$

那么，对任何正整数 m，必有

$$\mathbb{E}\|\Sigma_m - \Sigma\| \leqslant C\Big(\sqrt{\frac{K^2 n\log n}{m}} + \frac{K^2 n\log n}{m}\Big)\|\Sigma\|$$

证明 在我们证明这个界之前，首先注意到 $\mathbb{E}\|X\|_2^2 = \mathrm{tr}\,\Sigma$(用证明引理 3.2.4 的方法证明此式). 因此，假设(5.16)变为

$$\|X\|_2^2 \leqslant K^2\,\mathrm{tr}\,\Sigma\text{(几乎处处)} \tag{5.17}$$

将矩阵伯恩斯坦不等式的期望形式(练习 5.4.11)应用于独立同分布的零均值随机矩阵 $X_iX_i^{\mathrm{T}} - \Sigma$ 得到[㊀]

$$\mathbb{E}\|\Sigma_m - \Sigma\| = \frac{1}{m}\Big\|\sum_{i=1}^{m}(X_iX_i^{\mathrm{T}} - \Sigma)\Big\| \lesssim \frac{1}{m}(\sigma\sqrt{\log n} + M\log n) \tag{5.18}$$

其中

122

$$\sigma^2 = \Big\|\sum_{i=1}^{m}\mathbb{E}(X_iX_i^{\mathrm{T}} - \Sigma)^2\Big\| = m\|\mathbb{E}(XX^{\mathrm{T}} - \Sigma)^2\|$$

M 是满足下列条件的任意实数，因此

$$\|XX^{\mathrm{T}} - \Sigma\| \leqslant M \quad \text{几乎处处}$$

为了完成证明，接下来将确定 σ^2 和 M 的界.

让我们从 σ^2 开始，放大平方，我们发现[㊁]

$$\mathbb{E}(XX^{\mathrm{T}} - \Sigma)^2 = \mathbb{E}(XX^{\mathrm{T}})^2 - \Sigma^2 \preccurlyeq \mathbb{E}(XX^{\mathrm{T}})^2 \tag{5.19}$$

㊀ 和往常一样，符号 $a \lesssim b$ 隐藏了绝对常数因子，也就是说，它意味着 $a \leqslant Cb$，其中 C 是绝对常数.

㊁ 回顾定义 5.4.4，$\preccurlyeq$ 在此处表示半正定序.

进一步，由假设(5.17)有

$$(XX^{\mathrm{T}})^2 \preccurlyeq \|X\|^2 XX^{\mathrm{T}} \preccurlyeq K^2 \operatorname{tr}\Sigma XX^{\mathrm{T}}$$

取期望并回顾 $\mathbb{E}XX^{\mathrm{T}}=\Sigma$，我们得到

$$\mathbb{E}(XX^{\mathrm{T}})^2 \preccurlyeq K^2 \operatorname{tr}\Sigma\Sigma$$

将这个界限代入(5.19)，我们得到了 σ 的一个很好的界，即

$$\sigma^2 \leqslant K^2 m \operatorname{tr}\Sigma\|\Sigma\|$$

求 M 的界很简单：事实上，

$$\begin{aligned}\|XX^{\mathrm{T}}-\Sigma\| &\leqslant \|X\|_2^2+\|\Sigma\| \quad (\text{由三角不等式})\\ &\leqslant K^2\operatorname{tr}\Sigma+\|\Sigma\| \quad (\text{由假设(5.17)})\\ &\leqslant 2K^2\operatorname{tr}\Sigma=:M \quad (\text{由于}\|\Sigma\|\leqslant\operatorname{tr}\Sigma, K\geqslant 1)\end{aligned}$$

把 σ 和 M 的界代入(5.18)，我们得到

$$\mathbb{E}\|\Sigma_m-\Sigma\|\leqslant\frac{1}{m}\Big(\sqrt{K^2 m\operatorname{tr}\Sigma\|\Sigma\|}\sqrt{\log n}+2K^2\operatorname{tr}\Sigma\log n\Big)$$

为了完成证明，我们使用了不等式 $\operatorname{tr}\Sigma\leqslant n\|\Sigma\|$ 并化简了界. ■

5.6.2 注(样本复杂性)　定理5.6.1意味着，对于任意 $\varepsilon\in(0,1)$，如果我们取一个样本的容量为

$$\mathbb{E}\|\Sigma_m-\Sigma\|\leqslant\varepsilon\|\Sigma\| \tag{5.20}$$

就能保证协方差估计有较好的相对误差

$$m\sim\varepsilon^{-2}n\log n$$

将其与次高斯分布的样本复杂度 $m\sim\varepsilon^{-2}n$ 进行比较(回顾注4.7.2)，我们可以知道，降低次高斯分布要求的代价非常小——只是一个对数过采样因子.

5.6.3 注(低维分布)　在定理5.6.1证明的最后，我们使用了一个粗略的界 $\operatorname{tr}\Sigma\leqslant n\|\Sigma\|$. 但是我们可以不这样做，而是从固有维数得到一个界

$$r=\frac{\operatorname{tr}\Sigma}{\|\Sigma\|}$$

123

即

$$\mathbb{E}\|\Sigma_m-\Sigma\|\leqslant C\Big(\sqrt{\frac{K^2 r\log n}{m}}+\frac{K^2 r\log n}{m}\Big)\|\Sigma\|$$

特别地，这种更强大的界意味着如下大小的样本

$$m\sim\varepsilon^{-2}r\log n$$

足以估计如(5.20)所示的协方差矩阵. 注意到我们总是设 $r\leqslant n$(为什么?)，因此新的界总是和定理5.6.1中的界一样好. 但是对于近似的低维分布——那些倾向于集中在低维子空间附近的分布，我们可能有 $r\ll n$，在这种情况下可以使用更小的样本估计协方差. 我们将在7.6节中讨论这个问题，在那里我们将介绍稳定维数和稳定秩的概念.

5.6.4 练习(尾分布的界)☕☕　我们的结论也蕴涵了下面的高概率保证. 验证：如果 $u>0$，则

$$\|\Sigma_m-\Sigma\|\leqslant C\Big(\sqrt{\frac{K^2 r(\log n+u)}{m}}+\frac{K^2 r(\log n+u)}{m}\Big)\|\Sigma\|$$

成立的概率至少为 $1-2e^{-u}$，在这里 $r=\frac{\operatorname{tr}\Sigma}{\|\Sigma\|\leqslant n}$如前所述.

5.6.5 练习(有界假设的必要性)☕☕☕　说明如果有界假设(5.16)从定理 5.6.1 中去除，那么一般情况下结论可能不成立.

5.6.6 练习(取自框架中的样本)☕☕　考虑一个 $\mathbb{R}^n$ 中等范数的紧框架㊀$(u_i)_{i=1}^N$. 叙述并证明一个结果使得(u_i)具有

$$m \gtrsim n\log n$$

个元素的随机样本，形成一个具有良好界(即尽可能接近所想的界)的框架，结果不应该依赖于框架的大小 N.

5.6.7 练习(对数过采样的必要性)☕☕　证明：一般来说，对数过采样在协方差估计中是必要的，更准确地说，给出一个在 $\mathbb{R}^n$ 中分布的例子，说明除非 $m\gtrsim n\log n$，否则，对每个 $\varepsilon<1$，(5.20)的界肯定失效. ☞

5.6.8 练习(具有一般独立行的随机矩阵)☕☕☕　证明定理 4.6.1 对下列情况也成立：随机矩阵有任意的行分布(不一定是次高斯分布).

124

设 A 是 $m\times n$ 矩阵，其行 A_i 是 $\mathbb{R}^n$ 中独立的各向同性的随机向量，假定存在 $L\geqslant 0$，使得

$$\|A_i\|_2 \leqslant K\sqrt{n} \quad 对每个\ i\ 几乎处处 \tag{5.21}$$

求证：对任意 $t\geqslant 1$，有

$$\sqrt{m}-Kt\sqrt{n\log n}\leqslant s_n(A)\leqslant s_1(A)\leqslant \sqrt{m}+Kt\sqrt{n\log n} \tag{5.22}$$

成立的概率至少为 $1-2n^{-ct^2}$. ☞

5.7 后注

有几本关于集中的入门教材，如[11，第 3 章]、[146，126，125，29]和初级教程[13].

我们在 5.1 节中提出的通过等周不等式进行集中的方法首先由 P. Levy 提出，定理 5.1.5 和定理 5.1.4 同样如此(见[89]).

当 V. Milman 在 20 世纪 70 年代认识到 Lévy 方法的威力和普遍性时，这导致了测度集中原理的广泛扩展，其中的一些我们在 5.2 节中进行了介绍. 为了保持本书的简洁性，我们省略了集中的一些重要方法，包括有界差分不等式、鞅、半群和传递方法、Poincaré 不等式、log-Sobolev 不等式、超控制、Stein 方法和 Talagrand 集中不等式等，见[206、125、29]. 我们在 5.1 节和 5.2 节中介绍的大部分材料可在[11，第 3 章]、[146，125]中找到.

高斯等周不等式(定理 5.2.1)首先由 V. N. Sudakov 和 B. S. Cirelson(Tsirelson)证明，也由 C. Borell 独立证明[27]. 高斯等周不等式还有其他几种证明，见[23，12，15]. 高斯集中(定理 5.2.2)也有一个由高斯插值而不是等距法的推导，见[163].

汉明立方体的集中结果(定理 5.2.5)是 Harper 定理的结果，它是汉明立方体的一个等周不等式[96]，见[24]. 对称群的集中(定理 5.2.6)是由 B. Maurey[135]提出的. 定理

㊀ 在 3.3 节中已介绍了框架的概念. 在等范数框架下，我们认为对所有的 i 和 j，$\|u_i\|_2=\|u_j\|$ 成立.

5.2.5 和定理 5.2.6 也可以用鞅方法证明，见[146，第 7 章].

具有正曲率的黎曼流形的集中证明可在[125，命题 2.17]中找到. 许多有趣的特殊情况都来自这个一般性结果，包括针对特殊正交群的定理 5.2.7[146，6.5.1 节]，以及针对格拉斯曼群的定理 5.2.9[146，6.7.2 节]. 注 5.2.8 中提到的 Haar 测度的构造可以在[146，第 1 章]和[74，第 2 章]中找到，[143]讨论了生成随机单元矩阵的数值稳定方法.

连续立方体的集中(定理 5.2.10)可在[125，2.8 节]中找到，欧几里得球的集中(定理 5.2.13)可在[125，2.9 节]中找到. 指数密度的集中定理 5.2.15 是从[125，命题 2.18]中找到的. Talagrand 集中不等式(定理 5.2.16)的原始证明可在[192，定理 6.6]和[125，推论 4.10]中找到.

125

Johnson-Lindenstrauss 引理的原始公式来自[107]. 有关此引理的各种版本、相关结果、应用程序和书目注释，参见[134，15.2 节]. 条件 $m \gtrsim \varepsilon^{-2}\log n$ 被称为是最佳的，见[120].

5.4 节中所采用的矩阵集中不等式的方法来源于 R. Ahlswedeg 和 A. Winter 的研究结果[4]. Golden-Thompson 不等式(定理 5.4.7)的一个简短证明，即 Ahlswede-Winter 方法所依据的结果，可在例如[20，定理 9.3.7]和[215]中找到. 虽然 R. Ahlswede 和 A. Winter 的研究是由量子信息理论的问题推动的，但他们的方法在其他领域的实用性也逐渐被理解，早期的工作包括[219，214，90，155].

Ahlswede 和 Winter 的原始结论产生了一个比定理 5.4.1 稍弱的矩阵 Bern-Stein 不等式，即 $\sum_{i=1}^{N}\|\mathbb{E}X_i^2\|$ 而不是 σ，后来 R. Oliveira[156]通过修改 Ahlswede-Winter 方法将该量收紧，由 J. Tropp[200]独立使用于 Lieb 不等式(定理 5.4.8)而不是 Golden 和 Thompson. 在本书中，我们对定理 5.4.1 主要采用了 Tropp 的证明. [201]提供了一个关于 Lieb 不等式(定理 5.4.8)、练习 5.4.12 中的矩阵霍夫丁不等式、矩阵切尔诺夫不等式等的自包含证明. 由于 Tropp 的贡献，现在几乎所有经典的标量集中结果都存在矩阵类似结果[201]. 调查[161]讨论了其他几个有用的迹不等式，并简述了 Golden-Thompson 不等式(第 3 节)和 Lieb 不等式(嵌入在命题 7 的证明中)的证明. [76]还详细给出了矩阵伯恩斯坦不等式及其一些变形(8.5 节)和 Lieb 不等式的证明(附录 B.6).

我们不使用矩阵伯恩斯坦不等式，而是通过部分高斯积分和一个迹不等式来推出练习 5.4.11的结果[203]. 练习 5.4.13 中的矩阵 Khintchine 不等式也可以从非交换 Khintchine 不等式中推导出来，这是由于 F. Lust Piquard[130]，另见[131，39，40，168]. 这一推导首先由 M. Rudelson[171]注意到并使用，他证明了练习 5.4.13 的结果.

关于 5.5 节中讨论的网络中的社区发现问题，见第 4 章的后注. R. Oliveira[156]首先提出了使用 5.5 节中描述的矩阵伯恩斯坦不等式于随机图中的集中的方法.

在 5.6 节中，我们讨论了一般高维分布的协方差估计，见[216]. 另一种早期的协方差估计方法给出了类似的结果，它依赖于矩阵 Khintchine 不等式(也称为非交换 Khintchine 不等式)，这是 M. Rudelson 早期研究的，见[171]. 有关协方差估计问题的更多参考资料，请参阅第 4 章的后注. 练习 5.6.8 的结果来自[216，5.4.2 节].

126

第6章 二次型、对称化和压缩

在本章我们介绍一些研究高维概率的基本方法：6.1 节介绍解耦，6.2 节介绍二次型的集中(Hanson-Wright 不等式)，6.4 节介绍对称化，6.7 节介绍压缩.

我们通过一些应用来具体展示这些方法. 在 6.3 节中，用 Hanson-Wright 不等式来建立各向异性的随机向量(从而推广定理 3.1.1)和随机向量与子空间之间的距离的集中. 在 6.5 节中，我们将矩阵伯恩斯坦不等式和对称化理论结合起来分析随机矩阵的算子范数，证明它近似等于行和列的最大欧几里得范数. 这个结论在 6.6 节中被用于矩阵补全问题，其中的一个应用展示了从给定矩阵中随机选取几个元素，然后去填满整个矩阵缺失的元素的技术.

6.1 解耦

在本书的开头，我们曾对下列类型的独立随机变量做了深入的研究：

$$\sum_{i=1}^{n} a_i X_i \tag{6.1}$$

其中 X_1，…，X_n 是独立随机变量，a_i 是固定的系数. 在这一节中，我们研究下列形式的二次型：

$$\sum_{i,j=1}^{n} a_{ij} X_i X_j = X^{\mathrm{T}} A X = \langle X, AX \rangle \tag{6.2}$$

其中，$A=(a_{ij})$是一个 $n\times n$ 系数矩阵，$X=(X_1, \cdots, X_n)$是一个具有独立坐标的随机向量. 这种二次型在概率论中被称为混沌.

计算一个混沌的期望很简单. 为了简单起见，我们假定 X_i 具有零均值和单位方差. 那么

$$\mathbb{E} X^{\mathrm{T}} A X = \sum_{i,j=1}^{n} a_{ij} \mathbb{E} X_i X_j = \sum_{i=1}^{n} a_{ii} = \operatorname{tr} A$$

比较困难的是确定一个混沌的集中，主要的难点是(6.2)中和的各项不是相互独立的. 这可以通过解耦的技巧来解决，现在我们对它进行介绍.

解耦的目的是用双线性的形式来代替二次型(6.2)，即

$$\sum_{i,j=1}^{n} a_{ij} X_i X'_j = X^{\mathrm{T}} A X' = \langle AX, X' \rangle$$

其中 $X'=(X'_1, \cdots, X'_n)$是与 X 独立并与 X 同分布的随机向量，这样的 X'被称为 X 的独立副本. 这里的关键是双线性的形式比二次型更易于分析，因为它关于 X 是线性的而不是二次的. 事实上，以 X'为条件，我们可以把双线性看作独立随机变量的和

$$\sum_{i=1}^{n}\Big(\sum_{j=1}^{n}a_{ij}X'_j\Big)X_i = \sum_{i=1}^{n}c_iX_i$$

其中 c_i 是固定的系数，如同(6.1)中的和表示的那样.

6.1.1 定理(解耦)　设 A 是一个 $n\times n$ 无对角矩阵(即 A 的对角元素等于零)，$X=(X_1, \cdots, X_n)$是一个 X_i 相互独立并具有零均值的随机向量. 那么，对任意的凸函数 $F:\mathbb{R}\to\mathbb{R}$，有

$$\mathbb{E}F(X^{\mathrm{T}}AX)\leqslant \mathbb{E}F(4X^{\mathrm{T}}AX') \tag{6.3}$$

其中 X'是 X 的独立副本.

定理的证明需要下列引理.

6.1.2 引理　设 Y 和 Z 是独立的随机变量，并且 $\mathbb{E}Z=0$. 则对任意的凸函数 F，有

$$\mathbb{E}F(Y)\leqslant \mathbb{E}F(Y+Z)$$

证明　这是詹森不等式的一个简单推论. 首先，对任意的 $y\in\mathbb{R}$，由 $\mathbb{E}Z=0$ 知

$$F(y)=F(y+\mathbb{E}Z)=F(\mathbb{E}(y+Z))\leqslant \mathbb{E}F(y+Z)$$

现在，令 $y=Y$，然后对两边取期望就完成了证明.(为了检测你是否理解了这个过程，请找出 Y 和 Z 相互独立运用在何处!)　■

定理 6.1.1 的证明　这是一个看起来简明扼要的证明. 首先，用“部分混沌”来代替混沌 $X^{\mathrm{T}}AX=\sum_{i,j}a_{ij}X_iX_j$，

$$\sum_{(i,j)\in I\times I^c}a_{ij}X_iX_j$$

其中指标子集 $I\subset\{1, \cdots, n\}$是随机抽样选取的. 部分混沌的优点是对 i 和 j 的不相交集进行求和. 因此可以用 X'_j 代替 X_j 而不改变和式的分布. 最后，我们用引理 6.1.2 将结论从部分混沌拓展到完整的和 $X^{\mathrm{T}}AX'=\sum_{i,j}a_{ij}X_iX'_j$ 上.

128

现在我们来做一个详细的证明. 为了随机地选取指标子集 I，考虑转换器 $\delta_1, \cdots, \delta_n\in\{0, 1\}$，$\delta_1, \cdots, \delta_n$ 是相互独立的伯努利随机变量，并且 $\mathbb{P}\{\delta_i=0\}=\mathbb{P}\{\delta_i=1\}=\frac{1}{2}$. 定义

$$I:=\{i:\delta_i=1\}$$

下一步，我们以 X 为条件. 因为根据假设 $a_{ii}=0$，且

$$\mathbb{E}\delta_i(1-\delta_j)=\frac{1}{2}\times\frac{1}{2}=\frac{1}{4},\quad 对所有 i\neq j$$

我们可以把混沌表示为

$$X^{\mathrm{T}}AX=\sum_{i\neq j}a_{ij}X_iX_j=4\mathbb{E}_\delta\sum_{i\neq j}\delta_i(1-\delta_j)a_{ij}X_iX_j=4\mathbb{E}_I\sum_{(i,j)\in I\times I^c}a_{ij}X_iX_j$$

(下标 δ 和 I 旨在提醒我们用这些条件期望时随机性的来源. 因为我们固定了 X，条件期望是关于随机转换器 $\delta=(\delta_1, \cdots, \delta_n)$选取，或者等价地，在指标集 I 上选取. 稍后我们将继续使用类似的符号.)

对等式两边先应用函数 F 再对 X 取期望. 由詹森不等式和 Fubini 不等式，得

$$\mathbb{E}_XF(X^{\mathrm{T}}AX)\leqslant \mathbb{E}_I\mathbb{E}_XF\Big(4\sum_{(i,j)\in I\times I^c}a_{ij}X_iX_j\Big)$$

从而存在随机子集 I 的一条路径，使得

$$\mathbb{E}_X F(X^{\mathrm{T}}AX) \leqslant \mathbb{E}_X F\Big(4 \sum_{(i,j)\in I\times I^c} a_{ij}X_iX_j\Big)$$

固定 I 的这条路径直到证明结束(为了方便起见，略去期望符号中的下标 X). 由于随机变量$(X_i)_{i\in I}$和$(X_j)_{j\in I^c}$相互独立，如果我们用 X_j' 代替 X_j，不等式右边的和的分布不会发生改变. 所以我们有

$$\mathbb{E}F(X^{\mathrm{T}}AX) \leqslant \mathbb{E}F\Big(4 \sum_{(i,j)\in I\times I^c} a_{ij}X_iX_j'\Big)$$

接下来我们将右边的和拓展到对所有指标集的求和. 换句话说，我们想要证明

$$\mathbb{E}F\Big(4 \sum_{(i,j)\in I\times I^c} a_{ij}X_iX_j'\Big) \leqslant \mathbb{E}F\Big(4 \sum_{(i,j)\in [n]\times[n]} a_{ij}X_iX_j'\Big) \tag{6.4}$$

其中使用了记号$[n]=\{1, \cdots, n\}$. 为了达到这个目的，我们对右边的和进行如下分解：

129

$$\sum_{(i,j)\in[n]\times[n]} a_{ij}X_iX_j' = Y + Z_1 + Z_2$$

其中，

$$Y = \sum_{(i,j)\in I\times I^c} a_{ij}X_iX_j', \quad Z_1 = \sum_{(i,j)\in I\times I} a_{ij}X_iX_j', \quad Z_2 = \sum_{(i,j)\in I^c\times[n]} a_{ij}X_iX_j'$$

现在关于除了$(X_j')_{j\in I}$和$(X_i)_{i\in I^c}$外的所有随机变量取条件期望，则 Y 是固定了的，而 Z_1 和 Z_2 都是条件期望为零的随机变量(自己验证!). 运用引理 6.1.2 处理这个条件期望，我们把它表示为 $\mathbb{E}'$，它满足

$$F(4Y) \leqslant \mathbb{E}'F(4Y + 4Z_1 + 4Z_2)$$

最后，在两边关于所有其他的随机变量取期望，得到

$$\mathbb{E}F(4Y) \leqslant \mathbb{E}F(4Y + 4Z_1 + 4Z_2)$$

(6.4)得证，证毕. ■

6.1.3 注　我们实际上已经证明了略强一点的解耦不等式，其中 A 不必是无对角的. 因此，对于任意的方阵 $A=(a_{ij})$，我们证明了

$$\mathbb{E}F\Big(\sum_{i,j:i\neq j} a_{ij}X_iX_j\Big) \leqslant \mathbb{E}F\Big(4\sum_{i,j} a_{ij}X_iX_j'\Big)$$

6.1.4 练习(希尔伯特空间中的解耦)☕　证明定理 6.1.1 的一个推广：设 $A=(a_{ij})$是一个 $n\times n$ 矩阵，$X_1, \cdots, X_n$ 是某个希尔伯特空间上的相互独立的零均值随机变量. 求证：对任意的凸函数 $F: \mathbb{R}\to\mathbb{R}$，有

$$\mathbb{E}F\Big(\sum_{i,j:i\neq j} a_{ij}\langle X_i, X_j\rangle\Big) \leqslant \mathbb{E}F\Big(4\sum_{i,j} a_{ij}\langle X_i, X_j'\rangle\Big)$$

其中，(X_i')是(X_i)的一个独立副本.

6.1.5 练习(赋范空间上的解耦)☕☕　证明定理 6.1.1 的另一个推广：设$(u_{ij})_{i,j=1}^n$为某个赋范空间上的固定向量，$X_1, \cdots, X_n$ 是相互独立的零均值随机变量. 求证：对任意的凸函数 F，有

$$\mathbb{E}F\Big(\Big\|\sum_{i,j:i\neq j} X_iX_ju_{ij}\Big\|\Big) \leqslant \mathbb{E}F\Big(4\Big\|\sum_{i,j} X_iX_j'u_{ij}\Big\|\Big)$$

其中，(X_i')是(X_i)的一个独立副本.

6.2 Hanson-Wright 不等式

我们现在证明一个关于混沌的一般集中不等式. 它可以被看作伯恩斯坦不等式的混沌形式.

130

6.2.1 定理(Hanson-Wright 不等式) 设 $X=(X_1, \cdots, X_n)\in\mathbb{R}^n$ 是一个具有独立零均值的次高斯坐标的随机向量，A 是一个 $n\times n$ 的矩阵. 则对任意的 $t\geqslant 0$，有

$$\mathbb{P}\{|X^{\mathrm{T}}AX-\mathbb{E}X^{\mathrm{T}}AX|\geqslant t\}\leqslant 2\exp\left(-c\min\left(\frac{t^2}{K^4\|A\|_F^2},\frac{t}{K^2\|A\|}\right)\right)$$

其中 $K=\max_i\|X_i\|_{\psi_2}$.

像之前多次做过的那样，关于 Hanson-Wright 不等式的证明是建立在确定 $X^{\mathrm{T}}AX$ 的矩母函数的界的基础上的，我们通过解耦方法用 $X^{\mathrm{T}}AX'$替换这个混沌. 下一步，我们将用更加简单的方法——高斯分布，即 $X\sim N(0, I_n)$，来求解耦混沌的矩母函数的界. 最后，我们用一个替换技巧来把界推广至一般分布.

6.2.2 引理(高斯混沌的矩母函数) 设 $X, X'\sim N(0, I_n)$相互独立，$A=(a_{ij})$是一个 $n\times n$ 矩阵. 则有

$$\mathbb{E}\exp(\lambda X^{\mathrm{T}}AX')\leqslant\exp(C\lambda^2\|A\|_F^2)$$

对所有满足$|\lambda|\leqslant\frac{c}{\|A\|}$的 λ 成立.

证明 首先用旋转不变性来简化矩阵 A 到是对角阵的情况. 把 A 用它的奇异值分解表示：

$$A=\sum_i s_iu_iv_i^{\mathrm{T}}$$

我们可以写成

$$X^{\mathrm{T}}AX'=\sum_i s_i\langle u_i,X\rangle\langle v_i,X'\rangle$$

由正态分布的旋转不变性知，$g:=(\langle u_i, X\rangle)_{i=1}^n$和 $g':=(\langle v_i, X'\rangle)_{i=1}^n$是 $\mathbb{R}^n$ 上的相互独立的标准正态随机变量(回顾练习 3.3.3). 换句话说，我们可以把混沌表示为

$$X^{\mathrm{T}}AX'=\sum_i s_ig_ig_i'$$

其中 $g, g'\sim N(0, I_n)$相互独立且 s_i 是 A 的奇异值. 这是一个独立随机变量之和，比较容易处理. 事实上，由独立性

$$\mathbb{E}\exp(\lambda X^{\mathrm{T}}AX')=\prod_i\mathbb{E}\exp(\lambda s_ig_ig_i') \tag{6.5}$$

现在，对于每一个 i，我们有

$$\mathbb{E}\exp(4\lambda s_ig_ig_i')=\mathbb{E}\exp\left(\frac{\lambda^2s_i^2g_i^2}{2}\right)\leqslant\exp(C\lambda^2s_i^2),\quad \text{只要 } \lambda^2s_i^2\leqslant c$$

其中，为了得到第一个恒等式，在 g_i 的条件下，对正态随机变量 g_i' 的矩母函数使用公式(2.12). 第二步，对次指数随机变量 g_i^2 应用命题(2.7.1)的(iii)部分.

131

把这个界代入(6.5)式，得到

$$\mathbb{E}\exp(\lambda X^{\mathrm{T}}AX') \leqslant \exp\Big(C\lambda^2\sum_i s_i^2\Big), \quad \text{只要 } \lambda^2 \leqslant \frac{c}{\max\limits_i s_i^2}$$

由于 s_i 是 A 的奇异值，因此 $\sum_i s_i^2 = \|A\|_F^2$，$\max_i s_i = \|A\|$. 引理得证. ■

为了将引理 6.2.2 推广到一般分布，我们用一个替换技巧来比较一般混沌和高斯混沌的矩母函数.

6.2.3 引理（比较）　考虑 $\mathbb{R}^n$ 中独立零均值的次高斯随机向量 X，X'，它们满足 $\|X\|_{\psi_2} \leqslant K$，$\|X'\|_{\psi_2} \leqslant K$，同时考虑相互独立的随机向量 g，$g' \sim N(0, I_n)$. 设 A 是一个 $n\times n$ 矩阵. 则有

$$\mathbb{E}\exp(\lambda X^{\mathrm{T}}AX') \leqslant \mathbb{E}\exp(CK^2\lambda g^{\mathrm{T}}Ag')$$

对任意 $\lambda \in \mathbb{R}$ 成立.

证明　以 X' 为条件对 X 取期望，把它表示为 $\mathbb{E}_X$. 则随机变量 $X^{\mathrm{T}}AX' = \langle X, AX'\rangle$ 是(条件)次高斯的，它的次高斯范数[⊖]的界为 $K\|AX'\|_2$. 那么，由次高斯随机变量的矩母函数的界(2.16)得到

$$\mathbb{E}_X\exp(\lambda X^{\mathrm{T}}AX') \leqslant \exp(C\lambda^2K^2\|AX'\|_2^2), \quad \lambda \in \mathbb{R} \tag{6.6}$$

将它与正态分布的矩母函数公式(2.1.2)进行比较，并应用于正态随机变量 $g^{\mathrm{T}}AX' = \langle g, AX'\rangle$（仍以 X' 为条件），得到

$$\mathbb{E}_g\exp(\mu g^{\mathrm{T}}AX') = \exp\Big(\frac{\mu^2K^2\|AX'\|_2^2}{2}\Big), \quad \mu \in \mathbb{R} \tag{6.7}$$

选择 $\mu = \sqrt{2}C\lambda$，将(6.6)式和(6.7)式的右边对应起来，从而得到

$$\mathbb{E}_X\exp(\lambda X^{\mathrm{T}}AX') \leqslant \mathbb{E}_g\exp(\sqrt{2}C\lambda g^{\mathrm{T}}AX')$$

两边同时对 X' 取期望，我们已经成功地在混沌中用 g 替换了 X，但多了一个因子 $\sqrt{2}C$. 对 X' 再一次进行相似的处理，我们可以用 g' 替换 X'，并多了一个额外的因子 $\sqrt{2}C$.（下面的练习 6.2.4 要求你详细地写出这一步的细节.）引理的证明完成. ■

6.2.4 练习（比较）☕☕　完成引理 6.2.3 的证明. 先用 g' 替换 X'，并详细地写出所有步骤.

定理 6.2.1 的证明　不失一般性，我们假设 $K=1$（为什么?）. 像之前一样，只需对单侧的尾分布

$$p := \mathbb{P}\{X^{\mathrm{T}}AX - \mathbb{E}X^{\mathrm{T}}AX \geqslant t\}$$

求界就够了. 事实上，一旦有了这个上尾分布的界，下尾分布也会有一个类似的界(因为 A 可以用 $-A$ 替换). 通过结合这两个尾分布的界，我们就可以完成这个定理的证明.

132

记 $A = (a_{ij})_{i,j=1}^n$，我们有

$$X^{\mathrm{T}}AX = \sum_{i,j} a_{ij}X_iX_j, \quad \mathbb{E}X^{\mathrm{T}}AX = \sum_i a_{ii}\mathbb{E}X_i^2$$

⊖ 回顾定义 3.4.1.

其中，我们使用了零均值假设和独立性. 因此，可以把偏差表示为

$$X^{\mathrm{T}}AX-\mathbb{E}X^{\mathrm{T}}AX=\sum_i a_{ii}(X_i^2-\mathbb{E}X_i^2)+\sum_{i,j:i\neq j}a_{ij}X_iX_j$$

问题简化为估计对角和非对角的和：

$$p\leqslant\mathbb{P}\left\{\sum_i a_{ii}(X_i^2-\mathbb{E}X_i^2)\geqslant\frac{t}{2}\right\}+\mathbb{P}\left\{\sum_{i,j:i\neq j}a_{ij}X_iX_j\geqslant\frac{t}{2}\right\}=:p_1+p_2$$

第 1 步：对角和. 因为 X_i 是相互独立的次高斯随机变量，所以随机变量 $X_i^2-\mathbb{E}X_i^2$ 是相互独立、零均值且服从次指数分布的. 因此

$$\|X_i^2-\mathbb{E}X_i^2\|_{\psi_1}\lesssim\|X_i^2\|_{\psi_1}\lesssim\|X_i\|_{\psi_2}^2\lesssim 1$$

(这是由前面的中心化练习 2.7.10 和引理 2.7.6 得到的). 则由伯恩斯坦不等式(定理 2.8.2)得到

$$p_1\leqslant\exp\left(-c\min\left(\frac{t^2}{\sum_i a_{ii}^2},\frac{t}{\max_i|a_{ii}|}\right)\right)\leqslant\exp\left(-c\min\left(\frac{t^2}{\|A\|_F^2},\frac{t}{\|A\|}\right)\right)$$

第 2 步：非对角和. 接下来，求非对角和

$$S:=\sum_{i,j:i\neq j}a_{ij}X_iX_j$$

的界. 设 $\lambda>0$ 是一个参数，其值待定. 由切比雪夫不等式，有

$$p_2=\mathbb{P}\left\{S\geqslant\frac{t}{2}\right\}=\mathbb{P}\left\{\lambda S\geqslant\frac{\lambda t}{2}\right\}\leqslant\exp\left(-\frac{\lambda t}{2}\right)\mathbb{E}\exp(\lambda S)\tag{6.8}$$

现在，只要 $|\lambda|\leqslant\frac{c}{\|A\|}$，就有

$$\begin{aligned}\mathbb{E}\exp(\lambda S)&\leqslant\mathbb{E}\exp(4\lambda X^{\mathrm{T}}AX')\quad\text{(由解耦不等式 —— 见注 6.1.3)}\\&\leqslant\mathbb{E}\exp(C_1\lambda g^{\mathrm{T}}Ag')\quad\text{(由比较引理 6.2.3)}\\&\leqslant\exp(C\lambda^2\|A\|_F^2)\quad\text{(由关于高斯混沌的引理 6.2.2)}\end{aligned}$$

将这个界代入(6.8)式中，得到

$$p_2\leqslant\exp\left(-\frac{\lambda t}{2}+C\lambda^2\|A\|_F^2\right)$$

在 $0\leqslant\lambda\leqslant\frac{c}{\|A\|}$ 内求最优值，我们得到

$$p_2\leqslant\exp\left(-c\min\left(\frac{t^2}{\|A\|_F^2},\frac{t}{\|A\|}\right)\right)$$

133　(请读者自行检验!)

归纳起来，我们得到了期望的对角偏差 p_1 和非对角偏差 p_2 的界，将它们合并到一起，就完成了定理 6.2.1 的证明. ■

6.2.5 练习☕☕☕　给出正态分布的 Hanson-Wright 不等式的另一个证明，证明过程不使用分离对角部分或者解耦. ☞

6.2.6 练习☕☕☕　考虑 $\mathbb{R}^n$ 中的一个零均值的次高斯随机向量 X，并有 $\|X\|_{\psi_2}\leqslant K$. 设 B 是一个 $m\times n$ 的矩阵. 求证：

$$\mathbb{E}\exp(\lambda^2\|BX\|_2^2)\leqslant\exp(CK^2\lambda^2\|B\|_F^2)\text{，只要 }|\lambda|\leqslant\frac{c}{\|B\|}$$

为了证明这个上界，用高斯随机向量 $g \sim N(0, I_n)$ 替换 X，并按下列顺序完成证明：

(a) 证明比较不等式

$$\mathbb{E}\exp(\lambda^2 \|BX\|_2^2) \leqslant \mathbb{E}\exp(CK^2\lambda^2 \|B^{\mathrm{T}} g\|_2^2)$$

对任意 $\lambda \in \mathbb{R}$ 成立. ☞

(b) 验证：当 $|\lambda| \leqslant \frac{c}{\|B\|}$ 时，有

$$\mathbb{E}\exp(\lambda^2 \|B^{\mathrm{T}} g\|_2^2) \leqslant \exp(C\lambda^2 \|B\|_F^2)$$ ☞

6.2.7 练习(高维 Hanson-Wright 不等式)☕☕☕ 设 $X_1, \cdots, X_n$ 是 $\mathbb{R}^d$ 中的独立零均值次高斯随机向量，$A=(a_{ij})$是一个 $n \times n$ 矩阵. 求证：对任意 $t \geqslant 0$，有

$$\mathbb{P}\left\{\left|\sum_{i,j:i \neq j}^{n} a_{ij}\langle X_i, X_j\rangle\right| \geqslant t\right\} \leqslant 2\exp\left(-c\min\left(\frac{t^2}{K^4 d\|A\|_F^2}, \frac{t}{K^2\|A\|}\right)\right)$$

其中 $K=\max_i \|X_i\|_{\psi_2}$. ☞

6.3 各向异性随机向量的集中

由 Hanson-Wright 不等式的结果，我们可以得到形如 BX(其中 B 是固定的矩阵，X 是各向同性的随机向量)的各向异性随机向量的集中.

6.3.1 练习☕ 设 B 是一个 $m \times n$ 矩阵，X 是 $\mathbb{R}^n$ 中的一个各向同性随机向量. 验证

$$\mathbb{E}\|BX\|_2^2 = \|B\|_F^2$$

6.3.2 定理(随机向量的集中) *设 B 是一个 $m \times n$ 矩阵，$X=(X_1, \cdots, X_n) \in \mathbb{R}^n$ 是 $\mathbb{R}^n$ 中的一个随机向量，其坐标为独立零均值单位方差的次高斯分布. 那么有*

134

$$\Big\| \|BX\|_2 - \|B\|_F \Big\|_{\psi_2} \leqslant CK^2\|B\|$$

其中，$K=\max_i \|X_i\|_{\psi_2}$.

这个定理当 $B=I_n$ 时是一个重要的特殊情况. 此时，我们得到的不等式为

$$\Big\| \|X\|_2 - \sqrt{n} \Big\|_{\psi_2} \leqslant CK^2$$

它是我们在定理 3.1.1 中已经证明过的结论.

定理 6.3.2 的证明 为了简单起见，设 $K \geqslant 1$(说明为什么可以做这个假设). 将 Hanson-Wright 不等式(定理 6.2.1)运用到矩阵 $A := B^{\mathrm{T}}B$ 时的情形，用 B 表示 Hanson-Wright 不等式中出现的主要项. 我们有

$$X^{\mathrm{T}}AX = \|BX\|_2^2, \quad \mathbb{E}X^{\mathrm{T}}AX = \|B\|_F^2$$

和

$$\|A\| = \|B\|^2, \quad \|B^{\mathrm{T}}B\|_F \leqslant \|B^{\mathrm{T}}\|\|B\|_F = \|B\|\|B\|_F$$

(在练习 6.3.3 中你将被要求检验这个不等式). 因此，我们有：对每一个 $u \geqslant 0$，

$$\mathbb{P}\{|\|BX\|_2^2 - \|B\|_F^2| \geqslant u\} \leqslant 2\exp\left(-\frac{c}{K^4}\min\left(\frac{u^2}{\|B\|^2\|B\|_F^2}, \frac{u}{\|B\|^2}\right)\right)$$

成立.(这里使用了 $K^4 \geqslant K^2$，因为假定 $K \geqslant 1$.)

代替 u 的值，令 $u=\varepsilon\|B\|_F^2$，对 $\varepsilon \geqslant 0$，可以得到

$$\mathbb{P}\{|\|BX\|_2^2-\|B\|_F^2|\geqslant\varepsilon\|B\|_F^2\}\leqslant 2\exp\left(-c\min(\varepsilon^2,\varepsilon)\frac{\|B\|_F^2}{K^4\|B\|^2}\right)$$

这对$\|BX\|_2^2$来说是一个好的集中不等式，从这里可以推出$\|X\|_2$的集中不等式. 令$\delta^2=\min(\varepsilon^2,\ \varepsilon)$，或者等价地，设$\varepsilon=\max(\delta,\ \delta^2)$. 注意到

$$若|\|BX\|_2-\|B\|_F|\geqslant\delta\|B\|_F,则|\|BX\|_2^2-\|B\|_F^2|\geqslant\varepsilon\|B\|_F^2$$

(检验它！这是一个与(3.2)相同的基本不等式，我们除以了$\|B\|_F^2$.)因此我们得到

$$\mathbb{P}\{|\|BX\|_2-\|B\|_F|\geqslant\delta\|B\|_F\}\leqslant 2\exp\left(-c\delta^2\frac{\|B\|_F^2}{K^4\|B\|^2}\right)$$

改变不等式中的变量，令$t=\delta\|B\|_F$，我们得到

$$\mathbb{P}\{|\|BX\|_2-\|B\|_F|>t\}\leqslant 2\exp\left(-\frac{ct^2}{K^4\|B\|^2}\right)$$

135

由于这个不等式对所有$t\geqslant 0$都成立，定理的结论由次高斯分布的定义得证. ■

6.3.3 练习☕☕　设D是一个$k\times m$矩阵，B是一个$m\times n$矩阵，求证：

$$\|DB\|_F\leqslant\|D\|\|B\|_F$$

6.3.4 练习(与子空间的距离)☕☕　设E是$\mathbb{R}^n$中的一个d维子空间. 考虑随机向量$X=(X_1,\ \cdots,\ X_n)\in\mathbb{R}^n$，它有独立零均值单位方差的次高斯分布坐标.

(a) 验证：

$$(\mathbb{E}\mathrm{dist}(X,E)^2)^{\frac{1}{2}}=\sqrt{n-d}$$

(b) 求证：对每一个$t\geqslant 0$，距离可以很好地集中，即

$$\mathbb{P}\left\{|\mathrm{d}(X,E)-\sqrt{n-d}|>t\right\}\leqslant 2\exp\left(-\frac{ct^2}{K^4}\right)$$

其中，$K=\max_i\|X_i\|_{\psi_2}$.

下面我们证明定理6.3.2的一个弱版本，它不要求X的坐标相互独立.

6.3.5 练习(次高斯随机向量的尾部)☕☕　设B是一个$m\times n$的矩阵，X是$\mathbb{R}^n$中的一个零均值次高斯随机向量，且满足$\|X\|_{\psi_2}\leqslant K$. 求证：对每一个$t\geqslant 0$，有

$$\mathbb{P}\{\|BX\|_2\geqslant CK\|B\|_F+t\}\leqslant\exp\left(-\frac{ct^2}{K^2\|B\|^2}\right)$$ ☞

下面的练习解释了如果我们不假设X的坐标独立，为什么得到的集中不等式一定会弱于定理3.1.1.

6.3.6 练习☕☕　求证：存在$\mathbb{R}^n$中的一个零均值各向同性次高斯随机向量X，使得

$$\mathbb{P}\{\|X\|_2=0\}=\mathbb{P}\{\|X\|_2\geqslant 1.4\sqrt{n}\}=\frac{1}{2}$$

换言之，$\|X\|_2$不集中在$\sqrt{n}$的附近.

6.4　对称化

称随机变量X是对称的，如果X和$-X$有相同的分布. 对称随机变量的一个简单例子就是对称伯努利分布，即以$\frac{1}{2}$的概率取值-1和1的随机变量ξ:

$$\mathbb{P}\{\xi=1\}=\mathbb{P}\{\xi=-1\}=\frac{1}{2}$$

一个零均值的正态随机变量 $X \sim N(0, \sigma^2)$ 也是对称的，然而泊松随机变量和指数随机变量不是对称的.

在这一节我们介绍关于对称化的简单但有用的技术，它允许我们将任意的分布转化为对称分布，某些情况下甚至可以转化成对称伯努利分布. 136

6.4.1 练习（建立对称分布）☕☕ 设 X 是一个随机变量，ξ 是一个独立对称的伯努利随机变量.

(a) 验证：ξX 和 $\xi|X|$ 是对称随机变量，并且它们有相同的分布.

(b) 如果 X 是对称的，证明 ξX 和 $\xi|X|$ 的分布与 X 的分布相同.

(c) 设 X' 是 X 的一个独立副本，验证 $X-X'$ 是对称的.

本节中，我们用

$$\varepsilon_1, \varepsilon_2, \varepsilon_3, \cdots$$

表示一列独立对称的伯努利随机变量. 我们假定它们不仅相互独立，且与之后出现的任何其他随机变量也相互独立.

6.4.2 引理（对称化） 设 $X_1, \cdots, X_N$ 为赋范空间中的独立零均值随机向量，那么有

$$\frac{1}{2}\mathbb{E}\left\|\sum_{i=1}^{N}\varepsilon_i X_i\right\| \leqslant \mathbb{E}\left\|\sum_{i=1}^{N}X_i\right\| \leqslant 2\mathbb{E}\left\|\sum_{i=1}^{N}\varepsilon_i X_i\right\|$$

这个引理的目的是让我们用对称随机变量 $\varepsilon_i X_i$ 代替随机变量 X_i.

证明 先证上界. 设 (X_i') 为随机向量 (X_i) 的独立副本. 由于 $\sum_i X_i'$ 是零均值的，我们有

$$p := \mathbb{E}\left\|\sum_i X_i\right\| \leqslant \mathbb{E}\left\|\sum_i X_i - \sum_i X_i'\right\| = \mathbb{E}\left\|\sum_i (X_i - X_i')\right\|$$

这个不等式是下列版本的引理 6.1.2 对独立随机向量 Y 和 Z 的应用：

$$\text{若 } \mathbb{E}\,Z=0, \text{则 } \mathbb{E}\|Y\| \leqslant \mathbb{E}\|Y+Z\| \tag{6.9}$$

(请读者自行检验它!)

接下来，由于 $X_i - X_i'$ 是对称随机向量，它们与 $\varepsilon_i(X_i - X_i')$ 同分布（见练习 6.4.1），那么

$$\begin{aligned} p &\leqslant \mathbb{E}\left\|\sum_i \varepsilon_i (X_i - X_i')\right\| \\ &\leqslant \mathbb{E}\left\|\sum_i \varepsilon_i X_i\right\| + \mathbb{E}\left\|\sum_i \varepsilon_i X_i'\right\| \quad (\text{由三角不等式}) \\ &= 2\mathbb{E}\left\|\sum_i \varepsilon_i X_i\right\| \quad (\text{由于两项是同分布的}) \end{aligned}$$

137

最后证明下界. 同理有

$$\mathbb{E}\left\|\sum_i \varepsilon_i X_i\right\| \leqslant \mathbb{E}\left\|\sum_i \varepsilon_i (X_i - X_i')\right\| \quad (\text{以 } \varepsilon_i \text{ 为条件并利用式(6.9)})$$

$$= \mathbb{E}\left\|\sum_i (X_i - X'_i)\right\| \quad (\text{分布相同})$$

$$\leqslant \mathbb{E}\left\|\sum_i X_i\right\| + \mathbb{E}\left\|\sum_i X'_i\right\| \quad (\text{由三角不等式})$$

$$\leqslant 2\mathbb{E}\left\|\sum_i X_i\right\| \quad (\text{分布相同})$$

这就完成了对称化引理的证明. ■

6.4.3 练习☕☕ 在证明中我们在什么地方使用了随机变量 X_i 的独立性？零均值假定对上界和下界都是必要的吗？

6.4.4 练习(去掉零均值假定)☕☕

(a) 证明对称化引理 6.4.2 的下列推广：对没有零均值假定的随机向量 X_i，

$$\mathbb{E}\left\|\sum_{i=1}^N X_i - \sum_{i=1}^N \mathbb{E}X_i\right\| \leqslant 2\mathbb{E}\left\|\sum_{i=1}^N \varepsilon_i X_i\right\|$$

(b) 证明没有任何非平凡的逆不等式.

6.4.5 练习☕ 证明对称化引理 6.4.2 的下列推广. 设 $F: \mathbb{R}_+ \to \mathbb{R}$ 为递增的凸函数，求证：如果范数$\|\cdot\|$被 $F(\|\cdot\|)$代替，则与引理 6.4.2 相同的不等式成立，即

$$\mathbb{E}F\left(\frac{1}{2}\left\|\sum_{i=1}^N \varepsilon_i X_i\right\|\right) \leqslant \mathbb{E}F\left(\left\|\sum_{i=1}^N X_i\right\|\right) \leqslant \mathbb{E}F\left(2\left\|\sum_{i=1}^N \varepsilon_i X_i\right\|\right)$$

6.4.6 练习☕☕ 设 $X_1, \cdots, X_N$ 为独立随机变量. 证明它们的和 $\sum_i X_i$ 是次高斯的当且仅当 $\sum_i \varepsilon_i X_i$ 是次高斯的，且

$$c\left\|\sum_{i=1}^N \varepsilon_i X_i\right\|_{\psi_2} \leqslant \left\|\sum_{i=1}^N X_i\right\|_{\psi_2} \leqslant C\left\|\sum_{i=1}^N \varepsilon_i X_i\right\|_{\psi_2}$$ ☞

6.5 元素不是独立同分布的随机矩阵

对称化技术的典型应用由两步构成. 第一步，一般的随机变量 X_i 被对称随机变量$\varepsilon_i X_i$代替；第二步，关于 X_i 取条件期望，这样的元素只剩 ε_i 是随机的. 这将问题简化成关于对称伯努利随机变量 ε_i 的问题，它更容易处理. 我们通过证明元素独立但分布不同的随机矩阵的范数的一个一般界来讲解这种技术.

138

6.5.1 定理(元素不是独立同分布的随机变量的范数) 设 A 是一个 $n\times n$ 对称随机矩阵，其主对角线及其上的元素为独立零均值的随机变量. 那么有

$$\mathbb{E}\|A\| \leqslant C\sqrt{\log n}\,\mathbb{E}\max_i \|A_i\|_2$$

其中，A_i 表示 A 的行.

在我们证明这个定理之前，注意到这个界关于矩阵阶的对数因子是精确的. 实际上，任何矩阵的算子范数都以行的欧几里得范数为下界(为什么?)，平凡地，我们有

$$\mathbb{E}\|A\| \geqslant \mathbb{E}\max_i \|A_i\|_2$$

还注意到，不像我们之前得出的结论，定理 6.5.1 不需要 A 的元素的任何矩假设.

定理 6.5.1 的证明　我们的证明是建立在组合矩阵 Khintchine 不等式(练习 5.4.13)和对称化基础上的.

首先把 A 分解为独立零均值对称随机矩阵 Z_{ij} 的和，其中每一个矩阵都包含了 A 的一对对称元素(或一个对角线上的元素). 确切地，我们有

$$A=\sum_{i\leqslant j}Z_{ij},\quad 其中\ Z_{ij}:=\begin{cases}A_{ij}(e_ie_j^{\mathrm{T}}+e_je_i^{\mathrm{T}}) & i<j\\ A_{ii}e_ie_i^{\mathrm{T}} & i=j\end{cases}$$

其中(e_i)表示 $\mathbb{R}^n$ 中的典范基.

由对称化引理 6.4.2 知,

$$\mathbb{E}\|A\|=\mathbb{E}\left\|\sum_{i\leqslant j}Z_{ij}\right\|\leqslant 2\mathbb{E}\left\|\sum_{i\leqslant j}\varepsilon_{ij}Z_{ij}\right\| \tag{6.10}$$

其中(ε_{ij})是独立对称伯努利随机变量.

在条件(Z_{ij})下，应用矩阵 Khintchine 不等式(练习 5.4.13)，然后对(Z_{ij})取期望，我们得到

$$\mathbb{E}\left\|\sum_{i\leqslant j}\varepsilon_{ij}Z_{ij}\right\|\leqslant C\sqrt{\log n}\,\mathbb{E}\left(\left\|\sum_{i\leqslant j}Z_{ij}^2\right\|\right)^{\frac{1}{2}} \tag{6.11}$$

现在，立即看出：每一个 Z_{ij}^2 都是对角矩阵. 更确切地,

$$Z_{ij}^2=\begin{cases}A_{ij}^2(e_ie_i^{\mathrm{T}}+e_je_j^{\mathrm{T}}) & i<j\\ A_{ii}^2e_ie_i^{\mathrm{T}} & i=j\end{cases}$$

综上，我们得到

$$\sum_{i\leqslant j}Z_{ij}^2=\sum_{i=1}^n\left(\sum_{j=1}^nA_{ij}^2\right)e_ie_i^{\mathrm{T}}=\sum_{i=1}^n\|A_i\|_2^2e_ie_i^{\mathrm{T}}$$

139

(仔细验证这个矩阵不等式!)换言之，$\sum_{i\leqslant j}Z_{ij}^2$ 是一个对角矩阵，它的对角线元素是以 $2\|A_i\|_2^2$ 为界的非负数. 一个对角矩阵的算子范数是它的元素绝对值的最大值(为什么?)，因此,

$$\left\|\sum_{i\leqslant j}Z_{ij}^2\right\|=2\max_i\|A_i\|_2^2$$

将上式首先代入(6.11)，然后代入(6.10)，证明完成. ■

在下面的练习中我们会使用所谓的"Hermite 方法"得出非对称矩形矩阵的定理 6.5.1 版本.

6.5.2 练习(矩形矩阵)☕☕☕　设 A 是 $m\times n$ 的随机矩阵，矩阵中的元素为独立零均值的随机变量. 求证:

$$\mathbb{E}\|A\|\leqslant C\sqrt{\log(m+n)}\left(\mathbb{E}\max_i\|A_i\|_2+\mathbb{E}\max_j\|A^j\|_2\right)$$

其中，A_i 和 A^j 分别表示 A 的行元素和列元素. ☞

6.5.3 练习(精确度)☕　证明练习 6.5.2 的结论关于对数因子非常精确，即总有

$$\mathbb{E}\|A\|\geqslant c\left(\mathbb{E}\max_i\|A_i\|_2+\mathbb{E}\max_j\|A^j\|_2\right)$$

6.5.4 练习(精确度)☕☕　证明定理 6.5.1 中的对数因子是必需的：构造一个随机矩阵 A 满足定理的假定，且有

$$\mathbb{E}\|A\| \geqslant c\sqrt{\log n}\,\mathbb{E}\max_i\|A_i\|_2$$

6.6　应用：矩阵补全

对于我们已经学过的方法，一个显著有效的应用是解决矩阵补全问题. 假设我们知道了矩阵的几个元素，能不能猜测其他的元素？显然是不能的，除非我们知道其他一些关于矩阵的信息. 在这一节我们将表明如果矩阵是低秩的，那么矩阵补全是可行的.

现从数学的角度来描述这个问题：考虑一个给定的 $n\times n$ 矩阵 X，且

$$\operatorname{rank}(X) = r$$

其中 $r\ll n$. 假设我们可以看到从 X 中随机选取的几个元素，每一个元素 X_{ij} 能否被我们看到是独立的，且能看到的概率为 $p\in(0,1)$，不能看到的概率为 $1-p$. 换句话说，假设我们有 $n\times n$ 矩阵 Y，其元素是

$$Y_{ij} := \delta_{ij}X_{ij}\text{，其中 }\delta_{ij}\sim \operatorname{Ber}(p)\text{ 是独立的}$$

这里 δ_{ij} 是转换器——它是一个伯努利随机变量，反映了一个元素是否让我们看见(如果不让我们看见，则用 0 代替). 如果

140

$$p = \frac{m}{n^2} \tag{6.12}$$

那么我们看见的 X 中元素个数的均值为 m.

如何从 Y 推断出 X 呢？尽管由假定知 X 有较小的秩 r，但 Y 也许并不是低秩的(为什么?). 这让我们很自然地考虑低秩矩阵——通过选择一个最好的秩为 r 的矩阵来近似 Y(回忆一下 4.1 节中秩为 k 的最佳近似矩阵的理念). 经过适当缩放，结果得到一个 X 的好的近似.

6.6.1 定理(矩阵补全)　设 $\hat{X}$ 是 $p^{-1}Y$ 的秩为 r 的最佳近似矩阵，那么只要 $m\geqslant n\log n$，就有

$$\mathbb{E}\frac{1}{n}\|\hat{X}-X\|_F \leqslant C\sqrt{\frac{rn\log n}{m}}\|X\|_\infty$$

这里，$\|X\|_\infty = \max\limits_{i,j}|X_{ij}|$ 是 X 中元素的最大值.

在证明定理之前，首先注意到定理 6.6.1 给出了近似误差

$$\frac{1}{n}\|\hat{X}-X\|_F = \left(\frac{1}{n^2}\sum_{i,j=1}^{n}|\hat{X}_{ij}-X_{ij}|^2\right)^{\frac{1}{2}}$$

的界. 简单来说，这就是每一项误差的平均(在 L^2 意义下). 如果我们选择被观测项的平均数 m 使得

$$m\geqslant C' rn\log n$$

并且 C' 是一个很大的常数，则定理 6.6.1 保证了平均误差比 $\|X\|_\infty$ 小得多.

归纳起来，如果被观测项的数量超过 rn 的一个对数倍数，矩阵补全是可能的. 在这种情况下，所有项的误差平均的期望比元素的最大值要小得多. 因此，在低秩矩阵的条件下，已知一些项的矩阵补全是可能的.

证明　我们首先在算子范数下求近似误差的界，然后利用低秩假定过渡到弗罗贝尼乌

斯范数.

第 1 步：在算子范数下求误差的界. 利用三角不等式，将误差分解如下：

$$\|\hat{X}-X\|\leqslant\|\hat{X}-p^{-1}Y\|+\|p^{-1}Y-X\|$$

因为我们已经选择了$\hat{X}$为 $p^{-1}Y$ 的秩为 r 的最佳近似矩阵，所以第二个被加数占主导地位，即$\|\hat{X}-p^{-1}Y\|\leqslant\|p^{-1}Y-X\|$，所以我们有

$$\|\hat{X}-X\|\leqslant 2\|p^{-1}Y-X\|=\frac{2}{p}\|Y-pX\| \tag{6.13}$$

注意到，本来很难被处理的矩阵$\hat{X}$现在已经从界中消失了，取而代之的 $Y-pX$ 是一个简单易懂的矩阵，它的项

141

$$(Y-pX)_{ij}=(\delta_{ij}-p)X_{ij}$$

是独立零均值随机变量，所以我们能应用练习 6.5.2 的结果，得

$$\mathbb{E}\|Y-pX\|\leqslant C\sqrt{\log n}\Big(\mathbb{E}\max_{i\in[n]}\|(Y-pX)_i\|_2+\mathbb{E}\max_{j\in[n]}\|(Y-pX)^j\|_2\Big) \tag{6.14}$$

为了得到 $Y-pX$ 的行向量的范数的界，我们将它们表示为

$$\|(Y-pX)_i\|_2^2=\sum_{j=1}^{n}(\delta_{ij}-p)^2X_{ij}^2\leqslant\sum_{j=1}^{n}(\delta_{ij}-p)^2\|X\|_\infty^2$$

对于列向量也类似处理. 这些独立随机变量的和的界很容易由伯恩斯坦(或者切尔诺夫)不等式得到，于是有

$$\mathbb{E}\max_{i\in[n]}\sum_{j=1}^{n}(\delta_{ij}-p)^2\leqslant Cpn$$

(我们在练习 6.6.2 中做过这样的计算). 结合相似的列的界，代入(6.14)，我们得到

$$\mathbb{E}\|Y-pX\|\lesssim\sqrt{pn\log n}\|X\|_\infty$$

然后，由(6.13)，我们得到

$$\mathbb{E}\|\hat{X}-X\|\lesssim\sqrt{\frac{n\log n}{p}}\|X\|_\infty \tag{6.15}$$

第 2 步：转换为弗罗贝尼乌斯范数. 我们现在还没有使用低秩假定，现在就用它. 因为由假定知 $\mathrm{rank}(X)\leqslant r$，由构造知 $\mathrm{rank}(\hat{X})\leqslant r$，所以我们有 $\mathrm{rank}(\hat{X}-X)\leqslant 2r$. 由算子范数和弗罗贝尼乌斯范数的关系(4.4)知

$$\|\hat{X}-X\|_F\leqslant\sqrt{2r}\|\hat{X}-X\|$$

取期望并利用算子范数的误差界(6.15)，我们有

$$\mathbb{E}\|\hat{X}-X\|_F\leqslant\sqrt{2r}\mathbb{E}\|\hat{X}-X\|\lesssim\sqrt{\frac{rn\log n}{p}}\|X\|_\infty$$

将两边同时除以 n，可以重写界为

$$\mathbb{E}\frac{1}{n}\|\hat{X}-X\|_F\lesssim\sqrt{\frac{rn\log n}{pn^2}}\|X\|_\infty$$

为了完成证明，回忆一下：由 p 的定义(6.12)知 $pn^2=m$，证毕. ■

6.6.2 练习(随机矩阵行的界)☕☕☕　考虑独立同分布的随机变量 $\delta_{ij}\sim\mathrm{Ber}(p)$，其中

i，$j=1$，…，n. 假定 $pn \geqslant \log n$，求证：

142

$$\mathbb{E} \max_{i \in [n]} \sum_{j=1}^{n} (\delta_{ij} - p)^2 \leqslant Cpn$$

6.6.3 练习(矩形矩阵) 叙述并证明矩阵补全定理 6.6.1 在一般 $n_1 \times n_2$ 矩形矩阵 X 的条件下的结论.

6.6.4 练习(含噪声数据) 将矩阵补全定理 6.6.1 推广到含噪声数据的情形，即 X 的项为 $X_{ij}+\nu_{ij}$，其中ν_{ij}是独立的零均值次高斯随机变量，表示噪声.

6.6.5 注(改进) 对数因子可以从定理 6.6.1 的界中移除，并且在某些情况下矩阵补全可以是精确的，即有零误差. 详情见本章后注.

6.7 压缩原理

我们将以更多且有用的不等式作为这一章主要部分的结束. 设 ε_1，ε_2，ε_3，…是一个独立对称伯努利随机变量序列(也同样假定它们独立于问题中任意其他的随机变量).

6.7.1 定理(压缩原理) 设 x_1，…，x_N 是某个赋范空间上的(确定性的)向量，$a=(a_1, \cdots, a_n) \in \mathbb{R}^n$. 那么有

$$\mathbb{E}\left\| \sum_{i=1}^{N} a_i \varepsilon_i x_i \right\| \leqslant \|a\|_\infty \mathbb{E}\left\| \sum_{i=1}^{N} \varepsilon_i x_i \right\|$$

证明 不失一般性，我们可以假定$\|a\|_\infty \leqslant 1$(为什么?). 定义函数

$$f(a) := \mathbb{E}\left\| \sum_{i=1}^{N} a_i \varepsilon_i x_i \right\| \tag{6.16}$$

那么，f：$\mathbb{R}^N \to \mathbb{R}$ 是一个凸函数(见练习 6.7.2).

我们的目标是在满足$\|a\|_\infty \leqslant 1$ 的点 a 的集合即单位方体$[-1, 1]^n$ 上找到 f 的界. 由凸函数的基本最大值原理，凸函数在 $\mathbb{R}^n$ 中的紧集上的最大值是在集合的极值点上得到的，因此，f 在方体上的一个顶点获得最大值，也就是说，这个点 a 的所有系数 $a_i=\pm 1$.

对于点 a，由对称性知，随机变量$(\varepsilon_i a_i)$与(ε_i)有相同的分布，因此有

$$\mathbb{E}\left\| \sum_{i=1}^{N} a_i \varepsilon_i x_i \right\| = \mathbb{E}\left\| \sum_{i=1}^{N} \varepsilon_i x_i \right\|$$

归纳起来，我们已经证明了：只要$\|a\|_\infty \leqslant 1$，就有 $f(a) \leqslant \mathrm{E}\left\| \sum_{i=1}^{N} \varepsilon_i x_i \right\|$. 这就证明了定理. ■

6.7.2 练习 验证(6.16)中定义的函数 f 是凸函数.

6.7.3 练习(一般分布的压缩原理) 证明定理 6.7.1 的下列推广：设 X_1，…，

143

X_N 是某个赋范空间中的独立零均值的随机向量，记 $a=(a_1, \cdots, a_n) \in \mathbb{R}^n$. 那么有

$$\mathbb{E}\left\| \sum_{i=1}^{N} a_i X_i \right\| \leqslant 4\|a\|_\infty \mathbb{E}\left\| \sum_{i=1}^{N} X_i \right\|$$

作为应用，我们将展示如何对高斯随机变量 $g_i \sim N(0, 1)$而不是对称伯努利随机变量

ε_i 进行对称化.

6.7.4 引理(高斯对称化) 设 X_1，…，X_N 为某个赋范空间上的独立零均值随机向量，g_1，…，$g_N \sim N(0, 1)$为独立高斯随机变量，它们也与 X_i 独立. 那么有

$$\frac{c}{\sqrt{\log N}}\mathbb{E}\left\|\sum_{i=1}^{N} g_i X_i\right\| \leqslant \mathbb{E}\left\|\sum_{i=1}^{N} X_i\right\| \leqslant 3\mathbb{E}\left\|\sum_{i=1}^{N} g_i X_i\right\|$$

证明 先证上界. 由对称化(引理 6.4.2)，我们有

$$E := \mathbb{E}\left\|\sum_{i=1}^{N} X_i\right\| \leqslant 2\mathbb{E}\left\|\sum_{i=1}^{N} \varepsilon_i X_i\right\|$$

为了插入高斯随机变量，回忆一下 $\mathbb{E}|g_i| = \sqrt{\frac{2}{\pi}}$. 因此，我们有下列界[⊖]：

$$\begin{aligned} E &\leqslant 2\sqrt{\frac{\pi}{2}}\mathbb{E}_X\left\|\sum_{i=1}^{N} \varepsilon_i \mathbb{E}_g |g_i| X_i\right\| \\ &\leqslant 2\sqrt{\frac{\pi}{2}}\mathbb{E}\left\|\sum_{i=1}^{N} \varepsilon_i |g_i| X_i\right\| \quad (\text{由詹森不等式}) \\ &= 2\sqrt{\frac{\pi}{2}}\mathbb{E}\left\|\sum_{i=1}^{N} g_i X_i\right\| \end{aligned}$$

最后的等式成立是因为高斯分布的对称性，它意味着随机变量 $\varepsilon_i |g_i|$ 和 g_i 有相同的分布(见练习 6.4.1).

现在证明下界. 这可用压缩原理(定理 6.7.1)和对称化(引理 6.4.2)来证明. 我们有

$$\begin{aligned} \mathbb{E}\left\|\sum_{i=1}^{N} g_i X_i\right\| &= \mathbb{E}\left\|\sum_{i=1}^{N} \varepsilon_i g_i X_i\right\| \quad (\text{由 } g_i \text{ 的对称性}) \\ &= \mathbb{E}_g \mathbb{E}_X\left(\|g\|_\infty \mathbb{E}_\varepsilon\left\|\sum_{i=1}^{N} \varepsilon_i X_i\right\|\right) \quad (\text{由定理 6.7.1}) \\ &= \mathbb{E}_g\left(\|g\|_\infty \mathbb{E}_\varepsilon \mathbb{E}_X\left\|\sum_{i=1}^{N} \varepsilon_i X_i\right\|\right) \quad (\text{由独立性}) \\ &\leqslant 2\mathbb{E}_g\left(\|g\|_\infty \mathbb{E}_X\left\|\sum_{i=1}^{N} X_i\right\|\right) \quad (\text{由引理 6.4.2}) \\ &= 2(\mathbb{E}\|g\|_\infty)\left(\mathbb{E}\left\|\sum_{i=1}^{N} X_i\right\|\right) \quad (\text{由独立性}) \end{aligned}$$

144

接下来，回忆一下练习 2.5.10，有

$$E\|g\|_\infty \leqslant C\sqrt{\log N}$$

证毕. ■

6.7.5 练习☕☕ 证明引理 6.7.4 的因子 $\sqrt{\log N}$ 通常都是必需的且是最佳的，因此高斯随机变量的对称化弱于对称伯努利的对称化.

⊖ 这里用 $\mathbb{E}_g$ 中的下标 g 来表示这是一个"关于(g_i)"的期望，即这是关于(X_i)的条件期望. 类似地，$\mathbb{E}_X$ 表示关于(X_i)的期望.

6.7.6 练习(范数函数的对称化和压缩)☕☕ 设 $F: \mathbb{R}_+ \to \mathbb{R}$ 为递增的凸函数. 将本节和上一节的对称化和压缩的结果推广到将所有范数 $\|\cdot\|$ 替换为 $F(\|\cdot\|)$ 的情形.

在接下来的练习中，我们将涉及随机过程的概念，这是我们下一章要学习的主要内容.

6.7.7 练习(Talagrand 压缩原理)☕☕☕ 考虑有界子集 $T \subset \mathbb{R}^n$，设 $\varepsilon_1, \cdots, \varepsilon_n$ 是独立的对称伯努利随机变量. 设 $\phi_i: \mathbb{R} \to \mathbb{R}$ 是压缩的，即它是利普希茨函数，且 $\|\phi_i\|_{\text{Lip}} \leqslant 1$. 那么有

$$\mathbb{E} \sup_{t \in T} \sum_{i=1}^n \varepsilon_i \phi_i(t_i) \leqslant \mathbb{E} \sup_{t \in T} \sum_{i=1}^n \varepsilon_i t_i \tag{6.17}$$

为了证明这个结论，完成以下步骤：

(a) 首先，设 $n=2$，考虑子集 $T \subset \mathbb{R}^2$ 和压缩 $\phi: \mathbb{R} \to \mathbb{R}$，验证

$$\sup_{t \in T}(t_1 + \phi(t_2)) + \sup_{t \in T}(t_1 - \phi(t_2)) \leqslant \sup_{t \in T}(t_1 + t_2) + \sup_{t \in T}(t_1 - t_2)$$

(b) 对 n 用归纳法完成证明. ☞

6.7.8 练习☕ 对没有利普希茨范数限制的任意利普希茨函数 $\phi_i: \mathbb{R} \to \mathbb{R}$ 推广 Talagrand 压缩原理. ☞

6.8 后注

我们在定理 6.1.1 和练习 6.1.5 中介绍的解耦不等式的版本最初由 J. Bourgain 和 L. Tzafriri[31]证明. 有关结果和推广请阅读论文[60]、书籍[59]和[76，8.4 节].

比定理 6.2.1 稍弱的 Hanson-Wright 不等式的原始版本要追溯到[95，220]. 定理 6.2.1及我们在 6.2 节中所给的证明选自[175]. Hanson-Wright 不等式有几个特殊情形：伯努利随机变量的情形最早出现在[76，命题 8.13]，高斯随机变量的情形最早出现在[193，引理 2.5.1]，非对角矩阵见[16]. 各向异性随机向量的集中(定理 6.3.2)和随机向量与子空间之间的距离的界(练习 6.3.4)取自[175].

145

对称引理 6.4.2 和它的证明可以在如[126，引理 6.3]和[76，8.2 节]中找到.

尽管定理 6.5.1 的精确表达难以在现有的文献中找到，但其基本结论是众所周知的. 例如，它可以从[200-201]中的不等式推导出来. 推荐读者参考[207，第 4 节]和[121]以获得更详细的结果，这些结果用其元素的方差来表示随机矩阵 A 的算子范数.

矩阵补全定理 6.6.1 及其证明选自[166，2.5 节]. 早些时候，E. Candes 和 B. Recht [44]已经证明，在一些额外的不相关假设下，$m \sim rn\log^2(n)$个随机抽样元素可以实现精准的矩阵补全. 请读者参阅文献[466，169，90，56]了解关于矩阵补全的更多知识.

压缩原理(定理 6.7.1)取自[126，4.2 节]，[126，推论 3.17 和定理 4.12]为随机过程中这个原理的不同形式. 引理 6.7.4 可在[126，不等式(4.9)]中找到. 虽然对数因子在一般情况下是必需的，但如果赋范空间有一个非平凡的共型，则可以去掉，见[126，命题 9.14]. Talagrand 压缩原理(练习 6.7.7)可在[126，推论 3.17]中找到，从中也可以找到一个更一般的结果(凸和递增的上确界函数). 练习 6.7.7 选自[206，练习 7.4]. 下一章的练习 7.2.13 给出了高斯情形下的 Talagrand 压缩原理.

146

第7章 随机过程

在本章中，我们开始学习随机过程——随机变量$(X_t)_{t\in T}$的集合，它们不一定是独立的. 在概率论的诸如布朗运动的许多经典例子中，t代表时间，因此T是$\mathbb{R}$的子集. 但是在高维概率中，T的重要性超出了这种情况，其最基本的假定就是允许T是一般抽象集. 一个重要的例子是所谓的典范高斯过程

$$X_t = \langle g, t\rangle, \quad t \in T$$

其中T是$\mathbb{R}^n$中的任意子集，g是$\mathbb{R}^n$中的标准正态随机向量. 我们将在7.1节中讨论这个问题.

在7.2节中，我们证明高斯过程的几个精确的比较不等式——Slepian不等式、Sudakov-Fernique不等式，以及Gordon不等式. 我们的论证介绍了高斯插值的有用方法. 在7.3节中，我们通过证明$m\times n$高斯随机矩阵A的算子范数的精确界$\mathbb{E}\|A\|\leqslant\sqrt{m}+\sqrt{n}$来说明比较不等式.

理解随机过程，特别是典范高斯过程的概率性质与基于集合T的几何有何关系是非常重要的. 在7.4节中，我们证明Sudakov最小值不等式，它给出了典范高斯过程当t取遍T时下列量

$$w(T) = \mathbb{E}\sup_{t\in T}\langle g, t\rangle$$

的一个与T的覆盖数有关的下界，上界将在第8章中讨论. 量$w(T)$称为集合$T\subset\mathbb{R}^n$的高斯宽度. 我们将在7.5节中详细研究这个关键的几何参数，还会将它与其他概念联系起来，包括稳定的维度、稳定的秩和高斯复杂度.

在7.7节中，我们给出一个例子来说明高斯宽度在高维几何问题中的重要性. 我们还将说明随机投影如何被给定的集合$T\subset\mathbb{R}^n$影响，并且我们发现T的高斯宽度在确定T的随机投影的大小时起关键作用.

7.1 基本概念与例子

7.1.1 定义（随机过程） **随机过程**是同一个概率空间上的随机变量的集合$(X_t)_{t\in T}$，其指数是某个集合T的元素t.

在一些经典的例题中，t代表时间，在这种情况下，T是$\mathbb{R}$的子集. 但是本书我们主要研究高维的过程，其中T是$\mathbb{R}^n$的子集，T与时间的联系将丢失.

7.1.2 例（离散时间） 如果$T=\{1, \cdots, n\}$，则随机过程

$$(X_1, \cdots, X_n)$$

等同于$\mathbb{R}^n$中的随机向量.

7.1.3 例（随机游动） 如果$T=\mathbb{N}$，则离散时间的随机过程$(X_n)_{n\in\mathbb{N}}$就是随机变量序

列．一个重要的例子是随机游动，定义为

$$X_n := \sum_{i=1}^{n} Z_i$$

其中增量 Z_i 是独立零均值的随机变量，如图 7.1 所示．

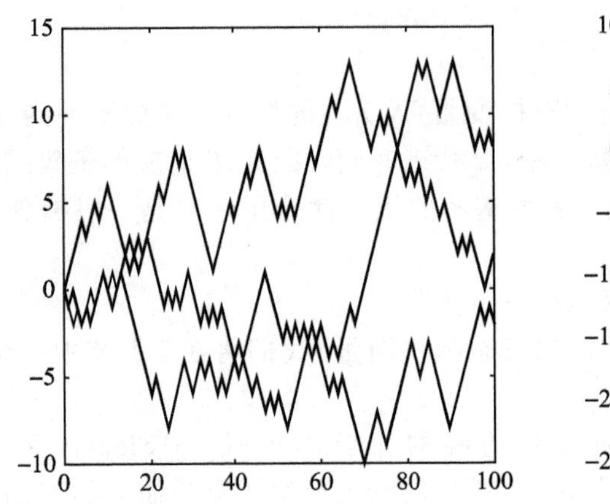

图 7.1　具有对称伯努利步长 Z_i 的随机游动的几条路径（左图），和 $\mathbb{R}$ 中标准布朗运动的几条路径（右图）

7.1.4 例（布朗运动）　最经典的连续时间随机过程是标准布朗运动 $(X_t)_{t\geqslant 0}$，也称为维纳过程．它的特点如下：

(i) 该过程具有连续的样本路径，即随机函数 $f(t) := X_t$ 几乎必然连续；

(ii) 增量是独立的，并且对所有的 $t\geqslant s$，满足 $X_t - X_s \sim N(0, t-s)$．

图 7.1（右）标出了标准布朗运动的几条路径．

148

7.1.5 例（随机场）　当指数集 T 是 $\mathbb{R}^n$ 的子集时，随机过程 $(X_t)_{t\in T}$ 有时被称为空间随机过程或一个随机场．例如，由以 t 为参数的地球上某个位置的水温 X_t 可以建模为空间随机过程．

协方差和增量

在 3.2 节中，我们介绍了随机向量的协方差矩阵概念．我们现在以类似的方式定义随机过程 $(X_t)_{t\in T}$ 的协方差函数．为了简便，在本节假设随机过程具有零均值，即

$$\mathbb{E}X_t = 0, \quad \text{对所有 } t \in T$$

（对一般情况的过程，其转化是显而易见的）．该过程的协方差函数定义为

$$\Sigma(t,s) := \operatorname{cov}(X_t, X_s) = \mathbb{E}X_t X_s, \quad t,s \in T$$

类似地，随机过程的增量定义为

$$d(t,s) := \| X_t - X_s \|_2 = (\mathbb{E}(X_t - X_s)^2)^{\frac{1}{2}}, \quad t,s \in T$$

7.1.6 例　由定义知标准布朗运动的增量满足

$$d(t,s) = \sqrt{t-s}, \quad t \geqslant s$$

例 7.1.3 的满足 $\mathbb{E}Z_i^2 = 1$ 的随机游动的增量为

$$d(n,m)=\sqrt{n-m},\quad n\geqslant m$$

(自己验证!)

7.1.7 注(典范度量)　正如我们在本章开头强调的那样，一般随机过程的指标集 T 可以是没有任何几何结构的抽象集. 但即使在这种情况下，增量 $d(t,s)$ 总是在 T 上定义了一个度量，从而自动将 T 转换为度量空间㊀. 但是，例 7.1.6 说明该度量可能与 $\mathbb{R}$ 上的标准度量不一致，在标准度量下，t 和 s 之间的距离是 $|t-s|$.

7.1.8 练习(协方差与增量)☕☕　考虑一个随机过程 $(X_t)_{t\in T}$.

(a) 用协方差函数 $\Sigma(t,s)$ 表示增量 $\|X_t-X_s\|_2$.

(b) 假设零随机变量 0 属于该过程，用增量 $\|X_t-X_s\|_2$ 表示协方差函数 $\Sigma(t,s)$.

7.1.9 练习(随机过程的对称化)☕☕☕　设 $X_1(t)$，…，$X_N(t)$ 是以点 $t\in T$ 指标的 N 个独立的零均值随机过程：设 ε_1，…，ε_N 为独立的对称伯努利随机变量，求证：

$$\frac{1}{2}\mathbb{E}\sup_{t\in T}\sum_{i=1}^{N}\varepsilon_i X_i(t)\leqslant\mathbb{E}\sup_{t\in T}\sum_{i=1}^{N}X_i(t)\leqslant 2\mathbb{E}\sup_{t\in T}\sum_{i=1}^{N}\varepsilon_i X_i(t)$$ ☞

149

高斯过程

7.1.10 定义(高斯过程)　如果对于任何有限子集 $T_0\subset T$，随机向量 $(X_t)_{t\in T_0}$ 具有正态分布，则随机过程 $(X_t)_{t\in T}$ 被称为**高斯过程**. 等价地，如果 X_t 处的每个有限线性组合 $\sum_{t\in T_0}a_tX_t$ 都是正态随机变量，则称 $(X_t)_{t\in T}$ 是高斯过程.(这种等价性是由练习 3.3.4 中的正态分布的特征确定的.)

高斯过程的概念推广到 $\mathbb{R}^n$ 中的高斯随机向量，高斯过程的经典例子是标准布朗运动.

7.1.11 注(分布由协方差或增量确定)　从多维正态密度公式(3.5)，我们可以回想起 $\mathbb{R}^n$ 中的零均值高斯随机向量 X 的分布完全由其协方差矩阵确定. 那么，根据定义，零均值高斯过程 $(X_t)_{t\in T}$ 的分布也由其协方差函数 $\Sigma(t,s)$ 完全确定㊁. 等价地(见练习 7.1.8)，过程的分布也由增量 $d(t,s)$ 确定.

我们现在考虑一系列指标是高维集合 $T\subset\mathbb{R}^n$ 的高斯过程的例子. 考虑标准正态随机向量 $g\sim N(0,I_n)$，定义随机过程

$$X_t:=\langle g,t\rangle,\quad t\in T\tag{7.1}$$

那么，$(X_t)_{t\in T}$ 显然是一个高斯过程，我们称之为典范高斯过程. 此过程的增量就是欧几里得距离

$$\|X_t-X_s\|_2=\|t-s\|_2,\quad t,s\in T$$

(自己验证!)

实际上，我们可以将任何高斯过程化为典范过程(7.1). 这是通过对高斯随机向量的简单观察得出的.

㊀ 更确切地说，$d(t,s)$ 是 T 上的伪测量，因为两个不同点之间的距离可能为零，即 $d(t,s)=0$ 并不一定有 $t=s$.

㊁ 为避免可测性问题，我们在此不严格地定义随机过程的分布. 因此，上述陈述应理解为下述事实：对任意有限 $T_0\subset T$，协方差函数确定了 $(X_t)_{t\in T_0}$ 的边缘分布.

7.1.12 引理(高斯随机向量) 设 Y 是 $\mathbb{R}^n$ 中的零均值高斯随机向量，那么，存在点 t_1，…，$t_n \in \mathbb{R}^n$，使得

$$Y \equiv (\langle g, t_i \rangle)_{i=1}^n, \quad \text{其中 } g \sim N(0, I_n)$$

这里等价符号表示两个随机向量的分布是相同的.

证明 设 Σ 表示 Y 的协方差矩阵. 我们有

$$Y \equiv \Sigma^{\frac{1}{2}} g, \quad \text{其中 } g \sim N(0, I_n)$$

(回忆3.3.2节). 接下来，向量 $\Sigma^{\frac{1}{2}} g$ 的坐标是 $\langle t_i, g \rangle$，其中 t_i 表示矩阵 $\Sigma^{\frac{1}{2}}$ 的行向量. 这就完成了证明. ■

150

由此得出，对于任意高斯过程 $(Y_s)_{s\in S}$，所有有限维边缘分布 $(Y_s)_{s\in S_0}$，$|S_0|=n$，可以表示为指标为某个子集 $T_0 \subset \mathbb{R}^n$ 的典范高斯过程(7.1).

7.1.13 练习☕☕ 将例7.1.3中 $Z_i \sim N(0, 1)$ 的 N 步随机游动化为 $T \subset \mathbb{R}^N$ 的一个典范高斯过程(7.1). ☞

7.2 Slepian 不等式

在许多应用中，对随机过程 $(X_t)_{t\in T}$ 进行一致控制是有用的，即关于[⊖]

$$\mathbb{E} \sup_{t\in T} X_t$$

有一个界.

对有些过程，可以精确计算这个量的值. 例如，如果 (X_t) 是标准布朗运动，那么就会由所谓的反射原理得

$$\mathbb{E} \sup_{t\leqslant t_0} X_t = \sqrt{\frac{2t_0}{\pi}}, \quad \text{对每个 } t_0 \geqslant 0$$

对于一般的随机过程，即使它们是高斯过程，这个问题也不是平凡的.

我们将证明的第一个一般界是高斯过程的 Slepian 比较不等式，它表明过程增长得越快(就增量的大小而言)，过程走得越远.

7.2.1 定理(Slepian 不等式) 设 $(X_t)_{t\in T}$ 和 $(Y_t)_{t\in T}$ 是两个零均值高斯过程. 假定对于所有的 t，$s\in T$，均有

$$\mathbb{E}X_t^2 = \mathbb{E}Y_t^2, \quad \mathbb{E}(X_t - X_s)^2 \leqslant \mathbb{E}(Y_t - Y_s)^2 \tag{7.2}$$

那么，对所有 $\tau \in \mathbb{R}$，我们有

$$\mathbb{P}\left\{\sup_{t\in T} X_t \geqslant \tau\right\} \leqslant \mathbb{P}\left\{\sup_{t\in T} Y_t \geqslant \tau\right\} \tag{7.3}$$

因此，

$$\mathbb{E}\sup_{t\in T} X_t \leqslant \mathbb{E}\sup_{t\in T} Y_t \tag{7.4}$$

当尾分布比较不等式(7.3)成立时，我们就说随机变量 X 被随机变量 Y 随机控制.

⊖ 为了避免可测性问题，我们像以前一样通过有限维边缘分布研究随机过程. 因此，我们将 $\mathbb{E}\sup_{t\in T} X_t$ 更严格地视为 $\sup_{T_0\subset T} \mathbb{E}\max_{t\in T_0} X_t$，其中上确界是在所有有限子集 $T_0 \subset T$ 上求的.

我们现在准备证明 Slepian 不等式.

151

高斯插值

我们即将给出的 Slepian 不等式的证明是建立在高斯插值基础上的，让我们简单地描述一下. 如果 T 有限，那么 $X=(X_t)_{t\in T}$ 和 $Y=(Y_t)_{t\in T}$ 是 $\mathbb{R}^n$ 中的高斯随机向量，其中 $n=|T|$. 我们也可以假设 X 和 Y 是独立的(为什么?).

在 $\mathbb{R}^n$ 中定义一个高斯随机向量 $Z(u)$，它在 $Z(0)=Y$ 和 $Z(1)=X$ 间连续地插值:

$$Z(u):=\sqrt{u}X+\sqrt{1-u}Y,\quad u\in[0,1]$$

7.2.2 练习☕ 求证: $Z(u)$ 的协方差矩阵是 Y 和 X 的协方差矩阵之间的线性插值:

$$\Sigma(Z(u))=u\Sigma(X)+(1-u)\Sigma(Y)$$

对一个给定的函数 $f:\mathbb{R}^n\to\mathbb{R}$，我们现在研究 $\mathbb{E}f(Z(u))$ 的数值在 u 从 0 到 1 的过程中是如何变化的，我们重点关注的是函数

$$f(x)=\mathbf{1}_{\{\max_i x_i<u\}}$$

我们将证明，在这种情况下，$\mathbb{E}f(Z(u))$ 是 u 的增函数，这意味着立即得到 Slepian 不等式的结论，因为

$$\mathbb{E}f(Z(1))\geqslant\mathbb{E}f(Z(0)),\quad 故\quad \mathbb{P}\left\{\max_i X_i<\tau\right\}\geqslant\mathbb{P}\left\{\max_i Y_i<\tau\right\}$$

下面我们将给出一个详细的证明. 为了得出高斯插值，让我们从以下有用的等式开始.

7.2.3 引理(高斯分部积分) 设 $X\sim N(0,1)$. 那么对任意可微函数 $f:\mathbb{R}\to\mathbb{R}$，有

$$\mathbb{E}f'(X)=\mathbb{E}Xf(X)$$

证明 首先假设 f 存在有界支集. X 的高斯密度函数为

$$p(x)=\frac{1}{\sqrt{2\pi}}\mathrm{e}^{-\frac{x^2}{2}}$$

我们可以将期望表达为一个积分，并由分部积分公式得:

$$\mathbb{E}f'(X)=\int_{\mathbb{R}}f'(x)p(x)\mathrm{d}x=-\int_{\mathbb{R}}f(x)p'(x)\mathrm{d}x \tag{7.5}$$

现在，直接验证得到

$$p'(x)=-xp(x)$$

所以(7.5)中的积分等于

152

$$\int_{\mathbb{R}}f(x)p(x)x\mathrm{d}x=\mathbb{E}Xf(X)$$

这就是所需结果. 这个等式可以通过近似方法将函数定义域扩展到一般情形，从而引理得证. ■

7.2.4 练习☕ 如果 $X\sim N(0,\sigma^2)$，求证:

$$\mathbb{E}Xf(X)=\sigma^2\mathbb{E}f'(X)$$

高斯分部积分可以较好地推广为高维的情形. ☞

7.2.5 引理(多维高斯分部积分) 设 $X\sim N(0,\Sigma)$，那么，对任意可微函数 $f:\mathbb{R}^n\to\mathbb{R}$，有

$$\mathbb{E}Xf(X)=\Sigma\mathbb{E}\nabla f(X)$$

7.2.6 练习☕☕☕ 证明引理 7.2.5. 根据矩阵乘向量法则，注意引理的结论等价于

$$\mathbb{E}X_i f(X) = \sum_{j=1}^{n} \Sigma_{ij} \mathbb{E} \frac{\partial f}{\partial x_j}(X), \quad i = 1, \cdots, n \tag{7.6}$$

☞

7.2.7 引理(高斯插值) 考虑两个独立的高斯随机向量 $X \sim N(0, \Sigma^X)$和 $Y \sim N(0, \Sigma^Y)$. 定义插值高斯向量

$$Z(u) := \sqrt{u}X + \sqrt{1-u}Y, \quad u \in [0,1] \tag{7.7}$$

那么，对任意的二阶可微函数 $f: \mathbb{R}^n \to \mathbb{R}$，有

$$\frac{\mathrm{d}}{\mathrm{d}u}\mathbb{E}f(Z(u)) = \frac{1}{2}\sum_{i,j=1}^{n}(\Sigma_{ij}^X - \Sigma_{ij}^Y)\mathbb{E}\Big(\frac{\partial^2 f}{\partial x_i \partial x_j}(Z(u))\Big) \tag{7.8}$$

证明 使用链式法则[⊖]，我们有

$$\begin{aligned}\frac{\mathrm{d}}{\mathrm{d}u}\mathbb{E}f(Z(u)) &= \sum_{i=1}^{n}\mathbb{E}\frac{\partial f}{\partial x_i}(Z(u))\frac{\mathrm{d}Z_i}{\mathrm{d}u} \\ &= \frac{1}{2}\sum_{i=1}^{n}\mathbb{E}\frac{\partial f}{\partial x_i}(Z(u))\Big(\frac{X_i}{\sqrt{u}} - \frac{Y_i}{\sqrt{1-u}}\Big) \quad (\text{由 } (7.7))\end{aligned} \tag{7.9}$$

让我们将这个和分解为两项，并首先计算包含 X_i 的项. 为此，我们取 Y 为条件期望，并有

153

$$\sum_{i=1}^{n}\frac{1}{\sqrt{u}}\mathbb{E}X_i\frac{\partial f}{\partial x_i}(Z(u)) = \sum_{i=1}^{n}\frac{1}{\sqrt{u}}\mathbb{E}X_i g_i(X) \tag{7.10}$$

其中

$$g_i(X) = \frac{\partial f}{\partial x_i}(\sqrt{u}X + \sqrt{1-u}Y)$$

应用多维高斯分部积分(引理 7.2.5)，根据(7.6)，我们有

$$\begin{aligned}\mathbb{E}X_i g_i(X) &= \sum_{j=1}^{n}\Sigma_{ij}^X\mathbb{E}\frac{\partial g_i}{\partial x_j}(X) \\ &= \sum_{j=1}^{n}\Sigma_{ij}^X\mathbb{E}\frac{\partial^2 f}{\partial x_i \partial x_j}(\sqrt{u}X + \sqrt{1-u}Y)\sqrt{u}\end{aligned}$$

将其代入(7.10)得到

$$\sum_{i=1}^{n}\frac{1}{\sqrt{u}}\mathbb{E}X_i\frac{\partial f}{\partial x_i}(Z(u)) = \sum_{i,j=1}^{n}\Sigma_{ij}^X\mathbb{E}\frac{\partial^2 f}{\partial x_i \partial x_j}(Z(u))$$

两边对 Y 取期望，我们消除了条件期望 Y.

我们可以同样地计算(7.9)式中包含 Y_i 项的和. 结合两个和，我们就完成了引理的证明. ■

Slepian 不等式的证明

我们准备建立 Slepian 不等式的一个初级的泛函形式.

⊖ 在这里，我们按照 $\frac{\mathrm{d}f}{\mathrm{d}u} = \sum_{i=1}^{n}\left(\frac{\partial f}{\partial x_i}\right)\left(\frac{\mathrm{d}g_i}{\mathrm{d}u}\right)$ 多元链式法则来微分函数 $f(g_1(u), \cdots, g_n(u))$，其中 $g_i: \mathbb{R} \to \mathbb{R}^n$，并且 $f: \mathbb{R}^n \to \mathbb{R}$.

7.2.8 引理（Slepian 不等式，泛函形式） 考虑$\mathbb{R}^n$上的两个零均值高斯随机向量 X 和 Y. 假定对于所有 i，$j=1$，…，n，均有

$$\mathbb{E}X_i^2=\mathbb{E}Y_i^2,\quad \mathbb{E}(X_i-X_j)^2\leqslant\mathbb{E}(Y_i-Y_j)^2$$

考虑二阶可微函数 $f:\mathbb{R}^n\to\mathbb{R}$，使得

$$\frac{\partial^2 f}{\partial x_i\partial X_j}\geqslant 0,\quad \text{对所有 } i\neq j$$

那么，必有

$$\mathbb{E}f(X)\geqslant\mathbb{E}f(Y)$$

证明 假定意味着 X 和 Y 的协方差矩阵 Σ^X 和的 Σ^Y 的元素满足：对于所有 i，$j=1$，…，n，

$$\Sigma_{ii}^X=\Sigma_{ii}^Y,\quad \Sigma_{ij}^X\geqslant\Sigma_{ij}^Y$$

我们可以假设 X 和 Y 是独立的(为什么?)，应用引理 7.2.7 并应用我们的假设，则有

$$\frac{\mathrm{d}}{\mathrm{d}u}\mathbb{E}f(Z(u))\geqslant 0$$

所以 $\mathbb{E}f(Z(u))$随 u 的增加而增加，那么 $\mathbb{E}f(Z(1))=\mathbb{E}f(X)$至少与 $\mathbb{E}f(Z(0))=\mathbb{E}f(Y)$一样大，证毕. ■ 154

现在我们证明 Slepian 不等式，即定理 7.2.1，让我们以高斯随机向量的等效形式叙述并证明它.

7.2.9 定理（Slepian 不等式） 设 X 和 Y 是高斯随机向量，如引理 7.2.8 所述. 那么，对每个 $\tau\in\mathbb{R}$，必有

$$\mathbb{P}\left\{\max_{i\leqslant n}X_i\geqslant\tau\right\}\leqslant\mathbb{P}\left\{\max_{i\leqslant n}Y_i\geqslant\tau\right\}$$

因此有

$$\mathbb{E}\max_{i\leqslant n}X_i\leqslant\mathbb{E}\max_{i\leqslant n}Y_i$$

证明 设 $h:\mathbb{R}\to[0,1]$是区间$(-\infty,\tau)$上的示性函数的二阶可微的非增近似：

$$h(x)\approx\mathbf{1}_{(-\infty,\tau)}$$

见图 7.2，将函数 $f:\mathbb{R}^n\to\mathbb{R}$ 定义为 $f(x)=h(x_1)\cdots h(x_n)$. 那么，$f(x)$是示性函数

$$f(x)\approx\mathbf{1}_{\{\max_i x_i<\tau\}}$$

的近似. 我们的目标是对 $f(x)$应用 Slepian 不等式的泛函形式，也就是引理 7.2.8. 现验证结果的假设，注意到，对 $i\neq j$，我们有

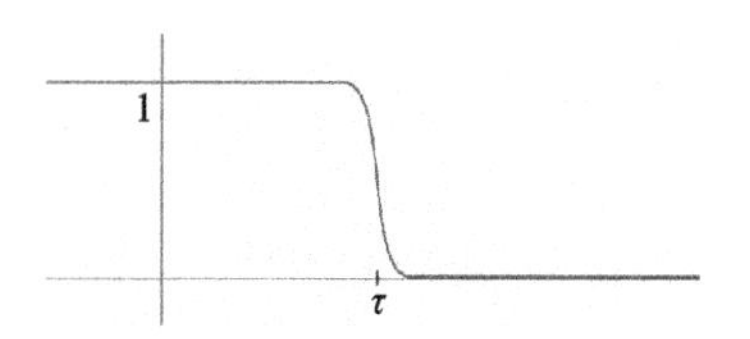

图 7.2 函数 $h(x)$是示性函数 $\mathbf{1}_{(-\infty,\tau)}$的一个光滑非增近似

$$\frac{\partial^2 f}{\partial x_i\partial x_j}=h'(x_i)h'(x_j)\prod_{k\notin\{i,j\}}h(x_k)$$

由条件知，前两个因子是非正的，其他因子是非负数. 因此，二阶导数是非负的，这就是所需的.

从而有

$$\mathbb{E}f(X)\geqslant\mathbb{E}f(Y)$$

通过近似，这意味着

$$\mathbb{P}\left\{\max_{i\leqslant n} X_i < \tau\right\} \geqslant \mathbb{P}\left\{\max_{i\leqslant n} Y_i < \tau\right\}$$

这就证明了结论的第一部分，第二部分使用引理 1.2.1 中的积分等式，看接下来的练习. ■

155

7.2.10 练习☕ 使用练习 1.2.2 中的积分等式，推导出 Slepian 不等式的第二部分(期望的比较).

Sudakov-Fernique 不等式和 Gordon 不等式

Slepian 不等式对(7.2)中的过程(X_t)和(Y_t)有两个假定：方差相等和增量控制. 现在，如果我们去掉方差相等的假定，仍然可以得到(7.4)式，这个更加实用的结果归功于 Sudakov 和 Fernique.

7.2.11 定理(Sudakov-Fernique 不等式) *设$(X_t)_{t\in T}$和$(Y_t)_{t\in T}$是两个零均值的高斯过程. 假定对所有 t，$s\in T$，有*

$$\mathbb{E}(X_t - X_s)^2 \leqslant \mathbb{E}(Y_t - Y_s)^2$$

那么

$$\mathbb{E}\sup_{t\in T} X_t \leqslant \mathbb{E}\sup_{t\in T} Y_t$$

证明 为了证明$\mathbb{R}^n$中高斯随机向量 X 和 Y 的这个定理，像我们在定理 7.2.9 中对 Slepian不等式所做的那样就行了. 我们再次用高斯插值引理 7.2.7 来推导这个结果. 但这一次，代替选取一个近似于$\{\max_i x_i<\tau\}$的示性函数 $f(x)$，我们希望 $f(x)$近似于$\max_i x_i$.

为此，设 $\beta>0$ 是一个参数，并定义函数[⊖]

$$f(x) := \frac{1}{\beta}\log\sum_{i=1}^{n} e^{\beta x_i} \tag{7.11}$$

易知

$$f(x) \to \max_{i\leqslant n} x_i,\quad \text{当 } \beta\to\infty \text{ 时}$$

(验证这一点!). 将 $f(x)$代入高斯插值公式(7.8)并简化表达式，得到$\frac{d}{du}\mathbb{E}f(Z(u))\leqslant 0$ 对所有 u 都成立(见下面的练习 7.2.12)，然后可以用证明 Slepian 不等式相同的方式完成证明. ■

7.2.12 练习☕☕☕ 在 Sudakov-Fernique 定理 7.2.11 中证明$\frac{d}{du}\mathbb{E}f(Z(u))\leqslant 0$. ☞

7.2.13 练习(高斯压缩不等式)☕☕ 下面是我们在练习 6.7.7 中证明的 Talagrand 压缩原理的高斯版本. 考虑有界子集 $T\subset\mathbb{R}^n$，并设 g_1，…，g_n 为独立的服从 $N(0,1)$分布的随机变量. 令$\varphi_i:\mathbb{R}\to\mathbb{R}$ 为压缩映射，即为利普希茨函数，且$\|\varphi_i\|_{\text{Lip}}\leqslant 1$. 求证：

156

$$\mathbb{E}\sup_{t\in T}\sum_{i=1}^{n} g_i\phi_i(t_i) \leqslant \mathbb{E}\sup_{t\in T}\sum_{i=1}^{n} g_i t_i$$ ☞

⊖ 此处考虑这种形式的 $f(x)$是受到统计力学的启发. 在那里，(7.11)的右边被解释为配分函数的对数，β是逆温度.

7.2.14 练习(Gordon 不等式)☕☕☕　证明下列由 Y. Gordon 提出的 Slepian 不等式的推广. 设$(X_{ut})_{u\in U,t\in T}$和$Y=(Y_{ut})_{u\in U,t\in T}$是以乘积$U\times T$中的点对$(u, t)$为指标的两个零均值高斯过程. 假定我们有

$$\mathbb{E}X_{ut}^2=\mathbb{E}Y_{ut}^2,\quad \mathbb{E}(X_{ut}-X_{us})^2\leqslant\mathbb{E}(Y_{ut}-Y_{us})^2,\text{对所有 } u,t,s$$

$$\mathbb{E}(X_{ut}-X_{vs})^2\geqslant\mathbb{E}(Y_{ut}-Y_{vs})^2,\text{对所有 } u\neq v \text{ 及所有 } t,s$$

那么，对任意$\tau\geqslant0$，有

$$\mathbb{P}\left\{\inf_{u\in U}\sup_{t\in T}X_{ut}\geqslant\tau\right\}\leqslant\mathbb{P}\left\{\inf_{u\in U}\sup_{t\in T}Y_{ut}\geqslant\tau\right\}$$

因此

$$\mathbb{E}\inf_{u\in U}\sup_{t\in T}X_{ut}\leqslant\mathbb{E}\inf_{u\in U}\sup_{t\in T}Y_{ut}\tag{7.12}$$

☞

至于 Sudakov-Fernique 不等式，它可以从 Gordon 定理中去掉方差相等的假定，并且仍然可以推导出(7.12). 我们不证明这个结果.

7.3　高斯矩阵的精确界

我们现在说明刚刚用随机矩阵应用证明的高斯比较不等式. 在 4.6 节中，我们研究了具有独立的次高斯行的$m\times n$随机矩阵A，我们使用ε-网理论来控制A的范数如下：

$$\mathbb{E}\|A\|\leqslant\sqrt{m}+C\sqrt{n}$$

其中C是常数(见练习 4.6.3)，我们现在使用 Sudakov-Fernique 不等式来改进高斯随机矩阵的这个界，证明它对精确常数$C=1$成立.

7.3.1 定理(高斯随机矩阵的范数)　*设A是一个具有独立的服从$N(0, 1)$分布元素的$m\times n$矩阵，那么*

$$\mathbb{E}\|A\|\leqslant\sqrt{m}+\sqrt{n}$$

证明　我们可以将A的范数表示为高斯过程的上确界，事实上，

$$\|A\|=\max_{u\in S^{n-1},v\in S^{m-1}}\langle Au,v\rangle=\max_{(u,v)\in T}X_{uv}$$

157

其中T表示两个集合的乘积$S^{n-1}\times S^{m-1}$，且

$$X_{uv}:=\langle Au,v\rangle\sim N(0,1)$$

(验证!)

为了应用 Sudakov-Fernique 比较不等式(定理 7.2.11)，让我们计算过程(X_{uv})的增量，对于任何(u, v)，$(w, z)\in T$，我们有

$$\begin{aligned}\mathbb{E}(X_{uv}-X_{wz})^2&=\mathbb{E}(\langle Au,v\rangle-\langle Aw,z\rangle)^2=\mathbb{E}\Big(\sum_{i,j}A_{ij}(u_jv_i-w_jz_i)\Big)^2\\&=\sum_{i,j}(u_jv_i-w_jz_i)^2\quad(\text{由独立性,均值 }0,\text{方差 }1)\\&=\|uv^{\mathrm{T}}-wz^{\mathrm{T}}\|_F^2\\&\leqslant\|u-w\|_2^2+\|v-z\|_2^2\quad(\text{见下面的练习 }7.3.2)\end{aligned}$$

让我们定义一个更简单的高斯过程(Y_{uv})使之有类似的增量，定义如下：

$$Y_{uv} := \langle g,u\rangle + \langle h,v\rangle,\quad (u,v)\in T$$

其中

$$g\sim N(0,I_n),\quad h\sim N(0,I_m)$$

是独立的高斯随机向量，这个过程的增量是

$$\begin{aligned}\mathbb{E}(Y_{uv}-Y_{wz})^2 &= \mathbb{E}(\langle g,u-w\rangle + \langle h,v-z\rangle)^2\\ &= \mathbb{E}\langle g,u-w\rangle^2 + \mathbb{E}\langle h,v-z\rangle^2 \quad (\text{由独立性，均值 }0)\\ &= \|u-w\|_2^2 + \|v-z\|_2^2 \quad (\text{由于 } g,h \text{ 是标准正态分布})\end{aligned}$$

比较这两个过程的增量，我们看到

$$\mathbb{E}(X_{uv}-X_{wz})^2 \leqslant \mathbb{E}(Y_{uv}-Y_{wz})^2 \quad \text{对所有}(u,v),(w,z)\in T$$

这是 Sudakov-Fernique 不等式所需的，应用定理 7.2.11，我们得到

$$\begin{aligned}\mathbb{E}\|A\| &= \mathbb{E}\sup_{(u,v)\in T} X_{uv} \leqslant \mathbb{E}\sup_{(u,v)\in T} Y_{uv}\\ &= \mathbb{E}\sup_{u\in S^{n-1}}\langle g,u\rangle + \mathbb{E}\sup_{v\in S^{m-1}}\langle h,v\rangle\\ &= \mathbb{E}\|g\|_2 + \mathbb{E}\|h\|_2\\ &\leqslant (\mathbb{E}\|g\|_2^2)^{\frac{1}{2}} + (\mathbb{E}\|h\|_2^2)^{\frac{1}{2}} \quad (\text{由关于 } L^p \text{ 范数的不等式 1.3})\\ &= \sqrt{n}+\sqrt{m} \quad (\text{回忆引理 3.2.4})\end{aligned}$$

证毕. ■

7.3.2 练习☕☕☕ 用定理 7.3.1 的证明方法证明下列界. 对任何向量 u，$w\in S^{n-1}$ 和 v，$z\in S^{m-1}$，有

158

$$\|uv^{\mathrm{T}} - wz^{\mathrm{T}}\|_F^2 \leqslant \|u-w\|_2^2 + \|v-z\|_2^2$$

虽然定理 7.3.1 没有给出 $\|A\|$ 的任何尾分布界，但我们可以使用我们在 5.2 节中研究的集中不等式自动推导出尾分布界.

7.3.3 推论（高斯随机矩阵的范数：尾分布） 设 A 是具有独立的服从 $N(0,1)$ 分布元素的 $m\times n$ 矩阵，那么，对任意 $t\geqslant 0$，都有

$$\mathbb{P}\{\|A\|\geqslant \sqrt{m}+\sqrt{n}+t\} \leqslant 2\exp(-ct^2)$$

证明 该结果通过将定理 7.3.1 与高斯空间中的集中不等式定理 5.2.2 相结合而得到.

为了使用集中不等式，让我们通过连接行向量，将 A 视为 $\mathbb{R}^{m\times n}$ 中的长随机向量，这使 A 成为标准的正态随机向量，即 $A\sim N(0, I_{nm})$. 考虑取值为向量矩阵 A 的算子范数的函数 $f(A):=\|A\|$，我们有

$$f(A)\leqslant \|A\|_2$$

其中 $\|A\|_2$ 是 $\mathbb{R}^{m\times n}$ 中的欧几里得范数（与 A 的弗罗贝尼乌斯范数相同，它控制了 A 的算子范数），这表明 $A\mapsto\|A\|$ 是 $\mathbb{R}^{m\times n}$ 上的利普希茨函数，其利普希茨范数以 1 为界（为什么?），然后由定理 5.2.2 推出

$$\mathbb{P}\{\|A\|\geqslant \mathbb{E}\|A\|+t\} \leqslant 2\exp(-ct^2)$$

再定理 7.3.1 中 $\mathbb{E}\|A\|$ 的界就完成了证明. ■

7.3.4 练习（最小奇异值）☕☕☕ 使用练习 7.2.14 中所述的 Gordon 不等式来获得具

有独立且服从 $N(0,1)$ 分布元素的 $m\times n$ 随机矩阵 A 的最小奇异值的精确界：

$$\mathbb{E}_{s_n}(A)\geqslant\sqrt{m}-\sqrt{n}$$

并将该结果与集中不等式相结合去证明尾分布界

$$\mathbb{P}\{\|A\|\leqslant\sqrt{m}-\sqrt{n}-t\}\leqslant 2\exp(-ct^2)$$

☞

7.3.5 **练习**(对称随机矩阵)☕☕☕ 修改上面的结果为：控制对称 $n\times n$ 高斯随机矩阵 A 的范数，其对角线上方元素是独立的服从 $N(0,1)$ 分布的随机变量，其对角线元素是独立的服从 $N(0,2)$ 分布的随机变量. 随机矩阵的这种分布称为*高斯正交系*(GOE). 求证

$$\mathbb{E}\|A\|\leqslant 2\sqrt{n}$$

然后，推导尾分布界

$$\mathbb{P}\{\|A\|\geqslant 2\sqrt{n}+t\}\leqslant 2\exp(-ct^2)$$

159

7.4 Sudakov 最小值不等式

让我们再次考虑零均值高斯过程 $(X_t)_{t\in T}$. 正如在注 7.1.7 中看到的那样，增量

$$d(t,s):=\|X_t-X_s\|_2=(\mathbb{E}(X_t-X_s)^2)^{\frac{1}{2}} \tag{7.13}$$

定义了一个指标集 T 上的度量，我们称之为*典范度量*.

从典范度量 $d(t,s)$ 我们可以知道协方差函数 $\Sigma(t,s)$，由协方差函数我们又可以得到高斯过程 $(X_t)_{t\in T}$ 的分布(回忆练习 7.1.8 和注 7.1.11). 所以，通过对度量空间 (T,d) 的几何的观测，我们应该可以回答所有有关高斯过程 $(X_t)_{t\in T}$ 的分布的问题. 简言之，我们能够用几何来研究概率.

让我们考虑另一个重要的问题：怎样才能在度量空间 (T,d) 上估计整个过程的总值呢？即

$$\mathbb{E}\sup_{t\in T}X_t \tag{7.14}$$

这其实是一个很复杂的问题，我们接下来会讨论这个问题，并在第 8 章再次讨论.

在这一小节，我们通过度量空间 (T,d) 的度量熵证明了一个很有用的下界定理. 回忆 4.2 节，对 $\varepsilon>0$，*覆盖数*

$$\mathcal{N}(T,d,\varepsilon)$$

被定义为在度量 d 下，T 的一个 ε-网的最小基数. 等价地，$\mathcal{N}(T,d,\varepsilon)$ 是一致覆盖 T 的以 ε 为半径的闭球的最小的数目[㊀]. 再回忆一下，我们也称 $\mathcal{N}(T,d,\varepsilon)$ 的对数

$$\log_2\mathcal{N}(T,d,\varepsilon)$$

为 T 的*度量熵*.

7.4.1 **定理**(Sudakov 最小值不等式) *设 $(X_t)_{t\in T}$ 是一个零均值的高斯过程. 那么，对任意的 $\varepsilon\geqslant 0$，有*

$$\mathbb{E}\sup_{t\in T}X_t\geqslant c\varepsilon\sqrt{\log\mathcal{N}(T,d,\varepsilon)}$$

其中 d 是(7.13)中定义的典范度量.

㊀ 如果 T 没有有限 ε-网，令 $\mathcal{N}(T,d,\varepsilon)=\infty$.

证明　我们可以从 Sudakov-Fernique 比较不等式(定理 7.2.11)推出这个不等式. 假设

$$\mathcal{N}(T,d,\varepsilon)=:N$$

是有限的，无限的情况将在练习 7.4.2 中讨论. 记 $\mathcal{N}$ 为 T 的最大 ε-可分子集，则 $\mathcal{N}$ 是 T 的一个 ε-网(回忆引理 4.2.6)，故

160

$$|\mathcal{N}| \geqslant N$$

将过程限制在 $\mathcal{N}$ 上，只需证明下列结果：

$$\mathbb{E}\sup_{t\in\mathcal{N}} X_t \geqslant c\varepsilon\sqrt{\log N}$$

就得到定理 7.4.1 成立.

通过将 $(X_t)_{t\in\mathcal{N}}$ 和一个比较简单的高斯过程 $(Y_t)_{t\in\mathcal{N}}$ 作比较可以得到上述不等式，其中，

$$Y_t := \frac{\varepsilon}{\sqrt{2}}g_t,\text{其中 } g_t \text{ 为独立的服从 } N(0,1) \text{ 的随机变量}$$

为了应用 Sudakov-Fernique 比较不等式(定理 7.2.11)，我们需要比较这两个过程的增量. 对于固定的两个不同的点 t，$s\in\mathcal{N}$，根据定义有

$$\mathbb{E}(X_t - X_s)^2 = d(t,s)^2 \geqslant \varepsilon^2$$

和

$$\mathbb{E}(Y_t - Y_s)^2 = \frac{\varepsilon^2}{2}\mathbb{E}(g_t - g_s)^2 = \varepsilon^2$$

(最后一行根据 $g_t - g_s \sim N(0,\ 2)$ 得到). 由此可得

$$\mathbb{E}(X_t - X_s)^2 \geqslant \mathbb{E}(Y_t - Y_s)^2,\quad \text{对所有 } t,s\in\mathcal{N}$$

根据定理 7.2.11，我们得到

$$\mathbb{E}\sup_{t\in\mathcal{N}} X_t \geqslant \mathbb{E}\sup_{t\in\mathcal{N}} Y_t = \frac{\varepsilon}{\sqrt{2}}\mathbb{E}\max_{t\in\mathcal{N}} g_t \geqslant c\varepsilon\sqrt{\log N}$$

最后一个不等式是根据 N 个服从标准正态分布的随机变量的最大值的期望不小于 $c\sqrt{\log N}$ (见练习 2.5.11)，证毕. ■

7.4.2 练习(非紧集上的 Sudakov 最小值)☕☕　求证：如果 $(T,\ d)$ 不是紧集，即存在 $\varepsilon>0$，使得 $N(T,\ d,\ \varepsilon)=\infty$，那么

$$\mathbb{E}\sup_{t\in T} X_t = \infty$$

应用于 $\mathbb{R}^n$ 上的覆盖数

Sudakov 最小值不等式可以用来估计几何集 $T\subset\mathbb{R}^n$ 的覆盖数. 下面我们来看怎么估计，首先考虑一个 T 上的典范高斯过程，即

$$X_t := \langle g,t\rangle,\quad t\in T,\quad \text{其中 } g\sim N(0,I_n)$$

正如我们在 7.1 节里讨论的那样，这个高斯过程的典范距离是 $\mathbb{R}^n$ 中的欧几里得距离，即

$$d(t,s) = \|X_t - X_s\|_2 = \|t-s\|_2$$

161

因此，Sudakov 不等式可以写成如下形式：

7.4.3 推论($\mathbb{R}^n$ 上的 Sudakov 最小值不等式)　设 $T\subset\mathbb{R}^n$，那么，对任意 $\varepsilon>0$，必有

$$\mathbb{E}\sup_{t\in T}\langle g,t\rangle \geqslant c\varepsilon\sqrt{\log \mathcal{N}(T,\varepsilon)}$$

其中 $\mathcal{N}(T,\varepsilon)$是 T 的欧几里得球覆盖数，即欧几里得空间上的一组半径为 ε，球心在 T 内，且覆盖 T 的球的最小个数，这和我们在 4.2 节讨论的一样.

为了说明 Sudakov 最小值定理，我们注意到它得到一个与推论 0.0.4 得到的$\mathbb{R}^n$ 中的多面体的覆盖数相同的界(除了一个绝对常数外).

7.4.4 推论(多面体的覆盖数)　设 P 为$\mathbb{R}^n$ 中的一个多面体，且有 N 个顶点，它的直径以 1 为界. 则对任意的 $\varepsilon>0$，有

$$\mathcal{N}(P,\varepsilon) \leqslant N^{\frac{C}{\varepsilon^2}}$$

证明　与前面类似，通过变换，我们可以假定 P 的半径不大于 1. 用 x_1，…，x_N 表示 P 的顶点，则有

$$\mathbb{E}\sup_{t\in P}\langle g,t\rangle = \mathbb{E}\sup_{i\leqslant N}\langle g,x_i\rangle \leqslant C\sqrt{\log N}$$

上面等式成立是因为凸集 P 上的线性函数的最大值在极值点取到，即在 P 的一个顶点取到. 后面的不等号成立是由于$\langle g, x\rangle\sim N(0, \|x\|_2^2)$和$\|x\|_2\leqslant 1$，及练习 2.5.10. 将上式代入 Sudakov 最小值不等式的推论 7.4.3 中，化简后知推论成立，证毕. ■

7.4.5 练习(多面体的体积)☕☕☕　设 P 是$\mathbb{R}^n$ 中的一个有 N 个顶点的多面体，且包含在单位欧几里得球 B_2^n 中. 求证：

$$\frac{\operatorname{Vol}(P)}{\operatorname{Vol}(B_2^n)} \leqslant \left(\frac{\log N}{n}\right)^{Cn}$$

☞

7.5 高斯宽度

在上一个小节中，我们讨论了伴随着一般集合 $T\subset\mathbb{R}^n$ 的一个重要的量，即 T 上的典范高斯过程的大小，即

$$\mathbb{E}\sup_{t\in T}\langle g,t\rangle$$

其中，期望是对高斯随机向量 $g\sim N(0, I_n)$取值. 这个量在高维概率及其应用中起着主要的作用. 接下来我们将给出它的准确定义，并研究它的基本性质.

7.5.1 定义　子集 $T\subset\mathbb{R}^n$ 的**高斯宽度**定义为

$$w(T) := \mathbb{E}\sup_{x\in T}\langle g,x\rangle,\quad \text{其中 } g\sim N(0,I_n)$$

162

我们可以把高斯宽度 $w(T)$看作子集 $T\subset\mathbb{R}^n$ 的如同体积、表面积一样的基本几何量，在不同的书上高斯宽度有很多不同的定义，例如

$$\mathbb{E}\sup_{x\in T}|\langle g,x\rangle|,\quad \left(\mathbb{E}\sup_{x\in T}\langle g,x\rangle^2\right)^{\frac{1}{2}},\quad \mathbb{E}\sup_{x,y\in T}\langle g,x-y\rangle\quad \text{等}$$

但这些定义都是等价的，或者是几乎等价的. 关于这一点，我们将在 7.6 节中学习到.

基本性质

7.5.2 命题(高斯宽度)

(i) 高斯宽度 $w(T)$是有限的，当且仅当 T 是有界的.

(ii) 在仿射酉变换下，高斯宽度是不变的，即对每一个正交矩阵 U 和任意向量 y，有

$$w(UT+y)=w(T)$$

(iii) 高斯宽度取凸包后是不变的，因此

$$w(\mathrm{conv}(T))=w(T)$$

(iv) 高斯宽度具有绝对齐次性和 Minkowski 可加性，即对 T，$S\subset\mathbb{R}^n$，$a\subset\mathbb{R}$，有

$$w(T+S)=w(T)+w(S),\quad w(aT)=|a|w(T)$$

(v) 有

$$w(T)=\frac{1}{2}w(T-T)=\frac{1}{2}\mathbb{E}\sup_{x,y\in T}\langle g,x-y\rangle$$

(vi) (高斯宽度和直径)，我们有[⊖]

$$\frac{1}{\sqrt{2\pi}}\mathrm{diam}(T)\leqslant w(T)\leqslant\frac{\sqrt{n}}{2}\mathrm{diam}(T)$$

证明 命题(i)～(iv)很简单，请在接下来的练习 7.5.3 中给出证明.

为了证明性质(v)，我们运用两次性质(iv)，得到

$$w(T)=\frac{1}{2}(w(T)+w(T))=\frac{1}{2}(w(T)+w(-T))=\frac{1}{2}w(T-T)$$

得证.

为了证明性质(vi)中的下界，取一对固定点 x，$y\subset T$. 则 $x-y$ 和 $y-x$ 都在 $T-T$ 中，由性质(v)，有

$$w(T)\geqslant\frac{1}{2}\mathbb{E}\max(\langle x-y,g\rangle,\langle y-x,g\rangle)$$

163

$$=\frac{1}{2}\mathbb{E}|\langle x-y,g\rangle|=\frac{1}{2}\sqrt{\frac{2}{\pi}}\|x-y\|_2$$

最后一个等式成立是根据$\langle x-y,g\rangle\sim N(0,\|x-y\|_2)$和对于 $X\sim N(0,1)$有 $\mathbb{E}|X|=\sqrt{\frac{2}{\pi}}$(自己验证!). 接下来，对所有 x，$y\subset T$ 取上确界，性质(vi)中的下界由此得证.

对于性质(vi)中的上界，由性质(v)得到

$$w(T)=\frac{1}{2}\mathbb{E}\sup_{x,y\in T}\langle g,x-y\rangle$$

$$\leqslant\frac{1}{2}\mathbb{E}\sup_{x,y\in T}\|g\|_2\|x-y\|_2\leqslant\frac{1}{2}\mathbb{E}\|g\|_2\,\mathrm{diam}(T)$$

再由 $\mathbb{E}\|g\|_2\leqslant(\mathbb{E}\|g\|_2^2)^{\frac{1}{2}}=\sqrt{n}$知结论成立，得证. ■

7.5.3 练习 ☕☕ 证明命题 7.5.2 中的(i)～(iv). ☞

7.5.4 练习(线性变换下的高斯宽度) ☕☕☕ 求证：对任意的 $m\times n$ 的矩阵 A，有

$$w(AT)\leqslant\|A\|w(T)$$ ☞

宽度的几何意义

$\mathbb{R}^n$ 的子集 T 的高斯宽度具有很好的几何意义. T 在向量 $\theta\in S^{n-1}$方向上的宽度是和 θ

⊖ 回忆集合 $T\subset\mathbb{R}^n$ 的直径定义为 $\mathrm{diam}(T):=\sup\{\|x-y\|_2:x,y\in T\}$.

正交并将 T 夹在中间的两条平行直线之间的最小距离，见图 7.3. 若用公式表示，在向量 θ 方向上的宽度可以被表示为

$$\sup_{x,y\in T}\langle\theta,x-y\rangle$$

（自己验证!）. 在所有单位方向 θ 上取宽度的均值，我们得到

$$\mathbb{E}\sup_{x,y\in T}\langle\theta,x-y\rangle \tag{7.15}$$

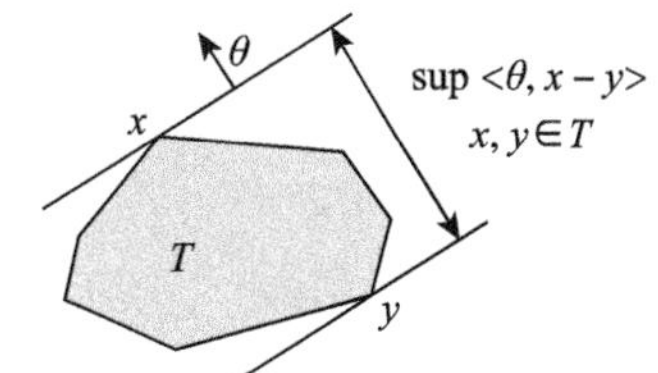

图 7.3 $\mathbb{R}^n$ 的子集 T 在单位向量 θ 方向上的宽度

7.5.5 **定义**（球面宽度） $\mathbb{R}^n$ 的子集 T 的**球面宽度**[⊖]定义为

$$w_s(T):=\mathbb{E}\sup_{x\in T}\langle\theta,x\rangle \quad 其中\ \theta\sim\mathrm{Unif}(S^{n-1})$$

式(7.15)中的数值显然等于 $w_s(T-T)$.

T 的高斯宽度和球面宽度有什么区别呢？区别就在于我们用. 来取均值的随机向量. 高斯宽度用的随机向量是 $g\sim N(0,\ I_n)$，而球面宽度用的是 $\theta\sim\mathrm{Unif}(S^{n-1})$. g 和 θ 都是旋转不变的，而且正如我们所见，g 的长度大约是 θ 的$\sqrt{n}$倍，这使得高斯宽度为球面宽度的$\sqrt{n}$倍. 下面让我们更加准确地描述这种关系.

164

7.5.6 **引理**（高斯宽度对比球面宽度） 我们有

$$(\sqrt{n}-C)w_s(T)\leqslant w(T)\leqslant(\sqrt{n}+C)w_s(T)$$

证明 让我们用高斯向量 g 的长度和方向来表示它：

$$g=\|g\|_2\frac{g}{\|g\|_2}=:r\theta$$

正如我们在 3.3 节所得到的，r 和 θ 是独立的，且 $\theta\sim\mathrm{Unif}(S^{n-1})$. 因此

$$w(T)=\mathbb{E}\sup_{x\in T}\langle r\theta,x\rangle=(\mathbb{E}r)\mathbb{E}\sup_{x\in T}\langle\theta,x\rangle=\mathbb{E}\|g\|_2 w_s(T)$$

由范数的集中，知

$$|\mathbb{E}\|g\|_2-\sqrt{n}|\leqslant C$$

见练习 3.1.4，证毕. ■

例题

7.5.7 **例**（欧几里得球体与球面） 单位欧几里得球体与球面的高斯宽度是

$$w(S^{n-1})=w(B_2^n)=\mathbb{E}\|g\|_2=\sqrt{n}\pm C \tag{7.16}$$

这里我们用了练习 3.1.4 的结论. 显然，这些子集的球面宽度等于 2.

7.5.8 **例**（立方体） 在$\mathbb{R}^n$ 中的 ℓ_∞ 范数意义下的单位球是 $B_\infty^n=[-1,\ 1]^n$. 我们有

$$w(B_\infty^n)=\mathbb{E}\|g\|_1 \quad （验证）$$

$$=\mathbb{E}|g_1|_n=\sqrt{\frac{2}{\pi}}n \tag{7.17}$$

和(7.16)式对比，我们发现立方体 B_∞^n 和它的外接球$\sqrt{n}B_2^n$ 的高斯宽度有相同的阶 n，见图 7.4a.

⊖ 有的文献中，球面宽度也被称为平均宽度.

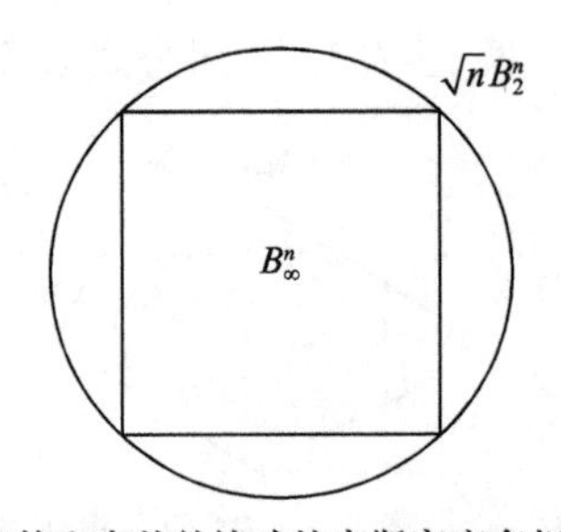

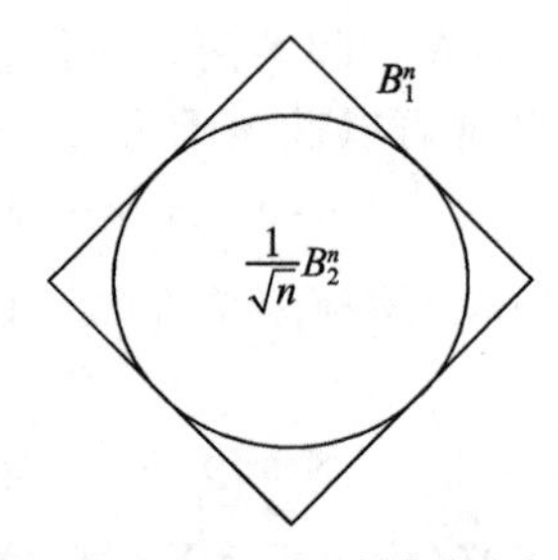

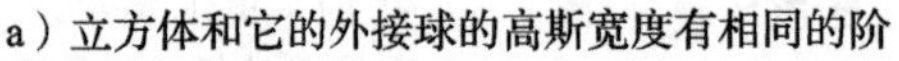
a）立方体和它的外接球的高斯宽度有相同的阶　　b）B_1^n和它的内切球的高斯宽度有相同的阶

图 7.4　$\mathbb{R}^n$ 中一些典型集合的高斯宽度

7.5.9 例（ℓ_1 球）　$\mathbb{R}^n$ 的 ℓ_1 范数下的单位球是集合

$$B_1^n = \{x \in \mathbb{R}^n : \|x\|_1 \leqslant 1\}$$

我们经常称这个集合为一个正轴体，见图 7.5 所示. ℓ_1 球的高斯宽度的界表示如下：

165

$$c\sqrt{\log n} \leqslant w(B_1^n) \leqslant C\sqrt{\log n} \tag{7.18}$$

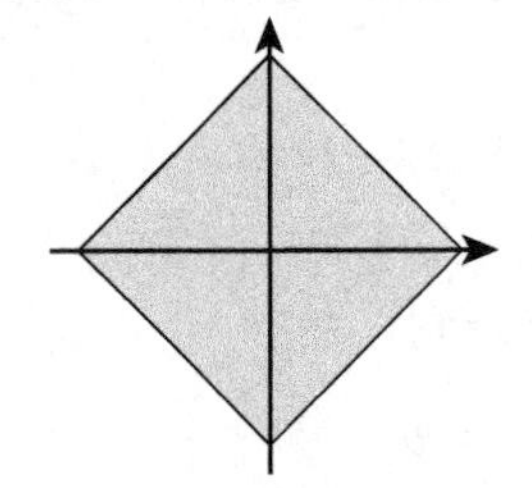

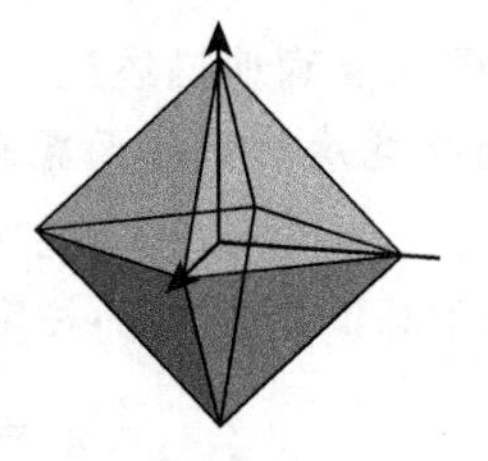

图 7.5　$\mathbb{R}^n$ 中在 ℓ_1 范数下的单位球，即 B_1^n，在二维空间中是菱形（见左图），在三维空间中是八面体（见右图）

为了能得到这个结论，观察公式

$$w(B_1^n) = \mathbb{E}\|g\|_\infty = \mathbb{E}\max_{i \leqslant n}|g_i|$$

那么(7.18)式中的界可以根据练习 2.5.10 和练习 2.5.11 得到. 注意 ℓ_1 球 B_1^n 和它的内切球$\frac{1}{\sqrt{n}}B_2^n$ 的高斯宽度有着几乎相同的阶(除了一个对数因子)，见图 7.4b.

7.5.10 练习（有限点集）☕　设 T 为$\mathbb{R}^n$ 中的一个有限点集. 验证：

$$w(T) \leqslant C\sqrt{\log|T|}\,\mathrm{diam}(T)$$

☞

7.5.11 练习（ℓ_p 球）☕☕☕　设 $1 \leqslant p < \infty$. 考虑$\mathbb{R}^n$ 中 ℓ_p 范数下的单位球：

$$B_p^n := \{x \in \mathbb{R}^n : \|x\|_p \leqslant 1\}$$

证明

$$w(B_p^n) \leqslant C\sqrt{p'}\,n^{\frac{1}{p'}}$$

这里的 p'是 p 的共轭指数，它们满足等式$\frac{1}{p}+\frac{1}{p'}=1$.

166

高维空间中高斯宽度的惊人性质

根据例 7.5.9 中的计算，B_1^n 的球面宽度是

$$w_s(B_1^n) \sim \sqrt{\frac{\log n}{n}}$$

令人惊讶的是，它比 B_1^n 的直径小很多，而这个直径等于 2!. 进一步，正如我们已经知道的，B_1^n 的高斯宽度和它的内接欧几里得球 $\frac{1}{\sqrt{n}}B_2^n$ 的高斯宽度几乎相同(除了一个对数因子)，这可能看起来很奇怪. 事实上，正轴体 B_1^n 看起来比它的直径为 $\frac{2}{\sqrt{n}}$! 的内切球大很多! 为什么高斯宽度会这样呢？

让我们尝试从直观上解释. 在高维下，这个立方体有多达 2^n 个顶点，大部分的体积集中在它们附近. 事实上，这个立方体和它的外接球的体积的阶都是 C^n，所以从立体视角来说这些集合和其他任何一个都相差不大. 因此，立方体和它的外接球的高斯宽度也有相同的阶不是一件令人惊奇的事.

八面体 B_1^n 的顶点($2n$ 个)比立方体少. $\mathbb{R}^n$ 中的任意方向 θ 可能和它们全都正交. 所以，B_1^n 在方向 θ 的宽度并不会受到顶点个数的显著影响，真正决定 B_1^n 的宽度的是它的“主体”，也就是它的欧几里得内切圆.

从体积的角度可以得到一幅相似的图. B_1^n 中的顶点数太少以至于在它们附近的区域包含了太少的体积，B_1^n 的体积的主体分布在那些距离内切球比较近的边缘的附近. 事实上，我们可以看到 B_1^n 和它的内切球的体积的阶都是 $\left(\frac{C}{n}\right)^n$，因此，从体积的角度来说，八面体 B_1^n 和它的内切球是相似的. 高斯宽度也给出了同样的结论.

我们将这个现象的图示放在了图 7.6b，这是由 V. Milman 给出的一幅 B_1^n 的“双曲线”的图，这样的图很好地捕捉了主体和异常值，但遗憾的是，它们可能无法准确地显示凸性.

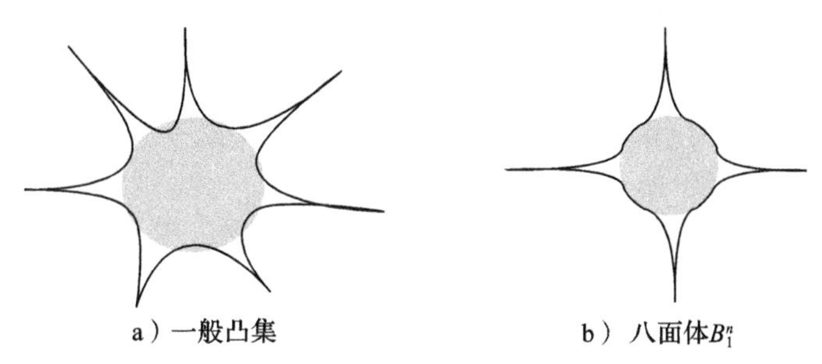

图 7.6　$\mathbb{R}^n$ 中凸集的直观双曲线图，主体是一个占据了大部分体积的圆球

7.6　稳定维数、稳定秩和高斯复杂度

高斯宽度的概念给我们引入了一个比经典维数更稳定的概念. $\mathbb{R}^n$ 的子集 T 的普通线性代数维数 $\dim T$ 是包含 T 的线性子空间 $E\subset\mathbb{R}^n$ 的最小维数. 线性代数维数是不稳定的：它可以在 T 的小扰动下显著地变化(通常向上变化). 我们可以根据高斯宽度来定义一个更加稳定的维数概念.

167

在本节中，使用与高斯宽度密切相关的高斯宽度的平方将更加方便：

$$h(T)^2 := \mathbb{E}\sup_{t\in T}\langle g,t\rangle^2, \quad 其中\ g\sim N(0,I_n) \tag{7.19}$$

不难看出高斯宽度的平方和通常形式下的高斯宽度在相差一个常数因子意义下是等价的.

7.6.1 练习(等价性)☕☕☕ 求证:

$$w(T-T)\leqslant h(T-T)\leqslant w(T-T)+C_1\operatorname{diam}(T)\leqslant Cw(T-T)$$

特别地，有

$$2w(T)\leqslant h(T-T)\leqslant 2Cw(T) \tag{7.20}$$

☞

7.6.2 定义(稳定维数) 对于有界集 $T\subset\mathbb{R}^n$，T 的**稳定维数**定义为

$$d(T) := \frac{h(T-T)^2}{\operatorname{diam}(T)^2}\sim\frac{w(T)^2}{\operatorname{diam}(T)^2}$$

稳定维数总是以代数维数为界:

7.6.3 引理 对于任何子集 $T\subset\mathbb{R}^n$，我们有

$$d(T)\leqslant\dim(T)$$

证明 令 $\dim T=k$，这意味着 T 位于维数 k 的某个子空间 $E\subset\mathbb{R}^n$ 中，由旋转不变性，我们可以假设 E 是坐标子空间，即 $E=\mathbb{R}^k$(为什么?). 由定义，我们有

$$h(T-T)^2=\mathbb{E}\sup_{x,y\in T}\langle g,x-y\rangle^2$$

由于 $x-y\in\mathbb{R}^k$ 和 $\|x-y\|_2\leqslant\operatorname{diam}(T)$，我们有 $x-y=\operatorname{diam}(T)z$，对于某个 $z\in B_2^k$ 成立. 因此，上述量的界是

$$\operatorname{diam}(T)^2\mathbb{E}\sup_{z\in B_2^k}\langle g,z\rangle^2=\operatorname{diam}(T)^2\mathbb{E}\|g'\|_2^2=\operatorname{diam}(T)^2k$$

其中 $g'\sim N(0,\ I_k)$是 $\mathbb{R}^k$ 中的标准高斯随机向量，证毕. ■

一般情况下，不等式 $d(T)\leqslant\dim T$ 是精确的:

7.6.4 练习☕ 求证: 如果 T 是 $\mathbb{R}^n$ 的任何子空间中的欧几里得球，那么

168

$$d(T)=\dim(T)$$

然而，在许多情况下，稳定维数可能比代数维数小得多.

7.6.5 例 设 T 为 $\mathbb{R}^n$ 中的一组有限点，那么

$$d(T)\leqslant C\log|T|$$

这是根据练习 7.5.10 中 T 的高斯宽度的界得出的.

稳定秩

稳定维数比代数维数更加稳定. 事实上，集合 T 的一个小扰动能造成高斯宽度和 T 的直径的变化，从而导致稳定维数 $d(T)$ 发生变化.

举个例子，考虑单位欧几里得球 B_2^n，它的代数维数和稳定维数都等于 n. 现将 B_2^n 的其中一个轴从 1 逐渐减少到 0，这个过程中代数维数会保持在 n，然后立即降到 $n-1$，而稳定维数将逐渐从 n 减少到 $n-1$. 为了探究它到底是如何减少的，我们做如下的计算.

7.6.6 练习(椭球体)☕☕ 设 A 为一个 $m\times n$ 的矩阵，设 B_2^n 表示单位欧几里得球，证明: 椭球 AB_2^n 的平均宽度的平方是 A 的弗罗贝尼乌斯范数，即

$$h(AB_2^n)=\|A\|_F$$

推出椭球AB_2^n的稳定维数等于

$$d(AB_2^n)=\frac{\|A\|_F^2}{\|A\|^2} \tag{7.21}$$

这个例子表明稳定维数与矩阵的稳定秩的概念相关，稳定秩是传统的线性代数秩的加强形式.

7.6.7 **定义**(稳定秩) 一个$m\times n$矩阵A的**稳定秩**定义为

$$r(A):=\frac{\|A\|_F^2}{\|A\|^2}$$

稳定秩的稳固性使得它成为数值线性代数中一个有用的量，常规的代数秩是A的像的代数维数. 特别地，有

$$\operatorname{rank}(A)=\dim(AB_2^n)$$

类似地，(7.21)表明稳定秩是该像的统计维数：

$$r(A)=d(AB_2^n)$$

最后，注意到，稳定秩总是以常规秩为界：

$$r(A)\leqslant \operatorname{rank}(A)$$

(自己验证!)

169

高斯复杂度

让我们考虑一个与高斯宽度相近的定义，不是取(7.19)中的$\langle g,x\rangle$的平方，而是取其绝对值.

7.6.8 **定义** T为$\mathbb{R}^n$中的子集，则其**高斯复杂度**定义为

$$\gamma(T):=\mathbb{E}\sup_{x\in T}|\langle g,x\rangle|,\quad 其中\ g\sim N(0,I_n)$$

显然，我们有

$$w(T)\leqslant \gamma(T)$$

且当T关于原点对称，即$T=-T$时，等号成立. 因为$T-T$是关于原点对称的，故由命题7.5.2的性质(v)知

$$w(T)=\frac{1}{2}w(T-T)=\frac{1}{2}\gamma(T-T) \tag{7.22}$$

一般来说，高斯宽度和高斯复杂度是不一样的，比如，如果T只有一个点，则有$w(T)=0$，但$\gamma(T)>0$. 不过，这两个量十分接近.

7.6.9 **练习**(高斯宽度和高斯复杂度)☕☕☕ 考虑$\mathbb{R}^n$中的集合T和$y\in T$，求证：

$$\frac{1}{3}[w(T)+\|y\|_2]\leqslant \gamma(T)\leqslant 2(w(T)+\|y\|_2)$$

特别地，这表明，对于任意包含原点的集合T，高斯宽度和高斯复杂度是等价的：

$$w(T)\leqslant \gamma(T)\leqslant 2w(T)$$

(如果能用其他绝对常数而不是2和$\frac{1}{3}$证明前面的不等式，那很好.)

7.7 集合的随机投影

这一节将进一步说明高斯宽度(和球面宽度)在降维问题中的重要性. 考虑$\mathbb{R}^n$中的集合

T，将其投影到$\mathbb{R}^n$中的一个随机 m 维子空间(一致地从格拉斯曼流形 $G_{n,m}$ 中选取)，如图 5.2所示. 实际应用中，我们可以把 T 当成一个数集，P 当作降维的一种方式，那么我们怎么描述投影集 PT 的大小(直径)呢？

对于一个有限集 T，Johnson-Lindenstrauss 引理(定理 5.3.1)表明，只要

$$m \gtrsim \log|T| \tag{7.23}$$

随机投影 P 本质上是作为 T 的缩放. 也就是说，P 将 T 中所有的点的距离收缩一个约为$\sqrt{\frac{m}{n}}$的倍数. 特别地，

170

$$\operatorname{diam}(PT) \approx \sqrt{\frac{m}{n}}\operatorname{diam}(T) \tag{7.24}$$

如果集合 T 的基数过大甚至为无穷，那么(7.24)可能不成立. 比如说，如果 $T=B_2^n$ 是一个欧几里得球，则没有投影可以放缩集合 T，且我们有

$$\operatorname{diam}(PT) = \operatorname{diam}(T) \tag{7.25}$$

当 T 为一般集合时呢？接下来的结论表明随机投影如同(7.24)那样收缩集合 T，但在 T 的球面宽度之外不能收缩.

7.7.1 定理(集合的随机投影的大小)　*考虑$\mathbb{R}^n$中有界集合 T，设 P 为$\mathbb{R}^n$到一个随机 m 维子空间 $E\sim\operatorname{Unif}(G_{n,m})$上的投影，则*

$$\operatorname{diam}(PT) \leqslant C\Big(w_s(T) + \sqrt{\frac{m}{n}}\operatorname{diam}(T)\Big)$$

成立的概率至少为 $1-2\mathrm{e}^{-m}$.

为了证明这个结论，我们来讨论一个等价的概率模型——如同 Johnson-Lindenstrauss 引理的证明(见命题 5.3.2 的证明)中那样的模型. 首先，$\mathbb{R}^n$空间中的随机子空间 E 可以通过一个固定子空间(比如$\mathbb{R}^m$)的随机旋转实现. 接下来，不是固定集合 T 而随机旋转子空间，而是固定子空间来随机旋转集合 T，下面的练习更加详细地叙述这个问题.

7.7.2 练习(随机投影的等价模型)☕☕　设 P 为$\mathbb{R}^n$到一个随机 m 维子空间 $E\sim\operatorname{Unif}(G_{n,m})$的投影. Q 是一个 $m\times n$ 矩阵，它是均匀地从正交群中选取一个随机的 $n\times n$ 矩阵 $U\sim\operatorname{Unif}(O_{(n)})$，然后取 U 的前 m 行得到的.

(a) 求证：对$\mathbb{R}^n$中的任意固定点 x，有

$$\|Px\|_2 \text{ 与 } \|Qx\|_2 \text{ 同分布}$$ ☞

(b) 求证：对 S^{m-1} 中的任意固定点 z，有

$$Q^{\mathrm{T}}z \sim \operatorname{Unif}(S^{n-1})$$

换句话说，映射 Q^{T} 相当于$\mathbb{R}^m$ 到$\mathbb{R}^n$的等距嵌入. ☞

定理 7.7.1 的证明　我们这里的讨论是另一个 ε-网方法的例子，不失一般性，我们可以假定 $\operatorname{diam}(T)\leqslant 1$(为什么?).

第 1 步：近似. 根据例 7.7.2，只需证明用 Q 代替 P 时定理成立即可. 所以我们定界

$$\operatorname{diam}(QT) = \sup_{x\in T-T}\|Qx\|_2 = \sup_{x\in T-T}\max_{z\in S^{m-1}}\langle Qx, z\rangle$$

用与我们之前的讨论类似的方法(例如定理 4.4.5 中关于随机矩阵的证明)，我们将球面

S^{n-1}离散化，选取S^{n-1}的一个$\frac{1}{2}$-网$\mathcal{N}$，使得

$$|\mathcal{N}| \leqslant 5^m$$

171

由推论4.2.13知这是可以做到的. 我们用网$\mathcal{N}$的上确界代替球面S^{n-1}的上确界，并添加因子2，有

$$\operatorname{diam}(QT) \leqslant 2 \sup_{x \in T-T} \max_{z \in \mathcal{N}} \langle Qx, z \rangle = 2 \max_{z \in \mathcal{N}} \sup_{x \in T-T} \langle Q^{\mathrm{T}} z, x \rangle \tag{7.26}$$

（回忆一下例4.4.2.）对于固定的$z \in \mathcal{N}$，我们首先以大概率控制下面的量：

$$\sup_{x \in T-T} \langle Q^{\mathrm{T}} z, x \rangle \tag{7.27}$$

然后对所有z取一致界.

第2步：集中. 固定$z \in \mathcal{N}$，根据练习7.7.2，有$Q^{\mathrm{T}} z \sim \operatorname{Unif}(S^{n-1})$. (7.27)式的期望可以化为球面宽度：

$$\mathbb{E} \sup_{x \in T-T} \langle Q^{\mathrm{T}} z, x \rangle = w_s(T-T) = 2w_s(T)$$

（最后一个等式是高斯宽度类似性质的球面版本，见命题7.5.2的(v)部分.）

接下来，让我们证明式(7.27)的值集中在其期望$2w_s(T)$附近. 为了这个目的，我们可以使用球面上的利普希茨函数的集中不等式(5.6). 由于已经假定$\operatorname{diam}(T) \leqslant 1$，我们很容易证明函数

$$\theta \mapsto \sup_{x \in T-T} \langle \theta, x \rangle$$

是球面S^{n-1}上的利普希茨函数，且利普希茨范数最多为1(自己验证). 于是，应用集中不等式(5.6)，我们得到

$$\mathbb{P}\left\{ \sup_{x \in T-T} \langle Q^{\mathrm{T}} z, x \rangle \geqslant 2w_s(T) + t \right\} \leqslant 2\exp(-cnt^2)$$

第3步：一致界. 现不固定z，而是在$\mathcal{N}$上取一致界，我们得到

$$\mathbb{P}\left\{ \max_{z \in \mathcal{N}} \sup_{x \in T-T} \langle Q^{\mathrm{T}} z, x \rangle \geqslant 2w_s(T) + t \right\} \leqslant |\mathcal{N}| \, 2\exp(-cnt^2) \tag{7.28}$$

回忆一下，$|\mathcal{N}| \leqslant 5^m$，那么，如果我们选择

$$t = C\sqrt{\frac{m}{n}}$$

且C足够大，(7.28)式中的概率能以$2\mathrm{e}^{-m}$为界. 由(7.28)和(7.26)得

$$\mathbb{P}\left\{ \frac{1}{2}\operatorname{diam}(QT) \geqslant 2w(T) + C\sqrt{\frac{m}{n}} \right\} \leqslant \mathrm{e}^{-m}$$

即证明了定理7.7.1. ■

7.7.3 练习（高斯投影）☕☕☕ 证明定理7.7.1关于$m \times n$高斯随机矩阵G的情形，其中G的元素独立且服从$N(0,1)$分布. 特别地，求证：对于$\mathbb{R}^n$中的任意有界集合T，

$$\operatorname{diam}(GT) \leqslant C(w(T) + \sqrt{m}\operatorname{diam}(T))$$

成立的概率至少为$1-2\mathrm{e}^{-m}$，这里的$w(T)$是T的高斯宽度.

7.7.4 练习（反向界）☕☕☕ 求证定理7.7.1中的界是最佳的：证明反向界

$$\mathbb{E}\operatorname{diam}(PT) \geqslant c\left(w_s(T) + \sqrt{\frac{m}{n}}\operatorname{diam}(T)\right)$$

对$\mathbb{R}^n$中的所有有界集成立. ☞

7.7.5 练习(矩阵的随机投影) 设A为一个$n\times k$的矩阵,

(a) P为$\mathbb{R}^n$到一个从$G_{n,m}$中均匀选取的随机m维子空间上的投影,求证

$$\|PA\|\leqslant C\Big(\frac{1}{\sqrt{n}}\|A\|_F+\sqrt{\frac{m}{n}}\|A\|\Big)$$

成立的概率至少为$1-2\mathrm{e}^{-m}$.

(b) 设G为一个$m\times n$高斯随机矩阵,其元素独立且服从$N(0,1)$分布,求证

$$\|GA\|\leqslant C(\|A\|_F+\sqrt{m}\|A\|)$$ ☞

成立的概率至少为$1-2\mathrm{e}^{-m}$.

相变

172

让我们对定理7.7.1给出的界做一个认真的观察. 我们可以把它等价地写成

$$\mathrm{diam}(PT)\leqslant C\max\Big(w_s(T),\sqrt{\frac{m}{n}}\mathrm{diam}(T)\Big)$$

让我们计算当$w_s(T)$和$\sqrt{\frac{m}{n}}\mathrm{diam}(T)$这两项发生相变的时候维数$m$的值,使它们相等并解出$m$,我们发现,当

$$\begin{aligned}m&=\frac{(\sqrt{n}w_s(T))^2}{\mathrm{diam}(T)^2}\\&\sim\frac{w(T)^2}{\mathrm{diam}(T)^2}\text{(利用引理 7.5.6 转化为高斯宽度)}\\&\sim d(T)\quad\text{(由定义 7.6.2 稳定维数的定义)}\end{aligned}$$

时,相变发生. 所以,我们可以将定理7.7.1的结论表述为

$$\mathrm{diam}(PT)\leqslant\begin{cases}C\sqrt{\frac{m}{n}}\mathrm{diam}(T), & \text{若 } m\geqslant d(T)\\ Cw_s(T), & \text{若 } m\leqslant d(T)\end{cases}$$

173

图7.7表示$\mathrm{diam}(PT)$作为维数m的函数的图像.

当m很大时,m维随机投影使T放缩$\sqrt{\frac{m}{n}}$倍,就像(7.24)中的JoHanson-Lindenstrauss引理一样. 但是,当m低于稳定维数$d(T)$时,放缩停止——它趋于稳定在球面宽度$w_s(T)$. 可见(7.25)中的例子,即一个欧几里得球不能再由投影放缩.

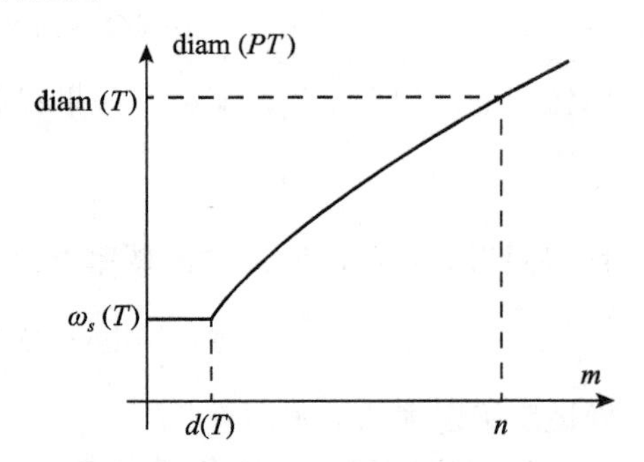

图7.7　集合T的一个m维随机投影的直径作为m的函数

7.8　后注

这里推荐几本介绍随机过程的书籍,特别是关于布朗运动的,比如[37, 123, 178, 152].

Slepian不等式(定理7.2.1)是源于D. Slepian[181, 182],现代的证明可以在比如[126, 推论3.12]、[3, 2.2节]、[206, 6.1节]、[103]和[108]中找到. Sudakov-

Fernique 不等式(定理 7.2.11)来自 V. N. Sudakov[187，188]和 X. Fernique[73]，我们在 7.2 节中对 Slepian 不等式和 Sudakov-Fernique 不等式的证明是选自 J. -P. Kahane 的方法[108]和 S. Chatterjee 的平推论证(见[3，2.2 节])，还有[206，6.1 节]. 练习 7.2.13 中高斯压缩不等式更一般的版本可以在[126，推论 3.17]中找到.

练习 7.2.14 中的 Gordon 不等式和它的推广可以在[82，83，86，108]中找到，Gordon 不等式在凸优化中的应用可以在[197，194，196]中找到.

关于随机矩阵理论中的比较不等式的研究首先由 S. Szarek 开展. 我们在 7.3 节中提出的应用可以从 Gordon[82]的工作中找到. 我们讨论的方法是采用了[58，第Ⅱ节 c]的观点，也可在[216，5.3.1 节]中找到.

Sudakov 最小值不等式(定理 7.4.1)是由 V. N. Sudakov 证明的，我们的内容选自[126，定理 3.18]. 有关对偶问题的另一种证明见[11，4.2 节]. 练习 7.4.5 中的体积界几乎但不完全是最优的，如果用练习 0.0.6 中给出的覆盖数的更强界，那么稍强的界

$$\frac{\mathrm{Vol}(P)}{\mathrm{Vol}(B_2^n)} \leqslant \left(\frac{C\log\left(1+\frac{N}{n}\right)}{n}\right)^{\frac{n}{2}}$$

174

就可以用同样的方法精确地推导出来，这个结果是众所周知的，且很有可能达到常数 C[49，3 节].

我们在 7.5 节中讨论过的高斯宽度及其对应关系最初是在几何泛函分析和渐近凸几何中引入的[11，146]. 最近，从[174]开始，高斯宽度在信号处理和高维统计中得到了认可[183，157，184，51，165，9，195，159]，也可以见[217，3.5 节]和[128]. 在 7.5 节中我们注意到令人惊讶的高维几何现象，要了解更多关于它的信息，请参阅前言的[11]和[13].

7.6 节中介绍 $\mathbb{R}^n$ 中集合 T 的平稳维数 $d(T)$ 的概念似乎是新颖的，在特殊情况下，当 T 是闭凸锥时，(7.19)中定义的高斯宽度 $h(T)$ 的平方版本在信号恢复文献[136，9，159]中被称为 T 的*统计维数*.

矩阵 A 的稳定秩(也被称作有效秩或数值秩)$r(A)=\frac{\|A\|_F^2}{\|A\|^2}$第一次出现在[173]. 在一些文献中(如[216，115])，量

$$k(\Sigma) = \frac{\operatorname{tr}\Sigma}{\|\Sigma\|}$$

也被称作半正定矩阵 Σ 的稳定秩，根据[201，定义 7.1.1]我们称 $k(\Sigma)$ 为*固有维数*. 注意，我们在协方差估计中用了 $k(\Sigma)$(见注 5.6.3). 显然，如果 $\Sigma=A^{\mathrm{T}}A$ 或 $\Sigma=AA^{\mathrm{T}}$，则

$$k(\Sigma) = r(A)$$

定理 7.7.1 及其改进(我们将在 9.2 节中介绍)源自 V. Milman[145]，也见[11，命题 5.7.1].

175

第8章　链

本章介绍有界随机过程的一些核心概念和方法. 链是一种可以用于证明随机过程$(X_t)_{t\in T}$的一致界的强大且通用的技术. 在8.1节中我们介绍一个基础的链方法，我们用集合T的覆盖数证明了随机过程的Dudley界. 在8.2节，我们给出Dudley不等式在蒙特卡罗积分和一致大数定律中的应用.

在8.3节，我们展示如何根据T的VC维数来寻找随机过程的界. 与覆盖数不同的是，VC维数是一个组合量而不是几何量，它在统计学习的理论问题中起着重要的作用，我们将在8.4节讨论这个问题.

正如我们将在8.1节中看到的，经验过程(empirical processes)由覆盖数得到的界——7.4节中的Sudakov不等式和Dudley不等式——精确到只差一个对数因子. 对数间隙在许多应用中是无关紧要的，但一般来说它又不能消除. 随机过程的一个更加精确的界(没有任何对数间隙)可根据由比覆盖数更好地捕捉到T的几何形状的Talagran泛函$\gamma_2(T)$得到. 在8.5节中，我们通过一个精细的链方法(通常称为“总链”)证明一个精确的上界.

与Talagrand提出的上界相匹配的下界更加难以获得，我们将在8.6节中陈述这个结果，但没有给出证明. 关于随机过程的精确双侧界称为优化测度定理(定理8.6.1)，这个结果的一个非常有用的结论是Talagrand比较不等式(推论8.6.2)，它推广了所有次高斯随机过程的Sudakov-Fernique不等式.

Talagrand比较不等式有许多应用，其中之一是Chevet不等式，我们将在8.7节中讨论它，其他的在后面章节出现.

8.1　Dudley不等式

我们在7.4节中学习到的Sudakov最小值不等式，根据T的度量熵给出了一个高斯随机过程$(X_t)_{t\in T}$的下列量

$$\mathbb{E}\sup_{t\in T} X_t$$

的一个下界. 在本节，我们将得到一个类似的上界.

这次，我们不仅能够处理高斯过程，而且还可以处理具有次高斯增量的更一般的过程.

176

8.1.1 定义(次高斯增量)　*考虑一个度量空间(T, d)上的随机过程$(X_t)_{t\in T}$，若存在$K\geqslant 0$,使得*

$$\|X_t - X_x\|_{\psi_2} \leqslant Kd(t,s), \quad \text{对所有 } t,s \leqslant T \tag{8.1}$$

*我们称这个过程具有***次高斯增量***.*

8.1.2 例　设$(X_t)_{t\in T}$是抽象集T上的一个零均值的高斯过程. 定义T的度量

$$d(t,s) := \| X_t - X_s \|_2, \quad t,s \in T$$

那么，$(X_t)_{t\in T}$显然是一个次高斯增量的过程，K 是一个绝对常数.

我们现在叙述 Dudley 不等式，它按照 T 的度量熵 $\log \mathcal{N}(T, d, \varepsilon)$给出了一般次高斯随机过程$(X_t)_{t\in T}$的一个界.

8.1.3 定理(Dudley 积分不等式) 设$(X_t)_{t\in T}$为(8.1)式定义的度量空间(T, d)上有次高斯增量的零均值随机过程，则有

$$\mathbb{E}\sup_{t\in T} X_t \leqslant CK\int_0^{\infty} \sqrt{\log \mathcal{N}(T,d,\varepsilon)}\,\mathrm{d}\varepsilon$$

在证明 Dudley 不等式之前，我们将它与 Sudakov 不等式(定理 7.4.1)进行比较，对于高斯过程，Sudakov 不等式有

$$\mathbb{E}\sup_{t\in T} X_t \geqslant c \sup_{\varepsilon>0} \varepsilon\sqrt{\log \mathcal{N}(T,d,\varepsilon)}$$

图 8.1 示例了 Dudley 和 Sudakov 的界，这两个界之间有明显的间隙，它不能仅仅根据熵值来消除. 我们稍后将探讨它.

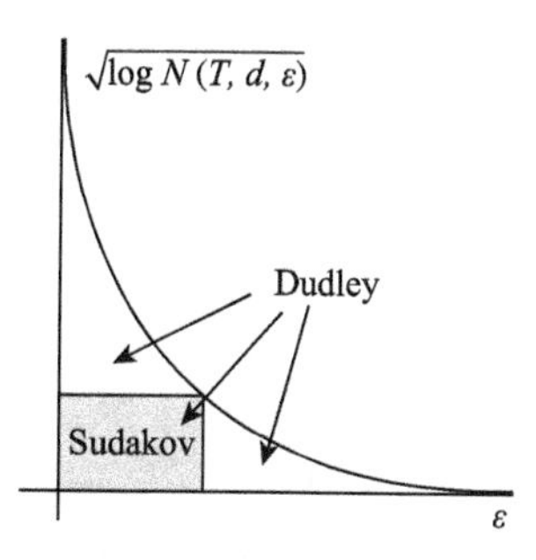

图 8.1 Dudley 不等式用曲线下的面积给出了 $\mathbb{E}\sup_{t\in T} X_t$ 的界，Sudakov 不等式用曲线下矩形的最大面积与一个常数给出了$\mathbb{E}\sup_{t\in T} X_t$的下界

Dudley 不等式的右侧显示$\mathbb{E}\sup_{t\in T} X_t$是一个多尺度量，因此我们必须在所有可能的尺度 ε 上检验 T 才能得到这个过程的界. 所以我们的证明也应是多尺度的. 我们现在叙述和证明离散版的 Dudley 不等式，其中，对所有正的 ε 的积分被对二元值 $\varepsilon = 2^{-k}$ 求和代替，这有点类似于黎曼和. 然后我们将很快得到 Dudley 不等式的原始形式.

8.1.4 定理(Dudley 不等式的离散形式) 设$(X_t)_{t\in T}$为(8.1)式定义的有次高斯增量的度量空间(T, d)上的零均值随机过程，那么

$$\mathbb{E}\sup_{t\in T} X_t \leqslant CK\sum_{k\in\mathbb{Z}} 2^{-k} \sqrt{\log \mathcal{N}(T,d,2^{-k})} \tag{8.2}$$

我们对定理的证明将以链的重要技巧为基础，它在许多其他问题中也是有用的. 链是我们之前成功使用(例如，在定理 4.4.5 和定理 7.7.1 的证明中)的 ε-网方法的多尺度版本.

在我们熟悉的单尺度的 ε-网方法中，通过选择 T 的 ε-网 $\mathcal{N}$ 来离散 T，则每个点 $t\in T$ 都可以被网 $\pi(t)\in\mathcal{N}$ 中的最近点近似，精确度为 ε，所以有 $d(t, \pi(t))\leqslant\varepsilon$. 由增量条件(8.1)有

$$\| X_t - X_{\pi(t)} \|_{\psi_2} \leqslant K\varepsilon \tag{8.3}$$

则有

$$\mathbb{E}\sup_{t\in T} X_t \leqslant \mathbb{E}\sup_{t\in T} X_{\pi(t)} + \mathbb{E}\sup_{t\in T}(X_t - X_{\pi(t)})$$

第一项可由$|\mathcal{N}| = \mathcal{N}(T, d, \varepsilon)$上的点 $\pi(t)$的一致界控制.

要控制第二项，我们要使用(8.3)，但它只适用于固定的 $t\in T$，而且不清楚它如何

控制$t\in T$的上确界. 为了克服这个困难，我们不止于此，而是继续使用ε-网方法，逐步构建 t 的更好的近似 $\pi_1(t)$，$\pi_2(t)$，…，使其有更好的网. 现在让我们正式介绍这种链技术.

定理 8.1.4 的证明　第 1 步：链建立. 不失一般性，我们假设$K=1$，而且 T 是有限的(为什么?). 我们设置二尺度

$$\varepsilon_k = 2^{-k},\quad k\in\mathbb{Z} \tag{8.4}$$

并选择 T 的 ε_k-网 T_k，使得

$$|T_k| = \mathcal{N}(T,d,\varepsilon_k) \tag{8.5}$$

二尺度仅有一部分被需要. 事实上，因为 T 是有限的，所以存在一个足够小的数 $\kappa\in\mathbb{Z}$(定义最粗糙的网)和一个足够大的 K(定义最好的网)，使得

$$T_\kappa = \{t_0\}\text{ 对某个 } t_0\in T,\quad T_K = T \tag{8.6}$$

对于点 $t\in T$，设 $\pi_k(t)$表示 T_k 中最近的点，所以有

$$d(t,\pi_k(t))\leqslant\varepsilon_k \tag{8.7}$$

177~178

因为 $\mathbb{E}X_{t_0}=0$，则有

$$\mathbb{E}\sup_{t\in T}X_t = \mathbb{E}\sup_{t\in T}(X_t - X_{t_0})$$

我们可以将 $X_t-X_{t_0}$ 表示为伸缩和. 考虑沿着点 $\pi_k(t)$的链从 t_0 到点 t，其中点 $\pi_k(t)$逐步逼近 t，则有

$$X_t - X_{t_0} = (X_{\pi_k(t)} - X_{t_0}) + (X_{\pi_{k+1}(t)} - X_{\pi_\kappa(t)}) + \cdots + (X_t - X_{\pi_K(t)}) \tag{8.8}$$

见图 8.2 所示. 和式(8.6)中的第一项和最后一项都为 0，所以有

$$X_t - X_{t_0} = \sum_{k=\kappa+1}^{K}(X_{\pi_k(t)} - X_{\pi_{k-1}(t)}) \tag{8.9}$$

由于和的上确界被上确界的和控制，则有

$$\mathbb{E}\sup_{t\in T}(X_t - X_{t_0}) \leqslant \sum_{k=\kappa+1}^{K}\mathbb{E}\sup_{t\in T}(X_{\pi_k(t)} - X_{\pi_{k-1}(t)}) \tag{8.10}$$

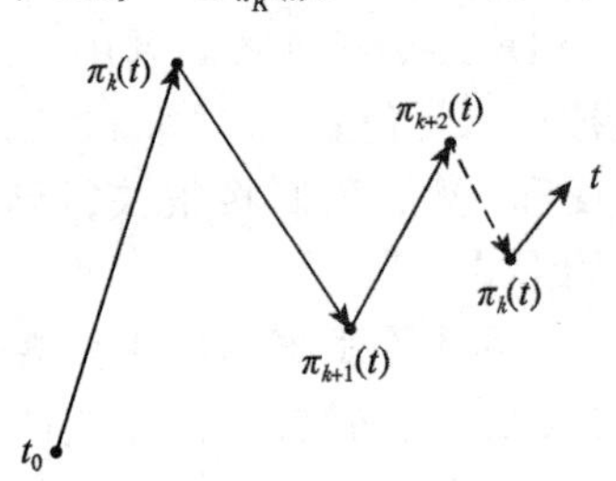

图 8.2　链：从 t 中一个固定点 t_0 到任意点 t 的沿着 T 的逐渐好的网元素 $\pi_k(T)$的游动

第 2 步：控制增量. 尽管界(8.10)中的每一项在整个集合 T 上都有一个上确界，但仔细观察将会发现，它实际上是更小的集合，即所有可能对$(\pi_k(t),\ \pi_{k-1}(t))$的集合上的一个最大值，这些对的数量为

$$|T_k|\,|T_{k-1}|\leqslant|T_k|^2$$

这是一个我们可以通过(8.5)控制的数.

接下来，对于一个固定的 t，(8.10)中的增量可以被控制如下：

$$\begin{aligned}
\|X_{\pi_k(t)} - X_{\pi_{k-1}(t)}\|_{\psi_2} &\leqslant d(\pi_k(t),\pi_{k-1}(t)) \quad (\text{由}(8.1)\text{并由于 }K=1)\\
&\leqslant d(\pi_k(t),t) + d(t,\pi_{k-1}(t)) \quad (\text{由三角不等式})\\
&\leqslant \varepsilon_k + \varepsilon_{k-1} \quad (\text{由}(8.7))\\
&\leqslant 2\varepsilon_{k-1}
\end{aligned}$$

回忆一下练习 2.5.10，次高斯随机变量 N 的期望最大值最多为 $CL\sqrt{\log N}$，其中 L 是最大 ψ_2 范数. 因此我们可以将(8.10)中的每一项控制为

$$\mathbb{E}\sup_{t\in T}(X_{\pi_k(t)} - X_{\pi_{k-1}(t)}) \leqslant C\varepsilon_{k-1}\sqrt{\log|T_k|} \tag{8.11}$$

179

第 3 步：累加增量. 我们已经证明了

$$\mathbb{E}\sup_{t\in T}(X_t - X_{t_0}) \leqslant C\sum_{k=\kappa+1}^{K}\varepsilon_{k-1}\sqrt{\log|T_k|} \tag{8.12}$$

接下来需要替换来自(8.4)和关于 $|T_k|$ 的(8.5)界的值 $\varepsilon_k = 2^{-k}$，然后推导出

$$\mathbb{E}\sup_{t\in T}(X_t - X_{t_0}) \leqslant C_1\sum_{k=\kappa+1}^{K}2^{-k}\sqrt{\log\mathcal{N}(T,d,2^{-k})}$$

定理 8.1.4 得证. ■

现在我们来推导 Dudley 不等式的积分形式.

Dudley 积分不等式，定理 8.1.3 的证明 为了把和式(8.2)转化为积分，我们将 2^{-k} 表示为 $2\int_{2^{-k-1}}^{2^{-k}}\mathrm{d}\varepsilon$，则

$$\sum_{k\in\mathbb{Z}}2^{-k}\sqrt{\log\mathcal{N}(T,d,2^{-k})} = 2\sum_{k\in\mathbb{Z}}\int_{2^{-k-1}}^{2^{-k}}\sqrt{\log\mathcal{N}(T,d,2^{-k})}\,\mathrm{d}\varepsilon$$

在 $2^{-k}\geqslant\varepsilon$ 的限制内，$\log\mathcal{N}(T, d, 2^{-k})\leqslant\log\mathcal{N}(T, d, \varepsilon)$，且和的界为

$$2\sum_{k\in\mathbb{Z}}\int_{2^{-k-1}}^{2^{-k}}\sqrt{\log\mathcal{N}(T,d,\varepsilon)}\,\mathrm{d}\varepsilon = 2\int_0^{\infty}\sqrt{\log\mathcal{N}(T,d,\varepsilon)}\,\mathrm{d}\varepsilon$$

证毕. ■

8.1.5 注(增量的上确界) 由上述证明立即就会发现，链方法事实上已经得到了下列界

$$\mathbb{E}\sup_{t\in T}|X_t - X_{t_0}| \leqslant CK\int_0^{\infty}\sqrt{\log\mathcal{N}(T,d,\varepsilon)}\,\mathrm{d}\varepsilon$$

对于任意固定点 $t_0\in T$，将它与 $X_s - X_{t_0}$ 的类似界结合起来，同时利用三角不等式，我们可以推导出

$$\mathbb{E}\sup_{t,s\in T}|X_t - X_s| \leqslant CK\int_0^{\infty}\sqrt{\log\mathcal{N}(T,d,\varepsilon)}\,\mathrm{d}\varepsilon$$

注意在这两个界中，我们都不需要零均值的假设 $\mathbb{E}X_t = 0$. 但是，在 Dudley 定理 8.1.3中这是必需的假设，否则该定理可能不成立(为什么?).

Dudley 不等式只给出了期望的一个界，但采用这种方法也可以得到一个很好的尾分布界.

180

8.1.6 定理(Dudley 积分不等式：尾分布界) 设 $(X_t)_{t\in T}$ 为(8.1)式定义的度量空间 (T, d) 上的次高斯增量随机过程. 则对任意 $u\geqslant 0$，事件

$$\sup_{t,s\in T}|X_t - X_s| \leqslant CK\left(\int_0^{\infty}\sqrt{\log\mathcal{N}(T,d,\varepsilon)}\,\mathrm{d}\varepsilon + u\,\mathrm{diam}(T)\right)$$

成立的概率至少为 $1-2\exp(-u^2)$.

8.1.7 练习☕☕☕ 证明定理 8.1.6. 为此，首先证明(8.11)的一个高概率版本：

$$\sup_{t\in T}(X_{\pi_k(t)} - X_{\pi_{k-1}(t)}) \leqslant C\varepsilon_{k-1}\left(\sqrt{\log|T_k|} + z\right)$$

成立的概率至少为 $1-2\exp(-z^2)$.

对 $z=z_k$ 用这个不等式同时控制所有项，将它们加在一起，推导出 $\sup_{t\in T}|X_t-X_{t_0}|$ 的界，其概率至少为 $1-2\sum_k \exp(-z_k^2)$. 最后，选择 z_k 的值，使其得到一个好的界，例如，可取 $z_k=u+\sqrt{k-\kappa}$.

8.1.8 练习(Dudley 积分与求和的等价性)☕☕　在定理 8.1.3 的证明中，我们用一个积分控制了 Dudley 的和. 证明反向界

$$\int_0^\infty \sqrt{\log \mathcal{N}(T,d,\varepsilon)}\,\mathrm{d}\varepsilon \leqslant C\sum_{k\in\mathbb{Z}} 2^{-k}\sqrt{\log \mathcal{N}(T,d,2^{-k})}$$

注和例题

8.1.9 注(Dudley 积分的极限)　尽管 Dudley 积分严格地为[0, ∞)上的积分，但我们可以很清楚地使上界等于 T 在度量 d 下的直径，因此

$$\mathbb{E}\sup_{t\in T} X_t \leqslant CK\int_0^{\mathrm{diam}(T)} \sqrt{\log \mathcal{N}(T,d,\varepsilon)}\,\mathrm{d}\varepsilon \tag{8.13}$$

事实上，如果 $\varepsilon\geqslant \mathrm{diam}(T)$，则一个单点($T$ 中任意一点)就是 T 的一个 ε-网，即证明了对于该 ε，有 $\log \mathcal{N}(T, d, \varepsilon)=0$.

让我们将 Dudley 不等式应用于典范高斯过程，就像在 7.4 节中处理 Sudakov 不等式一样. 我们可以立即得到以下界：

8.1.10 定理(Dudley 不等式对于 $\mathbb{R}^n$ 中的集合)　对于任意集合 $T\subset R^n$，我们有

$$w(T) \leqslant C\int_0^\infty \sqrt{\log \mathcal{N}(T,\varepsilon)}\,\mathrm{d}\varepsilon$$

8.1.11 例　我们来检验单位欧几里得球 $T=B_2^n$ 上的 Dudley 不等式. 回想一下，由(4.10)

$$N(B_2^n,\varepsilon) \leqslant \left(\frac{3}{\varepsilon}\right)^n, \quad 对\ \varepsilon\in(0,1]$$

181　且对于 $\varepsilon>1$，有 $N(B_2^n, \varepsilon)=1$. 最后 Dudley 不等式得到一个收敛积分

$$w(B_2^n) \leqslant C\int_0^1 \sqrt{n\log\frac{3}{\varepsilon}}\,\mathrm{d}\varepsilon \leqslant C_1\sqrt{n}$$

这是最优的：事实上，从(7.16)我们可知，B_2^n 的高斯宽度与 $\sqrt{n}$ 相差一个常数因子.

8.1.12 练习(Dudley 不等式的离散形式)☕☕☕　用 e_1, …, e_n 表示 $\mathbb{R}^n$ 的典范基向量. 考虑集合

$$T:=\left\{\frac{e_k}{\sqrt{1+\log k}}, \quad k=1,\cdots,n\right\}$$

(a) 证明

$$w(T)\leqslant C$$

C 通常表示绝对常数.

(b) 证明：当 $n\to\infty$ 时，有

$$\int_0^\infty \sqrt{\log \mathcal{N}(T,d,\varepsilon)}\,\mathrm{d}\varepsilon \to \infty$$

* 双侧 Sudakov 不等式

此小节是选修内容，后续章节内容与本节无关.

正如我们在练习 8.1.12 中所看到的，总体而言，Sudakov 和 Dudley 不等式存在间隙，幸运的是，这个间隙只是对数级的. 让我们把定义叙述得更精确一些，并证明在只相差一个因子 $\log n$ 范围内，$\mathbb{R}^n$ 上的 Sudakov 不等式(推论 7.4.3)达到最优.

8.1.13 **定理**(双侧 Sudakov 不等式) 设 $T\subset\mathbb{R}^n$，令

$$s(T):=\sup_{\varepsilon\geqslant 0}\varepsilon\sqrt{\log\mathcal{N}(T,\varepsilon)}$$

则有

$$cs(T)\leqslant w(T)\leqslant C\log(n)s(T)$$

证明 下界是 Sudakov 不等式的一种形式(推论 7.4.3). 为了证明上界，主要思想是链过程以指数形式快速收敛，并且经过 $O(\log n)$步足以从 t_0 到达 t 的任意非常接近的地方.

如(8.13)所述，在链和(8.9)中的最粗糙尺度可选择作为 T 的直径，也就是说，我们可以让链从 κ 使得

$$2^{-\kappa}<\operatorname{diam}(T)$$

成立的最小整数 κ 开始，这和我们以前做的没有区别，唯一不同之处在于最好尺度. 我们在 K 处停止链而不是一直往下走，K 是使下式取到的最大整数

182

$$2^{-K}\geqslant\frac{w(T)}{4\sqrt{n}}$$

(你很快就会明白为什么我们会做出这样的选择.)

那么(8.8)中的最后一项可能不像以前那样为零，与式(8.9)不同，我们需要的是以下界

$$w(T)\leqslant\sum_{k=\kappa+1}^{K}\mathbb{E}\sup_{t\in T}(X_{\pi_k(t)}-X_{\pi_{k-1}(t)})+\mathbb{E}\sup_{t\in T}(X_t-X_{\pi_K(t)})\qquad(8.14)$$

为了控制最后一项，回忆一下，$X_t=\langle g,t\rangle$是典范过程，所以

$$\begin{aligned}\mathbb{E}\sup_{t\in T}(X_t-X_{\pi_K(t)})&=\mathbb{E}\sup_{t\in T}\langle g,t-\pi_K(t)\rangle\\&\leqslant 2^{-K}\mathbb{E}\|g\|_2\quad(\text{由于}\|t-\pi_K(t)\|_2\leqslant 2^{-K})\\&\leqslant 2^{-K}\sqrt{n}\\&\leqslant\frac{w(T)}{2\sqrt{n}}\sqrt{n}\quad(\text{由 }K\text{ 的定义})\\&\leqslant\frac{1}{2}w(T)\end{aligned}$$

将其代入(8.14)中，且两边同时减去$\frac{1}{2}w(T)$，我们得到

$$w(T)\leqslant 2\sum_{k=\kappa+1}^{K}\mathbb{E}\sup_{t\in T}(X_{\pi_k(t)}-X_{\pi_{k-1}(t)})\qquad(8.15)$$

因此，我们从(8.14)中消掉了最后一项，剩下的每一项都可由前面结果得到界. 这个和中的项数为

$$
\begin{aligned}
K-\kappa &\leqslant \log_2 \frac{\operatorname{diam}(T)}{\dfrac{w(T)}{4\sqrt{n}}} \quad (\text{由 } K \text{ 和 } \kappa \text{ 的定义}) \\
&\leqslant \log_2(4\sqrt{n}\sqrt{2\pi}) \quad (\text{由命题 7.5.2 的性质(vi)}) \\
&\leqslant C\log n
\end{aligned}
$$

我们可以用(8.15)中的最大值乘以系数 $C\log n$ 来替换这个和. 与证明定理 8.1.4 一样，我们就完成了定理的证明. ■

8.1.14 练习(Dudley 积分的极限)☕☕☕　证明 Dudley 不等式(定理 8.1.10)的如下改进形式：对任意的集合 $T\subset\mathbb{R}^n$，有

$$
w(T)\leqslant C\int_a^b \sqrt{\log \mathcal{N}(T,\varepsilon)}\,\mathrm{d}\varepsilon, \quad \text{其中 } a=\frac{cw(T)}{\sqrt{n}}, \quad b=\operatorname{diam}(T)
$$

8.2 应用：经验过程

我们现在给出 Dudley 不等式在经验过程中的应用，经验过程是以函数为指数的某些随机过程. 经验过程理论是概率论的一个较大分支，本书我们只涉及比较浅显的部分. 先让我们看一个鼓舞人心的例子.

183

蒙特卡罗法

假设我们要计算函数 $f:\Omega\to\mathbb{R}$ 关于某个概率测度 μ 在区域 $\Omega\subset\mathbb{R}^d$ 上的积分，即

$$
\int_\Omega f\,\mathrm{d}\mu
$$

见图 8.3a 所示. 例如，我们可能对计算函数 $f:[0,1]\to\mathbb{R}$ 的积分 $\int_0^1 f(x)\,\mathrm{d}x$ 感兴趣.

我们将使用概率方法来估计这个积分. 考虑随机点 X，它按照分布 μ 在 Ω 中取值，即

$$
\mathbb{P}\{X\in A\}=\mu(A), \quad \text{对任意可测集 } A\subset\Omega
$$

(例如，为了计算 $\int_0^1 f(x)\,\mathrm{d}x$，我们取 $X\sim\mathrm{Unif}[0,1]$)，然后我们可以将积分解释为期望：

$$
\int_\Omega f\,\mathrm{d}\mu=\mathbb{E}f(X)
$$

设 X_1，X_2，…是 X 的独立同分布的副本，由大数定律(定理 1.3.1)知，当 $n\to\infty$ 时，有

$$
\frac{1}{n}\sum_1^n f(X_i)\xrightarrow{\text{几乎处处}}\mathbb{E}f(X) \tag{8.16}
$$

这意味着我们可以用下列和来近似积分：

$$
\int_\Omega f\,\mathrm{d}\mu\approx\frac{1}{n}\sum_1^n f(X_i) \tag{8.17}
$$

其中点 X_i 是从区域 Ω 中随机抽取的，见图 8.3b 所示. 这种数值计算积分的方法称为蒙特卡罗方法.

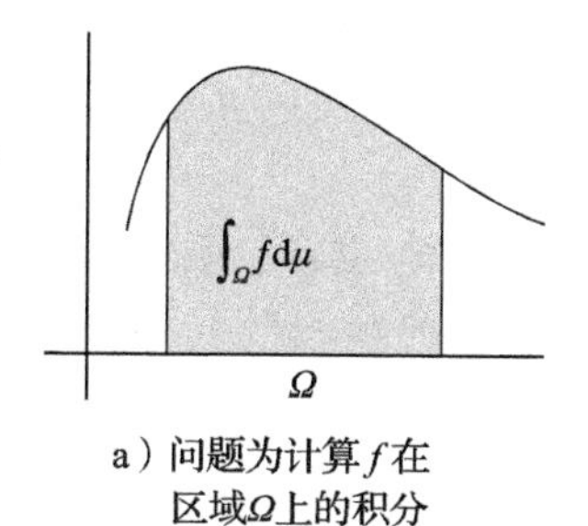

a）问题为计算f在区域Ω上的积分

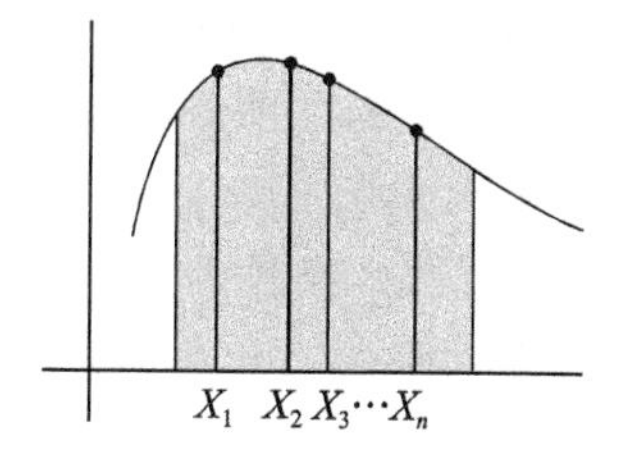

b）积分被带有随机样本点X_i的和$n^{-1}\sum_{i=1}^{n} f(X_i)$近似

图 8.3 随机数值积分的蒙特卡罗方法

184

8.2.1 注（错差率） 注意到(8.17)中的平均误差是$O\left(\frac{1}{\sqrt{n}}\right)$. 事实上，正如我们在(1.5)式中所看到的，大数定律的收敛速度是

$$\mathbb{E}\left|\frac{1}{n}\sum_{1}^{n} f(X_i)-\mathbb{E}f(X)\right| \leqslant \left(\operatorname{Var}\left(\frac{1}{n}\sum_{i=1}^{n} f(X_i)\right)\right)^{\frac{1}{2}}=O\left(\frac{1}{\sqrt{n}}\right) \tag{8.18}$$

8.2.2 注 请注意，计算积分$\int_\Omega f\mathrm{d}\mu$，我们甚至不需要知道测度$\mu$，只需按照$\mu$抽取随机样本$X_i$就行了. 同样，我们甚至不需要知道区域中的所有点，只需几个随机点就足够了.

一致大数定律

我们可以用相同的样本X_1，…，X_n计算任意函数$f：\Omega \to \mathbb{R}$的积分吗？当然不能. 对于给定的样本，我们可以选择一个在样本点之间以错误方式振荡的函数，那么近似(8.17)将是失败的.

如果我们只考虑那些不剧烈振荡的函数f——例如，利普希茨函数，会有帮助吗？答案是肯定的. 我们的下一个定理指出蒙特卡罗方法(8.17)在整个利普希茨函数类.

$$\mathcal{F}:=\{f:[0,1]\to\mathbb{R}, \|f\|_{\mathrm{Lip}} \leqslant L\} \tag{8.19}$$

中都很好地起作用，其中L是任意固定数字.

8.2.3 定理（一致大数定律） 设X，X_1，X_2，…，X_n是在$[0,1]$中取值的独立同分布的随机变量，则有

$$\mathbb{E}\sup_{f\in\mathcal{F}}\left|\frac{1}{n}\sum_{i=1}^{n} f(X_i)-\mathbb{E}f(X)\right| \leqslant \frac{CL}{\sqrt{n}} \tag{8.20}$$

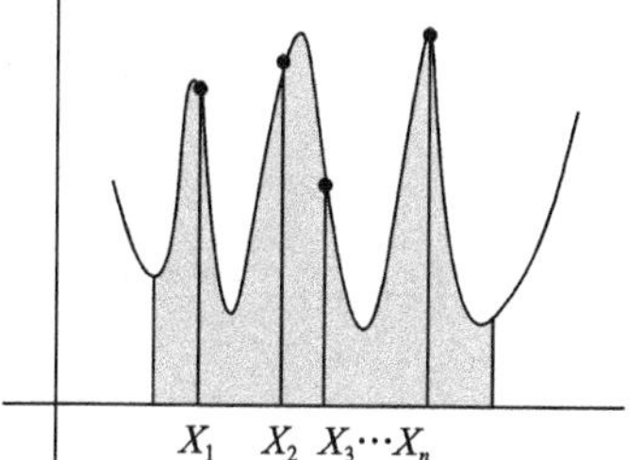

图 8.4 不能使用相同的样本X_1，…，X_n近似任何函数f的积分

8.2.4 注 在证明这个结果之前，让我们先停下来强调它的关键点：在$f\in\mathcal{F}$上的上确界出现在期望值内. 由马尔可夫不等式，这意味着随机样本X_1，…，X_n很大概率是“好的”，这里“好的”是指通过使用这个样本，我们可以近似任何函数$f\in\mathcal{F}$的积分，其误差以相同的量$\frac{CL}{\sqrt{n}}$为界，这与经典的大数定律(8.18)保证的单个函数f

185 的收敛速度是一样的. 所以我们使大数定律在函数类 $\mathcal{F}$ 上一致基本上没有付出任何代价.

为了准备定理 8.2.3 的证明，将(8.20)的左侧视为函数 $f\in\mathcal{F}$ 表示的随机过程的级数，这种随机过程称为经验过程.

8.2.5 定义 设 $\mathcal{F}$ 是一类实值函数 $f:\Omega\to\mathbb{R}$，其中(Ω, Σ, μ)是概率空间，X 是由其分布 μ 确定的 Ω 中一个随机点，设 X_1，X_2，…，X_n 是 X 的独立副本. 随机过程$(X_f)_{f\in\mathcal{F}}$按如下定义

$$X_f := \frac{1}{n}\sum_{i=1}^{n} f(X_i) - \mathbb{E}f(X) \tag{8.21}$$

称其为 $\mathcal{F}$ 上的**经验过程**.

定理 8.2.3 的证明 不失一般性，只需证明定理在下列函数类上成立即可：

$$\mathcal{F} := \{f:[0,1]\to[0,1], \|f\|_{\mathrm{Lip}}\leqslant 1\} \tag{8.22}$$

(为什么?). 我们将确定(8.21)中定义的经验过程$(X_f)_{f\in\mathcal{F}}$的界：

$$\mathbb{E}\sup_{f\in\mathcal{F}}|X_f|$$

第 1 步：验证次高斯增量. 有了它我们就可以使用 Dudley 不等式定理 8.1.3 了. 为了应用定理 8.1.3，我们只需验证经验过程是否会有次高斯增量. 所以，固定一对函数 f，$g\in\mathcal{F}$，并考虑

$$\|X_f - X_g\|_{\psi_2} = \frac{1}{n}\left\|\sum_{i=1}^{n} Z_i\right\|_{\psi_2}, \quad 其中\ Z_i := (f-g)(X_i) - \mathbb{E}(f-g)(X)$$

随机变量 Z_i 是独立的，且有零均值，因此，根据命题 2.6.1，我们有

$$\|X_f - X_g\|_{\psi_2} \lesssim \frac{1}{n}\Big(\sum_{i=1}^{n}\|Z_i\|_{\psi_2}^2\Big)^{\frac{1}{2}}$$

现使用中心定理(引理 2.6.8)，我们有

$$\|Z_i\|_{\psi_2} \lesssim \|(f-g)(X_i)\|_{\psi_2} \lesssim \|f-g\|_\infty$$

从而有

$$\|X_f - X_g\|_{\psi_2} \lesssim \frac{1}{n}n^{\frac{1}{2}}\|f-g\|_\infty = \frac{1}{\sqrt{n}}\|f-g\|_\infty$$

第 2 步：应用 Dudley 不等式. 我们发现经验过程$(X_f)_{f\in\mathcal{F}}$关于 L^∞ 范数具有次高斯增量，因此我们可以应用 Dudley 不等式. 注意到(8.22)意味着在 L^∞ 范数下 $\mathcal{F}$ 的直径以 1 为

186 界，因此

$$\mathbb{E}\sup_{f\in\mathcal{F}}|X_f| = \mathbb{E}\sup_{f\in\mathcal{F}}|X_f - X_0| \lesssim \frac{1}{\sqrt{n}}\int_0^1\sqrt{\log\mathcal{N}(\mathcal{F},\|\cdot\|_\infty,\varepsilon)}\,\mathrm{d}\varepsilon$$

(这里我们使用了零函数属于 $\mathcal{F}$ 的事实，也使用了注 8.1.5 中的 Dudley 不等式版本，也见(8.1.3).)

由于所有 $f\in\mathcal{F}$都是满足$\|f\|_{\mathrm{Lip}}\leqslant 1$ 的利普希茨函数，因此不难将 $\mathcal{F}$ 的覆盖数控制如下：

$$\mathcal{N}(\mathcal{F},\|\cdot\|_\infty,\varepsilon) \leqslant \left(\frac{C}{\varepsilon}\right)^{\frac{C}{\varepsilon}}$$

我们将在下面的练习 8.2.6 中证明这一点. 这个界使得 Dudley 积分收敛，并且有

$$\mathbb{E}\sup_{f\in\mathcal{F}}|X_f| \lesssim \frac{1}{\sqrt{n}}\int_0^1\sqrt{\frac{C}{\varepsilon}\log\frac{C}{\varepsilon}}\mathrm{d}\varepsilon \lesssim \frac{1}{\sqrt{n}}$$

定理 8.2.3 证毕. ■

8.2.6 **练习**(利普希茨函数类的度量熵)☕☕☕ 考虑函数类

$$\mathcal{F}:=\{f:[0,1]\to[0,1],\|f\|_{\mathrm{Lip}}\leqslant 1\}$$

证明

$$\mathcal{N}(\mathcal{F},\|\cdot\|_\infty,\varepsilon)\leqslant\left(\frac{2}{\varepsilon}\right)^{\frac{2}{\varepsilon}},\quad 对于任意\ \varepsilon>0$$ ☞

8.2.7 **练习**(度量熵的改进界)☕☕☕ 将练习 8.2.6 的界改进为

$$\mathcal{N}(\mathcal{F},\|\cdot\|_\infty,\varepsilon)\leqslant \mathrm{e}^{\frac{C}{\varepsilon}},\quad 对于任意\ \varepsilon>0$$ ☞

8.2.8 **练习**(更高维度) 考虑函数类

$$\mathcal{F}:\{f:[0,1]^d\to\mathbb{R},f(0)=0,\|f\|_{\mathrm{Lip}}\leqslant 1\}$$

187

对于某个维数 $d\geqslant 1$,证明

$$\mathcal{N}(\mathcal{F},\|\cdot\|_\infty\varepsilon)\leqslant \mathrm{e}^{\varepsilon^{\frac{C}{d}}},\quad 对于任意\ \varepsilon>0$$

经验测度

让我们再看一看关于经验过程的定义 8.2.5. 考虑均匀分布在样本 $X_1,\cdots,X_N$ 的概率测度 μ_n,也就是说,

$$\mu_n(\{X_i\})=\frac{1}{n},\quad 对每个\ i=1,\cdots,n \tag{8.23}$$

注意,μ_n 是随机测度,被称为经验测度.

f 关于原始测度 μ 的积分为 $\mathbb{E}f(X)$(f 的"总"均值),f 关于经验测度的积分为 $\frac{1}{n}\sum_{i=1}^n f(X_i)$($f$ 的"样本",或经验均值). 在有关经验过程的文献中,f 的总期望用 μf 表示,经验期望用 $\mu_n f$ 表示:

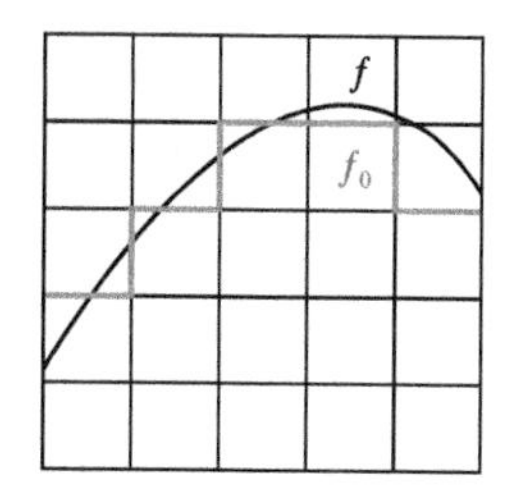

图 8.5 在练习 8.2.6 中利普希茨函数类的度量熵的界. 利普希茨函数 f 被网格上的函数 f_0 近似

$$\mu f=\int f\mathrm{d}\mu=\mathbb{E}f(X),\quad \mu_n f=\int f\mathrm{d}\mu_n=\frac{1}{n}\sum_{i=1}^n f(X_i)$$

因此,(8.21)中的经验过程 X_f 测量了样本期望与经验期望的偏差:

$$X_f=\mu f-\mu_n f$$

一致大数定律(8.20)给出了(8.19)中定义的利普希茨函数类 $\mathcal{F}$ 上的偏差

$$\mathbb{E}\sup_{f\in\mathcal{F}}|\mu_n f-\mu f| \tag{8.24}$$

的一致界.

量(8.24)可以被认为是测度 μ_n 和 μ 之间的距离,称为 Wasserstein 距离 $W_1(\mu,\mu_n)$. Wasserstein 距离与测度 μ 到测度 μ_n 的传递成本等价,其中移动质量(概率)$p>0$ 的成本与 p 和移动距离成正比,传递成本与(8.24)之间的等价性由 Kantorovich-Rubinstein 对偶定理得出.

8.3 VC维数

在这一节，我们介绍了在统计学习理论中有重要作用的VC维数的概念. 我们建立了VC维数与覆盖数的联系，然后通过Dudley不等式将VC维数与随机过程和一致大数定律联系起来. 统计学习理论的应用将在下一节给出.

定义与例题

Vapnik-Chervonenkis(VC)维数是布尔函数类的复杂度的一个测度. 我们所说的布尔函数是指由定义在公共定义域Ω上的函数$f: \Omega \to \{0, 1\}$构成的函数集$\mathcal{F}$.

188

8.3.1 定义(VC维数) *考虑在某个定义域Ω上的布尔函数类$\mathcal{F}$. 对于Ω的子集$\Lambda \subseteq \Omega$，如果任意一个函数$g: \Lambda \to \{0, 1\}$都可以通过把$\mathcal{F}$中的某个函数f限制到Λ得到，我们就称Ω的子集Λ被$\mathcal{F}$* **散离**了. $\mathcal{F}$的**VC维数**记为$\mathrm{vc}(\mathcal{F})$，*是能被$\mathcal{F}$散离的子集$\Lambda \subseteq \Omega$的最大势*[⊖].

VC维数的定义也许需要一些时间去完全理解. 我们给出一些例子来说明这个概念.

8.3.2 例(闭区间) 设$\mathcal{F}$为实数域$\mathbb{R}$中所有闭区间的示性函数类，即

$$\mathcal{F}: \{\mathbf{1}_{[a,b]}: a, b \in \mathbb{R}, a \leqslant b\}$$

我们说存在一个两点集$\Lambda \subset \mathbb{R}$被$\mathcal{F}$散离，因此

$$\mathrm{vc}(\mathcal{F}) \geqslant 2$$

比如，取$\Lambda := \{3, 5\}$，不难看出四个可能的函数$g: \Lambda \to \{0, 1\}$中的每一个都是某个示性函数$f = \mathbf{1}_{[a,b]}$在Λ上的限制. 例如，函数g：$g(3)=1$，$g(5)=0$是$f = \mathbf{1}_{[2,4]}$在Λ上的限制，因为$f(3)=g(3)=1$，$f(5)=g(5)=0$. 其他三个可能的函数g可以类似处理，图示见图8.6. 因此$\Lambda = \{3, 5\}$事实上被$\mathcal{F}$散离了.

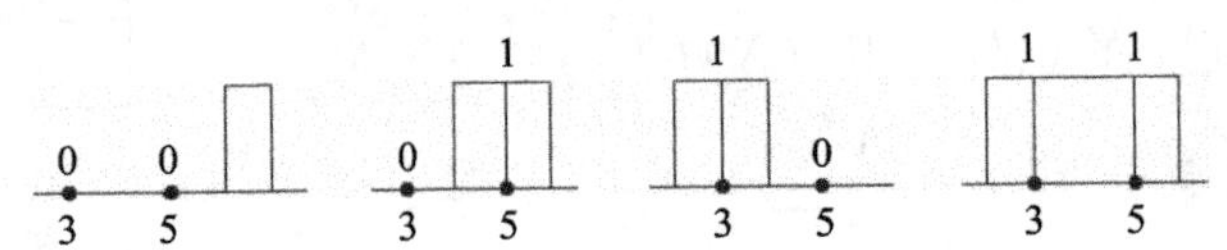

图8.6 函数$g(3)=g(5)=0$是函数$\mathbf{1}_{[6,7]}$在$\Lambda=\{3, 5\}$上的限制(最左边)
函数$g(3)=0$，$g(5)=1$是$\mathbf{1}_{[4,6]}$在Λ上的限制(中间左边)
函数$g(3)=1$，$g(5)=0$是$\mathbf{1}_{[2,4]}$在Λ上的限制(中间右边)
函数$g(3)=g(5)=1$是$\mathbf{1}_{[2,6]}$在Λ上的限制(最右边)

下面，我们说明没有一个三点集$\Lambda = \{p, q, r\}$可以被$\mathcal{F}$散离，因此

$$\mathrm{vc}(\mathcal{F}) = 2$$

为了说明这一点，假定$p < q < r$，并且定义函数$g: \Lambda \to \{0, 1\}$为$g(p)=1$，$g(q)=0$，$g(r)=1$. 那么g不可能为任何一个示性函数$\mathbf{1}_{[a,b]}$在Λ上的限制，否则$[a, b]$会包含p和r两个点，但不包含p和r之间的点q，这是不可能的.

8.3.3 例(半平面) 定义$\mathcal{F}$为$\mathbb{R}^2$空间中所有闭的半平面上的示性函数类. 我们断言：存在被$\mathcal{F}$散离的三点集Λ，因此

$$\mathrm{vc}(\mathcal{F}) \geqslant 3$$

⊖ 注：如果最大势不存在，我们设$\mathrm{vc}(\mathcal{F}) = \infty$.

为了说明这点，设 Λ 为一般位置上的三点集，如图 8.7 所示. 那么 $2^3=8$ 个函数 $g:\Lambda\to\{0,1\}$中的每一个都是某个半平面上的示性函数的限制. 为了说明这点，排列半平面使它恰好包含 Λ 中 g 取值为 1 的点，这总是可以做到的——见图 8.7.

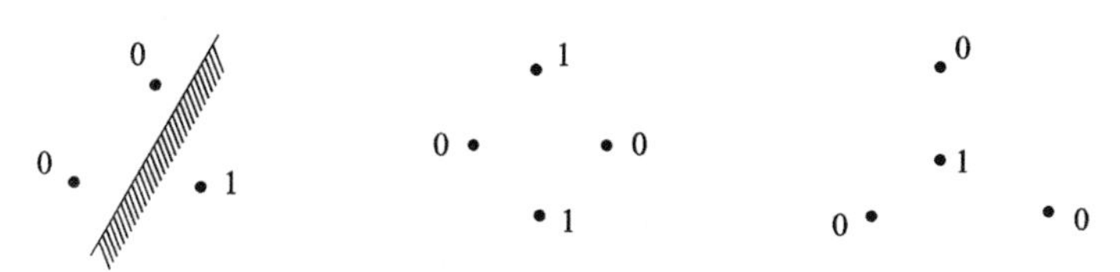

图 8.7 左图，一个三点集 Λ 和函数 $g:\Lambda\to\{0,1\}$，函数 g 是阴影部分半平面的示性函数的一个限制. 中图和右图，两种普通位置的四点集 Λ 及函数 $g:\Lambda\to\{0,1\}$. 在每种情形中，没有一个半平面可以恰好包含 Λ 中 g 取值为 1 的点. 因此，函数 g 不是任何半平面的示性函数的限制

189

接下来，我们断言没有一个四点集可以被 $\mathcal{F}$ 散离，因此

$$\mathrm{vc}(\mathcal{F})=3$$

一般位置的四点集有两种可能的排列，如图 8.7 所示.(如果 Λ 不在一般位置会怎么样呢？分析这种情形.)在这两种情况的每一种中，都存在 0/1 的点标记，这样就没有一个半平面可以包含标记为 1 的点，见图 8.7，这意味着在每种情形下都存在一个函数 $g:\Lambda\to\{0,1\}$，它不是任何函数 $f\in\mathcal{F}$ 在 Λ 上的限制，因此，四点集 Λ 不能被 $\mathcal{F}$ 散离，我们的断言正确.

8.3.4 例 令 $\Omega=\{1,2,3\}$，我们可以方便地将 Ω 上的布尔函数表示为长度为 3 的二进制字符串. 考虑以下的类

$$\mathcal{F}:=\{001,010,100,111\}$$

集合 $\Lambda=\{1,3\}$被 $\mathcal{F}$ 散离. 实际上，将 $\mathcal{F}$ 中的函数限制在 Λ 上，等于去掉第二个数字，从而产生字符串 00，01，10，11. 因此，这个限制产生了所有可能的长度为 2 的二进制字符串，或者等价地，所有可能的函数 $g:\Lambda\to\{0,1\}$. 因此，Λ 被 $\mathcal{F}$ 散离，故 $\mathrm{vc}(\mathcal{F})\geqslant|\Lambda|=2$. 但是(唯一的)三点集$\{1,2,3\}$没有被 $\mathcal{F}$ 散离，因为这需要所有长度为 3 的 8 个二进制数字都出现在 $\mathcal{F}$ 中，而事实并非如此.

8.3.5 练习(闭区间的并)☕☕ 设 $\mathcal{F}$ 为 $\mathbb{R}$ 中形如$[a,b]\cup[c,d]$的集合的示性函数类. 证明

$$\mathrm{vc}(\mathcal{F})=4$$

8.3.6 练习(圆)☕☕☕ 设 $\mathcal{F}$ 为 $\mathbb{R}^2$ 中所有圆的示性函数类. 证明

$$\mathrm{vc}(\mathcal{F})=3$$

8.3.7 练习(矩形)☕☕☕ 设 $\mathcal{F}$ 为所有封闭的轴对齐的矩形的示性函数类，即 $\mathbb{R}^2$ 中的乘积集$[a,b]\times[c,d]$的示性函数类. 证明

$$\mathrm{vc}(\mathcal{F})=4$$

190

8.3.8 练习(正方形)☕☕☕ 设 $\mathcal{F}$ 为所有封闭的轴对齐的正方形的示性函数类，即 $\mathbb{R}^2$ 中的乘积集$[a,b]\times[a,b]$的示性函数类. 证明

$$\mathrm{vc}(\mathcal{F})=3$$

8.3.9 练习(多方形)☕☕☕ 设 $\mathcal{F}$ 是 $\mathbb{R}^2$ 中所有凸多边形的示性函数类，对顶点数没有

任何限制. 证明

$$\mathrm{vc}(\mathcal{F})=8$$

8.3.10 注(集合类的 VC 维数)　我们可以不讨论函数的 VC 维数，而是讨论集合类的 VC 维数. 这是由于两者之间的自然对应关系：Ω 上的一个布尔函数 f 决定了子集$\{x\in\Omega: f(x)=1\}$，反之亦然，一个子集$\Omega_0\subset\Omega$ 确定一个布尔函数 $f=\mathbf{1}_{\Omega_0}$. 在这种语言中，$\mathbb{R}$ 中闭区间集合的 VC 维数等于 2，$\mathbb{R}^2$ 中半平面集合的 VC 维数等于 3，以此类推.

8.3.11 练习☕　给出 Ω 上的一类子集的 VC 维数的定义，使之不提及任何函数.

8.3.12 注(更多例子)　可以看出，平面上所有矩形类的 VC 维数(不一定是轴对齐)等于 7. 对于平面上具有 k 个顶点的所有多边形类，VC 维数为 $2k+1$. $\mathbb{R}^n$ 中的半空间类，VC 维数为 $n+1$.

Pajor 引理

考虑有限集 Ω 上的布尔函数类 $\mathcal{F}$. 我们将研究集合 $\mathcal{F}$ 的势$|\mathcal{F}|$和 $\mathcal{F}$ 的 VC 维数之间的显著关系. 简单来说，我们可以称$|\mathcal{F}|$是 $\mathrm{vc}(\mathcal{F})$的指数级别. 下界是平凡的：

$$|\mathcal{F}|\geqslant 2^{\mathrm{vc}(\mathcal{F})}$$

(自己验证!). 我们现在转到上界，它们不那么平凡. 以下引理表明，Ω 的散离子集的数量和 $\mathcal{F}$ 中的函数个数一样多.

8.3.13 引理(Pajor 引理)　*令 $\mathcal{F}$ 为有限集合 Ω 上的布尔函数类，则*

$$|\mathcal{F}|\leqslant|\{\Lambda\subseteq\Omega:\Lambda \text{ 被 } \mathcal{F} \text{ 散离}\}|$$

计数上式右边时，包含了空集 $\Lambda=\varnothing$.

在证明 Pajor 引理之前，让我们利用例 8.3.4 对引理作一个简单的分析. 在该例子中，$|\mathcal{F}|=4$，并且有六个被 $\mathcal{F}$ 散离的子集 Λ，即$\{1\}$，$\{2\}$，$\{3\}$，$\{1, 2\}$，$\{1, 3\}$，$\{2, 3\}$(自己验证!). 因此，在这种情况下，Pajor 引理中的不等式为 $4\leqslant 6$.

191

引理 8.3.13 的证明　我们通过对 Ω 的势进行归纳证明. 当$|\Omega|=1$ 时，结论是平凡的，因为我们在计数中包含了空集. 现在假设引理对任何势为 n 的集合 Ω 成立，我们下面证明$|\Omega|=n+1$ 时结论也成立.

从集合 Ω 中删除一个(任意)点，我们可以表达为

$$\Omega=\Omega_0\cup\{x_0\},\quad \text{其中}|\Omega_0|=n$$

类 $\mathcal{F}$ 自然地分成两个子类

$$\mathcal{F}_0:=\{f\in\mathcal{F}: f(x_0)=0\},\quad \mathcal{F}_1:=\{f\in\mathcal{F}: f(x_0)=1\}$$

由归纳假设，计数函数

$$S(\mathcal{F})=|\{\Lambda\subseteq\Omega:\Lambda \text{ 被 } \mathcal{F} \text{ 散离}\}|$$

满足[⊖]

$$S(\mathcal{F}_0)\geqslant|\mathcal{F}_0|,\quad S(\mathcal{F}_1)\geqslant|\mathcal{F}_1| \tag{8.25}$$

为了完成证明，我们需要验证

$$S(\mathcal{F})\geqslant S(\mathcal{F}_0)+S(\mathcal{F}_1) \tag{8.26}$$

⊖　在这里，为了正确地使用归纳假设，将 $\mathcal{F}_0$ 和 $\mathcal{F}_1$ 中的函数限制在 n 点集Ω_0 上.

然后由(8.25)将得到 $S(\mathcal{F})\geqslant|\mathcal{F}_0|+|\mathcal{F}_1|=|\mathcal{F}|$，引理得证.

不等式(8.26)看起来像是平凡的，任何被 $\mathcal{F}_0$ 或 $\mathcal{F}_1$ 散离的集合 Λ 都会自动被更大的 $\mathcal{F}$ 类散离. 因此由$S(\mathcal{F}_0)$或$S(\mathcal{F}_1)$计数的每个集合 Λ 会被 $S(\mathcal{F})$自动计数. 然而，问题在于重复计算. 假设同一集合 Λ 被 $\mathcal{F}_0$ 和 $\mathcal{F}_1$ 散离，计数函数 $S(\mathcal{F})$不会计数 Λ 两次. 但是，$S(\mathcal{F})$会计算不同的集合，而这种集合不计入$S(\mathcal{F}_0)$或$S(\mathcal{F}_1)$，即 $\Lambda\cup\{x_0\}$. 稍微想一下就可看出，这个集合实际上被散离了(自己验证!)，这就证明了不等式(8.26)，并完成了 Pajor 引理的证明. ■

通过一个具体的例子说明 Pajor 引理证明的关键点可能会有所帮助.

8.3.14 练习 让我们再回到例 8.3.4. 跟随 Pajor 引理的证明，我们从 $\Omega=\{1,2,3\}$中去掉 $x_0=3$，使得$\Omega_0=\{1,2\}$，那么，类 $\mathcal{F}=\{001,010,100,111\}$分成两个子类：

$$\mathcal{F}_0=\{010,100\},\quad \mathcal{F}_1=\{001,111\}$$

恰有两个被 $\mathcal{F}_0$ 散离的子集 Λ，即$\{1\}$和$\{2\}$，并且同样的子集被 $\mathcal{F}_1$ 散离，从而$S(\mathcal{F}_0)=S(\mathcal{F}_1)=2$. 自然，同样的两个子集也被 $\mathcal{F}$ 散离，但是为了关键不等式(8.26)，我们还需要另外两个被散离的子集使 $S(\mathcal{F})\geqslant 4$ 成立. 以下是我们构造它们的方法：将 $x_0=3$ 添加到已计数的子集 Λ 中，这使得集合$\{1,3\}$和$\{2,3\}$也被 $\mathcal{F}$ 散离，我们还没有计算它们. 现在至少有四个被 $\mathcal{F}$ 散离的子集，使得 Pajor 引理证明中的关键不等式(8.26)成立.

192

8.3.15 练习(Pajor 引理的精确性)☕☕ 证明 Pajor 引理 8.3.13 是精确的. ☞

Sauer-Shelah 引理

我们现在按照 VC 维数推导出函数类的势的一个著名上界.

8.3.16 定理(Sauer-Shelah 引理) *设 $\mathcal{F}$ 是 n 点集 Ω 上的一个布尔函数类. 则有*

$$|\mathcal{F}|\leqslant\sum_{k=0}^{d}\binom{n}{k}\leqslant\left(\frac{en}{d}\right)^d$$

其中 $d=\mathrm{vc}(\mathcal{F})$.

证明 Pajor 引理指出$|\mathcal{F}|$受被 $\mathcal{F}$ 散离的子集 $\Lambda\subseteq\Omega$ 的数量控制. 根据 VC 维数的定义，每个集合 Λ 的势由 $d=\mathrm{vc}(\mathcal{F})$控制，因此

$$|\mathcal{F}|\leqslant|\{\Lambda\subseteq\Omega:|\Lambda|\leqslant d\}|=\sum_{k=0}^{d}\binom{n}{k}$$

因为右侧的和给出了势最多为 k 的 n 元素集的子集的总数，这证明了 Sauer-Shelah 引理的第一个不等式. 第二个不等式由练习 0.0.5 中证明的二项式和的界得到. ■

8.3.17 练习(Sauer-Shelah 引理的精确性)☕☕ 证明 Sauer-Shelah 引理对于所有 n 和 d 都是精确的. ☞

覆盖数与 VC 维数

Sauer-Shelah 引理是精确的，但它只能用于有限函数类 $\mathcal{F}$. 那么无限函数类 $\mathcal{F}$ 呢？例如，例 8.3.3 中的半平面的示性函数. 事实证明，我们总是可以用 VC 维数来控制 $\mathcal{F}$ 的覆盖数.

设 $\mathcal{F}$ 如前所述是集合 Ω 上的布尔函数类，并且设 μ 为 Ω 上的任意概率测度，那么 $\mathcal{F}$ 可以被看作是 $L^2(\mu)$范数下的度量空间，其中 $\mathcal{F}$ 上的度量为

$$d(f,g)=\|f-g\|_{L^2(\mu)}=\left(\int_\Omega |f-g|^2 \mathrm{d}\mu\right)^{\frac{1}{2}},\quad f,g\in\mathcal{F}$$

193

那么，在$L^2(\mu)$范数下，我们可以讨论类$\mathcal{F}$的覆盖数，并将其表示[㊀]为$\mathcal{N}(\mathcal{F}, L^2(\mu), \varepsilon)$.

8.3.18 定理（覆盖数与VC维数）　*设$\mathcal{F}$是概率空间(Ω, Σ, μ)上的一个布尔函数类. 那么，对于每个$\varepsilon\in(0, 1)$，必有*

$$\mathcal{N}(\mathcal{F},L^2(\mu),\varepsilon)\leqslant\left(\frac{2}{\varepsilon}\right)^{Cd}$$

其中$d=\mathrm{vc}(\mathcal{F})$.

应将此结果与体积界(4.10)进行比较，该体积界也表明覆盖数大小按维数呈指数级增长，它们之间重要的区别是VC维数占据了集合的组合复杂度而不是集合的线性代数复杂度.

为证明定理8.3.18，我们首先假设Ω是有限的，即$|\Omega|=n$，那么由Sauer-Shelah引理（定理8.3.16）得到

$$\mathcal{N}(\mathcal{F},L^2(\mu),\varepsilon)\leqslant|\mathcal{F}|\leqslant\left(\frac{\mathrm{e}n}{d}\right)^d$$

这不是定理8.3.18所表达的，但是很接近. 为了改善界，我们需要消除Ω对元素个数为n的依赖. 我们能否将区域Ω减少为小很多的子集而不损失覆盖数量？事实证明我们可以，这将要利用以下引理.

8.3.19 引理（降维）　*设$\mathcal{F}$是概率空间(Ω, Σ, μ)上的一个N个布尔函数的类. 假设$\mathcal{F}$中的所有函数都是ε-可分的，即*

$$\|f-g\|_{L^2(\mu)}>\varepsilon,\quad \text{对所有可分 } f,g\in\mathcal{F}$$

那么，存在数$n\leqslant C\varepsilon^{-4}\log N$和$n$点子集$\Omega_n\subset\Omega$，使得$\Omega_n$上的均匀概率测度$\mu_n$满足[㊁]

$$\|f-g\|_{L^2(\mu_n)}>\frac{\varepsilon}{2},\quad \text{对所有可分 } f,g\in\mathcal{F}$$

证明　我们的论证将建立在概率论方法上. 我们随机地选择子集Ω_n，并且证明它以正的概率满足定理的结论，这自动蕴含了至少存在Ω_n的一个合理选择.

令$X, X_1, \cdots, X_n$为Ω中分布由μ决定的独立随机点[㊂]. 对于一对可分函数$f, g\in\mathcal{F}$，为方便起见，表示$h:=(f-g)^2$，我们将控制偏差

㊀ 如果你不完全适应测度理论，考虑一个离散的情况可能会有帮助，这是我们在下一节中应用所需要的. 设Ω为N点集，例如$\Omega=\{1, \cdots, N\}$，μ为Ω上的均匀测度，即对每个$i=1, \cdots N$，$\mu(i)=\frac{1}{N}$. 在这种情况下，函数$f:\Omega\to\mathbb{R}$的$L^2(\mu)$范数是$\|f\|_{L^2(\mu)}=\left(\frac{1}{N}\sum_{i=1}^N f(i)^2\right)^{\frac{1}{2}}$. 等价地，可以考虑$f$是$\mathbb{R}^N$中的向量，$L^2(\mu)$范数就是$R^N$上的缩放欧氏范数$\|\cdot\|_2$，即$\|f\|_{L^2(\mu)}=\frac{1}{\sqrt{N}}\|f\|_2$.

㊁ 为了更方便地表达这个结论，令$\Omega_n=\{x_1, \cdots, x_n\}$. 那么$\|f-g\|^2_{L^2(\mu_n)}=\frac{1}{n}\sum_{i=1}^n(f-g)(x_i)^2$.

㊂ 例如，若$\Omega=\{1, \cdots, N\}$，则X是一个随机变量，其可能取值为$1, \cdots, N$，取每个值的概率为$\frac{1}{N}$.

194

$$\|f-g\|_{L^2(\mu_n)}^2-\|f-g\|_{L^2(\mu)}^2=\frac{1}{n}\sum_{i=1}^{n}h(X_i)-\mathbb{E}h(X)$$

右边是独立随机变量的和，我们使用一般的霍夫丁不等式来控制. 为此，首先验证这些随机变量是次高斯的，事实上[㊀]

$$\begin{aligned}\|h(X_i)-\mathbb{E}h(X)\|_{\psi_2}&\lesssim\|h(X)\|_{\psi_2}\quad(\text{由中心化引理 2.6.8})\\&\lesssim\|h(X)\|_{\infty}\quad(\text{由(2.17)})\\&\leqslant 1\quad(\text{由于 }h=f-g,f,g\text{ 为布尔函数})\end{aligned}$$

然后，由一般的霍夫丁不等式(定理 2.6.2)知

$$\mathbb{P}\left\{\left|\|f-g\|_{L^2(\mu_n)}^2-\|f-g\|_{L^2(\mu)}^2\right|>\frac{\varepsilon^2}{4}\right\}\leqslant 2\exp(-cn\varepsilon^4)$$

(自己验证!). 因此，以概率至少为 $1-2\exp(-cn\varepsilon^4)$，我们有

$$\|f-g\|_{L^2(\mu_n)}^2\geqslant\|f-g\|_{L^2(\mu)}^2-\frac{\varepsilon^2}{4}\geqslant\varepsilon^2-\frac{\varepsilon^2}{4}=\frac{3\varepsilon^2}{4}\tag{8.27}$$

其中我们利用了三角不等式和引理的假设.

这是一个很好的界，甚至比我们需要的更强大，但到目前为止我们证明它仅适用于固定的函数对 f，$g\in\mathcal{F}$. 对所有函数对取一致界，它们至多有 N^2 个. 那么，至少以概率

$$1-N^2 2\exp(-cn\varepsilon^4)\tag{8.28}$$

对于所有可分函数对 f，$g\in\mathcal{F}$，下界(8.27)同时成立. 我们通过选择 $n:=\lceil C\varepsilon^{-4}\log N\rceil$ 可以使(8.28)为正数，C 为足够大的常数. 因此，有正的概率使得随机集合Ω_n 满足引理的结论. ■

定理 8.3.18 的证明 让我们选择 $\mathcal{F}$ 中的

$$N\geqslant\mathcal{N}(\mathcal{F},L^2(\mu),\varepsilon)$$

个 ε-可分函数(为了解它们存在的原因，回忆引理 4.2.8 中的覆盖-填充关系). 将引理 8.3.19 应用于这些函数，我们得到一个子集$\Omega_n\subset\Omega$，满足

$$|\Omega_n|=n\leqslant C\varepsilon^{-4}\log N$$

使得这些函数限制在Ω_n 上仍然是 $L^2(\mu_n)$ 中 $\frac{\varepsilon}{2}$-可分的. 我们使用了一个更弱的事实——这些限制是截然不同的. 总结一下，我们有可分Ω_n 上的布尔函数类 $\mathcal{F}_n$，从 $\mathcal{F}$ 的某个函数的限制获得.

对 $\mathcal{F}_n$ 应用 Sauer-Shelah 引理(定理 8.3.16)，从而得到

195

$$N\leqslant\left(\frac{en}{d_n}\right)^{d_n}\leqslant\left(\frac{C\varepsilon^{-4}\log N}{d_n}\right)^{d_n}$$

其中 $d_n=\mathrm{vc}(\mathcal{F}_n)$. 简化这个界[㊁]，我们得到

$$N\leqslant(C\varepsilon^{-4})^{2d_n}$$

为完成证明，请将上面的界 $d_n=\mathrm{vc}(\mathcal{F}_n)$ 替换为更大的数 $d=\mathrm{vc}(\mathcal{F})$. ■

㊀ 不等式“$\lesssim$”隐藏了绝对常数因子.

㊁ 事实上，请注意：$\frac{\log N}{2d_n}=\log(N^{\frac{1}{2d_n}})\leqslant N^{\frac{1}{2d_n}}$.

8.3.20 注(坐标投影的 Johnson-Lindenstrauss 引理)　你可能会发现降维引理 8.3.19 与另一降维结论 Johnson-Lindenstrauss 引理(定理 5.3.1)相似. 这两个结果都表明，N 点集随机投影到维数 $\log N$ 的子空间上，保留了集合的几何形状，不同之处在于随机子空间的分布. 在 Johnson-Lindenstrauss 引理中，它均匀分布在 Grassmannian 中，在引理 8.3.19 中，它是一个坐标子空间.

8.3.21 练习(覆盖数的降维)☕☕　设 $\mathcal{F}$ 为概率空间(Ω, Σ, μ)上绝对值以 1 为界的函数类，$\varepsilon\in(0, 1)$. 证明：存在一个数 $n\leqslant C\varepsilon^{-4}\log \mathcal{N}(\mathcal{F}, L^2(\mu), \varepsilon)$和一个 n 点子集$\Omega_n\subset\Omega$，使得

$$\mathcal{N}(\mathcal{F},L^2(\mu),\varepsilon)\leqslant \mathcal{N}\left(\mathcal{F},L^2(\mu_n),\frac{\varepsilon}{4}\right)$$

其中 μ_n 表示Ω_n 上的均匀概率测度.　☞

8.3.22 练习☕☕　定理 8.3.18 适用于 $\varepsilon\in(0, 1)$. 对于更大的 ε，界为多少?

经验过程与 VC 维数

让我们再回顾一下 8.2 节中首次介绍的经验过程概念. 在那里，我们介绍了如何控制经验过程的具体例子，即利普希茨函数类过程. 在本节中，我们将为任意布尔函数类引入一个通用的界.

8.3.23 定理(经验过程与 VC 维数)　设 $\mathcal{F}$ 是概率空间(Ω, Σ, μ)上的具有有限 VC 维数 $\mathrm{vc}(\mathcal{F})\geqslant 1$ 的一类布尔函数. 设 X, X_1, X_2, …, X_n 是 Ω 上分布由 μ 确定的独立随机点. 那么

$$\mathbb{E}\sup_{f\in\mathcal{F}}\left|\frac{1}{n}\sum_{i=1}^{n}f(X_i)-\mathbb{E}f(X)\right|\leqslant C\sqrt{\frac{\mathrm{vc}(\mathcal{F})}{n}} \tag{8.29}$$

我们可以结合 Dudley 不等式和刚刚在 8.3 节中证明的覆盖数很快推导出这个结果. 为了完成定理的证明，用对称化的方法对经验过程进行预处理是很有帮助的.　196

8.3.24 练习(经验过程的对称化)☕☕　设 $\mathcal{F}$ 是概率空间(Ω, Σ, μ)上的一类函数. 设 X, X_1, X_2, …, X_n 是 Ω 上分布由 μ 确定的独立随机点，证明

$$\mathbb{E}\sup_{f\in\mathcal{F}}\left|\frac{1}{n}\sum_{i=1}^{n}f(X_i)-\mathbb{E}f(X)\right|\leqslant 2\mathbb{E}\sup_{f\in\mathcal{F}}\left|\frac{1}{n}\sum_{i=1}^{n}\varepsilon_i f(X_i)\right|$$

其中，ε_1, ε_2, …是独立对称的伯努利随机变量(也独立于 X_1, X_2, …).　☞

定理 8.3.23 的证明　首先我们使用对称化，并用

$$\frac{2}{\sqrt{n}}\mathbb{E}\sup_{f\in\mathcal{F}}|Z_f|,\quad 其中\ Z_f := \frac{1}{\sqrt{n}}\sum_{i=1}^{n}\varepsilon_i f(X_i)$$

控制(8.29)的左边. 接下来，我们以(X_i)为条件，剩下的随机性由随机符号(ε_i)反映. 我们将使用 Dudley 不等式来控制过程$(Z_f)_{f\in\mathcal{F}}$. 为了简单起见，我们暂时去掉 Z_f 的绝对值. 我们将在练习 8.3.25 中处理这个小问题.

为了应用 Dudley 不等式，我们需要验证过程$(Z_f)_{f\in\mathcal{F}}$的增量是次高斯的. 因为

$$\|Z_f-Z_g\|_{\psi_2}=\frac{1}{\sqrt{n}}\left\|\sum_{i=1}^{n}\varepsilon_i(f-g)(X_i)\right\|_{\psi_2}\lesssim\left(\frac{1}{n}\sum_{i=1}^{n}(f-g)(X_i)^2\right)^{\frac{1}{2}}$$

这里我们使用了命题 2.6.1 和明显的事实$\|\varepsilon_i\|_{\psi_2}\lesssim 1$[㊀]，我们可以表示最后一个表达式为函数 $f-g$ 的 $L^2(\mu_n)$范数，其中 μ_n 是支集在子集$\{X_1, \cdots, X_n\}\subset\Omega$[㊁]上的均匀概率测度. 换句话说，增量满足

$$\|Z_f - Z_g\|_{\psi_2} \lesssim \|f-g\|_{L^2(\mu_n)}$$

现在我们可以在条件(X_i)下使用 Dudley 不等式(定理 8.1.3)，并得到[㊂]

$$\frac{2}{\sqrt{n}}\mathbb{E}\sup_{f\in\mathcal{F}}Z_f \lesssim \frac{1}{\sqrt{n}}\mathbb{E}\int_0^1\sqrt{\log\mathcal{N}(\mathcal{F},L^2(\mu_n),\varepsilon)}\,\mathrm{d}\varepsilon \tag{8.30}$$

右侧的期望显然与(X_i)有关.

最后，我们使用定理 8.3.18 来控制覆盖数：

197

$$\log\mathcal{N}(\mathcal{F},L^2(\mu_n),\varepsilon) \lesssim \mathrm{vc}(\mathcal{F})\log\frac{2}{\varepsilon}$$

当我们将其替换为(8.30)时，我们就得到了$\sqrt{\log\frac{2}{\varepsilon}}$的积分，它被一个绝对常数控制，从而

$$\frac{2}{\sqrt{n}}\mathbb{E}\sup_{f\in\mathcal{F}}Z_f \lesssim \sqrt{\frac{\mathrm{vc}(\mathcal{F})}{n}}$$

定理得证. ■

8.3.25 练习(恢复绝对值)☕☕☕ 在上面的证明中，我们是求 $\mathbb{E}\sup_{f\in\mathcal{F}}Z_f$ 的界，而不是 $\mathbb{E}\sup_{f\in\mathcal{F}}|Z_f|$的界，给出后者的界. ☞

让我们来看一下定理 8.3.23 的一个重要应用，它被称为 Glivenko-Cantelli 定理. 它解决了统计学中最基本的问题之一：我们如何通过抽样估计随机变量的分布？设 X 是一个随机变量，其累积分布函数(CDF)

$$F(x)=\mathbb{P}\{X\leqslant x\},\quad x\in\mathbb{R}$$

未知. 假设我们有 X 的一个随机样本 $X_1, \cdots, X_n$，它们是相互独立且与 X 服从相同分布的. 那么，我们希望可以通过计算满足 $X_i\leqslant x$ 的样本点的分数来估计 $F(x)$，即通过经验分布函数来估计 $F(x)$.

$$F_n(x):=\frac{|\{i\in[n]:X_i\leqslant x\}|}{n},\quad x\in\mathbb{R}$$

注意，$F_n(x)$是一个随机函数.

定量的大数定律给出了

$$\mathbb{E}|F_n(x)-F(x)|\leqslant\frac{C}{\sqrt{n}},\quad \text{对每个 } x\in\mathbb{R}$$

(自己验证一下！回忆 1.3 节中的方差计算，用示性随机变量 $\mathbf{1}_{\{X_i\leqslant x\}}$代替 X_i.)

㊀ 请记住，在所取条件下，这里 X_i 和$(f-g)(X_i)$是确定的数.

㊁ 回忆一下，我们之前已经遇到过经验测度 μ_n 和 $L^2(\mu_n)$范数几次了，尤其是在引理 8.3.19 的证明，以及(8.23)中.

㊂ 根据(8.13)，$\mathcal{F}$的直径给出了上极限，验证直径实际上不超过 1.

Glivenko-Cantelli 定理是一种更强的表述，它表明 F_n 在 $x\in\mathbb{R}$ 上一致逼近 F.

8.3.26 定理(Glivenko-Cantelli 定理㊀) 设 X_1，…，X_n 是具有共同累积分布函数 F 的独立随机变量，那么

$$\mathbb{E}\|F_n-F\|_\infty=\mathbb{E}\sup_{x\in\mathbb{R}}|F_n(x)-F(x)|\leqslant\frac{C}{\sqrt{n}}$$

证明 这个结果是定理 8.3.23 的一个特例. 事实上，令 $\Omega=\mathbb{R}$，设 $\mathcal{F}$ 包含所有半有界区间的示性函数，即

198

$$\mathcal{F}:\{\mathbf{1}_{(-\infty,x]}:x\in\mathbb{R}\}$$

设测度 μ 是 X_i 的分布㊁，由例 8.3.2 可知 $\mathrm{vc}(\mathcal{F})\leqslant 2$. 因此定理 8.3.23 直接蕴含了结论. ■

8.3.27 例(差异) Glivenko-Cantelli 定理可以很容易地推广到随机向量的情形(自己完成!). 让我们举一个 $\mathbb{R}^2$ 的例子. 取在平面单位方形$[0，1]^2$ 上服从均匀分布的独立同分布样本点 X_1，…，X_n，图示见图 8.8. 考虑该方形中所有圆的示性函数的 $\mathcal{F}$ 类，从练习 8.3.6 我们知道 $\mathrm{vc}(\mathcal{F})=3$. (为什么与方形的交不影响 VC 维数?)

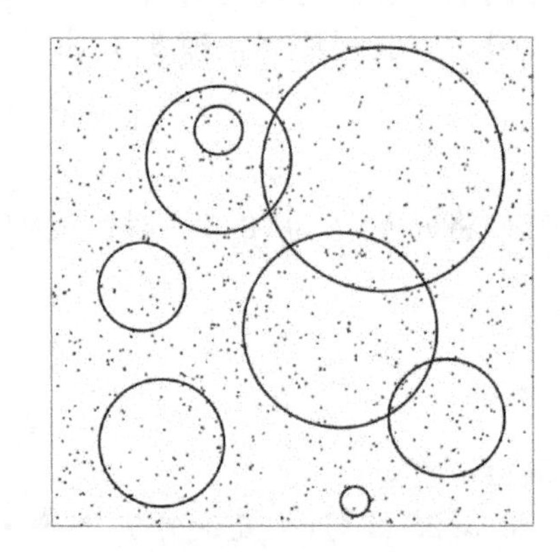

图 8.8 根据定理 8.3.23 的一致偏差不等式，所有圆都有点的随机样本的相同份额. 每个圆的点数与其面积成正比，误差为 $O(\sqrt{n})$

应用定理 8.3.23. 和 $\sum_{i=1}^{n}f(X_i)$ 是环中带示性函数 f 的点数，期望 $\mathbb{E}f(X)$是该圆的面积. 那么，我们可以解释定理 8.3.23 的结论如下. 在高概率下，点 X_1，…，X_n 的随机样本满足：对于方形$[0，1]^2$ 中的每个圆 $\mathcal{C}$，

$$\mathcal{C}\text{ 中点数}=\mathrm{Area}(\mathcal{C})n+O(\sqrt{n})$$

这是这个结果在几何差异理论中的一个例子. 同样的结果不仅适用于圆，而且适用于半平面、矩形、正方形、三角形、$O(1)$顶点的多边形以及具有界 VC 维数的任何其他类.

8.3.28 注(一致 Glivenko-Cantelli 类) 一类集合 Ω 上的实值函数 $\mathcal{F}$ 称为一致 Glivenko-Cantelli 类，如果对任意 $\varepsilon>0$，

199

$$\lim_{n\to\infty}\sup_{\mu}\mathbb{P}\left\{\sup_{f\in\mathcal{F}}\left|\frac{1}{n}\sum_{i=1}^{n}f(X_i)-\mathbb{E}f(X)\right|>\varepsilon\right\}=0$$

其中，上确界是对所有概率测度 μ 取值，点 X，X_1，X_2，…，X_n 是 Ω 中分布由 μ 确定的随机样本. 定理 8.3.23 和马尔可夫不等式得到了结论：具有有限 VC 维数中的任意一类布尔函数都是一致 Glivenko-Cantelli 类.

8.3.29 练习(精确度)☕☕☕ 证明无限 VC 维数中的任意一类布尔函数都不是一致

㊀ Glivenko-Cantelli 定理的经典表述是关于处处收敛的，我们在这里不介绍它. 但是，可以用类似 Borel-Cantelli 引理证明的高概率版本得到它.

㊁ 精确地，对每一个 Borel 子集 $A\subset\mathbb{R}$，定义 $\mu(A):=\mathbb{P}\{X\in A\}$.

Glivenko-Cantelli 的. ☞

8.3.30 **练习**(更简单、更弱的界)☕☕☕ 直接使用 Sauer-Shelah 引理而不是 Pajor 引理，证明一致偏差不等式(8.29)的弱形式，其右侧为

$$C\sqrt{\frac{d}{n}\log\frac{en}{d}}$$

其中 $d=\mathrm{vc}(\mathcal{F})$. ☞

8.4 应用：统计学习理论

统计学习理论或机器学习，允许人们根据数据做出预测. 统计学习的一个典型问题可以用数学方法表述如下：考虑一个集合 Ω 上的函数 $T:\Omega\to\mathbb{R}$，称之为目标函数. 假定 T 是未知的，我们想由 T 在有限个独立样本点 X_1，…，$X_n\in\Omega$ 的值来研究 T. 假设这些点的分布是由 Ω 上的公共概率 $\mathbb{P}$ 确定的，因此，我们的训练数据是

$$(X_i,T(X_i)),\quad i=1,\cdots,n \tag{8.31}$$

我们的最终目标是利用训练数据对一个新的随机点 $X\in\Omega$ 对应的 $T(X)$ 做一个很好的预测，这个点不在训练样本中，而是从相同的分布中采样，如图 8.9 所示.

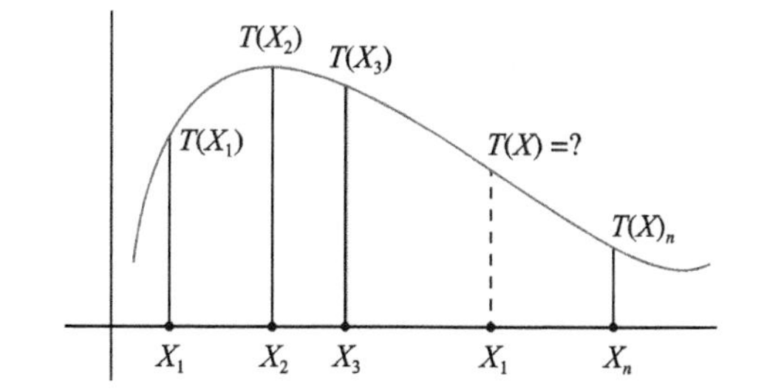

图 8.9 在一般的学习问题中，我们试图从它在独立同分布的训练样本点 X_1，…，X_n 的值来学习未知函数 $T:\Omega\to\mathbb{R}$（“目标函数”）. 目标是通过一个新的随机点 X 来预测 $T(X)$

你可能会注意到学习问题与我们在 8.2.1 中学习过的蒙特卡罗积分之间有一些相似之处. 在这两个问题中，我们都试图从随机抽样的点上的函数值来推断一些关于函数的东西. 但是现在我们的任务更困难了，因为我们要研究函数本身而不仅仅是它在 Ω 上的积分或者平均值.

200

分类问题

一类重要的学习问题是分类问题，其中的函数 T 为布尔函数(取值为 0 或 1). 因此，T 将 Ω 中的点分成两类.

8.4.1 **例** 考虑一个有 n 例患者的健康研究. 记录每个患者的 d 种健康参数，如血压、体温等，并将他们排列成向量 $X_i\in\mathbb{R}^d$. 假定已知每个患者是否患有糖尿病，并将此信息编码为二进制数 $T(X_i)\in\{0,\ 1\}$(0=健康，1=患病). 我们的目标是从这个训练样本中学习如何诊断糖尿病. 我们要学习目标函数 $T:\mathbb{R}^d\to\{0,\ 1\}$，该函数会根据每个人的 d 项健康参数输出诊断结果.

为了扩展这个例子，向量 X_i 可包括第 i 个患者的 d 项基因表达式，我们的目标是根据基于患者的遗传信息来诊断某种确定的疾病.

图 8.10c 说明了分类问题，其中 X 是平面上的一个随机向量，标签 Y 可以取值 0 或 1，如例 8.4.1 所示. 这个分类问题的一个解决方案可以描述为将平面划分为两个区域，一个区域 $f(X)=1$(健康)，另一个区域 $f(X)=0$(患病). 在此基础上，可以通过确定参数向

量 X 所处的区域来诊断新患者.

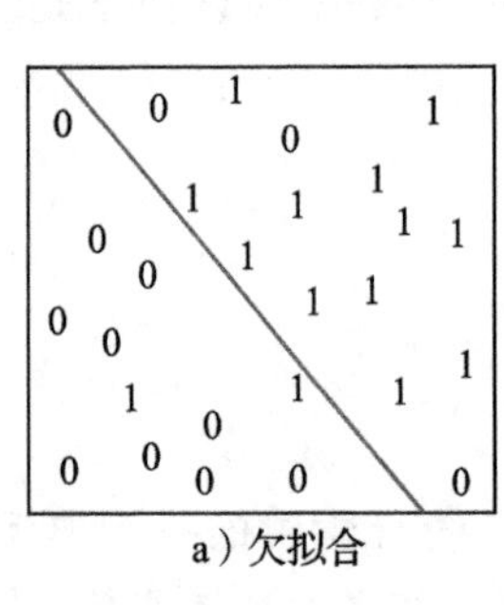
a）欠拟合

b）过拟合

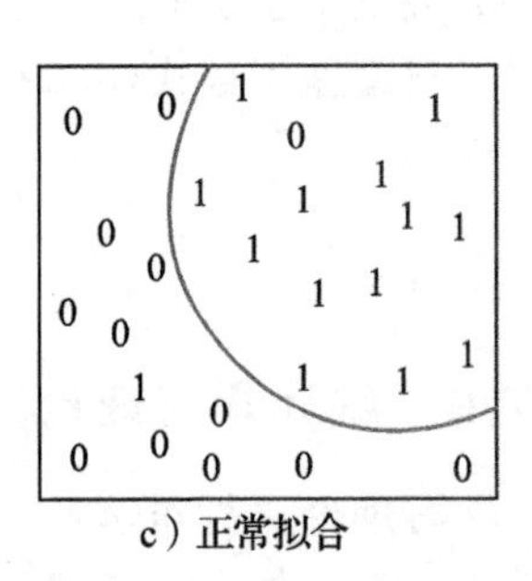
c）正常拟合

图 8.10　拟合度与复杂性之间的权衡

风险、拟合度与复杂性

学习问题的一个解可以表示为 $f:\Omega\to\mathbb{R}$. 我们自然希望 f 尽可能地接近目标 T，所以我们选择使风险最小的 f

$$R(f):=\mathbb{E}(f(X)-T(X))^2 \tag{8.32}$$

8.4.2 例　在分类问题中，T 和 f 是布尔函数，因此

$$R(f)=\mathbb{P}\{f(X)\neq T(x)\} \tag{8.33}$$

201

（自己验证!），所以风险刚好是分类错误的概率，例如对患者的误诊.

我们需要多少数据，或者说样本容量 n 需要多大？这取决于问题的复杂性. 如果我们相信目标函数 $T(X)$以复杂的方式依赖于 X，我们需要更多的数据；否则我们需要更少. 通常我们并不知道它的复杂性，所以可以限制候选函数 f 的复杂度，坚持我们的解 f 必须属于某个给定的函数类 $\mathcal{F}$，称为*假设空间*.

但是我们如何选择假设空间 $\mathcal{F}$ 来解决手头的学习问题呢？虽然没有一个通用的规则，但是 $\mathcal{F}$ 的选择应该基于*拟合度与复杂性之间的权衡*. 假定我们选择的 $\mathcal{F}$ 太小，例如，我们坚持健康($f(x)=0$)和患病($f(x)=1$)之间的接口应该是一条直线，如图 8.10a 所示. 尽管能用较少数据找到这样一个简单的函数 f，但我们可能已经过度简化了问题. 这个线性函数没有抓住数据的基本趋势，这将导致较大的风险 $R(f)$.

但是，如果我们选择的 $\mathcal{F}$ 太大，将会导致*过拟合*，即我们实际上是对 f 进行噪声拟合，如图 8.10b 所示. 此外，在此情况下需要大量数据来学习如此复杂的问题.

对 $\mathcal{F}$ 的一个好的选择是既不欠拟合也不过拟合，并捕获数据的基本趋势，如图 8.10c 所示.

经验风险

根据训练数据，学习问题的最优解决方案是什么？理想情况下，我们想从假设空间 $\mathcal{F}$ 中寻找一个能使风险[⊖] $R(f)=\mathbb{E}(f(X)-T(X))^2$ 最小化的函数 f^*，即

$$f^*:=\arg\min_{f\in\mathcal{F}} R(f)$$

如果我们是幸运的，选择的假设空间 $\mathcal{F}$ 包含目标函数 T，那么风险为 0. 遗憾的是，我们

⊖ 为简便起见，我们假定最小值可以达到，近似的最小值也可以使用.

$$R_n(f) := \frac{1}{n}\sum_{i=1}^{n}(f(X_i) - T(X_i))^2$$

我们可以对平面上任意给定的函数 f，从数据计算出经验风险. 最后，我们在假设类 $\mathcal{F}$ 上最小化经验风险，从而计算

$$f_n^* := \arg\min_{f\in\mathcal{F}} R_n(f)$$

8.4.7 练习☕☕ 验证 f_n^* 是 $\mathcal{F}$ 中的一个函数，它是函数与标签 $T(X_i)$ 不一致的数据点 X_i 的最小数量.

我们输出函数 f_n^* 作为学习问题的解. 通过计算 $f_n^*(x)$，我们可以预测不在训练集中的点 x 的标签.

这个预测能有多可靠？我们利用风险 $R(f)$ 的定义对布尔函数的预测能力进行量化. 它给出了 f 将错误的标签分配给一个随机点 X 的概率，这个随机点 X 与数据点在平面上的分布相同：

$$R(f) = \mathbb{P}\{f(X) \neq T(X)\}$$

利用定理 8.4.4 以及回顾 $\mathrm{vc}(\mathcal{F})=3$，我们可以得到解 f_n^* 的风险的一个界

$$\mathbb{E}R(f_n^*) \leqslant R(f^*) + \frac{C}{\sqrt{n}}$$

因此，平均而言，我们的解 f_n^* 给出正确预测——在 $\frac{1}{\sqrt{n}}$ 的误差范围内——的概率与假设类 $\mathcal{F}$，或者说最佳选择圆中，可用的最佳函数 f^* 相同.

8.4.8 练习(随机输出)☕☕☕ 我们的学习问题模型(8.31)假设输出 $T(X)$ 必须完全由输入 X 决定，但在实际中这种情况很少出现. 例如，假设疾病的诊断 $T(X)\in\{0, 1\}$ 完全由可用的遗传信息 X 决定是不现实的. 更常见的情况是，输出 Y 是一个与输入 X 相关的随机变量，研究的目标依然是尽可能地从用 X 来预测 Y.

将学习理论扩展到有下列形式的训练数据

$$(X_i, Y_i), \quad i = 1, \cdots, n$$

的定理 8.4.4，其中 (X_i, Y_i) 是 (X, Y) 的独立副本，这对 (X, Y) 由一个输入随机点 $X\in\Omega$ 和一个输出随机变量 Y 组成.

8.4.9 练习(利普希茨函数类中的学习)☕☕☕ 考虑利普希茨函数假设类：

$$\mathcal{F} := \{f : [0,1] \to \mathbb{R}, \|f\|_{\mathrm{Lip}} \leqslant L\}$$

以及目标函数 $T : [0, 1] \to [0, 1]$.

205

(a) 证明随机过程 $X_f := R_n(f) - R(f)$ 具有次高斯增量

$$\|X_f - X_g\|_{\psi_2} \leqslant \frac{CL}{\sqrt{n}}\|f-g\|_\infty, \quad 对所有的\ f, g \in \mathcal{F}$$

(b) 用 Dudley 不等式推导出

$$\mathbb{E}\sup_{f\in\mathcal{F}} |R_n(f) - R(f)| \leqslant \frac{C(L+1)}{\sqrt{n}}$$

☞

(c) 证明额外风险满足

$$R(f_n^*) - R(f^*) \leqslant \frac{C(L+1)}{\sqrt{n}}$$

8.5 通用链

Dudley 不等式是给一般的随机过程定界的一个简单而有用的工具. 不过，正如我们在练习 8.1.12 中看到的那样，Dudley 不等式有时不够严谨，因为覆盖数 $\mathcal{N}(T, d, \varepsilon)$未包含足够的信息去控制量 $\mathbb{E}\sup_{t\in T} X_t$.

Dudley 不等式的修正

幸运的是，有一种方法可以在 T 的几何意义下，对次高斯过程$(X_t)_{t\in T}$获得 $\mathbb{E}\sup_{t\in T} X_t$ 的准确双侧界. 这种方法称为*通用链*，它实质上是对 Dudley 不等式证明(定理 8.1.4)中提出的链方法的一种精确. 回想一下，链的结果是界定(8.12)

$$\mathbb{E}\sup_{t\in T} X_t \lesssim \sum_{k=\kappa+1}^{\infty} \varepsilon_{k-1} \sqrt{\log|T_k|} \tag{8.39}$$

这里 ε_k 是递减的正数，而 T_k 是 T 的满足$|T_k|=1$ 的 ε_k-网. 具体而言，在定理 8.1.4 的证明中，我们选择

$$\varepsilon_k = 2^{-k}, \quad |T_k| = \mathcal{N}(T,d,\varepsilon_k)$$

所以，$T_k \subset T$ 是 T 的最小 ε_k-网.

在准备通用链时，让我们转向选择的 ε_k 和 T_k，取代固定的 ε_k 并用 T_k 的最小可能的势进行演算，我们固定 T_k 的势，用最小可能的 ε_k 进行演算. 也就是说，让我们固定某个子集$T_k \subset T$，使得

$$|T_0| = 1, \quad |T_k| \leqslant 2^{2^k}, \quad k = 1,2,\cdots \tag{8.40}$$

这样得到的集合序列$(T_k)_{k=0}^{\infty}$称为*容许序列*. 设

206

$$\varepsilon_k = \sup_{t\in T} d(t, T_k)$$

式中，$d(t, T_k)$表示从点 t 到集合 T_k 的距离. 那么每个 T_k 是 T 的一个 ε_k-网[⊖]. 用这样选择的 ε_k 和 T_k，链界(8.39)将变为

$$\mathbb{E}\sup_{t\in T} X_t \lesssim \sum_{k=1}^{\infty} 2^{\frac{k}{2}} \sup_{t\in T} d(t, T_{k-1})$$

重写和式后，我们得到

$$\mathbb{E}\sup_{t\in T} X_t \lesssim \sum_{k=0}^{\infty} 2^{\frac{k}{2}} \sup_{t\in T} d(t, T_k) \tag{8.41}$$

Talagrand 的 γ_2-泛函和通用链

到目前为止，我们还没有引入实质性的新东西，界(8.41)只是 Dudley 不等式的一种等价形式. 下面，我们将迈出重要的一步，通用链将允许我们把求和(8.41)的上确界拉到期望的外面，由此产生的重要数量有一个名称：

⊖ 严格地，在度量空间 T 中，一个点 $t\in T$ 到一个子集 $A\subset T$ 的距离被定义为 $d(t, A) := \inf\{d(t, a) : a\in A\}$.

8.5.1 定义(Talagrand γ_2-泛函) 设(T, d)是一个度量空间，T 的一列子集$(T_k)_{k=0}^{\infty}$被称为**容许序列**，如果 T_k 的势满足(8.40). T 的 γ_2-**泛函**定义为

$$\gamma_2(T,d)=\inf_{(T_k)}\sup_{t\in T}\sum_{k=0}^{\infty}2^{\frac{k}{2}}d(t,T_k)$$

其中，下确界是对所有容许序列取值.

由于 γ_2-泛函中的上确界在求和的外面，它小于(8.41)中的 Dudley 不等式和. γ_2-泛函与 Dudley 和之间的差看起来很小，但有时它确实是存在的.

8.5.2 练习(γ_2 泛函与 Dudley 和)☕☕☕ 考虑与练习 8.1.12 中相同的集合 $T\subset\mathbb{R}^n$，即

$$T:=\left\{\frac{e_k}{\sqrt{1+\log n}},\quad k=1,\cdots,n\right\}$$

(a) 证明 T 的 γ_2-泛函(关于欧几里得度量)是有界的，即

$$\gamma_2(T,d)=\inf_{(T_k)}\sup_{t\in T}\sum_{k=0}^{\infty}2^{\frac{k}{2}}d(t,T_k)\leqslant C$$ ☞

(b) 验证达德利和是无界的，即当 $n\to\infty$时

$$\inf_{(T_k)}\sum_{k=0}^{\infty}2^{\frac{k}{2}}\sup_{t\in T}d(t,T_k)\to\infty$$

现在我们介绍 Dudley 不等式的一个重要的改进，在 Dudley 不等式中 Dudley 和(或积分)将被 γ_2-泛函这个更加收缩的量替代. 207

8.5.3 定理(通用链界) 设$(X_t)_{t\in T}$是度量空间(T, d)上的零均值随机过程，且有(8.1)所定义的次高斯增量，那么

$$\mathbb{E}\sup_{t\in T}X_t\leqslant CK\gamma_2(T,d)$$

证明 我们将使用与 Dudley 不等式(定理 8.1.4)证明中引入链方法相同的办法来处理定理的证明，但我们会更加精细地处理链.

第 1 步：建立链. 同前面一样，我们可以假设 $K=1$ 并且 T 是有限的. 设(T_k)为 T 子集的一个容许序列，并记 $T_0=\{t_0\}$. 我们现在从 t_0 开始游动，沿着链 $\pi_k(t)\in T_k$ 到一般点 $t\in T$

$$t_0=\pi_0(t)\to\pi_1(t)\to\cdots\to\pi_K(t)=t$$

其中，点 $\pi_k(t)\in T_k$ 被选择作为 T_k 中 t 到 T_k 的最佳近似值，即

$$d(t,\pi_k(t))=d(t,T_k)$$

位移 $X_t-X_{t_0}$ 可表示为类似于(8.9)的分解和：

$$X_t-X_{t_0}=\sum_{k=1}^{K}(X_{\pi_k(t)}-X_{\pi_{k-1}(t)})\tag{8.42}$$

第 2 步：控制增量. 这是我们需要比 Dudley 不等式更精细之处. 我们希望增量有一个一致的界，这个界能够以很大的概率表示为

$$|X_{\pi_k(t)}-X_{\pi_{k-1}(t)}|\leqslant 2^{\frac{k}{2}}d(t,T_k),\quad\forall k\in\mathcal{N},\quad\forall t\in T\tag{8.43}$$

把所有关于 k 的不等式相加，就得到了由 $\gamma_2(T, d)$表出的所需界.

为了证明(8.43)，我们先固定 k 和 t，次高斯假定告诉我们

$$\|X_{\pi_k(t)}-X_{\pi_{k-1}(t)}\|_{\psi_2}\leqslant d(\pi_k(t),\pi_{k-1}(t))$$

这意味着，对任意 $u\geqslant 0$，事件

$$|X_{\pi_k(t)}-X_{\pi_{k-1}(t)}|\leqslant Cu2^{\frac{k}{2}}d(\pi_k(t),\pi_{k-1}(t)) \tag{8.44}$$

发生的概率至少为

$$1-2\exp(-8u^2 2^k)$$

(为了获得常数8，选择足够大的绝对常数 C.) ■

现在我们不固定 $t\in T$，对

208

$$|T_k||T_{k-1}|\leqslant|T_k|^2=2^{2^{k+1}}$$

个可能的对($\pi_k(t)$，$\pi_{k-1}(t)$)取一致界. 类似地，我们不固定 k，对全部 $k\in\mathbb{N}$ 取一致界. 则如果 $u>c$，界(8.44)对全体 $t\in T$ 和 $k\in\mathbb{N}$ 同时成立的概率至少为

$$1-\sum_{k=1}^{\infty}2^{2^{k+1}}\times 2\exp(-8u^2 2^k)\geqslant 1-2\exp(-u^2)$$

(验证最后一个不等式).

第3步：增量求和. 在界(8.44)对所有 $t\in T$ 和 $k\in\mathbb{N}$ 都成立这一事件中，我们可以在不等式中对所有 $k\in\mathcal{N}$ 求和，并将结果代入链和(8.42)，由此得到

$$|X_t-X_{t_0}|\leqslant Cu\sum_{k=1}^{\infty}2^{\frac{k}{2}}d(\pi_k(t),\pi_{k-1}(t)) \tag{8.45}$$

由三角不等式我们得到

$$d(\pi_k(t),\pi_{k-1}(t))\leqslant d(t,\pi_k(t))+d(t,\pi_{k-1}(t))$$

使用这个界，并重新选取下标，我们会发现公式(8.45)的右边可以被 $\gamma_2(T,d)$ 界定，也就是说

$$|X_t-X_{t_0}|\leqslant C_1 u\gamma_2(T,d)$$

(自己验证!). 在 T 取上确界得到

$$\sup_{t\in T}|X_t-X_{t_0}|\leqslant C_2 u\gamma_2(T,d)$$

回想一下，对于任何 $u>c$，这个不等式成立的概率至少为 $1-2\exp(-u^2)$，这意味着问题中的量是一个次高斯随机变量：

$$\left\|\sup_{t\in T}|X_t-X_{t_0}|\right\|_{\psi_2}\leqslant C_3\gamma_2(T,d)$$

由此很快得出定理8.5.3的结论成立. (自己验证!) ■

8.5.4 注(增量的上确界)　如 Dudley 不等式(注8.1.5)一样，通用链给出了一致界

$$\mathbb{E}\sup_{t,s\in T}|X_t-X_s|\leqslant CK\gamma_2(T,d)$$

即使没有零均值假定 $\mathbb{E}X_t=0$，这个式子也成立.

上面的讨论不仅给出了期望的一个界，而且给出了 $\sup_{t\in T}X_t$ 的一个尾分布界，现在让我们给出一个更好的尾分布界，类似于定理8.1.6中的 Dudley 不等式的界.

8.5.5 定理(通用链：尾分布界)　设 $(X_t)_{t\in T}$ 为度量空间 (T,d) 中的一个随机过程并满足(8.1)中定义的次高斯增量. 那么，对任意 $u\geqslant 0$，事件

209

$$\sup_{t,s\in T}|X_t-X_s|\leqslant CK(\gamma_2(T,d)+u\operatorname{diam}(T))$$

成立的概率至少为 $1-2\exp(-u^2)$.

8.5.6 练习☕☕☕☕ 证明定理 8.5.5. 为此，使用增量界(8.44)的一个变形，用 $u+2^k$ 代替$2^{\frac{k}{2}}u$. 在讨论结束时你需要对求和步骤 $\sum_{k=1}^{\infty} d(\pi_k(t),\pi_{k-1}(t))$ 定界，为此，通过在其上进行"懒散步行"来修正链 $\pi_k(t)$，在当前点 $\pi_k(t)$停留几步(比如，$q-1$)，直到到达 t 的距离增加因子 2，即直到

$$d(t,\pi_{k+q}(t)) \leqslant \frac{1}{2}d(t,\pi_k(t))$$

然后跳到 $\pi_{k+q}(t)$，这将使所求步骤的和几何收敛.

8.5.7 练习(Dudley 积分与 γ_2-泛函)☕☕☕ 证明 γ_2-泛函被 Dudley 积分控制，即证明：对任何度量空间(T, d)，有

$$\gamma_2(T,d) \leqslant C\int_0^{\infty}\sqrt{\log \mathcal{N}(T,d,\varepsilon)}\,\mathrm{d}\varepsilon$$

8.6 Talagrand 优化测度和比较定理

定义 8.5.1 中引入的 Talagrand γ_2-泛函对比 Dudley 积分有优点也有缺点. 缺点是 $\gamma_2(T, d)$通常比定义 Dudley 积分的度量熵更难计算. 事实上，它可能需要很长时间计算才能得出一个好的可行解. 然而，与 Dudley 积分不同，γ_2-泛函给出了高斯过程最优绝对常数的界. 这就是以下定理的内容.

8.6.1 定理(Talagrand 优化测度定理) 设$(X_t)_{t\in T}$为集合 T 上的零均值高斯过程. 考虑在 T 上定义的典范度量(7.13)，即 $d(s, t)=\|X_1-X_2\|_2$，那么

$$c\gamma_2(T,d) \leqslant \mathbb{E}\sup_{t\in T} X_t \leqslant C\gamma_2(T,d)$$

定理 8.6.1 中的上界直接来自通用链(定理 8.5.3)，下界则更难获得. 我们在本书中不给出它的证明，其证明可以说和 Sudakov 不等式(定理 7.4.1)一样具有深远意义.

注意，正如我们在定理 8.5.3 中所知，求出的上界适用于任何次高斯过程. 因此，通过组合上下界，我们可以推导出任何次高斯过程都被一个高斯过程控制(通过 γ_2-泛函). 让我们叙述这一重要的比较结果.

8.6.2 推论(Talagrand 比较不等式) 设$(X_t)_{t\in T}$是集合 T 上的一个零均值随机过程，并设$(Y_t)_{t\in T}$是一个高斯过程. 假设对于所有 t，$s\in T$，我们有

210

$$\|X_t - X_s\|_{\psi_2} \leqslant K\|Y_t - Y_s\|_2$$

那么

$$\mathbb{E}\sup_{t\in T} X_t \leqslant CK\,\mathbb{E}\sup_{t\in T} Y_t$$

证明 考虑由 $d(t, s)=\|Y_t-Y_s\|_2$ 给出的 T 上的典范度量. 应用后面跟着优化测度定理 8.6.1 的下界的通用链界(定理 8.5.3)，我们得到

$$\mathbb{E}\sup_{t\in T} X_t \leqslant CK\gamma_2(T,d) \leqslant CK\,\mathbb{E}\sup_{t\in T} Y_t$$

证毕. ■

推论 8.6.2 将 Sudakov-Fernique 不等式(定理 7.2.11)推广到了次高斯过程，我们为

这种推广付出的代价是一个绝对常数因子.

让我们对定义在一个子集 $T\subset\mathbb{R}^n$ 上的典范高斯过程

$$Y_x=\langle g,x\rangle,\quad x\in T$$

应用推论 8.6.2，回忆 7.5 节，这个过程的量

$$w(T)=\mathbb{E}\sup_{x\in T}\langle g,x\rangle$$

是 T 的高斯宽度. 我们立即得到下列推论.

8.6.3 推论(Talagrand 比较不等式：几何形式)　设$(X_t)_{t\in T}$是子集 $T\subset\mathbb{R}^n$ 上的一个零均值随机过程. 假定对任意 x，$y\in T$，都有

$$\|X_x-X_y\|_{\psi_2}\leqslant K\|x-y\|_2$$

那么

$$\mathbb{E}\sup_{x\in T}X_x\leqslant CKw(T)$$

8.6.4 练习(绝对值界)☕☕☕　设$(X_t)_{t\in T}$是子集 $T\subset\mathbb{R}^n$ 上的一个随机过程(不一定是零均值的). 假设对任意 x，$y\in\mathbb{R}^n$，都有

$$\|X_x-X_y\|_{\psi_2}\leqslant K\|x-y\|_2$$

求证：[㊀]

$$\mathbb{E}\sup_{x\in T}|X_x|\leqslant CK\gamma(T)$$

☞

8.6.5 练习(尾分布界)☕☕　证明：在推论 8.6.3 的条件下，对任意 $u\geqslant0$，有[㊁]

$$\sup_{x\in T}|X_x|\leqslant CK(w(T)+u\ \mathrm{rad}(T))$$

211　成立的概率至少为 $1-2\exp(-u^2)$.　☞

8.6.6 练习(更紧的偏差矩)☕　验证：在推论 8.6.3 的条件下，有

$$\left(\mathbb{E}\sup_{x\in T}|X_x|^p\right)^{\frac{1}{p}}\leqslant C\sqrt{p}K\gamma(T)$$

8.7　Chevet 不等式

Talagrand 比较不等式(推论 8.6.2)有几个重要的结果，我们现在将其中一个结果用于下列应用中，其他结果将在本书的后面章节中出现.

在本节中，我们介绍一个随机二次型的一致界，即关于二次型的一个界

$$\sup_{x\in T,y\in S}\langle A_x,y\rangle\tag{8.46}$$

其中，A 是一个随机矩阵，S 与 T 是一般集合.

在定理 4.4.5 的证明和定理 7.3.1 中，我们已经碰到过这个问题. 在那里，T 和 S 是欧几里得球，在这里，我们设 T 和 S 是任意的几何集. 我们的(6.2)中的界仅依赖于 T 和 S 的两个几何参数：高斯宽度和半径，其中半径定义为

$$\mathrm{rad}(T):=\sup_{x\in T}\|x\|_2\tag{8.47}$$

㊀ 回忆一下 7.6 节，$\gamma(T)$是 T 的高斯复杂度.

㊁ 与往常一样，rad(T)表示 T 的半径.

8.7.1 定理(次高斯 Chevet 不等式) 设 A 是一个 $m\times n$ 矩阵，其元素 A_{ij} 是独立的零均值次高斯随机变量. 设 $T\subset\mathbb{R}^n$ 和 $S\subset\mathbb{R}^m$ 是任意的有界集，那么，有

$$\mathbb{E}\sup_{x\in T,y\in S}\langle Ax,y\rangle\leqslant CK(w(T)\mathrm{rad}(S)+w(S)\mathrm{rad}(T))$$

其中，$K=\max_{ij}\|A_{ij}\|_{\psi_2}$.

在证明这个定理之前，让我们简单地介绍一下它的应用. 设 $T=S^{n-1}$，$S=S^{m-1}$，则我们得到 A 的算子范数的一个界：

$$\mathbb{E}\|A\|\leqslant CK(\sqrt{n}+\sqrt{m})$$

我们在 4.2 节中使用不同的方法得到过它.

定理 8.7.1 的证明 我们使用与证明高斯随机矩阵的精确界(定理 7.3.1)相似的方法. 定理 7.3.1 的证明是建立在 Sudakov-Fernique 比较不等式基础上的，而这里，我们使用更精细的 Talagrand 比较不等式. 不失一般性，设 $K=1$. 接下来，我们将求随机过程

$$X_{uv}:=\langle Au,v\rangle,\quad u\in T,v\in S$$

的界. 首先，我们将证明这个过程有次高斯增量. 对任意(u,v)，$(w,z)\in T\times S$，有 212

$$\begin{aligned}\|X_{uv}-X_{wz}\|_{\psi_2}&=\Big\|\sum_{i,j}A_{ij}(u_iv_j-w_iz_j)\Big\|_{\psi_2}\\&\leqslant\Big(\sum_{i,j}\|A_{ij}(u_iv_j-w_iz_j)\|_{\psi_2}^2\Big)^{\frac{1}{2}}\quad(\text{由命题 2.6.1})\\&\leqslant\Big(\sum_{i,j}\|u_iv_j-w_iz_j\|_2^2\Big)^{\frac{1}{2}}\quad(\text{由于}\|A_{ij}\|_{\psi_2}\leqslant K=1)\\&=\|uv^{\mathrm{T}}-wz^{\mathrm{T}}\|_F\\&=\|(uv^{\mathrm{T}}-wv^{\mathrm{T}})+(wv^{\mathrm{T}}-wz^{\mathrm{T}})\|_F\quad(\text{相加,相乘})\\&\leqslant\|(u-w)v^{\mathrm{T}}\|_F+\|w(v-z)^{\mathrm{T}}\|_F\quad(\text{由三角不等式})\\&=\|u-w\|\|v\|_2+\|v-z\|_2\|w\|_2\\&\leqslant\|u-w\|_2\mathrm{rad}(S)+\|v-z\|_2\mathrm{rad}(T)\end{aligned}$$

为了能应用 Talagrand 比较不等式，我们需要选择一个高斯过程(Y_{uv})，使之能与过程(X_{uv})进行比较. 在关于(X_{uv})的增量的计算中，我们得到启发，应该定义(Y_{uv})如下：

$$Y_{uv}:=\langle g,u\rangle\mathrm{rad}(S)+\langle h,v\rangle\mathrm{rad}(T)$$

其中

$$g\sim N(0,I_n),\quad h\sim N(0,I_m)$$

是独立的高斯随机变量，该过程的增量是

$$\|Y_{uv}-Y_{wz}\|_2^2=\|u-w\|_2^2\mathrm{rad}(T)^2+\|v-z\|_2^2\mathrm{rad}(S)^2$$

(类似于定理 7.3.1 的证明，自己验证!)

比较这两个过程的增量，我们发现

$$\|X_{uv}-X_{wz}\|_{\psi_2}\lesssim\|Y_{uv}-Y_{wz}\|_2$$

(自己验证!). 应用 Talagrand 比较不等式(推论 8.6.3)，我们得到

$$\mathbb{E}\sup_{u\in T,v\in S}X_{uv}\lesssim\mathbb{E}\sup_{u\in T,v\in S}Y_{uv}$$

$$= \mathbb{E}\sup_{u\in T}\langle g,u\rangle \mathrm{rad}(S) + \mathbb{E}\sup_{v\in S}\langle h,v\rangle \mathrm{rad}(T)$$
$$= w(T)\mathrm{rad}(S) + w(S)\mathrm{rad}(T)$$

定理得证. ■

除了一个绝对常数因子外，Chevet 不等式是最优的.

8.7.2 练习(Chevet 不等式的精确性)☕☕ 设 A 是一个 $m\times n$ 矩阵，其元素 A_{ij} 是独立的 $N(0，1)$随机变量. 设 $T\subset\mathbb{R}^n$ 和 $S\subset\mathbb{R}^m$ 是任意的有界集，证明 Chevet 不等式的逆成立：

213

$$\mathbb{E}\sup_{x\in T,y\in S}\langle Ax,y\rangle \geqslant c(w(T)\mathrm{rad}(S)+w(S)\mathrm{rad}(T))$$ ☞

8.7.3 练习(Chevet 不等式的高概率形式)☕☕ 在定理 8.7.1 的条件下，证明 $\sup_{x\in T,y\in S}\langle Ax，y\rangle$的一个尾分布界. ☞

8.7.4 练习(高斯 Chevet 不等式)☕☕ 设 A 的元素是 $N(0，1)$，证明定理 8.7.1 对精确常数 1 成立，即

$$\mathbb{E}\sup_{x\in T,y\in S}\langle Ax,y\rangle \leqslant w(T)\mathrm{rad}(S)+w(S)\mathrm{rad}(T)$$ ☞

8.8 后注

链的思想首先出现在 Kolmogorov 的布朗运动连续性定理证明中，见如[152，第 1 章]. Dudley 积分不等式(定理 8.1.3)可以从 Dudley 的作品中找到. 我们在 8.1 节中的论述主要选自[126，第 11 章]、[193，1.2 节]和[206，5.3 节]. 定理 8.1.13 的上界(Sudakov 不等式的一个逆结果)似乎是一个人所共知的结果.

8.2 节中提到的蒙特卡罗方法在科学计算中非常流行，特别是结合了马尔可夫链的强大功能，见如[36]. 在同一节我们介绍了经验过程的概念，经验过程的丰富理论已经应用于统计和机器学习，见[205，204，167，139]. 在经验过程的框架下，定理 8.2.3 给出了利普希茨函数类 $\mathcal{F}$ 是一致 Glivenko-Cantelli 的，我们对这个结果的处理(以及它们和 Wasserstein 距离及传递之间的关系)是大致建立在[206，例 5.15]基础上的. 关于测度传递的深入介绍见[218].

8.3 节中研究的 VC 维数的概念可以追溯到 V. Vapnik 和 A. Chervonenkis 的基础工作[211]，现在的进展可以在[205，2.6.1 节]、[126，14.3]，[206，7.2 节]、[134，10.2 节和 10.3 节]以及[205，2.6 节]. Pajor 引理 8.3.13 最初源于 A. Pajor[160]，也见[77]、[126，命题 14.11]、[206，定理 7.19]和[205，引理 2.6.2].

我们现在所称的 Sauer-Shelah 引理(定理 8.3.16)被 V. Vapnik、A. Chervonenkis[211]、N. Sauer[176]、M. Perles 和 S. Shelah(见 Shelah[179])独立证明. Sauer-Shelah 引理的各种证明可以在下列文献中找到，例如在[24，第 17 章]、[134，10.2 节和 10.3 节]和[126，14.3 节]. Sauer-Shelah 引理有大量的变体，见如[99，190，191，6，213].

定理 8.3.18 是由 R. Dudley[68]提出的，见[126，14.3 节]和[205，定理 2.6.4]. 维数降维引理 8.3.19 隐含在 Dudley 的证明中，它在[142]中被明确地叙述，并在[206，引理 7.17]中被转载. 对于将 VC 理论从{0，1}推广到一般实值函数类，见[142，172]和[206，7.3 节及 7.4 节].

自 V. Vapnik 和 A. Chervonenkis[211]的基础性工作以来，关于通过 VC 维数对经验过程的界(如定理 8.3.23)一直是统计学习理论的焦点，见如[139，17，205，172]和[206，第 7 章]. 我们对定理 8.3.23 的处理是基于[206，推论 7.18]，虽然一个完整的定理叙述在以前的文献中很难找到，但可以从[17，定理 6]和[32，第 5 节]推导出来.

Glivenko-Cantelli 定理(定理 8.3.26)是取自 1933 年[80，47]的结果，它早于并在一定程度上推动了 VC 理论的发展，见[126，14.2 节]和[205，69]了解更多关于 Glivenko-Cantelli 定理和概率论中其他一致性结果的内容. 例 8.3.27 讨论了差异理论中的一个基本问题，关于差异理论的全面介绍见[133].

214

在 8.4 节中，我们只触及了统计学习理论的表面，它在概率论、统计学和理论计算机科学的交叉学科是一个庞大的领域. 关于这一主题的深入介绍，见教程[29，139]和书籍[104，97，119].

我们在 8.5 节中介绍的通用链是 M. Talarand 自 1985 年(在 X. Fernique[73]的早期工作之后)以来提出的一种获得高斯过程的界的一种精确方法，我们的论述取自[193]，该书详细讨论了通用链的分支、应用和历史. 关于次高斯过程的上界(定理 8.5.3)可在[193，定理 2.2.22]中找到，下界(优化测度定理 8.6.1)可在[193，定理 2.4.1]中找到. Talagrand 比较不等式(推论 8.6.2)参考了[193，引理 2.4.12]. 通用链的另一种表示可以在[206，第 6 章]中找到. R. van Handel 最近给出了优化测度定理的不同证明，见[208，209]. 通用链界(定理 8.5.5)的一个高概率版本是取自[193，定理 2.2.27]，S. Dirksen[61]也用另一种方法证明了这一点.

在 8.7 节中，我们给出了次高斯过程的 Chevet 不等式. 在现有的文献中，这个不等式只适用于高斯过程，我们的结果首先要追溯到 S. Chevet[53]. 然后，Y. Gordon[82]对常数进行了改进，得到了我们在练习 8.7.4 中所述的结果. 对这一结果的探讨可以在[11，9.4 节]中找到. Chevet 不等式的不同版本和应用见[199，2].

215

第9章 随机矩阵的偏差与几何结论

本章主要讲述随机矩阵中非常有用的一致偏差不等式. 给定 $m \times n$ 的随机矩阵 A，我们的目标是证明：在高概率下，近似等式

$$\|Ax\|_2 \approx \mathbb{E}\|Ax\|_2 \tag{9.1}$$

对许多向量 $x \in \mathbb{R}^n$ 同时成立. 为了量化这样的 x 有多少，选择任意子集 $T \subset \mathbb{R}^n$，验证(9.1)是否对于 $x \in T$ 同时成立. 结果转变为：在高概率下，有

$$\|Ax\|_2 = \mathbb{E}\|Ax\|_2 + O(\gamma(T)), \quad 对所有 x \in T \tag{9.2}$$

这里 $\gamma(T)$ 是 T 的高斯复杂度，它是我们在 7.6 节中介绍的高斯宽度的孪生度量. 在 9.1 节中，我们将用 Talagrand 比较不等式推导出一致矩阵偏差不等式(9.2 节).

一致偏差不等式有许多结论，有些结论是我们之前用不同的方法证明了的. 在 9.2 节和 9.3 节中，我们将快速地推导出随机矩阵的双侧界，并介绍几何集的随机投影的界、低维分布协方差估计的充分条件、Johnson-Lindenstrauss 引理以及到无限集的推广. 9.4 节会证明一个新的结论，还会推导关于高维几何集的两个经典结论：M^* 界和逃逸定理. 稀疏信号恢复应用将在第 10 章介绍.

9.1 矩阵偏差不等式

下面定理是本章的主要内容.

9.1.1 定理(矩阵偏差不等式) 设 A 为 $m \times n$ 矩阵，其行向量 A_i 是 $\mathbb{R}^n$ 中独立的、各向同性的次高斯随机向量，则对任意子集 $T \subset \mathbb{R}^n$，有

$$\mathbb{E} \sup_{x \in T} \left| \|Ax\|_2 - \sqrt{m}\|x\|_2 \right| \leqslant CK^2 \gamma(T)$$

其中，$\gamma(T)$ 是在 7.6 节中介绍的高斯复杂度，$K = \max_i \|A_i\|_{\psi_2}$.

在证明这个定理之前，让我们先要验证 $\mathbb{E}\|Ax\|_2 \approx \sqrt{m}\|x\|_2$，因此，由定理 9.1.1 可以得出(9.2)式.

216

9.1.2 练习(期望偏差)☕☕ 由定理 9.1.1 推导出下面结论：

$$\mathbb{E} \sup_{x \in T} \left| \|Ax\|_2 - \mathbb{E}\|Ax\|_2 \right| \leqslant CK^2 \gamma(T)$$

☞

我们将由 Talagrand 比较不等式(推论 8.6.3)推导出定理 9.1.1，为了应用比较不等式，我们只需检验：对于下标 $x \in \mathbb{R}^n$，随机过程

$$X_x := \|Ax\|_2 - \sqrt{m}\|x\|_2$$

有次高斯增量. 具体陈述如下：

9.1.3 定理(次高斯增量) 设 A 为 $m \times n$ 矩阵，其行向量 A_i 是 $\mathbb{R}^n$ 中独立的、各向同性的次高斯随机向量，则随机过程

$$X_x := \|Ax\|_2 - \sqrt{m}\|x\|_2$$

有次高斯增量，即

$$\|X_x - X_y\|_{\psi_2} \leqslant CK^2\|x-y\|_2, \quad 对所有\ x,y \in \mathbb{R}^n \tag{9.3}$$

其中，$K=\max_i \|A_i\|_{\psi_2}$.

矩阵偏差不等式(定理 9.1.1)的证明 用定理 9.1.3 和练习 8.6.4 中的 Talagrand 比较不等式的形式，可以得到

$$\mathbb{E}\sup_{x\in T}|X_x| \leqslant CK^2\gamma(T)$$

正如所说. ■

定理 9.1.3 尚未证明. 虽然这个证明比本书中大多数的定理证明都要长，但是我们将通过先解决简单的、部分的情况，然后逐步过渡到一般化，从而使证明变得更为简单. 我们将在接下来的几小节中完成这个证明.

关于单位向量 x 和零向量 y 的定理 9.1.3

假设

$$\|x\|_2 = 1, \quad y = 0$$

在这种情况下，我们要证明的不等式(9.3)变为

$$\Big\| \|Ax\|_2 - \sqrt{m} \Big\|_{\psi_2} \leqslant CK^2 \tag{9.4}$$

注意，Ax 是 $\mathbb{R}^m$ 中的随机向量，有独立的次高斯坐标$\langle A_i, x\rangle$，由 A_i 的各向同性可知其满足$\mathbb{E}\langle A_i, x\rangle^2=1$. 于是由范数集中的定理 3.1.1 可得到(9.4).

217

关于单位向量 x，y 和平方过程的定理 9.1.3

假设

$$\|x\|_2 = \|y\|_2 = 1$$

在这种情况下，我们要证明的不等式(9.3)变为

$$\Big\| \|Ax\|_2 - \|Ay\|_2 \Big\|_{\psi_2} \leqslant CK^2\|x-y\|_2 \tag{9.5}$$

首先证明欧几里得范数平方的不等式形式，这使得处理起来更加容易. 我们猜想一下这个不等式应该用哪种形式，我们有

$$\begin{aligned}\|Ax\|_2^2 - \|Ay\|_2^2 &= (\|Ax\|_2 + \|Ay\|_2)(\|Ax\|_2 - \|Ay\|_2) \\ &\lesssim \sqrt{m}\|x-y\|_2\end{aligned} \tag{9.6}$$

由(9.4)知$\|Ax\|_2$ 和$\|Ay\|_2$ 的主要部分为$\sqrt{m}$，也因为我们希望(9.5)式成立，所以最后的界应该以很高的概率成立.

现在我们已经猜想到了平方过程的不等式(9.6)，现让我们证明它. 我们正在寻找下列随机变量的界：

$$Z := \frac{\|Ax\|_2^2 - \|Ay\|_2^2}{\|x-y\|_2} = \frac{\langle A(x-y), A(x+y)\rangle}{\|x-y\|_2} = \langle Au, Av\rangle \tag{9.7}$$

其中

$$u := \frac{x-y}{\|x-y\|_2}, \quad v := x+y$$

期望的界是

$$|Z| \lesssim \sqrt{m}, \quad \text{以很高的概率}$$

因为向量 Au 和 Av 的坐标分别为 $\langle A_i, u\rangle$ 和 $\langle A_i, v\rangle$，因此可以将 Z 表示为一组独立随机变量的和：

$$Z = \sum_{i=1}^{m} \langle A_i, u\rangle \langle A_i, v\rangle$$

9.1.4 引理　随机变量 $\langle A_i, u\rangle\langle A_i, v\rangle$ 是独立的、零均值的、次指数的. 进一步，有

$$\|\langle A_i, u\rangle\langle A_i, v\rangle\|_{\psi_1} \leqslant 2K^2$$

证明　独立性由构造显然成立，但不能直接得出零均值. 虽然 $\langle A_i, u\rangle$ 和 $\langle A_i, v\rangle$ 都为零均值，这些变量不一定相互独立，但可以验证它们是不相关的. 事实上，由各向同性，有

$$\mathbb{E}\langle A_i, x-y\rangle\langle A_i, x+y\rangle = \mathbb{E}(\langle A_i, x\rangle^2 - \langle A_i, y\rangle^2) = 1-1=0$$

218　根据 u 和 v 的定义，可得到 $\mathbb{E}\langle A_i, u\rangle\langle A_i, v\rangle=0$.

为了完成证明，回忆一下引理 2.7.7，两个次高斯随机变量的乘积是次指数的，我们可以得到

$$\begin{aligned}\|\langle A_i, u\rangle\langle A_i, v\rangle\|_{\psi_1} &\leqslant \|\langle A_i, u\rangle\|_{\psi_2}\|\langle A_i, v\rangle\|_{\psi_2} \\ &\leqslant K\|u\|_2 K\|v\|_2 \quad \text{（由次高斯假设）} \\ &\leqslant 2K^2\end{aligned}$$

最后一步使用了 $\|u\|_2=1$ 和 $\|v\|_2 \leqslant \|x\|_2+\|y\|_2 \leqslant 2$. ■

为得到 Z 的界，可以利用伯恩斯坦不等式(推论 2.8.3)，它适用于一组独立的零均值次指数随机变量的和.

9.1.5 练习☕☕　证明：应用伯恩斯坦不等式(推论 2.8.3)并简化界. 可以得到：对任意 $0 \leqslant s \leqslant \sqrt{m}$，有 ☞

$$\mathbb{P}\{|Z| \geqslant s\sqrt{m}\} \leqslant 2\exp\left(-\frac{cs^2}{K^4}\right)$$

回忆 Z 的定义，可以看到我们已经得到了期望的界(9.6).

关于单位向量 x，y 和原始过程的定理 9.1.3

接下来，我们要去掉 $\|Ax\|_2^2$ 和 $\|Ay\|_2^2$ 中的平方，然后推导出关于单位向量 x，y 的不等式(9.5)，让我们把结果再叙述一下：

9.1.6 引理(单位向量 y，原始过程)　设 $x, y \in S^{n-1}$. 则有

$$\big\|\|Ax\|_2 - \|Ay\|_2\big\|_{\psi_2} \leqslant CK^2\|x-y\|_2$$

证明　固定 $s \geqslant 0$，要证明的结论是

$$p(s) := \mathbb{P}\left\{\frac{|\|Ax\|_2 - \|Ay\|_2|}{\|x-y\|_2} \geqslant s\right\} \leqslant 4\exp\left(-\frac{cs^2}{K^4}\right) \tag{9.8}$$

我们对小的 s 和大的 s 做不同的处理.

情形 1：$s\leqslant 2\sqrt{m}$. 在该范围内，我们可以使用上一小节的结论，但是只有平方过程才能使用. 为了能够应用这些结论，在定义 $p(s)$ 的不等式的两边同时乘以 $\|Ax\|_2+\|Ay\|_2$，其中 Z 与(9.7)中定义的 Z 相同，则有

$$p(s)=\mathbb{P}\{|Z|\geqslant s(\|Ax\|_2+\|Ay\|_2)\}\leqslant \mathbb{P}\{|Z|\geqslant s\|Ax\|_2\}$$

从(9.4)我们知道，在高概率下 $\|Ax\|_2\approx\sqrt{m}$ 成立. 因此，将 $|Z|\geqslant s\|Ax\|_2$ 的概率分为两种情况进行讨论是有意义的：一种情况是当 $\|Ax\|_2\geqslant\frac{\sqrt{m}}{2}$ 时，此时 $|Z|\geqslant\frac{s\sqrt{m}}{2}$；另一种情况是 $\|Ax\|_2<\frac{\sqrt{m}}{2}$(此时，我们不关注 Z). 可得

219

$$p(s)\leqslant\mathbb{P}\left\{|Z|\geqslant\frac{s\sqrt{m}}{2}\right\}+\mathbb{P}\left\{\|Ax\|_2<\frac{\sqrt{m}}{2}\right\}=:p_1(s)+p_2(s)$$

由练习 9.1.5 的结果可得

$$p_1(s)\leqslant 2\exp\left(-\frac{cs^2}{K^4}\right)$$

进一步，由界(9.4)和三角不等式得到

$$p_2(s)\leqslant\mathbb{P}\left\{\left|\|Ax\|_2-\sqrt{m}\right|>\frac{\sqrt{m}}{2}\right\}\leqslant 2\exp\left(-\frac{cs^2}{K^4}\right)$$

将两个概率加起来，我们得到期望的界是

$$p(s)\leqslant 4\exp\left(-\frac{cs^2}{K^4}\right)$$

情形 2：$s>2\sqrt{m}$. 再次回顾定义 $p(s)$ 的不等式(9.8)并稍微简化一下. 根据三角不等式，我们有

$$\left|\|Ax\|_2-\|Ay\|_2\right|\leqslant\|A(x-y)\|_2$$

因此

$$\begin{aligned}p(s)&\leqslant\mathbb{P}\{\|Au\|_2\geqslant s\}\quad\left(\text{其中 } u:=\frac{x-y}{\|x-y\|_2},\text{如之前一样}\right)\\&\leqslant\mathbb{P}\left\{\|Au\|_2-\sqrt{m}\geqslant\frac{s}{2}\right\}\quad(\text{由于 } s>2\sqrt{m})\\&\leqslant 2\exp\left(-\frac{cs^2}{K^4}\right)\quad(\text{再次使用(9.4)})\end{aligned}$$

故在两种情况下，我们都得到了期望的估计(9.8). 这就完成了引理的证明. ■

完全一般形式下的定理 9.1.3

最后，我们证明(9.3)对任意的 $x,y\in\mathbb{R}^n$ 成立. 通过缩放，不失一般性，我们可以假定

$$\|x\|_2=1,\quad\|y\|_2\geqslant 1\tag{9.9}$$

(为什么?). 考虑 y 在单位球面上的压缩，见图 9.1

$$\overline{y} := \frac{y}{\|y\|_2} \tag{9.10}$$

利用三角不等式将增量过程分为两部分：

$$\|X_x - X_y\|_{\psi_2} \leqslant \|X_x - X_{\overline{y}}\|_{\psi_2} + \|X_{\overline{y}} - X_y\|_{\psi_2}$$

由于 x 和 $\overline{y}$ 是单位向量，引理 9.1.6 可以用来界定第一部分，有

$$\|X_x - X_{\overline{y}}\|_{\psi_2} \leqslant CK^2\|x-\overline{y}\|_2$$

为了界定第二部分，注意到 $\overline{y}$ 和 y 是共线向量，所以有

$$\|X_{\overline{y}} - X_y\|_{\psi_2} = \|\overline{y}-y\|_2\|X_{\overline{y}}\|_{\psi_2}$$

(自己验证!). 现在，因为 $\overline{y}$ 是单位向量，(9.4)给出

$$\|X_{\overline{y}}\|_{\psi_2} \leqslant CK^2$$

结合这两部分，我们可得到

$$\|X_x - X_y\|_{\psi_2} \leqslant CK^2(\|x-\overline{y}\|_2 + \|\overline{y}-y\|_2) \tag{9.11}$$

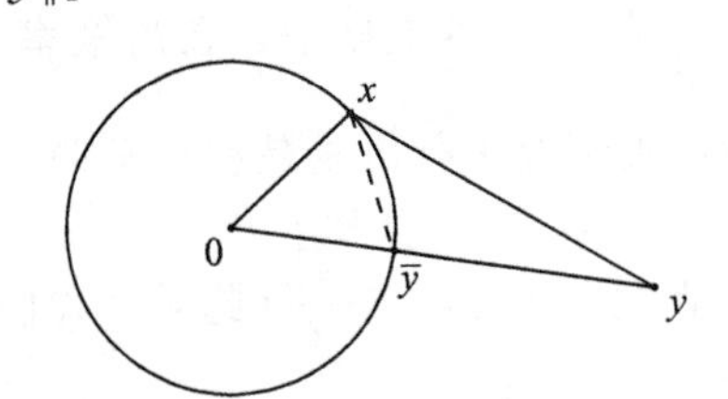

图 9.1　练习 9.1.7 表明三角不等式可由这三个向量近似地逆表示，所以我们有 $\|x-\overline{y}\|_2 + \|\overline{y}-y\|_2 \leqslant \sqrt{2}\|x-y\|_2$

在此处，我们可能会感到紧张不安：我们需要利用$\|x-y\|_2$来界定右边，但三角不等式将会给出相反的界！然而，观察图 9.1，我们得知，在我们的情况下，三角不等式可以近似地逆过来. 下一个练习将严格地证明这一点.

9.1.7 练习(逆三角不等式)☕☕　设向量 x，y，$\overline{y}\in\mathbb{R}^n$ 满足(9.9)和(9.10)，证明

$$\|x-\overline{y}\|_2 + \|\overline{y}-y\|_2 \leqslant \sqrt{2}\|x-y\|_2$$

利用这个练习的结论，可以从(9.11)推导出期望的界

$$\|X_x - X_y\|_{\psi_2} \leqslant CK^2\|x-y\|_2$$

定理 9.1.3 证毕. ■

现在已经证明了矩阵偏差不等式(定理 9.1.1)，我们可以用一个高概率的版本来补充它.

9.1.8 练习(矩阵偏差不等式：尾分布界)☕　证明：在定理 9.1.1 的条件下，对任意 $u\geqslant0$，事件

$$\sup_{x\in T}\big|\,\|Ax\|_2 - \sqrt{m}\|x\|_2\,\big| \leqslant CK^2(w(T) + u\ \mathrm{rad}(T)) \tag{9.12}$$

发生的概率至少为 $1-2\exp(-u^2)$，这里 $\mathrm{rad}(T)$是(8.47)定义的 T 的半径. ☞

220～221

9.1.9 练习☕　证明(9.12)式的右边可进一步被 $CK^2u\gamma(T)$，$u\geqslant1$ 所界定，并证明练习 9.1.8 得到的界包含定理 9.1.1.

9.1.10 练习(平方偏差)☕☕　证明在定理 9.1.1 的条件下，有

$$\mathbb{E}\sup_{x\in T}\big|\,\|Ax\|_2^2 - m\|x\|_2^2\,\big| \leqslant CK^4\gamma(T)^2 + CK^2\sqrt{m}\mathrm{rad}(T)\gamma(T)$$ ☞

9.1.11 练习(随机投影的偏差)☕☕☕☕　证明矩阵偏差不等式(定理 9.1.1)的随机投影形式. 设 P 为 $\mathbb{R}^n$ 到均匀分布在 Grassmannian 图 $G_{n,m}$上的 m 维子空间上的正交投影. 证明：对于任意子集 $T\subset\mathbb{R}^n$，有

$$\mathbb{E}\sup_{x\in T}\left|\,\|Px\|_2 - \sqrt{\frac{m}{n}}\|x\|_2\,\right| \leqslant \frac{CK^2\gamma(T)}{\sqrt{n}}$$

9.2 随机矩阵、随机投影及协方差估计

矩阵偏差不等式有许多重要的结论，我们将在这一节和下一节中讨论其中的一些结论.

随机矩阵的双侧界

首先，我们将矩阵偏差不等式应用到单位欧几里得球面 $T=S^{n-1}$ 上. 在这种情况下，可以得出我们在 4.6 节中证明的随机矩阵的界.

实际上，$T=S^{n-1}$ 的半径和高斯宽度满足

$$\mathrm{rad}(T)=1,\quad w(T)\leqslant\sqrt{n}$$

(回忆(7.16)). 练习 9.1.8 形式的矩阵偏差不等式结合三角形不等式得出：事件

$$\sqrt{m}-CK^2(\sqrt{n}+u)\leqslant\|Ax\|_2\leqslant\sqrt{m}+CK^2(\sqrt{n}+u),\quad\forall x\in S^{n-1}$$

发生的概率至少为 $1-\exp(-u^2)$.

我们可以将这个事件解释为 A 的极端奇异值的一个双侧界(回忆(4.5))：

$$\sqrt{m}-CK^2(\sqrt{n}+u)\leqslant s_n(A)\leqslant s_1(A)\leqslant\sqrt{m}+CK^2(\sqrt{n}+u)$$

因此我们得出定理 4.6.1 的结果.

几何集的随机投影的大小

矩阵偏差不等式的另一个直接应用是我们在 7.7 节中给出的几何集在随机投影上的界. 实际上，矩阵偏差不等式产生了一个更精确的界.

9.2.1 命题(集合的随机投影的大小) 考虑一个有界集 $T\subset\mathbb{R}^n$. 设 A 为 $m\times n$ 矩阵，其行 A_i 是 $\mathbb{R}^n$ 中独立的、各向同性的次高斯随机向量，那么，缩放矩阵

222

$$P:=\frac{1}{\sqrt{n}}A$$

(这是一个“次高斯投影”)满足

$$\mathbb{E}\mathrm{diam}(PT)\leqslant\sqrt{\frac{m}{n}}\mathrm{diam}(T)+CK^2w_s(T)$$

其中，$w_S(T)$是 T 的球面宽度(回忆 7.5.2 节)，$K=\max_i\|A_i\|_{\psi_2}$.

证明 由三角不等式，定理 9.1.1 隐含了下列结果：

$$\mathbb{E}\sup_{x\in T}\|Ax\|_2\leqslant\sqrt{m}\sup_{x\in T}\|x\|_2+CK^2\gamma(T)$$

我们可以用集合 AT 和 T 的半径来表示这个不等式

$$\mathbb{E}\mathrm{rad}(AT)\leqslant\sqrt{m}\mathrm{rad}(T)+CK^2\gamma(T)$$

将这个界应用于差集 $T-T$ 而不是 T，我们可以把它写成

$$\mathbb{E}\mathrm{diam}(AT)\leqslant\sqrt{m}\mathrm{diam}(T)+CK^2w(T)$$

(这里我们应用了(7.22)将高斯复杂度转换成了高斯宽度). 将两边同时除以$\sqrt{n}$，就完成了证明. ■

命题 9.2.1 比我们之前给出的随机投影界(练习 7.3.3)更一般且更精确. 事实上，它

说明直径被精确因子$\sqrt{\frac{m}{n}}$缩放，前面没有绝对的常数.

9.2.2 练习(投影大小：高概率界)☕☕　使用矩阵偏差不等式的高概率形式(练习 9.1.8)获得命题 9.2.1 的高概率形式，即证明：对于 $\varepsilon>0$，界

$$\operatorname{diam}(PT) \leqslant (1+\varepsilon)\sqrt{\frac{m}{n}}\operatorname{diam}(T)+CK^2 w_s(T)$$

成立的概率至少为 $1-\exp\left(-\frac{c\varepsilon^2 m}{K^4}\right)$.

9.2.3 练习☕☕☕　考虑 7.7 节中 P 的原始模型，即在一个随机 m 维子空间$E\sim\operatorname{Unif}(G_{n,m})$上的随机投影 P，推导出命题 9.2.1 形式的结果. ☞

低维分布的协方差估计

让我们重新讨论协方差估计问题，我们在 4.7 节中研究了次高斯分布，并且在 5.6 节研究了一般分布的协方差估计问题. 我们发现，对于次高斯分布，n 维分布的协方差矩阵可以用 $m=O(n)$个样本点估计，完全一般的分布可用 $m=O(n\log n)$个样本点估计.

当分布是近似低维时，即当$\Sigma^{\frac{1}{2}}$的稳定秩[㊀]较低时(它意味着分布会趋向于集中在 $\mathbb{R}^n$ 中的一个子空间附近)即使较小的样本也足以进行协方差估计. 我们预计在 $m=O(r)$下会得到很好的结果，其中 r 是$\Sigma^{\frac{1}{2}}$是稳定秩. 注意到，对注 5.6.3 中的一般情形，需要达到对数过采样才能估计. 现在让我们来讨论不需要对数过采样的次高斯情况.

223

下面的结论将定理 4.7.1 推广到近似低维分布的情形.

9.2.4 定理(低维分布的协方差估计)　*设 X 为 $\mathbb{R}^n$ 中的次高斯随机向量. 更准确地说，假定存在 $K\geqslant 1$，使得*

$$\|\langle X,x\rangle\|_{\psi_2} \leqslant K\|\langle X,x\rangle\|_{L^2},\quad \text{对于任意 } x\in\mathbb{R}^n$$

那么，对于每个正整数 m，我们有

$$\mathbb{E}\|\Sigma_m-\Sigma\| \leqslant CK^4\left(\sqrt{\frac{r}{m}}+\frac{r}{m}\right)\|\Sigma\|$$

其中 $r=\operatorname{tr}\frac{\Sigma}{\|\Sigma\|}$是$\Sigma^{\frac{1}{2}}$的稳定秩.

证明　我们像定理 4.7.1 一样，通过把分布化为各向同性的分布来证明，因此有

$$\begin{aligned}
\|\Sigma_m-\Sigma\| &= \|\Sigma^{\frac{1}{2}}R_m\Sigma^{\frac{1}{2}}\| \quad \left(\text{其中 } R_m=\frac{1}{m}\sum_{i=1}^m Z_iZ_i^{\mathrm{T}}-I_n\right)\\
&= \max_{x\in S^{n-1}}\langle \Sigma^{\frac{1}{2}}R_m\Sigma^{\frac{1}{2}}x,x\rangle \quad (\text{矩阵是半正定的})\\
&= \max_{x\in T}\langle R_m x,x\rangle \quad (\text{如果定义椭球 } T:=\Sigma^{\frac{1}{2}}S^{n-1})\\
&= \max_{x\in T}\left|\frac{1}{m}\sum_{i=1}^m\langle Z_i,x\rangle^2-\|x\|_2^2\right| \quad (\text{由 } R_m \text{ 的定义})
\end{aligned}$$

㊀ 我们在 7.6 节中介绍了稳定秩的概念.

$$= \frac{1}{m} \max_{x \in T} \left| \|Ax\|_2^2 - m\|x\|_2^2 \right|$$

在最后一步中，A 表示行为 Z_i 的 $m \times n$ 矩阵. 如同在定理 4.7.1 的证明中一样，Z_i 是零均值各向同性的次高斯随机向量，且 $\|Z_i\|_{\psi_2} \lesssim 1$(为了简单起见，在这个讨论中隐藏了对 K 的依赖). 这使得我们可以将矩阵偏差不等式应用于 A(用练习 9.1.10 中的形式)，从而有

$$\mathbb{E}\|\Sigma_m - \Sigma\| \lesssim \frac{1}{m}(\gamma(T)^2 + \sqrt{m}\,\mathrm{rad}(T)\gamma(T))$$

容易算出椭球 $T = \Sigma^{\frac{1}{2}} S^{n-1}$ 的半径和高斯复杂度分别为

$$\mathrm{rad}(T) = \|\Sigma\|^{\frac{1}{2}}, \quad \gamma(T) \leqslant (\mathrm{tr}\,\Sigma)^{\frac{1}{2}}$$

(自己验证!). 这给出

$$\mathbb{E}\|\Sigma_N - \Sigma\| \lesssim \frac{1}{m}(\mathrm{tr}\,\Sigma + \sqrt{m\|\Sigma\|\mathrm{tr}\,\Sigma})$$

将 $\mathrm{tr}\,\Sigma = r\|\Sigma\|$ 代入上式并简化界就完成了定理的证明. ■ 224

9.2.5 练习(尾分布界)☕☕☕　证明定理 9.2.4 的类似于练习 4.7.3 和练习 5.6.4 的高概率保证，即证明：对任意 $u \geqslant 0$，有

$$\|\Sigma_m - \Sigma\| \leqslant CK^4\left(\sqrt{\frac{r+u}{m}} + \frac{r+u}{m}\right)\|\Sigma\|$$

成立的概率至少为 $1 - 2\mathrm{e}^{-u}$.

9.3 无限集上的 Johnson-Lindenstrauss 引理

现在让我们应用有限集 T 的矩阵偏差不等式. 在这种情况下，我们完善 5.3 节中的 Johnson-Lindenstrauss 引理.

经典 Johnson-Lindenstrauss 引理的完善

我们确定一下矩阵偏差不等式是否包含经典的 Johnson-Lindenstrauss 引理(定理 5.3.1). 设 $\mathcal{X}$ 是 $\mathbb{R}^n$ 中 N 个点的集合，并将 T 定义为 $\mathcal{X}$ 的归一化差异的集合，即

$$T := \left\{ \frac{x-y}{\|x-y\|_2} : x, y \in \mathcal{X} \text{是可分点} \right\}$$

T 的高斯复杂度满足

$$\gamma(T) \leqslant C\sqrt{\log N} \tag{9.13}$$

(回顾练习 7.5.10). 矩阵偏差不等式(定理 9.1.1)现在意味着边界

$$\sup_{x,y \in \mathcal{X}} \left| \frac{\|Ax - Ay\|_2}{\|x-y\|_2} - \sqrt{m} \right| \lesssim \sqrt{\log N} \tag{9.14}$$

具有高概率. 为了简化计算，我们可以设概率为 0.99，这可以由马尔可夫不等式得到，练习 9.1.8 给出了一个更好的概率. 另外，为了简单起见，我们还控制了对次高斯范数 K 的依赖.

在(9.14)两边同时乘以 $\frac{1}{\sqrt{m}}\|x-y\|_2$ 并整理，我们得到，在高概率情况下，缩放的随机矩阵

$$Q := \frac{1}{\sqrt{m}} A$$

是 $\mathcal{X}$ 上的一个近似等距测量，即

$$(1-\varepsilon)\|x-y\|_2 \leqslant \|Qx-Qy\|_2 \leqslant (1+\varepsilon)\|x-y\|_2, \quad \text{对所有 } x,y \in \mathcal{X}$$

其中

$$\varepsilon \lesssim \sqrt{\frac{\log N}{m}}$$

同样地，如果我们固定 $\varepsilon>0$ 并选择维度 m，使得

$$m \gtrsim \varepsilon^{-2} \log N$$

那么，在高概率情况下，Q 是 $\mathcal{X}$ 上的一个 ε-等距测量. 因此我们完善了经典的 Johnson-Lindenstrauss 引理(定理 5.3.1).

225

9.3.1 练习 在上面的讨论中，量化成功的概率和对 K 的依赖性. 即使用矩阵偏差不等式给出练习 5.3.3 的另一个解.

无限集上的 Johnson-Lindenstrauss 引理

上面的讨论并不真正取决于 $\mathcal{X}$ 是一个有限集. 我们利用这样一个事实，即 $\mathcal{X}$ 仅限于(9.13)中的高斯复杂性，这意味着我们可以给出一个一般的 Johnson-Lindenstrauss 引理形式，而不一定是对有限集. 让我们详细说明它.

9.3.2 命题(附加的 Johnson-Lindenstrauss 引理)　考虑集合 $\mathcal{X} \subset \mathbb{R}^n$. 假设 A 是一个 $m \times n$ 矩阵，其行向量 A_i 是 $\mathbb{R}^n$ 中独立的、各向同性的次高斯随机向量. 那么，在高概率(比如 0.99)下，缩放矩阵

$$Q := \frac{1}{\sqrt{m}} A$$

满足

$$\|x-y\|_2 - \delta \leqslant \|Qx-Qy\|_2 \leqslant \|x-y\|_2 + \delta, \quad \text{对所有 } x,y \in \mathcal{X}$$

其中

$$\delta = \frac{CK^2 w(\mathcal{X})}{\sqrt{m}}$$

并且 $K = \max_i \|A_i\|_{\psi_2}$.

证明　选择 T 作为差集，即 $T = \mathcal{X} - \mathcal{X}$，应用矩阵偏差不等式(定理 9.1.1)，在高概率下得到

$$\sup_{x,y \in \mathcal{X}} \left| \|Ax-Ay\|_2 - \sqrt{m}\|x-y\|_2 \right| \leqslant CK^2 \gamma(\mathcal{X}-\mathcal{X}) = 2CK^2 w(\mathcal{X})$$

(在最后一步中我们使用了(7.22))，将上式两边同时除以 $\sqrt{m}$，证毕. ■

注意到命题 9.3.2 中的误差 δ 是附加的，即这是有限集的经典 Johnson-Lindenstrauss 引理含有一个误差的乘法形式. 这可能是一个小的差异，但总的来说是必要的.

9.3.3 练习(附加误差)　假设集合 $\mathcal{X}$ 有一个非空的内部，为了得到经典 Johnson-Lindenstrauss 引理的结论(5.10)，必须使得 $m \geqslant n$，即不能有任何维度的下降.

9.3.4 注(稳定维数)　Johnson-Lindenstrauss 引理的附加形式可以用$\mathcal{X}$的稳定维数表示：

$$d(\mathcal{X}) \sim \frac{w(\mathcal{X})^2}{\operatorname{diam}(\mathcal{X})^2}$$

我们在 7.6 节中介绍了这一点. 为了证明这一点，让我们固定 $\varepsilon>0$，选择维数 m，使其超过稳定维数的适当倍数，即

226

$$m \geqslant \left(\frac{CK^4}{\varepsilon^2}\right) d(T)$$

那么，在命题 9.3.2 中我们有 $\delta \leqslant \varepsilon \operatorname{diam}(\mathcal{X})$，这意味着 Q 将在 $\mathcal{X}$ 中的距离保持在最大距离的小部分内，即 $\mathcal{X}$ 的直径.

9.4　随机截面：M^* 界和逃逸定理

考虑一个集合 $T \subset \mathbb{R}^n$ 和一个给定维数的随机子空间 E，则 T 和 E 的交集是多大？见图 9.2 所示. 此问题有两种结果，在 9.4 节中我们将给出一个 $T \cap E$ 的可测直径的一般界，称为 M^* 界. $T \cap E$ 甚至可以为空集，这是将在 9.4 节证明的逃逸定理的内容. 这两个结果都是由矩阵偏差不等式得到的.

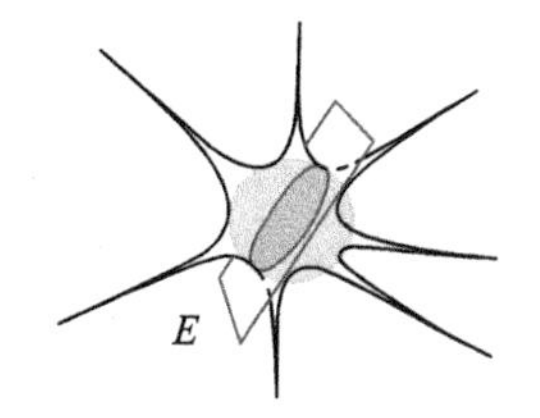

图 9.2　M^* 边界的图解：集合 T 与随机子空间 E 的交集

M^* 界

首先，易将随机子空间 E 作为某个随机矩阵的核，即设

$$E := \ker A$$

其中 A 是 $m \times n$ 维的随机矩阵，一般地，我们总有

$$\dim(E) \geqslant n - m$$

且对于连续分布，$\dim(E) = n - m$ 几乎处处成立.

9.4.1 例　假设 A 是一个高斯矩阵，即有相互独立的 $N(0, 1)$元素. 旋转不变性意味着 $E = \ker A$ 在 Grassmannian 意义下服从均匀分布：

$$E \sim \operatorname{Unif}(G_{n,n-m})$$

我们的主要结果是以下定理所述的几何集的随机截面直径的一般界. 由于历史原因，它称为 M^* 界.

9.4.2 定理(M^* 界)　考虑一个集合 $T \subset \mathbb{R}^n$. 设 A 是 $m \times n$ 维矩阵，其行向量 A_i 是 $\mathbb{R}^n$ 中相互独立、各向同性的次高斯随机向量，那么随机子空间 $E = \ker A$ 满足

227

$$\mathbb{E} \operatorname{diam}(T \cap E) \leqslant \frac{CK^2 w(T)}{\sqrt{m}}$$

其中 $K = \max_i \|A_i\|_{\psi_2}$.

证明　对 $T - T$ 应用定理 9.1.1，我们有

$$\mathbb{E} \sup_{x,y \in T} \left| \|Ax - Ay\|_2 - \sqrt{m}\|x-y\|_2 \right| \leqslant CK^2 \gamma(T-T) = 2CK^2 w(T)$$

如果把上确界限制在 A 的核中的点 x，y，那么 $\|Ax - Ay\|_2$ 项将消失，因为 $A(x-y) = 0$，

我们有

$$\mathbb{E}\sup_{x,y\in T\cap\ker A}\sqrt{m}\|x-y\|_2\leqslant 2CK^2w(T)$$

上式两边同时除以$\sqrt{m}$，得到

$$\mathbb{E}\,\mathrm{diam}(T\cap\ker A)\leqslant\frac{CK^2w(T)}{\sqrt{m}}$$

即为所求的界. ■

9.4.3 练习(仿射截面)☕☕　验证 M^* 界不仅对通过原点的截面成立，而且对所有的仿射截面也成立：

$$\mathbb{E}\max_{z\in\mathbb{R}^n}\mathrm{diam}(T\cap E_z)\leqslant\frac{CK^2w(T)}{\sqrt{m}}$$

其中 $E_z=z+\ker A$.

令人惊奇的是，M^* 界中的随机子空间 E 并不是低维的. 恰恰相反，$\dim(E)\geqslant n-m$，不妨设 $m\ll n$，则 E 几乎是全维的，这使得 M^* 界为一个强有力的也许是令人惊讶的结果.

9.4.4 注(稳定维数)　通过我们在7.6节中引入的稳定维数 $d(T)\sim\frac{w(T)^2}{\mathrm{diam}(T)^2}$ 的概念来研究 M^* 界是有启发意义的. 固定 $\varepsilon>0$，则 M^* 界可表示为

$$\mathbb{E}\,\mathrm{diam}(T\cap E)\leqslant\varepsilon\,\mathrm{diam}(T)$$

只要

$$m\geqslant C\left(\frac{K^4}{\varepsilon^2}\right)d(T)\tag{9.15}$$

换句话说，M^* 界变为非平凡——直径缩小——只要 E 的余维数超过 T 的稳定维数的倍数即可.

同样地，维数条件规定 E 的维数和 T 的稳定维数的倍数的和应以 n 为界. 从线性代数的观点来看，这个条件现在是有意义的. 例如，如果 T 是在某些子空间 $F\subset\mathbb{R}^n$ 的中心欧几里得球，那么非平凡界的直径 $\mathrm{diam}(T\cap E)<\mathrm{diam}(T)$ 可能成立当且仅当

228

$$\dim E+\dim F\leqslant n$$

(为什么?)

让我们看一个 M^* 界的应用.

9.4.5 例(ℓ_1 球)　设 $T=B_1^n$ 为 $\mathbb{R}^n$ 空间中 ℓ_1 范数的单位球. 由于在(7.18)中证明的 $w(T)\sim\sqrt{\log n}$，M^* 界(定理9.4.2)由下式给出：

$$\mathbb{E}\mathrm{diam}(T\cap E)\lesssim\sqrt{\frac{\log n}{m}}$$

例如，如果 $m=0.1n$，那么

$$\mathbb{E}\mathrm{diam}(T\cap E)\lesssim\sqrt{\frac{\log n}{n}}\tag{9.16}$$

通过与 $\mathrm{diam}(T)=2$ 比较，我们发现由于将 T 与具有几乎全维数(即 $0.9n$)的随机子空间 E 相交，直径缩小了将近$\sqrt{n}$倍.

对于这一令人惊讶的事实的直观解释，回顾7.5节中八面体 $T=B_1^n$ 的“主体”是由内切球 $\frac{1}{\sqrt{n}}B_2^n$ 构成的，那么，如果一个随机子空间 E 趋于通过主体且忽略了靠近 T 顶点的“离群值”，就不足为奇了. 这使 $T\cap E$ 的直径基本上和主体的大小相同，即 $\frac{1}{\sqrt{n}}$.

这个例子说明了如同 M^* 界，这样一个令人惊讶且一般的结果是可能实现的. 直观地说，随机子空间 E 趋于完全通过 T 的主体，其通常是一个直径比 T 小得多的欧几里得球，见图9.2.

9.4.6 练习（高概率下的 M^* 界）☕☕ 使用矩阵偏差不等式的高概率形式（练习9.1.8）可得 M^* 界的高概率形式.

逃逸定理

在某些情况下，随机子空间 E 可能完全和 $\mathbb{R}^n$ 中的给定集合 T 无交集. 这是有可能发生的，例如，如果 T 是一个球体的子集，见图9.3. 在这个情形下，交集 $T\cap E$ 在基本上与 M^* 界相同的条件下通常为空.

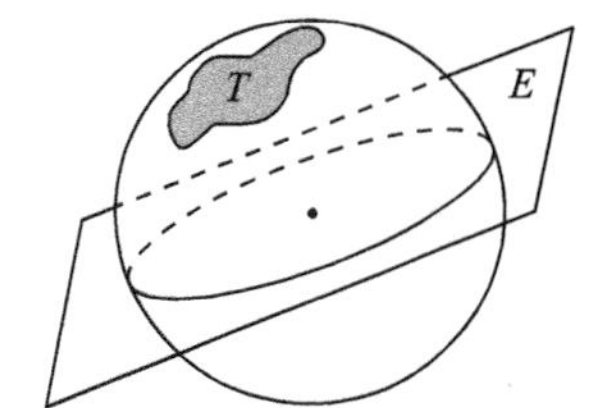

图9.3 逃逸定理的解释：集合 T 与随机子空间 E 交集为空

229

9.4.7 定理（逃逸定理） 考虑集合 $T\subset S^{n-1}$. 设 A 是 $m\times n$ 维矩阵，其行向量 A_i 是 $\mathbb{R}^n$ 中独立的、各向同性的次高斯随机向量. 如果

$$m\geqslant CK^4 w(T)^2 \tag{9.17}$$

则随机子空间 $E=\ker A$ 满足

$$T\cap E=\varnothing$$

概率至少是 $1-2\exp\left(-\frac{cm}{K^4}\right)$，这里 $K=\max_i\|A_i\|_{\psi_2}$.

证明 利用练习9.1.8的矩阵偏差不等式的高概率形式，其指出上界

$$\sup_{x\in T}\left|\|Ax\|_2-\sqrt{m}\right|\leqslant C_1K^2(w(T)+u) \tag{9.18}$$

以至少为 $1-2\exp(-u^2)$ 的概率成立. 假设此事件确实存在且 $T\cap E\neq\varnothing$，那么对于任意 $x\in T\cap E$，我们有 $\|Ax\|_2=0$，则上界变为

$$\sqrt{m}\leqslant C_1K^2(w(T)+u)$$

令 $u:=\frac{\sqrt{m}}{2C_1K^2}$，上界化简为

$$\sqrt{m}\leqslant C_1K^2w(T)+\frac{\sqrt{m}}{2}$$

上式可得

$$\sqrt{m}\leqslant 2C_1K^2w(T)$$

但只要我们选择的绝对常数 C 足够大，上式就与逃逸定理的假设矛盾，这意味着(9.18)式中如前假设的 u 仍使得 $T\cap E=\varnothing$. 证毕. ∎

9.4.8 练习（逃逸定理的精确度）☕ 讨论逃逸定理的精确度，例如 T 是 $\mathbb{R}^n$ 的某个子空间中的单位球.

9.4.9 练习(单点集的逃逸定理)☕☕　证明用单点集的旋转来代替随机子空间形式的逃逸定理.

考虑集合 $T\subset S^{n-1}$，设 $\mathcal{X}$ 是一列 $\mathbb{R}^n$ 中的点 N 的集合，证明如果

$$\sigma_{n-1}(T)<\frac{1}{N}$$

那么存在一个旋转 $U\in O(n)$，使得

$$T\cap U\mathcal{X}=\varnothing$$

230 这里 σ_{n-1} 表示 S^{n-1} 上的正规化勒贝格测度(面积).

9.5　后注

矩阵偏差不等式(定理 9.1.1)及其证明选自[128]，之前已经知道了几个重要的相关结论. 在部分情况下，A 是高斯矩阵，T 是单位球的子集，定理 9.1.1 可以从高斯比较不等式推导得出. $\|Gx\|_2$ 的上界可从 Sudakov-Fernique 不等式(定理 7.2.11)推出，而 $\|Gx\|_2$ 的下界可由 Gordon 不等式得出(练习 7.2.14). G. Schechtman 证明了高斯随机矩阵 A 和一般范数(不一定是欧几里得范数)形式的矩阵偏差不等式的部分情形，我们在 11.1 节给出了这个结果. 对于次高斯矩阵 A，矩阵偏差不等式的早期版本可以在[113, 141, 61]中找到，见[128, 第 3 节]与这些结果的比较. 最后，稀疏矩阵 A(准确地说，一个稀疏阵矩阵 A 的 Johnson-Lindenstrauss 变换)的矩阵偏差不等式的变形见[30].

命题 9.2.1 的版本应归于 V. Milman[145]，见[11, 命题 5.7.1]. 关于低维分布协方差估计的定理 9.2.4 归于 V. Koltchinskii 和 K. Lounici[115]，他们用了一种不同的方法，即基于优化测度定理的证明. R. van Handel 在[207]中展示了如何从解耦、调节和 Slepian 引理中推导高斯分布的定理 9.2.4. 定理 9.2.4 中的界可以取逆[115, 207].

对类似于命题 9.3.2 的有限集的 Johnson-Lindenstrauss 引理的版本见[128].

我们在 9.4 节证明的 M^* 界的形式是几何泛函分析中的一个有用的结论，见[11, 7.3 节, 7.4 节和 9.3 节]以及[85, 140, 217]中许多 M^* 界的已知变量、证明和结论，我们在这里给出的定理 9.4.2 的形式来自[128].

9.4 节中的逃逸定理在文献中也被称为“从网格中逃逸”. 对于(9.17)中高斯随机矩阵 A 和有精确常数因子的情形，最初是由 Y. Gordon 证明的，此论点基于 Gordon 不等式，见练习 7.2.14，这一精确定理的匹配下界可由球形凸集[184, 9]得到. 事实上，对于球形凸集，用积分几何[9]的方法可以得到命中概率的精确值，Oymak 和 Tropp[159]证明了这种精确结果是普遍的，即可推广到非高斯矩阵. 我们的逃逸定理(定理 9.4.7)是从[128]得到的，它适用于更一般的随机矩阵类，但不具有精确的绝对常数. 正如我们将在 10.5 节中231看到的，逃逸定理是解决信号恢复问题的重要工具.

第10章 稀疏恢复

在本章中，我们主要讨论高维概率在数据科学中的应用．我们将研究高维统计中压缩感知和结构化回归问题的基本信号恢复问题，并使用凸优化开发求解算法的方法．

我们在10.1节中引入这些问题．我们对这些问题的第一种处理方法非常简单且普遍，它将在10.2节中在 M^* 界的基础上进一步讨论．然后我们将这种方法集中用于两个重要的问题．在10.3节中，我们研究稀疏恢复问题，在这个问题中未知信号是稀疏的(即，具有很少的非零坐标)．在10.4节中，我们研究低秩矩阵恢复问题，在这个问题中未知信号是一个低秩矩阵．如果我们使用逃逸定理代替 M^* 界，则可以准确地恢复稀疏信号(没有任何错误)！我们证明了10.5节中压缩感知的基本结果．我们首先从逃逸定理中推导出它，然后研究一个保证稀疏恢复的重要确定性条件：有限等距性质(RIP)．最后，在10.6节中，我们使用矩阵偏差不等式来分析统计学中稀疏回归最流行的优化方法——Lasso算法．

10.1 高维信号恢复问题

在数学上，我们将信号建模为向量 $x\in\mathbb{R}^n$．假设我们事先不知道 x，但是我们有 m 个随机的、线性的、可能有噪声的 x 测量值，这样的测量值可以表示为向量 $y\in\mathbb{R}^m$，其形式如下：

$$y = Ax + w \tag{10.1}$$

这里 A 是已知的 $m\times n$ 随机测量矩阵，$w\in\mathbb{R}^m$ 是未知的噪声向量，见图10.1．我们的目标是尽可能准确地从 A 和 y 恢复 x．

注意，测量值 $y=(y_1,\cdots,y_m)$ 可以等效地表示为

$$y_i = \langle A_i, x\rangle + w_i,\quad i=1,\cdots,m \tag{10.2}$$

其中 $A_i\in\mathbb{R}^n$ 表示矩阵 A 的一行．很自然地假设 A_i 是独立的，这使得观察结果 y_i 也是独立的．

10.1.1 例(音频采样)　在信号处理应用中，x 可以是数字化音频信号，测量向量 y 可以通过在 m 个随机选择的时间点通过采样 x 来获得，见图10.2．

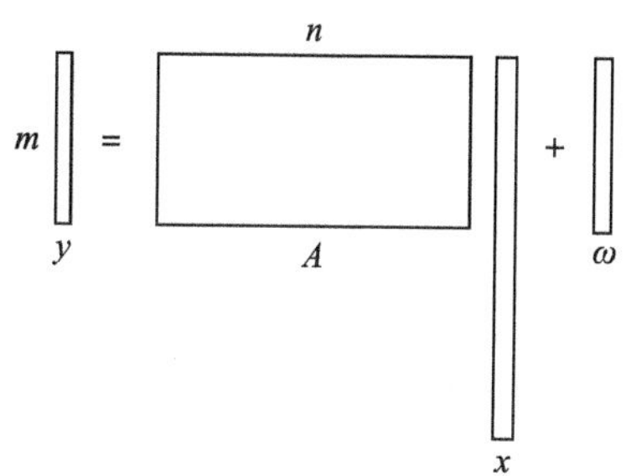

图10.1　信号恢复问题：从随机线性测量 y 中恢复信号 x

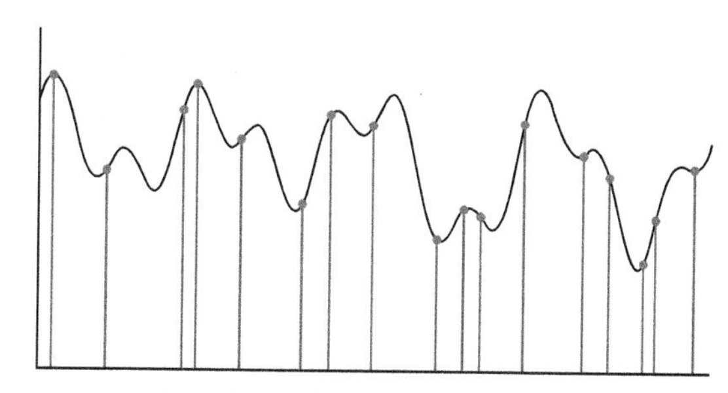

图10.2　音频采样中的信号恢复问题：从 m 个随机时间点采集的 x 样本中恢复音频信号 x

10.1.2 例（线性回归） 线性回归是统计学中的主要推断工具之一. 在这里，我们使用 m 个观察样本模拟 n 个解释变量和被解释变量之间的关系. 回归问题通常写成

$$Y = X\beta + w$$

这里 X 是包含解释变量样本的 $m\times n$ 矩阵，$Y\in\mathbb{R}^m$ 是包含被解释变量样本的向量，$\beta\in\mathbb{R}^n$ 是表示我们尝试恢复的关系的系数向量，w 是噪声向量.

例如，在遗传学中，人们可能对预测某种基于遗传信息的疾病感兴趣，因此，人们对 m 个患者进行研究，收集他们 n 个基因的信息. 矩阵 X 由 X_{ij} 定义，是患者 i 的基因 j 的信息，向量 Y 的系数 Y_i 可以设置为量化第 i 个患者是否患有疾病(以及在何种程度上)的量，目标是恢复量化每个基因如何影响疾病的系数 β.

包含信号的先验信息

许多现代信号恢复问题都是在以下情况下发生的：

$$m \ll n$$

也就是说，我们的观测值远远少于未知数. 例如，例 10.1.2 中所述的典型遗传研究中，患者数量为～100，而基因数量为～10000.

233

在这种情况下，即使是 $w=0$ 的无噪声情况，恢复问题(10.1)仍然是不适定问题，它甚至不能近似求解：解的形式至少为 $n-m$ 的线性子空间. 为了克服这个困难，我们可以利用一些关于信号 x 的先验信息——我们了解、信任，或想要强制它执行 x，这些信息可以通过

$$x \in T \tag{10.3}$$

的假设来用数学式表达，其中 $T\subset\mathbb{R}^n$ 是一个已知的集合.

该集合越小，恢复 x 所需的测量值就越少. 对于小的 T，我们希望即使在不适定的 $m\ll n$ 的情况下，也可以解决信号恢复问题. 我们将在以下部分中看到这个想法是如何实现的.

10.2 基于 M^* 界的信号恢复

让我们回到恢复问题(10.1). 为简单起见，我们首先考虑问题的无噪声形式，即

$$y = Ax, \quad x \in T$$

回顾一下，$x\in\mathbb{R}^n$ 是未知信号，$T\subset\mathbb{R}^n$ 是我们对 x 的先验信息进行编码的已知集合，A 是已知的 $m\times n$ 随机测量矩阵. 我们的目标是从 y 恢复 x.

也许最简单的候选解是任意向量 x' 都既与测量一致，又与先验一致，所以我们发现

$$x' : y = Ax', \quad x \in T \tag{10.4}$$

如果集合 T 是凸的，则这是凸规划(以可行的形式)问题，并且存在许多有效的算法可以在数值上解决它.

这种简单的方法效果很好，我们现在从 9.4 节的 M^* 界快速推断这一形式.

10.2.1 定理 假设 A 的行 A_i 是独立的、各向同性的次高斯随机向量，那么方案(10.4)的解 $\hat{x}$ 满足

$$\mathbb{E}\|\hat{x} - x\|_2 \leqslant \frac{CK^2 w(T)}{\sqrt{m}}$$

其中，$K=\max_i \|A_i\|_{\psi_2}$.

证明 因为 x，$\hat{x}\in T$，且 $Ax=A\hat{x}=y$，所以，我们有

$$x,\hat{x} \in T \cap E_x$$

其中 $E_x := x+\ker A$(图 10.3 示例了这种情况). 那么，根据 M^* 界的仿射形式(练习 9.4.3)得到

$$\mathbb{E}\|\hat{x}-x\|_2 \leqslant \mathbb{E}\,\mathrm{diam}(T \cap E_x) \leqslant \frac{CK^2 w(T)}{\sqrt{m}}$$

证毕. ■

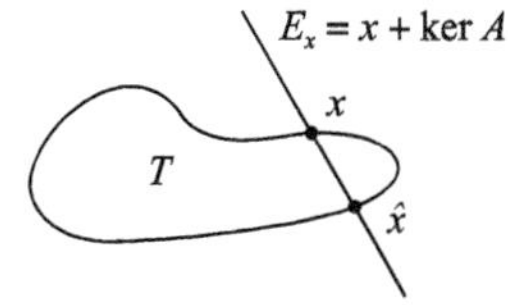

图 10.3 信号恢复：信号 x 和解 $\hat{x}$ 位于先验集 T 和仿射子空间 E_x 中

234

10.2.2 注(稳定维数) 与注 9.4.4 中所述一样，只要测量数 m 满足

$$m \geqslant C\left(\frac{K^4}{\varepsilon^2}\right)d(T)$$

我们就获得了一个非平凡的误差界

$$\mathbb{E}\|\hat{x}-x\|_2 \leqslant \varepsilon\,\mathrm{diam}(T)$$

换句话说，只要测量数 m 超过先验集 T 的稳定维数 $d(T)$ 的倍数，信号就可以被近似恢复.

由于稳定维数可以远远小于环境维数 n，因此即使在高维的、不适定的且 $m \ll n$ 的情况下恢复问题也可以被解决. 我们很快就会看到这种情况的一些具体例子.

10.2.3 注(凸性) 如果先验集 T 不是凸的，我们可以通过用其凸包 $\mathrm{conv}(T)$ 代替 T 来凸化它，这使得(10.4)成为一个凸规划，因此在计算上易于处理. 同时，恢复的保障定理 10.2.1 也不会改变，因为由命题 7.5.2 有

$$w(\mathrm{conv}(T)) = w(T)$$

10.2.4 练习(噪声测量)☕☕ 推广恢复结果(定理 10.2.1)到我们在(10.1)中考虑的噪声模式 $y=Ax+w$，即证明

$$\mathbb{E}\|\hat{x}-x\|_2 \leqslant \frac{CK^2 w(T) + \|w\|_2}{\sqrt{m}}$$ ☞

10.2.5 练习(均方误差)☕☕☕ 证明定理 10.2.1 中的误差界可以推广到均方误差

$$\mathbb{E}\|\hat{x}-x\|_2^2$$ ☞

10.2.6 练习(通过优化恢复)☕☕ 设 T 是 $\mathbb{R}^n$ 中某个范数 $\|\cdot\|_T$ 下的单位球. 证明定理 10.2.1 的结论对下列优化问题的解：

$$\text{最小化} \|x'\|_T \text{ 使得 } y = Ax'$$

也成立.

235

10.3 稀疏信号的恢复

稀疏性

让我们给出先验集 T 的一个具体例子. 我们经常认为 x 应该是稀疏的，即 x 的大多数系数都是零，无论它是精确的还是近似的. 例如，例 10.1.2 描述的遗传研究中，预期很少

基因(~10)会对特定疾病具有显著影响是很自然的，并且我们想知道它们是什么.

在一些应用中，需要改变基础以使感兴趣的信号稀疏. 例如，例 10.1.1 中考虑的音频恢复问题中，我们通常处理有限带宽信号 x，它们是频率(傅里叶变换的值)被限制在某个小的集合上的信号，例如有界区间. 虽然音频信号 x 本身不是稀疏的，但如图 10.2 所示，x 的傅里叶变换可能是稀疏的. 换句话说，x 在频率上而不是时域上可能是稀疏的.

为了量化一个向量 $x\in\mathbb{R}^n$ 的(精确)稀疏性，我们考虑 x 的支集的大小，我们将其表示为

$$\|x\|_0 := |\operatorname{supp}(x)| = |\{i : x_i \neq 0\}|$$

假定

$$\|x\|_0 = s \ll n \tag{10.5}$$

这可以被看成是一般假定(10.3)的特殊情况

$$T = \{x \in \mathbb{R}^n : \|x\|_0 \leqslant s\}$$

然后，一个简单的维数计数表明，恢复问题(10.1)可以被很好地提出.

10.3.1 练习(稀疏恢复问题被很好地提出)☕☕☕　证明：如果 $m\geqslant\|x\|_0$，则稀疏恢复问题(10.1)的解若存在则是唯一的.

即使问题(10.1)被很好地提出，但在计算上是困难的. 如果知道了 x 的支集，则计算是容易的(为什么?)，但通常支集是未知的. 对所有可能的支集(给定大小为 s 的子集)进行穷举搜索是不可能的，因为可能的数量呈指数级增大：$\binom{n}{s}\geqslant 2^s$.

幸运的是，有一般约束问题(10.3)的高维恢复问题，特别是稀疏的恢复问题，存在计算有效的方法，我们接下来介绍这些方法.

10.3.2 练习(对于 $0\leqslant p<1$ 的"ℓ_p 范数")☕☕☕

(a) 验证 $\|\cdot\|_0$ 不是 $\mathbb{R}^n$ 上的范数.

(b) 验证：如果 $0<p<1$，那么 $\|\cdot\|_p$ 不是 $\mathbb{R}^n$ 上的范数. 图 10.4 示例了各种 ℓ_p 范数的单位球.

(c) 证明：对每个 $x\in\mathbb{R}^n$，有

236

$$\|x\|_0 = \lim_{p\to 0_+}\|x\|_p$$

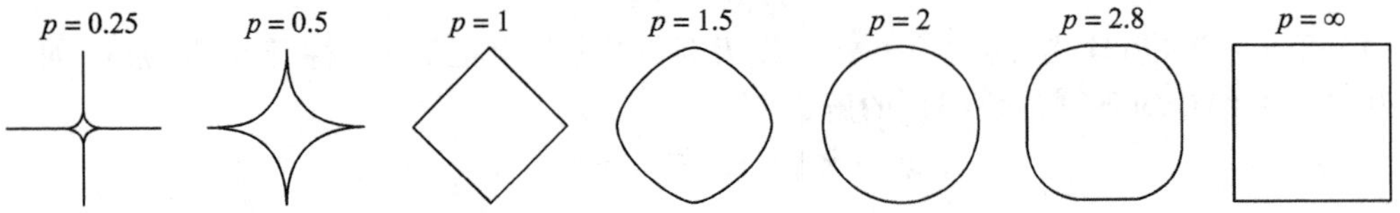

$p=0.25$　$p=0.5$　$p=1$　$p=1.5$　$p=2$　$p=2.8$　$p=\infty$

图 10.4　$\mathbb{R}^2$ 中各种 p 值下 ℓ_p 的单位球

ℓ_1 范数下的稀疏凸化和恢复保障

我们可以把 10.2 节中介绍的一般恢复保障推广到稀疏恢复问题. 要做到这一点，我们应该选择先验集 T，使其能提高稀疏度. 在前一节中我们看到，选择

$$T := \{x \in \mathbb{R}^n : \|x\|_0 \leqslant s\}$$

是计算上不可处理的算法.

为了使得 T 是凸集，我们用使 ℓ_p 成为范数的最小指数 $p>0$ 的 ℓ_p 范数来代替 ℓ_0 范数，p 实际上为 1，如图 10.4 所示. 我们再来重述一遍这个重要的思想：我们建议用 ℓ_1 范数代替 ℓ_0 范数.

因此，选择 T 作为一个缩放的 ℓ_1 球

$$T := \sqrt{s} B_1^n$$

是有意义的. 选择缩放因子 $\sqrt{s}$，使 T 包含所有的 s-稀疏单位向量：

10.3.3 练习☕ 验证集合

$$\{x \in \mathbb{R}^n : |x|_0 \leqslant s, |x|_2 \leqslant 1\} \subset \sqrt{s} B_1^n$$

对于这个 T，一般的恢复问题(10.4)变成

$$\text{找到 } x' : y = Ax', \quad \|x'\|_1 \leqslant \sqrt{s} \tag{10.6}$$

注意到这是一个凸规划问题，因此是可以计算的. 特别地，针对此时的情况，由定理 10.2.1，有

10.3.4 推论(稀疏恢复：保证) 假设未知的 s-稀疏信号 $x \in \mathbb{R}^n$ 满足 $\|x\|_2 \leqslant 1$，那么，用模型(10.6)的解 $\hat{x}$，x 可以从随机测量向量 $y = Ax$ 中近似恢复，恢复误差满足

$$\mathbb{E}\|\hat{x} - x\|_2 \leqslant CK^2 \sqrt{\frac{s\log n}{m}}$$

证明 设 $T = \sqrt{s} B_1^n$. 由定理 10.2.1 和 ℓ_1 球的高斯宽度界(7.18)可得下面结果：

$$w(T) = \sqrt{s}\, w(B_1^n) \leqslant C\sqrt{s\log n}$$ ■ 237

10.3.5 注 如果

$$m \sim s\log n$$

(并且假设这里隐藏的常数充分大)，则由推论 10.3.4 保证恢复误差是很小的. 换句话说，如果测量数 m 关于稀疏度 s 几乎是线性的，而它对环境维数 n 的依赖是温和的(对数的)，则恢复是可能的. 这是一个好消息，它意味着对稀疏信号，在高维空间下

$$m \ll n$$

即测量数远小于维数时，信号恢复问题是可解的.

10.3.6 练习(凸优化下的信号恢复)☕☕☕

(a) 证明一个未知的 s-稀疏信号 x(没有范数限制)可以通过求解凸优化问题

$$\text{最小化} \|x'\|_1 \text{ 使得 } y = Ax' \tag{10.7}$$

来近似恢复，恢复误差满足

$$\mathbb{E}\|\hat{x} - x\|_2 \leqslant C\sqrt{\frac{s\log n}{m}}\|x\|_2$$

(b) 证明：对近似稀疏信号，类似的结论成立．叙述并证明成立的保障.

稀疏向量的凸包和对数改进

我们在练习 10.3.3 中所做的用八面体 $\sqrt{s}B_1^n$ 替换 s-稀疏向量几乎是精确的. 在接下来的练习中，我们将证明稀疏向量集

$$S_{n,s}:=\{x\in\mathbb{R}^n:\|x\|_0\leqslant s,\|x\|_2\leqslant 1\}$$

的凸包近似地是缩减的 ℓ_1 球

$$T_{n,s}:=\sqrt{s}B_1^n\cap B_2^n=\{x\in\mathbb{R}^n:\|x\|_1\leqslant\sqrt{s},\|x\|_2\leqslant 1\}$$

10.3.7 练习(稀疏向量的凸包)☕☕☕

(a) 验证

$$\mathrm{conv}(S_{n,s})\subset T_{n,s}$$

(b) 为了证明反向包含关系，固定 $x\in T_{n,s}$，并且把 x 的支集划分为不相交子集 I_1，I_2，…使得 I_1 在量上挂钩 x 的 s 个最大系数，I_2 挂钩下一 s 个最大系数，以此类推. 证明

$$\sum_{i\geqslant 1}\|x_{I_i}\|_2\leqslant 2$$

其中，$x_I\in\mathbb{R}^T$ 表示 x 在集合 I 上的限制. ☞

(c) 从(b)中推导出

238

$$T_{n,s}\subset 2\mathrm{conv}(S_{n,s})$$

10.3.8 练习(稀疏向量的集合的高斯宽度)　用练习 10.3.7 的结论来证明

$$w(T_{n,s})\leqslant 2w(S_{n,s})\leqslant C\sqrt{s\log\left(\frac{en}{s}\right)}$$

改进稀疏恢复(推论 10.3.4)的误差界中的对数因子为

$$\mathbb{E}\|\hat{x}-x\|_2\leqslant C\sqrt{\frac{s\log\left(\frac{en}{s}\right)}{m}}$$

这表明

$$m\sim s\log\left(\frac{en}{s}\right)$$

测量数对稀疏恢复足够了.

10.3.9 练习(精确性)☕☕☕☕　证明

$$w(T_{n,s})\geqslant w(S_{n,s})\geqslant c\sqrt{s\log\left(\frac{2n}{s}\right)}$$ ☞

10.3.10 练习(Garnaev-Gluskin 定理)☕☕☕　改进 ℓ_1 球截面上的界(9.4.5)中的对数因子，即证明

$$\mathbb{E}\mathrm{diam}(B_1^n\cap E)\lesssim\sqrt{\frac{\log\left(\frac{en}{m}\right)}{m}}$$

特别地，这表明(9.16)中的对数因子是不必要的. ☞

10.4　低秩矩阵的恢复

在接下来的一系列练习中，我们建立了 10.3 节中介绍的稀疏恢复问题的矩阵形式. 未知信号现在是 $d\times d$ 矩阵 X 而不是我们先前认为的 n 维向量 $x\in\mathbb{R}^n$.

对矩阵的稀疏有两种概念. 一种是矩阵 X 的大多数元素都是 0，它是由 ℓ_0 范数 $\|X\|_0$

量化的，即由向量中所有非 0 元素的数目定义. 对于这种概念，我们可以直接应用 10.3 节中对稀疏恢复的分析. 实际上，将矩阵 X 向量化并将其看成是 $\mathbb{R}^{d^2}$ 中的长向量即可.

但是，在本节中，对矩阵的稀疏我们考虑一个替代的同样有用的概念：低秩. 它是由矩阵 X 的秩(我们可以把它看成是由矩阵 X 的奇异值组成的向量的 ℓ_0 范数)量化的，即

$$s(X):=(s_i(X))_{i=1}^d \tag{10.8}$$

我们对低秩矩阵恢复问题的分析与稀疏性恢复问题的分析大体一致，但并不完全相同.

让我们提出一个低秩矩阵恢复问题. 我们希望从以下形式的 m 个随机测量中恢复一个未知的 $d\times d$ 矩阵 X：

$$y_i=\langle A_i,X\rangle,\quad i=1,\cdots,m \tag{10.9}$$

239

在这里，A_i 是独立 $d\times d$ 矩阵，且 $\langle A_i,\ X\rangle=\operatorname{tr}(A_i^{\mathrm{T}}X)$ 是矩阵的典范内积(参见 4.1.3 节). 当维数 $d=1$ 时，矩阵恢复问题(10.9)可归结为向量恢复问题(10.2).

由于我们在 m 个线性方程中有 $d\times d$ 个变量，因此矩阵恢复问题是*不适定问题*，如果

$$m<d^2$$

为了能够在这个范围内求解，我们要做一个额外的假设——X 是低秩的，即

$$\operatorname{rank}(X)\leqslant r\ll d$$

核范数

与稀疏一样，秩不是一个凸函数. 为了解决这个问题，在 10.3 节中我们用 ℓ_1 范数替换了稀疏性(即 ℓ_0 范数). 我们利用同样的思想在秩的概念下进行尝试. 矩阵 X 的秩等于由 X 的奇异值(10.8)组成的向量 $s(X)$ 的 ℓ_0 范数. 用 ℓ_1 范数替代 ℓ_0 范数，我们得到

$$\|X\|_*:=\|s(X)\|_1=\sum_{i=1}^d s_i(X)=\operatorname{tr}\sqrt{X^{\mathrm{T}}X}$$

它被称为 X 的*核范数*，也称为*迹范数*. (我们省略了绝对值，因为奇异值是非负的.)

10.4.1 练习☕☕☕ 证明 $\|\cdot\|_*$ 确实是 $d\times d$ 矩阵空间上的范数. ☞

10.4.2 练习(*核范数，F(弗罗贝尼乌斯)-范数，算子范数*)☕☕ 验证：

$$\langle X,Y\rangle\leqslant\|X\|_*\|Y\| \tag{10.10}$$

证明

$$\|X\|_F^2\leqslant\|X\|_*\|X\|$$ ☞

现在，用

$$B_*:=\{X\in\mathbb{R}^{d\times d}:\|X\|_*\leqslant 1\}$$

表示核范数的单位球.

10.4.3 练习(*核范数下单位球的高斯宽度*)☕ 证明

$$w(B_*)\leqslant 2\sqrt{d}$$ ☞

下面是练习 10.3.3 的矩阵形式.

10.4.4 练习☕ 验证：

$$\{X\in\mathbb{R}^{d\times d}:\operatorname{rank}(X)\leqslant r,\|X\|_F\leqslant 1\}\subset\sqrt{r}B_*$$

240

低秩矩阵恢复的保障

用凸规划的矩阵形式(10.6)来尝试解决低秩矩阵恢复问题(10.9)是有意义的.

$$找到\ X' : y_i = \langle A_i, X' \rangle, \quad \forall i = 1, \cdots, m, \|X'\|_* \leqslant \sqrt{r} \tag{10.11}$$

10.4.5 练习(低秩矩阵恢复：保障)☕☕ 假设随机矩阵 A_i 是独立的，并且全部有独立的次高斯元素[⊖]. 假定秩为 r 的 $d \times d$ 未知矩阵 X 满足 $\|X\|_F \leqslant 1$，证明 X 可以用随机测量值 y_i 通过问题(10.11)的解 $\hat{X}$ 近似恢复，并证明恢复误差满足

$$\mathbb{E}\|\hat{X} - X\|_F \leqslant CK^2\sqrt{\frac{rd}{m}}$$

10.4.6 注 如果

$$m \sim rd$$

且隐藏常数充分大，则恢复误差可以很小. 这样即使测量的数量非常小，即

$$m \ll d^2$$

且矩阵恢复问题(没有秩假设条件)是不适定的，我们也可以恢复低秩矩阵.

10.4.7 练习☕☕ 将矩阵恢复的结果推广到近似低秩矩阵.

下面是练习 10.3.6 的矩阵形式.

10.4.8 练习(利用凸优化解决低秩矩阵恢复问题)☕☕ 证明秩为 r 的未知矩阵 X 可以通过求解凸优化问题来近似恢复：

$$最小化 \|X'\|_* \ 使得\ y_i = \langle A_i, X' \rangle, \quad \forall i = 1, \cdots, m$$

10.4.9 练习(矩形矩阵)☕☕ 将矩阵恢复问题的结果从方阵推广到矩形矩阵，即 $d_1 \times d_2$ 矩阵.

10.5 精确恢复和 RIP

可以证明，我们刚刚所给的使得稀疏恢复成立的保障是可以显著改进的：稀疏信号 x 的恢复误差事实上可以为 0！我们用两种方法来实现这个不同寻常的现象. 首先，我们可以从逃逸定理 9.4.7 推导出精确恢复. 接下来，我们给出一个关于矩阵 A 的一般的确定性条件使精确恢复可以实现，而这就是大家所熟知的 RIP. 我们验证随机矩阵 A 满足 RIP，这给出了另一种精确恢复的方法.

241

基于逃逸定理的精确恢复

为了了解为什么精确恢复是可能发生的，让我们从几何的角度来考查恢复问题，如图 10.3所示. 问题(10.6)的一个解 $\hat{x}$ 必须在先验集 T 的交集内，在我们讨论的这种情形下，先验集 T 是 ℓ_1 球 $\sqrt{s}B_1^n$ 和仿射子空间 $E_x = x + \ker A$.

球 ℓ_1 是多面体，并且 s-稀疏单位向量 x 位于这个多面体的 $s-1$ 维的边上，见图 10.5a.

随机子空间 E_x 在点 x 处与多面体相切的概率是大于零的. 如果相切发生了，那么 x 就是球 ℓ_1 和 E_x 的交集中唯一的点. 在这种情况下，可以得出问题(10.6)的解 x 是精确的：

$$\hat{x} = x$$

⊖ 元素的独立性条件可以放松，为什么？

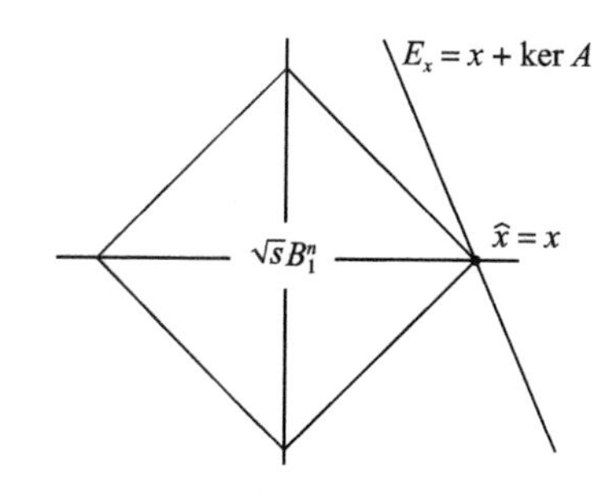

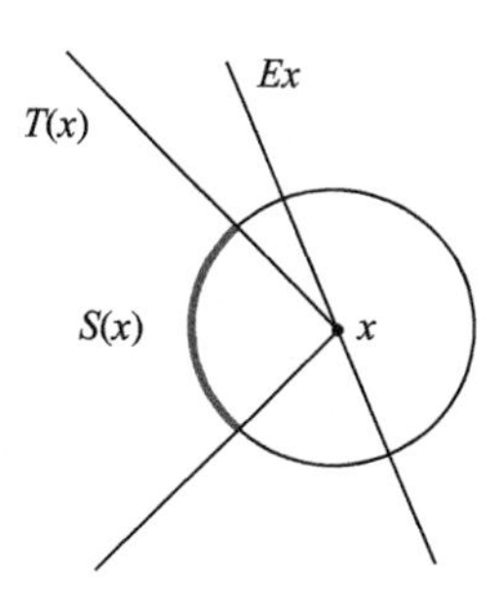

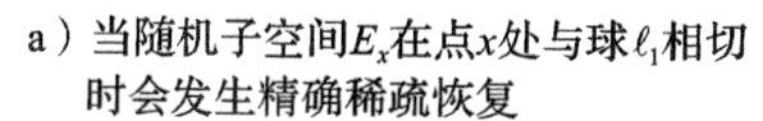

a）当随机子空间E_x在点x处与球ℓ_1相切时会发生精确稀疏恢复

b）当且仅当E_x与球ℓ_1点x处的切锥$T(x)$的球形部分$S(x)$不相交时，相切才发生

图 10.5 精确稀疏恢复

为了证明这个论点是正确的，我们需要检验随机子空间 E_x 是大概率相切于 ℓ_1 球的，我们可以应用逃逸定理 9.4.7 来验证. 为了观察它们之间的联系，看切点的一个小邻域中会发生什么，见图 10.5b. 当且仅当切锥 $T(x)$（这个切锥是由从 x 发出的指向球 ℓ_1 内的点的所有射线构成的）与 E_x 仅相交于点 x，子空间 E_x 是相切于该球的. 等价地，当且仅当该锥体的球形部分 $S(x)$（$T(x)$与以 x 为中心的小球的相交部分）与 E_x 不相交时，这种相切才会发生. 而这恰好是逃逸定理 9.4.7 的结论！

让我们现在严格地叙述精确恢复结果. 我们先来考虑无噪声的稀疏恢复问题

$$y = Ax$$

并尝试利用最优化问题(10.7)，即

$$\text{最小化}\|x'\|_1 \text{ 使得 } y = Ax' \tag{10.12}$$

来解决这个问题.

242

10.5.1 定理（精确稀疏恢复） 设 A 的行 A_i 是独立的、各向同性的次高斯随机向量，并令 $K := \max_i \|A_i\|_{\psi_2}$，则下面事件发生的概率至少为 $1-2\exp\left(-\frac{cm}{K^4}\right)$：

假设一个未知信号 $x \in \mathbb{R}^n$ 是 s-稀疏的，且测量次数 m 满足

$$m \geqslant CK^4 s\log n$$

则问题(10.12)的解$\hat{x}$是精确的，即

$$\hat{x} = x$$

为了证明这个定理，我们希望证明恢复误差 $h := \hat{x} - x$ 为 0. 让我们更仔细地检验向量 h. 首先我们将证明 h 在 x 的支集中比在它之外具有更多"能量".

10.5.2 引理 令 $S := \mathrm{supp}(x)$，则有

$$\|h_{S^c}\|_1 \leqslant \|h_S\|_1$$

这里的 $h_S \in \mathbb{R}^S$ 代表将向量 $h \in \mathbb{R}^n$ 限制在坐标子集 $S \subset \{1, \cdots, n\}$上.

证明 因为$\hat{x}$是问题(10.12)的最小点，所以我们有

$$\|\hat{x}\|_1 \leqslant \|x\|_1 \tag{10.13}$$

但同时也存在下界，如

$$\|\hat{x}\|_1 = \|x+h\|_1 = \|x_S + h_S\|_1 + \|x_{S^c} + h_{S^c}\|_1$$
$$\geqslant \|x\|_1 - \|h_S\|_1 + \|h_{S^c}\|_1$$

公式的最后一行成立利用了三角不等式和等式 $x_S=x$ 及 $x_{S^c}=0$. 将此下界代入(10.13)式中，并消去不等式两边的 $\|x\|_1$，证毕. ■

10.5.3 引理　*误差向量满足*

$$\|h\|_1 \leqslant 2\sqrt{s}\|h\|_2$$

证明　利用引理 10.5.2 和 Hölder 不等式，我们得到

$$\|h\|_1 = \|h_S\|_1 + \|h_{S^c}\|_1 \leqslant 2\|h_S\|_1 \leqslant 2\sqrt{s}\|h_S\|_2$$

因为，$\|h_S\|_2 \leqslant \|h\|_2$ 是平凡的，证毕. ■

定理 10.5.1 的证明　假设这个恢复不是精确的，即

243

$$h = \hat{x} - x \neq 0$$

由引理 10.5.3，标准化的误差 $\frac{h}{\|h\|_2}$ 属于下面这个集合：

$$T_S := \{z \in S^{n-1} : \|z\|_1 \leqslant 2\sqrt{s}\}$$

并且因为

$$Ah = A\hat{x} - Ax = y - y = 0$$

我们有

$$\frac{h}{\|h\|_2} \in T_s \cap \ker A \tag{10.14}$$

逃逸定理 9.4.7 表明，只要

$$m \geqslant CK^4 w(T_s)^2$$

交集为空的概率就很大. 现在

$$w(T_S) \leqslant 2\sqrt{s}w(B_1^n) \leqslant C\sqrt{s\log n} \tag{10.15}$$

这里我们利用了 ℓ_1 球高斯宽度的界(7.18). 因此，如果 $m \geqslant CK^4 s\log n$，则式(10.14)中的交集为空的概率很大，也就是说式(10.14)中的包含关系不成立. 这个矛盾意味着我们所做的 $h\neq 0$ 的假设以很大的概率是错误的. 证毕. ■

10.5.4 练习(改进对数因子)☕　证明在放宽测量次数的条件下，即

$$m \geqslant CK^4 s\log\left(\frac{en}{s}\right)$$

定理 10.5.1 的结论依然成立. ☞

10.5.5 练习☕☕　利用图 10.5b，给出定理 10.5.1 证明的几何解释. 这个证明说明了切锥 $T(x)$和它的球形部分 $S(x)$的什么特点?

10.5.6 练习(噪声测量)☕☕☕　将稀疏恢复(定理 10.5.1)的结果推广到噪声测量上，即

$$y = Ax + w$$

你可能需要使用近似约束条件 $y=Ax'$来修改这个恢复问题.

10.5.7 注　定理 10.5.1 表明，如果解是稀疏的，则可以有效地求解 $m \ll n$ 个方程、n 个

变量的欠定线性方程组 $y=Ax$.

244

*限制等距

这一小节是选修内容，不会影响之后的课程学习.

到目前为止我们证明出的恢复结果都是建立在概率基础上的：它们以很大的概率对随机测量矩阵 A 有效. 我们很想知道是否存在一个确定性的条件可以保证给定的矩阵 A 可以用于稀疏恢复，这个条件就是 RIP.

10.5.8 定义(RIP)　如果下面不等式对所有使得 $\|v\|_0\leqslant s$ 的向量[⊖] $v\in\mathbb{R}^n$ 都成立，则称 $m\times n$ 的矩阵 A 关于参数 α，β 和 s 满足 RIP：

$$\alpha\|v\|_2\leqslant\|Av\|_2\leqslant\beta\|v\|_2$$

换句话说，如果 A 在 $\mathbb{R}^n$ 的任意 s 维坐标子空间上的限制是(4.5)意义下的近似等距，则称矩阵 A 满足 RIP.

10.5.9 练习(通过奇异值的 RIP)☕　证明：当且仅当矩阵奇异值对所有满足大小为 $|I|=s$ 的子集 $I\subset[n]$ 均有不等式

$$\alpha\leqslant s_n(A_I)\leqslant s_1(A_I)\leqslant\beta$$

时 RIP 成立，其中 A_I 表示 A 的 $m\times s$ 阶子矩阵，其列由 I 中指标对应的 s 列.

现在，我们将要证明 RIP 实际上是稀疏恢复的充分条件.

10.5.10 定理(RIP 蕴含精确恢复)　设一个 $m\times n$ 矩阵 A 关于参数 α、β 和 $(1+\lambda)s$ 满足 RIP，其中 $\lambda>\left(\frac{\beta}{\alpha}\right)^2$，则每个 s-稀疏向量 $x\in\mathbb{R}^n$ 都能通过解问题(10.12)被精确恢复，即规划的解满足

$$\hat{x}=x$$

证明　与定理 10.5.1 的证明一样，我们想要证明恢复误差

$$h=\hat{x}-x$$

为 0. 为了证明它，我们利用与练习 10.3.7 相似的方法对 h 进行分解.

第 1 步：分解支集. 设 I_0 为 x 的支集；令 I_1 指向 $h_{I_0^c}$ 中 λs 个最大的系数；令 I_2 指向 $h_{I_0^c}$ 中接下来的 λs 个最大的系数，以此类推. 最后，记 $I_{0,1}=I_0\cup I_1$.

因为

$$Ah=A\quad\hat{x}-Ax=y-y=0$$

245

由三角不等式得

$$0=\|Ah\|_2\geqslant\|A_{I_{0,1}}h_{I_{0,1}}\|_2-\|A_{I_{0,1}^c}h_{I_{0,1}^c}\|_2\tag{10.16}$$

接下来我们讨论不等式右端的两项.

第 2 步：应用 RIP. 因为 $|I_{0,1}|\leqslant s+\lambda s$，由 RIP 得到

$$\|A_{I_{0,1}}h_{I_{0,1}}\|_2\geqslant\alpha\|h_{I_{0,1}}\|_2$$

在 RIP 基础上，再由三角不等式得到

$$\|A_{I_{0,1}^c}h_{I_{0,1}^c}\|_2\leqslant\sum_{i\geqslant 2}\|A_{I_i}h_{I_i}\|_2\leqslant\beta\sum_{i\geqslant 2}\|h_{I_i}\|_2$$

⊖ 回忆一下 10.3 节，我们用 $\|v\|_0$ 表示 v 的非零坐标数.

将上式代入(10.16)中得到

$$\beta\sum_{i\geqslant 2}\|h_{I_i}\|_2\geqslant\alpha\|h_{I_{0,1}}\|_2 \tag{10.17}$$

第3步：相加. 接下来，我们利用与练习10.3.7中同样的方法对不等式左边的加和项进行控制. 由 I_i 的定义，h_{I_i} 中的每个系数都被 $h_{I_{i-1}}$ 中系数的均值控制，即被 $\frac{\|h_{I_{i-1}}\|_1}{\lambda s}$，$i\geqslant 2$ 控制. 因此有

$$\|h_{I_i}\|_2\leqslant\frac{1}{\sqrt{\lambda s}}\|h_{I_{i-1}}\|_1$$

两边求和，我们得到

$$\begin{aligned}\sum_{i\geqslant 2}\|h_{I_i}\|_2&\leqslant\frac{1}{\sqrt{\lambda s}}\sum_{i\geqslant 1}\|h_{I_i}\|_1=\frac{1}{\sqrt{\lambda s}}\|h_{I_0^c}\|_1\\&\leqslant\frac{1}{\sqrt{\lambda s}}\|h_{I_0}\|_1\quad(\text{由引理 }10.5.2)\\&\leqslant\frac{1}{\sqrt{\lambda}}\|h_{I_0}\|_2\leqslant\frac{1}{\sqrt{\lambda}}\|h_{I_{0,1}}\|_2\end{aligned}$$

将上式代入(10.17)，我们得到

$$\frac{\beta}{\sqrt{\lambda}}\|h_{I_{0,1}}\|_2\geqslant\alpha\|h_{I_{0,1}}\|_2$$

这意味着在 $\frac{\beta}{\sqrt{\lambda}}>\alpha$ 的假设下有 $h_{I_{0,1}}=0$. 由我们之前的构造，$I_{0,1}$ 包含 h 中最大的系数，则有 $h=0$. 证毕. ■

遗憾的是，我们不知道如何构造确定的矩阵 A，使它关于性质好的参数(即 $\beta=O(\alpha)$，忽略对数因子后 s 与 m 一样大)满足 RIP. 但是，要证明随机矩阵 A 在高概率下满足 RIP 是非常容易的：

10.5.11 定理(满足 RIP 的随机矩阵)　考虑一个 $m\times n$ 矩阵 A，它的行 A_i 是独立的、各向同性的次高斯随机向量，记 $K:=\max_i\|A_i\|_{\psi_2}$. 假定

246

$$m\geqslant CK^4 s\log\left(\frac{en}{s}\right)$$

那么，随机矩阵 A 至少以 $1-2\exp\left(\frac{-cm}{K^4}\right)$ 的概率关于参数 $\alpha=0.9\sqrt{m}$、$\beta=1.1\sqrt{m}$ 和 s 满足 RIP.

证明　由练习10.5.9，只需控制所有 $m\times s$ 子矩阵 A_I 的奇异值就可以了. 我们将利用定理4.6.1中的双侧界并对所有子矩阵取一致界来完成证明.

首先固定 I. 由定理4.6.1知

$$\sqrt{m}-r\leqslant s_n(A_I)\leqslant s_1(A_I)\leqslant\sqrt{m}+r$$

成立的概率至少为 $1-2\exp(-t^2)$，其中 $r=C_0K^2(\sqrt{s}+t)$. 如果我们令 $t=\frac{\sqrt{m}}{20C_0K^2}$，并利用

一个适当大的常数 C 对 m 的假定，我们可以保证 $r \leqslant 0.1\sqrt{m}$，这可以得到

$$0.9\sqrt{m} \leqslant s_n(A_I) \leqslant s_1(A_I) \leqslant 1.1\sqrt{m} \tag{10.18}$$

成立的概率至少为 $1-2\exp\left(-\frac{cm}{K^4}\right)$，其中 $c>0$ 是绝对常数.

我们还需要对所有包含 s 个元素的子集 $I \subset [n]$ 求一致界，因为共有 $\binom{n}{s}$ 个这样的子集，我们可以得到不等式(10.18)至少以

$$1-2\exp\left(-\frac{2cm^2}{K^4}\right)\binom{n}{s} > 1-2\exp\left(-\frac{cm^2}{K^4}\right)$$

的概率成立. 对于最后一个不等式，我们利用了(0.0.5)中得到的 $\binom{n}{s} \leqslant \exp\left(s\log\left(\frac{en}{s}\right)\right)$ 和对 m 的假定，证毕. ■

我们刚刚所得的结果为我们提供了由随机矩阵 A 得到的精确恢复定理 10.5.1 的另一种证明方法.

定理 10.5.1 的第二种证明 由定理 10.5.11 知，矩阵 A 关于参数 $\alpha=0.9\sqrt{m}$、$\beta=1.1\sqrt{m}$ 和 $3s$ 满足 RIP. 因此，定理 10.5.10 对 $\lambda=2$ 保障了精确恢复成立. 从而定理 10.5.1 成立，并且我们还可以得到练习 10.5.4 所提到的对数因子的改进.

RIP 的优点是检验性质常常比直接证明精确恢复更加容易，让我们给出一个例子.

10.5.12 练习(随机投影的 RIP)☕☕☕ 设 P 是从 $\mathbb{R}^n$ 到均匀分布在 Grassmannian 流形 $G_{n,m}$ 中的 m 维随机子空间上的正交投影.

(a) 证明 P 满足 RIP，它的参数除了标准化外，与定理 10.5.11 相似.

(b) 推导出精确恢复定理 10.5.1 在随机投影下的形式.

10.6 稀疏回归的 Lasso 算法

在这一节我们将分析稀疏恢复的另一种方法. 这个方法中的算子最开始是从稀疏线性回归的等价问题的统计方法中发展出来的，这个算子被称作 Lasso(“最小绝对收缩和选择算子”).

247

统计公式

回顾例 10.1.2 中描述的经典线性回归问题，即

$$Y = X\beta + w \tag{10.19}$$

其中 X 是包含解释变量样本的已知 $m \times n$ 矩阵，$Y \in \mathbb{R}^m$ 是包含被解释变量样本的已知向量，$\beta \in \mathbb{R}^n$ 是表示解释变量和被解释变量关系的未知系数向量，w 是一个噪声向量. 我们想要恢复 β.

如果我们不做其他任何假设，那么这个回归问题可以用普通最小二乘法来解决，即在 β 的取值范围内最小化残差的 ℓ_2 范数

$$\text{最小化} \|Y - X\beta'\|_2 \text{ 使得 } \beta' \in \mathbb{R}^n \tag{10.20}$$

现在让我们再给出一个额外的假设，即β'是稀疏的，故被解释变量的值只依赖于 n 个解释变量中的某几个(例如，癌症的发生只依赖于一部分基因). 所以，就像(10.5)那样，我们假设对于某个 $s \ll n$，有

$$\|\beta\|_0 \leqslant s$$

正如我们在10.3节中讨论的，ℓ_0 范数是非凸的，而它的凸替代是 ℓ_1 范数，这促使我们通过增加在 ℓ_1 范数上的限制从而提高解的稀疏度的方法来修改普通最小二乘问题(10.20)：

$$\text{最小化} \|Y - X\beta'\|_2 \text{ 使得 } \|\beta'\|_1 \leqslant R \tag{10.21}$$

其中 R 是确定解的所需稀疏度的参数. 问题(10.21)是解决稀疏线性回归问题最受欢迎的统计方法——Lasso算法的一个公式. 这是一个凸规划，所以是可以数值求解的.

数学公式与保障

为了方便起见，我们首先将上述问题的统计术语转化为稀疏恢复的术语，所以我们将线性回归问题(10.19)重述为

$$y = Ax + w$$

其中 A 表示已知的 $m \times n$ 矩阵，$y \in \mathbb{R}^m$ 为已知向量，$x \in \mathbb{R}^n$ 为未知向量，$w \in \mathbb{R}^m$ 为噪声，它可能是随机的也可能是非随机的，且与 A 相互独立. 那么Lasso问题(10.21)可以表示为

$$\text{最小化} \|y - Ax'\|_2 \text{ 使得 } \|x'\|_1 \leqslant R \tag{10.22}$$

我们证明Lasso算法的下列保障.

10.6.1 定理(Lasso算法的保障)　设 A 的行 A_i 是独立的、各向同性的次高斯随机向量，记 $K := \max_i \|A_i\|_{\psi_2}$，那么，下列事件发生的概率至少为 $1 - 2\exp(-s\log n)$：

248

假定未知信号 $x \in \mathbb{R}^n$ 为 s-稀疏的，且测量次数 m 满足

$$m \geqslant CK^4 s\log n \tag{10.23}$$

那么问题(10.22)对 $R := \|x\|_1$ 的解$\hat{x}$是精确的，即

$$\|\hat{x} - x\|_2 \leqslant C\sigma \sqrt{\frac{s\log n}{m}}$$

其中，$\sigma = \frac{\|w\|_2}{\sqrt{m}}$.

10.6.2 注(噪声)　量 σ^2 是每次测量的平均平方噪声，因为

$$\sigma^2 = \frac{\|w\|_2^2}{m} = \frac{1}{m}\sum_{i=1}^{m} w_i^2$$

如果测量次数满足

$$m \sim s\log n$$

那么，定理10.6.1用每次测量的平均噪声 σ 控制恢复误差，并且随着测量次数 m 的增加，恢复误差会逐渐减小.

10.6.3 注(精确恢复)　在无噪声模型 $y = Ax$ 中若 $w = 0$，则Lasso恢复 x 是精确的，即

$$\hat{x} = x$$

定理10.6.1的证明与关于精确恢复的定理10.5.1是类似的，尽管在这里我们直接用

矩阵偏差不等式(定理 9.1.1)代替了逃逸定理.

我们将界定误差向量

$$h := \hat{x} - x$$

的范数.

10.6.4 练习 ☕☕ 验证 h 满足引理 10.5.2 和引理 10.5.3 的结论，从而我们有

$$\|h\|_1 \leqslant 2\sqrt{s}\|h\|_2 \tag{10.24}$$

☞

当 w 不为零时，我们不能像证明定理 10.5.1 那样推出 $Ah=0$(为什么?). 代替地，我们可以给出$\|Ah\|_2$ 的上下界.

10.6.5 引理($\|Ah\|_2$ 的上界) 我们有

$$\|Ah\|_2^2 \leqslant 2\langle h, A^{\mathrm{T}}w\rangle \tag{10.25}$$

249

证明 因为$\hat{x}$是Lasso 算法(10.22)的最小值点，我们有

$$\|y - A\hat{x}\|_2 \leqslant \|y - Ax\|_2$$

让我们用 h 和 w 来表示不等式的两边，因为 $y=Ax+w$，$h=\hat{x}-x$：

$$\begin{aligned} y - A\hat{x} &= Ax + w - A\hat{x} = w - Ah \\ y - Ax &= w \end{aligned}$$

所以，我们有

$$\|w - Ah\|_2 \leqslant \|w\|_2$$

两边平方

$$\|w\|_2^2 - 2\langle w, Ah\rangle + \|Ah\|_2^2 \leqslant \|w\|_2^2$$

化简这个界就完成了证明. ■

10.6.6 引理($\|Ah\|_2$ 的下界) 以概率至少为 $1-2\exp(-4s\log n)$，我们有

$$\|Ah\|_2^2 \geqslant \frac{m}{4}\|h\|_2^2$$

证明 由(10.24)知，标准化误差$\dfrac{h}{\|h\|_2}$在下面集合中：

$$T_s := \{z \in S^{n-1} : \|z\|_1 \leqslant 2\sqrt{s}\}$$

使用高概率形式的矩阵偏差不等式(练习 9.1.8)，并取 $u=2\sqrt{s\log n}$，得到

$$\begin{aligned} \sup_{z\in T_s} \left| \|Az\|_2 - \sqrt{m} \right| &\leqslant C_1 K^2 (w(T_s) + 2\sqrt{s\log n}) \\ &\leqslant C_2 K^2 \sqrt{s\log n} \quad (\text{回顾(10.15)}) \\ &\leqslant \frac{\sqrt{m}}{2} \quad (\text{由对 } m \text{ 的假设}) \end{aligned}$$

成立的概率至少为 $1-2\exp(-4s\log n)$. 为了得到上面公式的最后一行，选择(10.23)中的绝对常数 C 足够大，由三角形不等式知

$$\|Az\|_2 \geqslant \frac{\sqrt{m}}{2}, \quad \text{对所有 } z \in T_s$$

代入 $z := \frac{h}{\|h\|_2}$，证毕. ■

为证明定理 10.6.1，我们还需要证明(10.25)右边的上界.

10.6.7 引理　在概率至少为 $1-2\exp(-4s\log n)$时，我们有

250

$$\langle h, A_w^{\mathrm{T}} \rangle \leqslant CK \|h\|_2 \|w\|_2 \sqrt{s\log n} \tag{10.26}$$

证明　像证明引理 10.6.6 一样，标准化误差满足

$$z = \frac{h}{\|h\|_2} \in T_s$$

因此，(10.26)两边同时除以$\|h\|_2$，只需在高概率下界定上确界随机过程

$$\sup_{z \in T_s} \langle z_i, A^{\mathrm{T}} w \rangle$$

就可以了. 我们将利用 Talagrand 比较不等式(推论 8.6.3)，这个结果适用于具有次高斯增量的随机过程，所以让我们先检验一下它是否为次高斯增量的随机过程.

10.6.8 练习☕☕　证明随机过程

$$X_t := \langle t, A^{\mathrm{T}} w \rangle, \quad t \in \mathbb{R}^n$$

有次高斯增量且

$$\|X_t - X_s\|_{\psi_2} \leqslant CK \|w\|_2 \|t-s\|_2$$ ☞

现在，我们可以对 $u=2\sqrt{s\log n}$利用 Talagrand 比较不等式的高概率形式(练习 8.6.5)了，我们得到：在概率至少为 $1-2\exp(-4s\log n)$时，

$$\begin{aligned}\sup_{z \in T_s} \langle z, A^{\mathrm{T}} w \rangle &\leqslant C_1 K \|w\|_2 (w(T_s) + 2\sqrt{s\log n}) \\ &\leqslant C_2 K \|w\|_2 \sqrt{s\log n} \quad (\text{回顾}(10.15))\end{aligned}$$

证毕. ■

定理 10.6.1 的证明　组合引理 10.6.5、引理 10.6.6 和(10.26)的界. 由一致界，我们得到：在概率至少为 $1-4\exp(-4s\log n)$时，

$$\frac{m}{4}\|h\|_2^2 \leqslant CK \|h\|_2 \|w\|_2 \sqrt{s\log n}$$

求解$\|h\|_2$，我们得到

$$\|h\|_2 \leqslant CK \frac{\|w\|_2}{\sqrt{m}} \sqrt{\frac{s\log n}{m}}$$

证毕. ■

10.6.9 练习(改进对数因子)☕　证明若用 $\log\left(\frac{en}{s}\right)$代替 $\log n$，定理 10.6.1 仍然成立. 因而这给出了一个更强的保障. ☞

10.6.10 练习☕☕　直接从 Lasso 算法的保障(定理 10.6.1)推出精确恢复保障(定理 10.5.1)，由此产生的概率可能会稍弱一点.

Lasso 过程(10.22)的另一种常见的形式是下面这种无限制形式：

251

$$\text{最小化} \|y - Ax'\|_2 + \lambda \|x'\|_1 \tag{10.27}$$

这也是一个凸优化问题，其中λ是一个参数，可以根据所需的稀疏程度进行调整. 拉格朗日乘数法表明，限制型和非限制型 Lasso 算法对于适当的R和λ是等价的. 然而，这并不能立即告诉我们如何选择λ. 下面的练习解决了这个问题.

10.6.11 练习(无限制 Lasso 算法)☕☕☕☕ 设测量次数m满足

$$m \gtrsim s\log n$$

选取参数λ使得$\lambda \gtrsim \sqrt{\log n}\|w\|_2$. 证明：以很大的概率，无限制 Lasso(10.27)的解$\hat{x}$满足

$$\|\hat{x}-x\|_2 \lesssim \frac{\lambda\sqrt{s}}{m}$$

10.7 后注

本章讨论的应用来自两个领域：信号处理(尤其是压缩感知)和高维统计(确切地说是高维结构回归). 教程[217]对这两个领域进行了统一的处理，本章内容大多选自此书. 文献[55]和书籍[76]提供了对压缩感知的深入介绍. 文献[98，41]讨论了稀疏恢复的统计方面的知识.

10.2 节中讨论的建立在M^*界基础上的信号恢复选自[217]，其具有定理 10.2.1 和推论 10.3.4 的各种版本，练习 10.3.10 的 Garnaev-Gluskin 界首次出现在[78]，另见[132]和[76，第 10 章].

文献[57]全面综述了我们在 10.4 节讨论的低秩矩阵恢复问题，我们的内容选自[217，第 10 节].

10.5 节中讨论的精确稀疏恢复现象可以追溯到压缩感知的起源，其历史和最新发展见[55]和书籍[76]. 我们通过 10.5 节中的逃逸定理给出的精确恢复部分选自[217，第 9 节]，另见[51，183]，尤其是[202]，以便进一步了解逃逸定理对稀疏恢复的应用. 我们可以得到非常精确的保障，可为信号恢复所需的测量数量提供渐进的精确公式(所谓的相变). 对于稀疏信号和均匀随机投影矩阵A，[66]中确定了第一个此类相变，另见[65，62-64]，最近的研究证明了一般可行集T和一般测量矩阵的相变[9，158，159].

10.5 节中介绍的基于 RIP 的精确稀疏恢复方法是由 E. Candes 和 T. Tao[45]首创的，详细介绍参见[76，第 6 章]. 定理 10.5.10 的早期形式在[45]中，我们在这里给出的证明是由 Y. Plan 与作者交流得到的，它类似于[43]的论点. 随机矩阵满足 RIP(由定理 10.5.11 论证)的事实是压缩感知的主干内容，见[76，9.1 节，12.5 节]和[216，5.6 节]. 252

我们在 10.6 节中研究的稀疏回归 Lasso 算法由 R. Tibshirani[198]首创，书籍[98，41]全面介绍了稀疏控制的统计问题，这些书籍讨论了 Lasso 及其众多变形. 定理 10.6.1 的一个版本及其证明的一些组成可以追溯到 P. Bickel、Y. Ritov 和 A. Tsybakov[21]的研究，尽管他们的论证不是建立在矩阵偏差不等式基础上的. Lasso 的理论分析也出现在[98，第 11 章]和[41，第 6 章]中. 253

第 11 章 Dvoretzky-Milman 定理

在本章，我们将第 9 章的矩阵偏差不等式推广到关于 $\mathbb{R}^n$ 上的一般范数，甚至推广到关于 $\mathbb{R}^n$ 上的一般次加性函数. 我们用这个结果去证明高维几何中的 Dvoretzky-Milman 基本定理，它有助于我们描述任意集合 $T \subset \mathbb{R}^n$ 的 m 维随机投影的形状，答案依赖于 k 是大于还是小于临界维数，它是稳定维数 $d(T)$. 在高维区域(其中 $m \gtrsim d(T)$)，9.3 节中附加的 Johnson-Lindenstrauss 引理表明，这种随机投影近似地保留了 T 的几何特征；在低维区域(其中 $m \lesssim d(T)$)，由于"饱和状态"的存在，几何特征不再被保留. 相反，Dvoretzky-Milman 定理表明，在这种情况下，投影集近似于一个圆球.

11.1 随机矩阵关于一般范数的偏差

在本节中，我们推广 9.1 节中推导出的矩阵偏差不等式，将欧几里得范数替换为任意正齐次次可加函数.

11.1.1 定义 设 V 是一个向量空间，函数 $f: V \to \mathbb{R}$ 被称为**正齐次函数**，如果

$$f(\alpha x) = \alpha f(x), \quad 对所有\ \alpha \geqslant 0, \quad x \in V$$

称函数 f 是**次可加函数**，如果

$$f(x+y) \leqslant f(x) + f(y), \quad 对所有\ x, y \in V$$

请注意，尽管被称为正齐次，但允许 f 取负值(此处的"正"仅针对定义中的乘数 α).

11.1.2 例

(i) 向量空间上的任何范数都是正齐次和次可加的，在这种情况下，次可加性就是三角不等式.

(ii) 显然，向量空间上的任何线性泛函都是正齐次和次可加的，特别地，对于任何固定向量 $y \in \mathbb{R}^m$，函数 $f(x) = \langle x, y \rangle$ 在 $\mathbb{R}^m$ 上是正齐次和次可加的.

254

(iii) 考虑有界集 $S \subset \mathbb{R}^m$，并定义函数

$$f(x) := \sup_{y \in S} \langle x, y \rangle, \quad x \in \mathbb{R}^m \tag{11.1}$$

那么 f 在 $\mathbb{R}^m$ 上是正齐次和次可加的，这个函数有时被称为 S 上的支撑函数.

11.1.3 练习☕ 验证例 11.1.2(iii)中的函数 $f(x)$ 是正齐次和次可加的.

11.1.4 练习☕ 设 $f: V \to \mathbb{R}$ 是向量空间 V 上的一个次可加函数，求证：

$$f(x) - f(y) \leqslant f(x-y), \tag{11.2}$$

对所有 x，$y \in V$ 都成立

我们准备叙述本节的主要结果.

11.1.5 定理(一般矩阵偏差不等式) 设 A 为一个 $m \times n$ 高斯随机矩阵，其元素是独立同分布的 $N(0, 1)$分布，$f: \mathbb{R}^m \to \mathbb{R}$ 为一个正齐次和次可加的函数，并设 $b \in \mathbb{R}$ 满足

$$f(x) \leqslant b\|x\|_2, \quad 对所有\ x \in \mathbb{R}^n \tag{11.3}$$

那么，对任意的子集 $T \subset \mathbb{R}^n$，有

$$\mathbb{E}\sup_{x \in T} |f(Ax) - \mathbb{E}f(Ax)| \leqslant Cb\gamma(T)$$

这里 $\gamma(T)$ 是 7.6 节中介绍的高斯复杂度.

这个定理推广了练习 9.1.2 的矩阵偏差不等式.

正如 9.1 节所述，一旦我们证明了随机过程 $X_x := f(Ax) - \mathbb{E}f(Ax)$ 具有次高斯增量，定理 11.1.5 就将从 Talagrand 比较不等式得出. 现在让我们验证它.

11.1.6 定理（次高斯增量） 设 A 为一个 $m \times n$ 高斯随机矩阵，其元素是独立同分布的 $N(0,1)$ 分布，并设 $f: \mathbb{R}^m \to \mathbb{R}$ 是一个满足(11.3)的正齐次和次可加的函数. 那么随机过程

$$X_x := f(Ax) - \mathbb{E}f(Ax)$$

相对于欧几里得范数具有次高斯增量，即

$$\|X_x - X_y\|_{\psi_2} \leqslant Cb\|x - y\|_2, \quad 对所有\ x, y \in \mathbb{R}^n \tag{11.4}$$

11.1.7 练习☕ 从 Talagrand 比较不等式（练习 8.6.4 的形式）和定理 11.1.6 中推导出一般的矩阵偏差不等式（定理 11.1.5）.

255

定理 11.1.6 的证明 不失一般性，我们可以假定 $b=1$（为什么?）. 正如定理 9.1.3 的证明一样，我们首先假定

$$\|x\|_2 = \|y\|_2 = 1$$

在这种情况下，我们要证明的(11.4)中的不等式变成

$$\|f(Ax) - f(Ay)\|_{\psi_2} \leqslant C\|x - y\|_2 \tag{11.5}$$

第 1 步：构建独立性. 考虑向量

$$u := \frac{x+y}{2}, \quad v := \frac{x-y}{2} \tag{11.6}$$

那么

$$x = u + v, \quad y = u - v$$

因此

$$Ax = Au + Av, \quad Ay = Au - Av$$

（见图 11.1.）

因为向量 μ 和 ν 是正交的（自己验证!），高斯随机向量 Au 和 Av 是独立的（回忆练习 3.3.6）.

第 2 步：使用高斯集中. 以 $a := Au$ 为条件，并研究

$$f(Ax) = f(a + Av)$$

的条件分布. 由旋转不变性知，$a + Av$ 是一个高斯随机向量，我们可以将其表示为

$$a + Av = a + \|v\|_2 g, \quad 其中\ g \sim N(0, I_m)$$

（回忆练习 3.3.3）. 因为 $f(a + \|v\|_2 g)$ 作为 g 的函数，关于 $\mathbb{R}^m$ 上的欧几里得范数是利普希茨的，所以

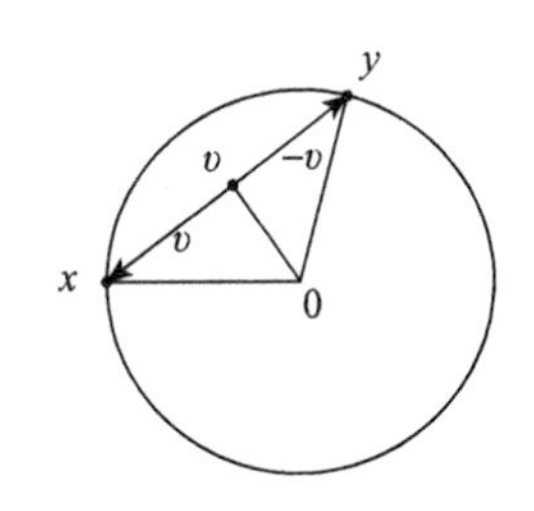

图 11.1 从 x，y 出发创建一对正交向量 u，v

$$\|f\|_{\mathrm{Lip}} \leqslant \|v\|_2 \tag{11.7}$$

为了验证它，固定 $t, s \in \mathbb{R}^m$，并注意到

$$\begin{aligned} f(t)-f(s) &= f(a+\|v\|_2 t)-f(a+\|v\|_2 s) \\ &\leqslant f(\|v\|_2 t-\|v\|_2 s) \quad (\text{由式}(11.2)) \\ &= \|v\|_2 f(t-s) \quad (\text{由正齐次性}) \\ &\leqslant \|v\|_2 \|t-s\|_2 \quad (\text{使用式}(11.3)\text{，其中 } b=1) \end{aligned}$$

256 故(11.7)式成立.

由高斯空间中的集中(定理 5.2.2)，有

$$\|f(g)-\mathbb{E}f(g)\|_{\psi_2(a)} \leqslant C\|v\|_2$$

或者

$$\|f(a+Av)-\mathbb{E}_a f(a+Av)\|_{\psi_2(a)} \leqslant C\|v\|_2 \tag{11.8}$$

其中，下标“a”提醒我们，这些界对于 $a=Au$ 被固定的条件分布是有效的.

第 3 步：移除条件. 由于随机向量 $a-Av$ 与随机向量 $a+Av$ 具有相同的分布(为什么?)，它满足同样的界.

$$\|f(a-Av)-\mathbb{E}_a f(a-Av)\|_{\psi_2(a)} \leqslant C\|v\|_2 \tag{11.9}$$

用(11.8)减去(11.9)，然后使用三角不等式及期望值相同的事实，得

$$\|f(a+Av)-f(a-Av)\|_{\psi_2(a)} \leqslant 2C\|v\|_2$$

这个界是条件分布的界，它对随机变量 $a=Au$ 的任何固定路径都成立，因此，它也界定了原始分布：

$$\|f(Au+Av)-f(Au-Av)\|_{\psi_2} \leqslant 2C\|v\|_2$$

(为什么?). 通过(11.6)代回 x，y 的符号，我们得到了所需的不等式(11.5). ■

证明对单位向量 x，y 是完整的，下面的练习 11.1.8 将其推广到一般情况.

11.1.8 练习(非单位的 x，y)☕ 将上述证明推广到一般(不一定是单位的)向量 x，y. ☞

11.1.9 注 定理 11.1.5 是否适用于一般的次高斯矩阵 A 仍是一个开放性问题.

11.1.10 练习(各向异性分布)☕☕ 将定理 11.1.5 推广到 $m\times n$ 矩阵 A，A 的列是独立的 $N(0,\Sigma)$ 随机向量，其中 Σ 是一般的协方差矩阵. 求证

$$\mathbb{E}\sup_{x\in T}|f(Ax)-\mathbb{E}f(Ax)| \leqslant Cb\gamma(\Sigma^{\frac{1}{2}}T)$$

11.1.11 练习(尾分布界)☕☕ 证明定理 11.1.5 的高概率形式. ☞

11.2 Johnson-Lindenstrauss 嵌入和更精确的 Chevet 不等式

与第 9 章中最初的矩阵偏差不等式一样，一般化了的定理 9.1.1 也有许多结果，我们

257 现在讨论这些结果.

一般范数的 Johnson-Lindenstrauss 引理

使用 9.3 节中的一般矩阵偏差不等式，完成下列练习应该是直接的.

11.2.1 练习☕☕ 叙述并证明 $\mathbb{R}^m$ 上一般范数(对应于欧几里得范数)的 Johnson-Lindenstrauss 引理.

11.2.2 练习(ℓ_1 范数的 Johnson-Lindenstrauss 引理)☕☕ 将上面的练习限定为 ℓ_1 范数和 ℓ_∞ 范数，因此，设 $\mathcal{X}$ 是 $\mathbb{R}^n$ 中 N 个点的集合，A 是一个 $m\times n$ 高斯矩阵，其元素为独立同分布的 $N(0,1)$ 分布，并令 $\varepsilon\in(0,1)$.

假定

$$m\geqslant C(\varepsilon)\log N$$

求证：以很大的概率，矩阵 $Q:=\sqrt{\frac{\pi}{2}}m^{-1}$ 满足

$$(1-\varepsilon)\|x-y\|_2\leqslant\|Qx-Qy\|_1\leqslant(1+\varepsilon)\|x-y\|_2,\quad 对所有\ x,y\in\mathcal{X}$$

除了投影点之间的距离被 ℓ_1 范数度量外，这个结论与原始的 Johnson-Lindenstrauss 引理(定理 5.3.1)非常相似.

11.2.3 练习(ℓ_∞ 范数的 Johnson-Lindenstrauss 引理)☕☕ 使用与前面练习相同的记号，但是这里假定

$$m\geqslant N^{C(\varepsilon)}$$

证明：以很高的概率，矩阵 $Q:=(\log m)^{-\frac{1}{2}}A$ 满足

$$(1-\varepsilon)\|x-y\|_2\leqslant\|Qx-Qy\|_\infty\leqslant(1+\varepsilon)\|x-y\|_2,\quad 对所有\ x,y\in\mathcal{X}$$

注意，在这种情况下，$m\geqslant N$. 所以 Q 几乎是集合 $\mathcal{X}$ 在 ℓ_∞ 范数下的等距嵌入(而不是投影).

双侧 Chevet 不等式

一般的矩阵偏差不等式将有助于我们对 Chevet 不等式进行精确处理，我们最初是在 8.7 节中证明这个不等式的.

11.2.4 定理(一般的 Chevet 不等式) 设 A 是一个 $m\times n$ 高斯随机矩阵，它的元素是独立同分布的 $N(0,1)$ 分布. 令 $T\subset\mathbb{R}^n$ 和 $S\subset\mathbb{R}^m$ 是任意有界集，那么

$$\mathbb{E}\sup_{x\in T}\left|\sup_{y\in S}\langle Ax,y\rangle-w(S)\|x\|_2\right|\leqslant C\gamma(T)\mathrm{rad}(S)$$

利用三角不等式，我们可以看出：定理 11.24 是 Chevet 不等式(定理 8.7.1)的更精确的双侧形式.

证明 将一般矩阵偏差不等式(定理 11.1.5)应用于(11.1)中定义的函数 f，即 258

$$f(x):=\sup_{y\in S}\langle x,y\rangle$$

为此，需要计算(11.3)中 b 的值. 固定 $x\in\mathbb{R}^m$，并由柯西-施瓦茨不等式，知

$$f(x)\leqslant\sup_{y\in S}\|x\|_2\|y\|_2=\mathrm{rad}(S)\|x\|_2$$

因此(11.3)对 $b=\mathrm{rad}(S)$ 成立.

接下来需要计算出现在定理 11.1.5 结论中的期望 $\mathbb{E}f(Ax)$. 由高斯分布的旋转不变性(见练习 3.3.3)，随机向量 Ax 与 $g\|x\|_2$ 具有相同的分布，其中 $g\in N(0,I_m)$，那么

$$\begin{aligned}\mathbb{E}f(Ax)&=\mathbb{E}f(g)\|x\|_2\quad(由正齐次性)\\&=\mathbb{E}\sup_{y\in S}\langle g,y\rangle\|x\|_2\quad(由\ f\ 的定义)\\&=w(S)\|x\|_2\quad(由高斯宽度的定义)\end{aligned}$$

把它代入定理 11.1.5 的结论，就完成了定理证明. ■

11.3 Dvoretzky-Milman 定理

Dvoretzky-Milman 定理是关于 $\mathbb{R}^n$ 中一般有界集上随机投影的一个显著结果. 如果投影是在适当的低维上，则投影集的凸包以很大的概率近似圆球，参见图 11.2 和图 11.3.

集合的高斯图像

用高斯随机投影比用普通投影更方便. 对照一般集合到欧几里得球上的高斯投影，下面是一个非常广义的一般结果.

11.3.1 定理(集合的随机投影)　设 A 是一个 $m\times n$ 高斯随机矩阵，其元素是独立同分布的 $N(0,1)$分布，并设 $T\subset\mathbb{R}^n$ 是一个有界集，那么，下列结论成立的概率至少为 0.99：

$$r_- B_2^m \subset \mathrm{conv}(AT) \subset r_+ B_2^m$$

其中[1]

$$r_\pm := w(T) \pm C\sqrt{m}\,\mathrm{rad}(T)$$

左侧的包含关系成立仅当 r_- 是非负的；右侧的包含关系恒成立.

可以从双侧 Chevet 不等式很快推导出这个定理. 下面的练习将提供这两个结果之间的联系. 它要求你证明一般集合 S 的支撑函数(11.1)是 ℓ_2 范数，当且仅当 S 是欧几里得球，这也是一个稳定的等价描述.

259

11.3.2 练习(几乎欧几里得球和支撑函数)☕☕☕

(a) 设 $V\subset\mathbb{R}^m$ 是一个有界集，求证：$V=B_2^m$ 成立当且仅当

$$\sup_{x\in V}\langle x,y\rangle = \|y\|_2,\quad \text{对所有 } y\in\mathbb{R}^m$$

(b) 设 $V\subset\mathbb{R}^m$ 是一个有界集，且 r_-，$r_+\geqslant 0$. 求证：结论

$$r_- B_2^m \subset \mathrm{conv}(V) \subset r_+ B_2^m$$

成立当且仅当

$$r_- \|y\|_2 \leqslant \sup_{x\in V}\langle x,y\rangle \leqslant r_+ \|y\|_2,\quad \text{对所有 } y\in\mathbb{R}^m$$

定理 11.3.1 的证明　把双侧 Chevet 不等式写成下列形式：

$$\mathbb{E}\sup_{y\in S}\left|\sup_{x\in T}\langle Ax,y\rangle - w(T)\|y\|_2\right| \leqslant C\gamma(S)\,\mathrm{rad}(T)$$

其中，$T\subset\mathbb{R}^n$ 且 $S\subset\mathbb{R}^m$.（要得到这种形式，在定理 11.2.4 中将 T 和 S 交换，用 A^{T} 替代 A，自己验证一下!）

选择 S 作为球面 S^{m-1}，并回忆一下它的高斯复杂度 $\gamma(S)\leqslant\sqrt{m}$. 那么，由马尔可夫不等式，下列结论成立的概率至少为 0.99：

$$\left|\sup_{x\in T}\langle Ax,y\rangle - w(T)\|y\|_2\right| \leqslant C\sqrt{m}\,\mathrm{rad}(T),\quad \text{对所有 } y\in S^{m-1}$$

使用三角不等式，并回忆 $r_\pm$ 的定义可以得到

$$r_- \leqslant \sup_{x\in T}\langle Ax,y\rangle \leqslant r_+,\quad \text{对所有 } y\in S^{m-1}$$

由齐次性，它等价于

---

[1] 像前面一样，$\mathrm{rad}(T)$表示 T 的半径，定义见(8.47).

$$r_- \|y\|_2 \leqslant \sup_{x\in T}\langle Ax, y\rangle \leqslant r_+ \|y\|_2, \quad \text{对所有 } y \in \mathbb{R}^m$$

(为什么?). 最后，注意到

$$\sup_{x\in T}\langle Ax, y\rangle = \sup_{x\in AT}\langle x, y\rangle$$

对 $V=AT$ 应用练习 11.3.2 的结果，定理得证. ■

Dvoretzky-Milman 定理

11.3.3 定理(Dvoretzky-Milman 定理：高斯形式) 设 A 是一个 $m\times n$ 高斯随机矩阵，其元素是独立同分布的 $N(0, 1)$分布，并设 $T\subset\mathbb{R}^n$ 为一个有界集，令 $\varepsilon\in(0, 1)$. 假定

$$m \leqslant c\varepsilon^2 d(T)$$

260

其中 $d(T)$为 7.6 节中介绍的 T 的稳定维数，那么，

$$(1-\varepsilon)B \subset \mathrm{conv}(AT) \subset (1+\varepsilon)B$$

成立的概率至少为 0.99，其中 B 是一个半径为 $w(T)$的欧几里得球.

证明 如有必要可以变换 T. 可以假设 T 包含原点. 应用定理 11.3.1，只需验证 $r_-\geqslant(1-\varepsilon)w(T)$和 $r_+\leqslant(1+\varepsilon)w(T)$即可. 而由定义，如果

$$C\sqrt{m}\,\mathrm{rad}(T) \leqslant \varepsilon w(T) \tag{11.10}$$

成立，就可以了. 现验证这个不等式，回忆一下假定和定义 7.6.2，只要绝对常数 $c>0$ 适当小，我们就有

$$m \leqslant c\varepsilon^2 d(T) \leqslant \frac{\varepsilon^2 w(T)^2}{\mathrm{diam}(T)^2}$$

接下来，因为 T 包含原点，所以 $\mathrm{rad}(T)\leqslant\mathrm{diam}(T)$(为什么?). 这就能推出(11.10)，完成定理的证明. ■

11.3.4 注 从上面的证明可以明显看出，如果 T 包含原点，那么欧几里得球 B 也可以以原点为中心. 否则，取 B 的中心为 Tx_0，其中 $x_0\in T$ 为任意固定点.

11.3.5 练习☕☕ 陈述并证明高概率形式的 Dvoretzky-Milman 定理.

11.3.6 例(立方体的投影) 考虑立方体

$$T = [-1,1]^n = B_\infty^n$$

回忆一下

$$w(T) = \sqrt{\frac{2}{\pi}}n$$

并回忆(7.17). 由于 $\mathrm{diam}(T)=2\sqrt{n}$，所以立方体的稳定维数为

$$d(T) \sim \frac{w(T)^2}{\mathrm{diam}(T)^2} \sim n$$

应用定理 11.3.3. 如果 $m\leqslant c\varepsilon^2 n$，则可以以大概率得到

$$(1-\varepsilon)B \subset \mathrm{conv}(AT) \subset (1+\varepsilon)B$$

其中 B 是一个半径为$\sqrt{\frac{2}{\pi}}n$ 的欧几里得球.

简而言之，立方体在 $m\sim n$ 维的子空间上的随机高斯投影近似于一个圆球. 图 11.2 图示了这个显著的事实.

261

11.3.7 练习(高斯云)☕☕　考虑一个在 $\mathbb{R}^m$ 上有 n 个点的高斯云，它是由独立同分布的随机向量 g_1，…，$g_n \sim N(0, I_m)$构成的，假定

$$n \geqslant \exp(Cm)$$

C 是一个足够大的绝对常数. 证明：高斯云的凸包以很大的概率近似于一个半径为$\sim \log n$ 的欧几里得球，见图 11.3. ☞

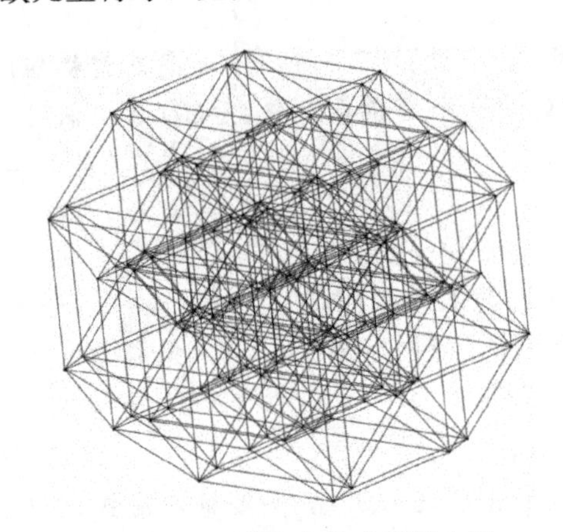

图 11.2　七维立方体在平面上的随机投影

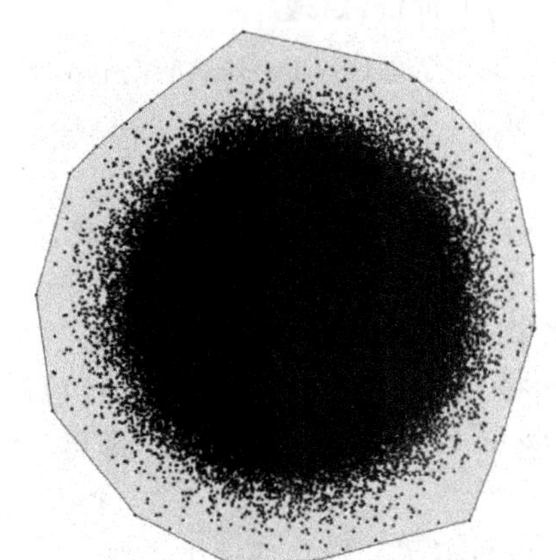

图 11.3　平面上有10^7个点的高斯云及其凸包

11.3.8 练习(椭球的投影)☕☕☕　考虑 $\mathbb{R}^n$ 中作为单位欧几里得球的线性图像的椭球 $\mathcal{E}$，即

262

$$\mathcal{E} = S(B_2^n)$$

其中 S 是一个 $n \times n$ 矩阵. 设 A 是 $m \times n$ 的高斯矩阵，其元素是独立同分布的 $N(0, 1)$分布. 假定

$$m \gtrsim r(S)$$

其中 $r(S)$为 S 的稳定秩(回忆定义 7.6.7). 证明：椭球的高斯投影 $A(\mathcal{E})$以很高的概率近似于一个半径为 $\|S\|_F$ 的圆球：

$$A(\mathcal{E}) \approx \|S\|_F B_2^n$$ ☞

11.3.9 练习(在 Grassmannian 流形中的随机投影)☕☕☕　证明 $\mathbb{R}^n$ 中一个随机 m 维子空间上的投影 P 的 Dvoretzky-Milman 定理. 在同样的假定下，结论应该是

$$(1-\varepsilon)B \subset \operatorname{conv}(AT) \subset (1+\varepsilon)B$$

其中 B 是半径为 $w_s(T)$的欧几里得球.(回忆一下，$w_s(T)$是 T 的球面宽度，我们在 7.5 节中介绍过.)

几何集随机投影总结

将 Dvoretzky-Milman 定理与 7.7 节和 9.2 节中对几何集随机投影直径的早期估计进行比较是有用的. 我们发现一个集合 T 在 $\mathbb{R}^n$ 中的 m 维子空间上的随机投影 P 满足相变. 在高维情况下($m \gtrsim d(T)$)，投影将 T 的直径缩小了$\sqrt{\frac{m}{n}}$倍，即

$$\operatorname{diam}(PT) \lesssim \sqrt{\frac{m}{n}}, \quad \text{如果 } m \geqslant d(T)$$

进一步，9.3 节中附加的 Johnson-Lindenstrauss 引理表明：在这种情况下，随机投影近似保留了 T 的几何形状(T 中所有点之间的距离以同一个缩放因子缩放).

在低维情况下($m \lesssim d(T)$)，令人惊讶的是：投影集的大小停止了收缩，即

$$\operatorname{diam}(PT) \lesssim w_s(T) \sim \frac{w(T)}{\sqrt{n}}, \quad \text{如果 } m \leqslant d(T)$$

见 7.7 节.

Dvoretzky-Milman 定理解释了为什么当 $m \lesssim d(T)$时 T 的大小不再收缩. 事实上，在这种情况下投影 PT 近似于一个半径为 $w_s(T)$的圆球(见练习 11.3.9)，不管 m 有多小.

将我们的发现总结一下：如果 $m \gtrsim d(T)$，$\mathbb{R}^n$ 中集合 T 在多维子空间上的随机投影近似保持 T 的几何形状不变，对于较小的 m，投影集 PT 近似于一个直径为 $w_s(T)$的圆球，并且它的大小不会随着 m 变小而收缩.

263

11.4 后注

一般矩阵的偏差不等式(定理 11.1.5)和它的证明选自 G. Schechtman[177].

Chevet 不等式的初始证明见 S. Chevet[53]，其常数因子的改进是由 Y. Gordon 完成的，见[82]，也见[11，9.4 节]、[126，定理 3.20]和[199，2]. 我们在定理 11.2.4 中所述的 Chevet 不等式的形式是从 Y. Gordon 的著作[82，84]中重构出来的，也见[126，推论 3.21].

Dvoretzky-Milman 定理是一个在泛函分析中有着悠久历史的结果. 在证明 A. Grothendieck 猜想时，A. Dvoretzky[71-72]也证明了：任何 n 维赋范空间都有一个 m 维的几乎欧氏子空间，其中 $m=m(n)$关于 n 趋于无穷大. V. Milman 给出了这一定理的概率证明，且对 $m(n)$的最佳可能依赖关系的研究开创了先河. 定理 11.3.3 源于 V. Milman[144]. 稳定维数 $d(T)$是 Dvoretzky-Milman 定理的关键维数，它的结论对 $m \gg d(T)$总是不成立，请参考 V. Milman 和 G. Schechtman[147]的结果，也见[11，定理 5.3.3]. 教程[13]包含了对 Dvoretzky-Milman 定理的介绍，关于该定理及其许多分支的详细介绍，请参考[11，第 5 章和 9.2 节]、[126，9.1 节].

与 Dvoretzky-Milman 定理和中心极限定理有关的一个重要问题是，在 $\mathbb{R}^n$ 中给定概率分布的 m 维随机投影(边缘)，我们想知道这些边缘是否近似于正态. 这个问题在数据科学应用中可能很重要，因为在 $\mathbb{R}^n$ 中数据集的“错误的”低维随机投影形成了一个“高斯云”. 对于对数-凹概率分布，B. Klartag[112]首先证明了一类中心极限定理，参见[11，10.7 节]了解其历史和最近的结果. 对于离散集，请参考 E. Meckes[138].

7.7 节末尾总结中所出现的内容归功于 V. Milman[145]，也见[11，命题 5.7.1].

264

练习提示

第0章

0.0.5 为了证明上界，用$\left(\frac{m}{n}\right)^m$乘以等式两边，并用$\left(\frac{m}{n}\right)^k$代替左边式子，然后使用二项式定理.

0.0.6 从N元集合中可重复地选出k个元素的方法数是$\binom{N+k-1}{k}$，使用练习0.0.5化简.

第1章

1.2.3 对$|X|^p$利用积分恒等式，并进行变量变换.

第2章

2.1.4 分部积分法.

2.2.3 比较两边的泰勒展开.

2.2.8 当X_i是错误答案的信号时，应用霍夫丁不等式.

2.2.9 (a) 利用样本均值$\hat{\mu}:=\frac{1}{N}\sum_{i=1}^{N}X_i$.

(b) 利用(a)中弱估计量$O(\log(\delta^{-1}))$的中位数.

2.2.10 改写不等式$\sum X_i\leqslant \varepsilon N$为$\sum\left(-\frac{X_i}{\varepsilon}\right)\geqslant -N$，按照霍夫丁不等式的证明方法证明，利用(a)给出矩母函数的界.

2.3.3 结合切尔诺夫不等式和泊松极限定理(定理1.3.4).

2.3.5 应用定理2.3.1和$t=(1\pm\delta)\mu$时的练习2.3.2，然后分析δ很小时的界.

2.3.6 结合练习2.3.5和泊松极限定理(定理1.3.4).

2.3.8 利用独立的泊松分布的和仍是泊松分布，并从中心极限定理中推出结论.

2.4.2 修正命题2.4.1的证明.

2.4.4 最主要的困难是次数d_i不是独立的，为了解决这个问题，尝试用某个独立次数d_i'取代d_i(尝试在计算中不包含全部顶点)，然后利用泊松近似(2.9).

2.6.6 利用下面的外推断技巧，证明不等式$\|Z\|_2\leqslant\|Z\|_1^{\frac{1}{4}}\|Z\|_3^{\frac{3}{4}}$，并将此不等式用于$Z=\sum a_iX_i$. 在$p=3$的情况下，用辛钦不等式得到$\|Z\|_3$的界.

2.6.7 修正练习2.6.6的推断方法.

2.8.5 验证数值不等式

$$e^z\leqslant 1+z+\frac{\frac{z^2}{2}}{1-\frac{|z|}{3}}$$

在$|Z|<3$时是有效的. 对$z=\lambda X$应用这个不等式，然后两边取期望.

2.8.6 用定理2.8.1的证明方法.

第3章

3.1.5 利用练习3.1.4.

3.1.6 首先展开验证不等式$\mathbb{E}(\|X\|_2^2-n)^2\leqslant K^4n$，容易得到$\mathbb{E}(\|X\|_2-\sqrt{n})^2\leqslant K^4$. 最后用$\mathbb{E}\|X\|_2$取代$\sqrt{n}$，像练习3.1.4那样处理.

3.1.7 虽然这个不等式没有像练习2.2.10那样的结果(为什么?)，但你可以用类似的方法证明它.

3.3.4 利用Cramér-Wold定理的如下形式：一维边缘分布的全体唯一地确定了$\mathbb{R}^n$中的n维分布. 更精确地，如果X和Y是$\mathbb{R}^n$上的随机向量，满足对任意 $\theta\in\mathbb{R}^n$，$\langle X, \theta\rangle$ 和 $\langle Y, \theta\rangle$ 都有相同的分布，那么 X 和 Y 同分布.

3.3.6 将问题简化为 u 和 v 与 $\mathbb{R}^n$ 上的典范基共线的情形.

3.3.9 类似于引理 3.2.3 的证明.

3.5.3 验证并利用极化恒等式：$\langle Ax, y\rangle=\langle Au, u\rangle-\langle Av, v\rangle$，其中 $u=\dfrac{(x+y)}{2}$，$v=\dfrac{(x-y)}{2}$.

3.5.5 考虑向量 X_i 的格拉姆矩阵，它是元素为 $\langle X_i, X_j\rangle$ 的 $n\times n$ 矩阵，不要忘记叙述怎样将(3.22)的一个解转换为(3.21)的一个解.

3.5.7 首先，将目标函数表示为 $\frac{1}{2}\operatorname{tr}(\widetilde{A}ZZ^{\mathrm{T}})$，其中，$\widetilde{A}=\begin{pmatrix}0 & A\\ A^T & 0\end{pmatrix}$，$Z=\begin{pmatrix}X\\ Y\end{pmatrix}$，$X$ 和 Y 分别是行为 X_i^{T} 和 Y_i^{T} 的矩阵. 然后表示带有单位行的形如 ZZ^{T} 的矩阵集合为对角元等于 1 的半正定矩阵.

3.6.4 重复考虑分割 G，给出实验的期望数的界.

3.6.7 如果能证明 $\langle g, u\rangle$ 和 $\langle g, v\rangle$ 取相反符号的概率为 $\frac{\alpha}{\pi}$，其中 $\alpha\in[0, \pi]$ 是向量 u 和 v 间的角，则结果易得. 为了验证这个结论，利用旋转不变性将其化为 $\mathbb{R}^2$ 上的问题，在平面上再用一次旋转不变性即可得到结论.

3.7.5 (a) 考虑直和 $H=\mathbb{R}^{n\times n}\oplus\mathbb{R}^{n\times n\times n}$.

3.7.6 像练习 3.7.5 一样构造 Φ，但是在 Ψ 的定义中包含 a_k 的符号.

第 4 章

4.2.16 用基数体积取代度量体积进行讨论.

4.4.3 (b)类似于引理 4.4.1 的证明，并利用恒等式：$\langle Ax, y\rangle-\langle Ax_0, y_0\rangle=\langle Ax, y-y_0\rangle+\langle A(x-x_0), y_0\rangle$.

4.4.4 不失一般性，假定 $\mu=1$，将 $\|Ax\|_2^2-1$ 表示成二次型 $\langle Rx, x\rangle$，其中 $R=A^{\mathrm{T}}A-I_n$. 利用练习 4.4.3 去计算二次型在网上的最大值.

4.4.7 用第一行第一列的欧几里得范数得出矩阵 A 的算子范数的下界，利用范数的集中完成这个证明.

4.6.2 利用引理 1.2.1 中的积分恒等式.

第 5 章

5.1.9 如果(a)中的结论不成立，补集 $B:=(A_s)^c$ 满足 $\sigma(B)\geqslant\frac{1}{2}$，对 B 应用引理 5.1.7.

5.1.13 为了证明上界，假设 $\|Z-\mathbb{E}Z\|_{\psi_2}\leqslant K$，并利用中位数的定义证明 $|\mathrm{M}-\mathbb{E}Z|\leqslant CK$.

5.1.14 首先用中位数取代期望. 然后对函数 $f(x):=\operatorname{dist}(x, A)=\inf\{d(x, y): y\in A\}$(它的中位数为零)应用假定.

5.1.15 构造点 $x_i\in S^{n-1}$，每次一个. 注意到球面上的点集是几乎正交于构成球冠的给定点 x_0，证明这个球冠的标准化面积是呈指数减小的.

5.2.3 半空间的 ε-邻域仍然是半空间，它的高斯测度是容易计算的.

5.3.4 令 $\mathcal{X}$ 为一组正交基，证明投影集定义了一个填充.

5.4.11 验证伯恩斯坦不等式的矩阵形式隐含 $\left\|\sum_{i=1}^{N}X_i\right\|\lesssim\left\|\sum_{i=1}^{N}\mathbb{E}X_i^2\right\|^{\frac{1}{2}}\sqrt{\log n+u}+K(\log n+u)$ 成立的概率至少为 $1-2\mathrm{e}^{-u}$，然后利用引理 1.2.1 中的积分恒等式.

5.4.12 像定理 5.4.1 的证明一样处理. 代替引理 5.4.10，如同定理 2.2.2 中霍夫丁不等式的证明一样，验证 $\mathbb{E}\exp(\lambda\varepsilon_iA_i)\leqslant\exp\left(\frac{\lambda^2A_i^2}{2}\right)$.

5.4.15 对 $(m+n)\times(m+n)$ 个对称矩阵 $\begin{bmatrix}0 & X_i^{\mathrm{T}}\\ X_i & 0\end{bmatrix}$ 的和应用矩阵伯恩斯坦不等式(定理 5.4.1).

5.6.7 考虑 3.3 节中的坐标分布，像练习 5.4.14 一样讨论.

5.6.8 如同定理 4.6.1 的证明一样，从 $m^{-1}A^{\mathrm{T}}A-$

$I_n = m^{-1}\sum_{i=1}^{m} A_i A_i^{\mathrm{T}} - I_n$ 的界导出结论，利用定理 5.6.1.

第 6 章

6.2.5 利用 A 的奇异值分解和 $X \sim N(0, I_n)$ 的旋转不变性化简并求二次型 $X^{\mathrm{T}}AX$ 的界.

6.2.6 (a) 像比较引理 6.2.3 的证明一样.
(b) 像引理 6.2.2 的证明一样.

6.2.7 该问题中的二次型可以写成 $X^{\mathrm{T}}AX$，正如之前一样，但是现在 X 是一个 $d\times n$ 且带有列 X_i 的随机矩阵. 当 X 是高斯向量时(引理 6.2.2)，重新计算矩母函数，利用比较引理 6.2.3.

6.3.5 使用练习 6.2.6 中证明的矩母函数的界.

6.4.6 对 $F(x)=\exp(\lambda x)$ 或者 $F(x)=\exp(cx^2)$ 使用练习 6.4.5 的结果求矩母函数的界.

6.5.2 对$(m+n)\times(m+n)$对称随机矩阵 $\begin{bmatrix} 0 & A \\ A^{\mathrm{T}} & 0 \end{bmatrix}$ 应用定理 6.5.1.

6.6.2 固定 i，对 $\sum_{j=1}^{n}(\delta_{ij}-p)^2$ 应用伯恩斯坦不等式(推论 2.8.3)得到尾分布界，结论由在 $i\in[n]$上取一致界得到.

6.7.3 使用对称化，然后在对(X_i)取条件期望后利用压缩原理(定理 6.7.1)，最后再次利用对称化.

6.7.7 (b)为了证明(6.17)，在 $\varepsilon_1, \cdots, \varepsilon_{n-1}$ 上取条件期望，并应用(a).

6.7.8 定理 6.7.1 可能会有帮助.

第 7 章

7.1.9 类似于引理 6.4.2 的证明.

7.1.13 用增量 $\|X_t - X_s\|_2$ 代替协方差矩阵可能会更简单.

7.2.4 对于 $Z\sim N(0, 1)$，记 $X=\sigma Z$，用高斯分部积分法.

7.2.6 对于 $Z\sim N(0, I_n)$，用表示 $\Sigma^{\frac{1}{2}}Z$，则

$$X_i = \sum_{k=1}^{n}(\Sigma^{\frac{1}{2}})_{ik} Z_k$$

$$\mathbb{E}X_i f(X) = \sum_{k=1}^{n}(\Sigma^{\frac{1}{2}})_{ik}\,\mathbb{E}Z_k f(\Sigma^{\frac{1}{2}}Z)$$

对 $\mathbb{E}Z_k f(\Sigma^{\frac{1}{2}}Z)$ 使用单变量的高斯分部积分(引理 7.2.3)，对除了 $Z_k\sim N(0, 1)$的所有随机变量取条件期望，然后化简.

7.2.12 对 f 求导，并验证

$$\frac{\partial f}{\partial x_i} = \frac{\mathrm{e}^{\beta x_i}}{\sum_k \mathrm{e}^{\beta x_k}} =: p_i(x)$$

$$\frac{\partial^2 f}{\partial x_i \partial x_j} = \beta(\delta_{ij}p_i(x) - p_i(x)p_j(x))$$

其中 δ_{ij} 是克罗内克符号. 当 $i=j$ 时 $\delta_{ij}=1$，否则为 0. 接下来验证数值恒等式：

$$\text{如果} \sum_{i=1}^{n} p_i = 1, \text{则} \sum_{i,j=1}^{n}\sigma_{ij}(\delta_{ij}p_i - p_i p_j) = -\frac{1}{2}\sum_{i\neq j}(\sigma_{ii}+\sigma_{jj}-2\sigma_{ij})p_i p_j$$

应用高斯插值公式 7.2.7，对 $\sigma_{ij}=\Sigma_{ij}^{X}-\Sigma_{ij}^{Y}$ 和 $p_i = p_i(Z(u))$应用上面的恒等式，并对得到的表达式化简，得

$$\frac{\mathrm{d}}{\mathrm{d}u}\mathbb{E}f(Z(u)) = \frac{\beta}{4}\sum_{i\neq j}(\mathbb{E}(X_i - X_j)^2 - \mathbb{E}(Y_i - Y_j)^2)\mathbb{E}p_i(Z(u))\,p_j(Z(u))$$

由假定，这个表达式是非正的.

7.2.13 应用 Sudakov-Fernique 不等式.

7.2.14 对 $f(x)=\prod_i(1-\prod_j h(x_{ij}))$ 应用高斯插值引理 7.2.7，其中 $h(x)$近似于示性函数 $\mathbf{1}_{\{x\leqslant\tau\}}$. 类似于 Slepian 不等式的证明.

7.3.4 建立最小奇异值与高斯过程的最小-最大值

$$s_n(A) = \min_{u\in S^{n-1}}\max_{v\in S^{m-1}}\langle Au, v\rangle$$

的关系，应用 Gordon 不等式(不必等方差，如练习 7.2.14 所述)证明

$$\mathbb{E}_{s_n}(A) \geqslant \mathbb{E}\|h\|_2 - \mathbb{E}\|g\|_2$$

其中 $g\sim N(0, I_n)$，$h\sim N(0, I_m)$，组合上式与事实 $f(n) := \mathbb{E}\|g\|_2 - \sqrt{n}$关于维数 n 是增加的(承认它作为一个事实，通过烦琐的计算证明出来).

7.4.5 利用命题 4.2.12 和推论 7.4.4，并对 ε 最优化.

7.5.3 利用高斯分布的旋转不变性.

7.5.4 利用 Sudakov-Fernique 比较不等式.

7.5.10 类似于推论 7.4.4 的证明.

7.6.1 使用高斯集中证明上界.

7.7.2 (a)利用 P 的奇异值分解.

(b)只需验证 $Q^{\mathrm{T}}z$ 的分布的旋转不变性.

7.7.4 为了得到界 $\mathbb{E}\mathrm{diam}(PT)\gtrsim w_s(T)$，通过去掉 P 的奇异值分解中的项，将 P 降为一维投影. 为了得到界 $\mathbb{E}\mathrm{diam}(PT)\geqslant\sqrt{\frac{m}{n}}\mathrm{diam}(T)$，将证明建立在 T 中的一对点上.

7.7.5 用椭球 $P(AB_2^k)$ 的直径表示 PA 的算子范数，并应用定理 7.7.1 的(a)和练习 7.7.3 的(b).

第 8 章

8.1.12 (a)从练习 2.5.10 可以直接得到.

(b) T 中的前 m 个向量构成了一个 $\frac{1}{\sqrt{\log m}}$-可分集.

8.2.6 在正方形 $[0, 1]^2$ 中放入一个步长为 ε 的网格，给定 $f\in\mathcal{F}$，证明：对某一个图像在网格上的函数 f_0，有 $\|f-f_0\|_\infty\leqslant\varepsilon$，如图 8.5 所示. 网格上的函数 f_0 的数量的界为 $\left(\frac{1}{\varepsilon}\right)^{\frac{1}{\varepsilon}}$. 接下来，使用练习 4.2.9 的结论.

8.2.7 利用 f 是利普希茨函数找到可能函数 f_0 的数目的一个更好的界.

8.3.15 考虑最多有 d 个的长度为 n 的二进制字符串的集合 $\mathcal{F}$，(这种集合称为汉明方体.)

8.3.17 考虑练习 8.3.15 中的汉明立方体.

8.3.21 像引理 8.3.19 一样证明，并利用引理 4.2.8 中的覆盖-填充关系.

8.3.24 修正对称化引理 6.4.2 的证明.

8.3.25 在类 $\mathcal{F}$ 中添加零函数，并利用注 8.1.5 得到 $|Z_f|=|Z_f-Z_0|$ 的界. 零函数的添加能显著地增加 $\mathcal{F}$ 的 VC 维数吗?

8.3.29 任选 Ω 中的一个子集 Λ，$\Lambda\subset\Omega$，它有任意大的势 d，并被 $\mathcal{F}$ 散离，令 μ 是 Λ 上的均匀测度，取每一个点的概率都为 $\frac{1}{d}$.

8.3.30 类似于定理 8.3.23 的证明，结合带有整个类 $\mathcal{F}$ 上的一致界的集中不等式. 利用 Sauer-Shelah 引理控制 $\mathcal{F}$ 的势.

8.4.6 选择 $\mathcal{F}$ 的一个 $\frac{\varepsilon}{4}$-网 $\{f_j\}_{j=1}^N$，验证 $\{(f_j-T)^2\}_{j=1}^N$ 是 $\mathcal{L}$ 的一个 ε-网.

8.4.9 (b)类似于定理 8.2.3 的证明.

8.5.2 (a)利用 T 中的前 2^{2^k} 个向量定义 T_k.

8.6.4 固定 $x_0\in T$，将过程分解为两部分：$|X_x|\leqslant|X_x-X_{x_0}|+|X_{x_0}|$，使用注 8.5.4 控制第一部分，用 $y=0$ 时的次高斯增量条件控制第二部分. 然后，从高斯宽度到高斯复杂度利用练习 7.6.9.

8.6.5 利用定理 8.5.5 和练习 7.6.9.

8.7.2 注意到 $\mathbb{E}\sup_{x\in T,y\in S}\langle Ax, y\rangle\geqslant\sup_{x\in T}\mathbb{E}\sup_{y\in S}\langle Ax, y\rangle$.

8.7.3 利用练习 8.6.5 的结论.

8.7.4 利用 Sudakov-Fernique 不等式(定理 7.2.11)代替 Talagrand 比较不等式.

第 9 章

9.1.2 利用定理 3.1.1 范数的集中得到 $\mathbb{E}\|Ax\|_2$ 和 $\sqrt{m}\|x\|_2$ 的差的界.

9.1.5 在 s 的范围内，次高斯尾分布在伯恩斯坦不等式中用于控制. 应用不等式时根据引理 9.1.4，不要忘记应用 $2K^2$ 代替 K.

9.1.8 利用练习 8.6.5 的 Talagrand 比较不等式的高概率版本.

9.1.10 利用恒等式 $a^2-b^2=(a-b)\times(a+b)$ 将它归结为初始偏差不等式.

9.2.3 如果 $m\ll n$，矩阵偏差不等式中的随机矩阵 A 是一个近似投影：这从 4.6 节可以得出.

9.4.9 类似于 5.2.5 节，考虑随机旋转 $U\in\mathrm{Unif}(SO(n))$，利用一致界证明存在 $x\in\mathcal{X}$，使得 $Ux\in T$ 的概率小于 1.

第 10 章

10.2.4 修正导出 M^* 界的证明.

10.2.5 根据需要修正 M^* 界.

10.3.7 (b)注意到 $\|x_{I_1}\|_2\leqslant 1$. 接下来对 $i\geqslant 2$，

注意到 x_{I_i} 的每一个坐标在量上都小于 $x_{I_{i-1}}$ 的平均坐标，推导出 $\|x_{I_i}\|_2 \leqslant \frac{1}{\sqrt{s}}\|x_{I_{i-1}}\|_1$，然后把所有的界相加.

10.3.9 在 $S_{n,s}$ 中构造一个大的可分 ε-网，于是推出 $S_{n,s}$ 覆盖数的一个更低的界，然后利用 Sudakov 最小值不等式(定理 7.4.1).

10.3.10 固定 $\rho>0$，对截断八面体 $T_\rho := B_1^n \cap \rho B_2^n$ 应用 M^* 界，利用练习 10.3.8 求得到 T_ρ 的高斯宽度的界. 进一步注意到如果对某个 $\delta \leqslant \rho$，那么 $\mathrm{rad}(T_\rho \cap E) \leqslant \delta$，最后，优化 ρ.

10.4.1 这里接着上面验证恒等式 $\|X\|_* = \max\{|\langle X, U\rangle| : U \in O(d)\}$，其中 $O(d)$ 是 $d\times d$ 的正交矩阵集，利用 X 的奇异值分解证明恒等式.

10.4.2 考虑核范数 $\|\cdot\|_*$、弗罗贝尼乌斯范数 $\|\cdot\|_F$ 和算子范数 $\|\cdot\|$ 分别作为向量的 ℓ_1 范数、ℓ_2 范数和 ℓ_∞ 范数的矩阵替代.

10.4.3 利用从定理 7.3.1 得到的(10.10).

10.5.4 利用练习 10.3.8 的结论.

10.6.4 这些引理的证明都是建立在 $\|\hat{x}\|_1 \leqslant \|x\|_1$ 基础上的，这个结论在此处也成立.

10.6.8 回忆次高斯 Chevet 不等式的证明(定理 8.7.1).

10.6.9 利用练习 10.3.8 的结论.

第 11 章

11.1.8 参照 9.1 节的讨论.

11.1.11 参照练习 9.1.8.

11.3.7 设 T 为 $\mathbb{R}^n$ 上的典范基，将点表示为 $g_i = Te_i$，并利用定理 11.3.3.

11.3.8 首先在定理 11.3.3 中用 $h(T) = (\mathbb{E}\sup_{t\in T}\langle g, t\rangle^2)^{\frac{1}{2}}$ 代替高斯宽度 $\omega(T)$，我们在(7.19)中讨论过它，这使得椭圆体更容易计算.

参考文献

[1] E. Abbe, A. S. Bandeira, G. Hall, Exact recovery in the stochastic block model, *IEEE Trans. Inform. Theory* 62 (2016), 471–487.

[2] R. Adamczak, R. Latala, A. Litvak, A. Pajor, N. Tomczak-Jaegermann, Chevet type inequality and norms of submatrices, *Studia Math.* 210 (2012), 35–56.

[3] R. J. Adler, J. E. Taylor, *Random Fields and Geometry.* Springer Monographs in Mathematics. Springer, New York, 2007.

[4] R. Ahlswede, A. Winter, Strong converse for identification via quantum channels, IEEE *Trans. Inform. Theory* 48 (2002), 568–579.

[5] F. Albiac, N. J. Kalton, *Topics in Banach Space Theory.* Second edition. With a foreword by Gilles Godefory. Graduate Texts in Mathematics, vol. 233. Springer, New York, 2016.

[6] S. Alesker, A remark on the Szarek–Talagrand theorem, *Combin. Probab. Comput.* 6 (1997), 139–144.

[7] N. Alon, A. Naor, Approximating the cut-norm via Grothendieck's inequality, *SIAM J. Comput.* 35 (2006), 787–803.

[8] N. Alon, J. H. Spencer, *The Probabilistic Method.* Fourth edition. Wiley Series in Discrete Mathematics and Optimization. John Wiley & Sons, Hoboken, NJ, 2016.

[9] D. Amelunxen, M. Lotz, M. B. McCoy, J. A. Tropp, Living on the edge: phase transitions in convex programs with random data, *Inform. Inference* 3 (2014), 224–294.

[10] A. Anandkumar, R. Ge, D. Hsu, S. Kakade, M. Telgarsky, Tensor decompositions for learning latent variable models, *J. Mach. Learn. Res.* 15 (2014), 2773–2832.

[11] S. Artstein-Avidan, A. Giannopoulos, V. Milman, *Asymptotic Geometric Analysis, Part I.* Mathematical Surveys and Monographs, vol. 202. American Mathematical Society, Providence, RI, 2015.

[12] D. Bakry, M. Ledoux, Lévy-Gromov's isoperimetric inequality for an infinite-dimensional diffusion generator, *Invent. Math.* 123 (1996), 259–281.

[13] K. Ball, Flavors of geometry, in: *An Elementary Introduction to Modern Convex Geometry,* pp. 1–58. Math. Sci. Res. Inst. Publ., vol. 31. Cambridge University Press, Cambridge, 1997.

[14] A. Bandeira, Ten lectures and forty-two open problems in the mathematics of data science. Lecture notes, 2016. Available at `www.cims.nyu.edu/~bandeira/TenLecturesFortyTwoProblems.pdf`.

[15] F. Barthe, B. Maurey, Some remarks on isoperimetry of Gaussian type, *Ann. Inst. H. Poincaré Probab. Statist.* 36 (2000), 419–434.

[16] F. Barthe, E. Milman, Transference principles for log-Sobolev and spectral-gap with applications to conservative spin systems, *Commun. Math. Phys.* 323 (2013), 575–625.

[17] P. Bartlett, S. Mendelson, Rademacher and Gaussian complexities: risk bounds and structural results, *J. Mach. Learn. Res.* 3 (2002), 463–482.

[18] M. Belkin, K. Sinha, Polynomial learning of distribution families, *SIAM J. Comput.* 44 (2015), 889–911.

[19] A. Blum, J. Hopcroft, R. Kannan, *Foundations of Data Science.* To appear.

[20] R. Bhatia, *Matrix Analysis.* Graduate Texts in Mathematics, vol. 169. Springer-Verlag, New York, 1997.

[21] P. J. Bickel, Y. Ritov, A. Tsybakov, Simultaneous analysis of Lasso and Dantzig selector, *Ann. Stat.* 37 (2009), 1705–1732.

[22] P. Billingsley, *Probability and Measure.* Third edition. Wiley Series in Probability and Mathematical Statistics. John Wiley & Sons, New York, 1995.

[23] S. G. Bobkov, An isoperimetric inequality on the discrete cube, and an elementary proof of the isoperimetric inequality in Gauss space, *Ann. Probab.* 25 (1997), 206–214.

[24] B. Bollobás, *Combinatorics: Set Systems, Hypergraphs, Families of Vectors, and Combinatorial Probability.* Cambridge University Press, Cambridge, 1986.

[25] B. Bollobás, *Random Graphs.* Second edition. Cambridge Studies in Advanced Mathematics, vol. 73. Cambridge University Press, Cambridge, 2001.

[26] C. Bordenave, M. Lelarge, L. Massoulie, Non-backtracking spectrum of random graphs: community detection and non-regular Ramanujan graphs, *Ann. Probab.*, to appear.

[27] C. Borell, The Brunn–Minkowski inequality in Gauss space, *Invent. Math.* 30 (1975), 207–216.

[28] J. Borwein, A. Lewis, *Convex Analysis and Nonlinear Optimization. Theory and Examples.* Second edition. CMS Books in Mathematics/Ouvrages de Mathématiques de la SMC, vol. 3. Springer, New York, 2006.

[29] S. Boucheron, G. Lugosi, P. Massart, *Concentration Inequalities. A Nonasymptotic Theory of Independence.* With a foreword by Michel Ledoux. Oxford University Press, Oxford, 2013.

[30] J. Bourgain, S. Dirksen, J. Nelson, Toward a unified theory of sparse dimensionality reduction in Euclidean Space, *Geom. Funct. Anal.* 25 (2015), 1009–1088.

[31] J. Bourgain, L. Tzafriri, Invertibility of "large" submatrices with applications to the geometry of Banach spaces and harmonic analysis, *Israel J. Math.* 57 (1987), 137–224.

[32] O. Bousquet, S. Boucheron, G. Lugosi, Introduction to statistical learning theory, in: *Advanced Lectures on Machine Learning*, Lecture Notes in Computer Science, vol. 3176, pp. 169–207. Springer Verlag, 2004.

[33] S. Boyd, L. Vandenberghe, *Convex Optimization.* Cambridge University Press, Cambridge, 2004.

[34] M. Braverman, K. Makarychev, Yu. Makarychev, A. Naor, The Grothendieck constant is strictly smaller than Krivine's bound, in: *Proc. 52nd Annual IEEE Symp. on Foundations of Computer Science (FOCS),* 2011, pp. 453–462.

[35] S. Brazitikos, A. Giannopoulos, P. Valettas, B.-H. Vritsiou, *Geometry of Isotropic Convex Bodies.* Mathematical Surveys and Monographs, vol. 196. American Mathematical Society, Providence, RI, 2014.

[36] S. Brooks, A. Gelman, G. Jones, Xiao-Li Meng, eds., *Handbook of Markov Chain Monte Carlo.* Chapman & Hall/CRC Handbooks of Modern Statistical Methods. Chapman and Hall/CRC, 2011.

[37] Z. Brzeźniak, T. Zastawniak, *Basic Stochastic Processes. A course Through Exercises.* Springer-Verlag, London, 1999.

[38] S. Bubeck, Convex optimization: algorithms and complexity, *Found. Trends Mach. Learn.* 8 (2015), 231–357.

[39] A. Buchholz, Operator Khintchine inequality in non-commutative probability, *Math. Ann.* 319 (2001), 1–16.

[40] A. Buchholz, Optimal constants in Khintchine type inequalities for fermions, Rademachers and q-Gaussian operators, *Bull. Pol. Acad. Sci. Math.* 53 (2005), 315–321.

[41] P. Bühlmann, S. van de Geer, *Statistics for High-Dimensional Data. Methods, Theory and Applications.* Springer Series in Statistics. Springer, Heidelberg, 2011.

[42] T. Cai, R. Zhao, H. Zhou, Estimating structured high-dimensional covariance and precision matrices: optimal rates and adaptive estimation, *Electron. J. Stat.* 10 (2016), 1–59.

[43] E. Candes, The restricted isometry property and its implications for compressed sensing, *C. R. Math. Acad. Sci. Paris* 346 (2008), 589–592.

[44] E. Candes, B. Recht, Exact matrix completion via convex optimization, *Found. Comput. Math.* 9 (2009), 717–772.

[45] E. Candes, T. Tao, Decoding by linear programming, *IEEE Trans. Inform. Theory* 51 (2005), 4203–4215.

[46] E. Candes, T. Tao, The power of convex relaxation: near-optimal matrix completion, *IEEE Trans. Inform. Theory* 56 (2010), 2053–2080.

[47] F. P. Cantelli, Sulla determinazione empirica delle leggi di probabilita, *Giorn. Ist. Ital. Attuari* 4 (1933), 221–424.

[48] B. Carl, Inequalities of Bernstein-Jackson-type and the degree of compactness of operators in Banach spaces, *Ann. Inst. Fourier (Grenoble)* 35 (1985), 79–118.

[49] B. Carl, A. Pajor, Gelfand numbers of operators with values in a Hilbert space, *Invent. Math.* 94 (1988), 479–504.

[50] P. Casazza, G. Kutyniok, F. Philipp, Introduction to finite frame theory, in: *Finite frames*, pp. 1–53. Applied and Numerical Harmonic Analysis Series. Birkhuser/Springer, New York, 2013.

[51] V. Chandrasekaran, B. Recht, P. A. Parrilo, A. S. Willsky, The convex geometry of linear inverse problems, *Found. Comput. Math.*, 12 (2012), 805–849.

[52] R. Chen, A. Gittens, J. Tropp, The masked sample covariance estimator: an analysis using matrix concentration inequalities, *Inform. Inference* 1 (2012), 2–20.

[53] S. Chevet, Séries de variables aléatoires gaussiennes à valeurs dans $E\hat{\otimes}_\varepsilon F$. Application aux produits d'espaces de Wiener abstraits, in: *Proc. Séminaire sur la Géométrie des Espaces de Banach (1977–1978)*, exp. no. 19, vol. 15. École Polytech., Palaiseau, 1978.

[54] P. Chin, A. Rao, and V. Vu, Stochastic block model and community detection in the sparse graphs: a spectral algorithm with optimal rate of recovery, preprint, 2015.

[55] M. Davenport, M. Duarte,Y. Eldar, G. Kutyniok, Introduction to compressed sensing, in: *Compressed Sensing*, pp. 1–64. Cambridge University Press, Cambridge, 2012.

[56] M. Davenport, Y. Plan, E. van den Berg, M. Wootters, 1-bit matrix completion, *Inform. Inference* 3 (2014), 189–223.

[57] M. Davenport, J. Romberg, An overview of low-rank matrix recovery from incomplete observations, preprint (2016).

[58] K. R. Davidson, S. J. Szarek, Local operator theory, random matrices and Banach spaces, in: *Handbook of the Geometry of Banach Spaces*, vol. I, pp. 317–366. Amsterdam, North-Holland, 2001.

[59] V. H. de la Peña, E. Giné, *Decoupling.* Probability and its Applications Series. Springer-Verlag, New York, 1999.

[60] V. H. de la Peña, S. J. Montgomery-Smith, Decoupling inequalities for the tail probabilities of multivariate U-statistics, *Ann. Probab.* 23 (1995), 806–816.

[61] S. Dirksen, Tail bounds via generic chaining, *Electron. J. Probab.* 20 (2015), art. no. 53, 29 pp.

[62] D. Donoho, M. Gavish, A. Montanari, The phase transition of matrix recovery from Gaussian measurements matches the minimax MSE of matrix denoising, *Proc. Natl. Acad. Sci. USA* 110 (2013), 8405–8410.

[63] D. Donoho, A. Javanmard, A. Montanari, Information-theoretically optimal compressed sensing via spatial coupling and approximate message passing, *IEEE Trans. Inform. Theory* 59 (2013), 7434–7464.

[64] D. Donoho, I. Johnstone, A. Montanari, Accurate prediction of phase transitions in compressed sensing via a connection to minimax denoising, *IEEE Trans. Inform. Theory* 59 (2013), 3396–3433.

[65] D. Donoho, A. Maleki, A. Montanari, The noise-sensitivity phase transition in compressed sensing, *IEEE Trans. Inform. Theory* 57 (2011), 6920–6941.

[66] D. Donoho, J. Tanner, Counting faces of randomly projected polytopes when the projection radically lowers dimension, *J. Amer. Math. Soc.* 22 (2009), 1–53.

[67] R. M. Dudley, The sizes of compact subsets of Hilbert space and continuity of Gaussian processes, *J. Funct. Anal.* 1 (1967), 290–330.

[68] R. M. Dudley, Central limit theorems for empirical measures, *Ann. Probab.* 6 (1978), 899–929.

[69] R. M Dudley, *Uniform Central Limit Theorems.* Cambridge University Press, 1999.

[70] R. Durrett, *Probability: Theory and Examples.* Fourth edition. Cambridge Series in Statistical and Probabilistic Mathematics, vol. 31. Cambridge University Press, Cambridge, 2010.

[71] A. Dvoretzky, A theorem on convex bodies and applications to Banach spaces, *Proc. Natl. Acad. Sci. USA* 45 (1959), 223–226.

[72] A. Dvoretzky, Some results on convex bodies and Banach spaces, in: *Proc. Symp. on Linear Spaces*, Jerusalem (1961), pp. 123–161.

[73] X. Fernique, *Regularité des trajectoires des fonctions aléatoires Gaussiens*. Lecture Notes in Mathematics, vol. 480, pp. 1–96. Springer, 1976.

[74] G. Folland, *A Course in Abstract Harmonic Analysis*. Studies in Advanced Mathematics. CRC Press, Boca Raton, FL, 1995.

[75] S. Fortunato, D. Hric, Community detection in networks: a user guide, *Phys. Rep.* 659 (2016), 1–44.

[76] S. Foucart, H. Rauhut, *A Mathematical Introduction to Compressive Sensing*. Applied and Numerical Harmonic Analysis Series. Birkhäuser/Springer, New York, 2013.

[77] P. Frankl, On the trace of finite sets, *J. Combin. Theory Ser. A* 34 (1983), 41–45.

[78] A. Garnaev, E. D. Gluskin, On diameters of the Euclidean sphere, *Dokl. A.N. USSR* 277 (1984), 1048–1052.

[79] A. Giannopoulos, V. Milman, Euclidean structure in finite dimensional normed spaces, in: *Handbook of the Geometry of Banach Spaces*, vol. I, pp. 707–779. North-Holland, Amsterdam, 2001.

[80] V. Glivenko, Sulla determinazione empirica della legge di probabilita, *Giorn. Ist. Ital. Attuari* 4 (1933), 92–99.

[81] M. Goemans, D. Williamson, Improved approximation algorithms for maximum cut and satisfiability problems using semidefinite programming, *J. ACM* 42 (1995), 1115–1145.

[82] Y. Gordon, Some inequalities for Gaussian processes and applications, *Israel J. Math.* 50 (1985), 265–289.

[83] Y. Gordon, Elliptically contoured distributions, *Prob. Theory Rel. Fields* 76 (1987), 429–438.

[84] Y. Gordon, Gaussian processes and almost spherical sections of convex bodies, *Ann. Probab.* 16 (1988), 180–188.

[85] Y. Gordon, On Milman's inequality and random subspaces which escape through a mesh in $\mathbb{R}^n$, in: *Proc. Conf. on Geometric Aspects of Functional Analysis* (1986/87), Lecture Notes in Mathematics, vol. 1317, pp. 84–106.

[86] Y. Gordon, Majorization of Gaussian processes and geometric applications, *Prob. Theory Rel. Fields* 91 (1992), 251–267.

[87] N. Goyal, S. Vempala, Y. Xiao, Fourier PCA and robust tensor decomposition, in: *Proc. Forty-sixth Annual ACM symp. on Theory of Computing*, pp. 584–593. New York, 2014.

[88] A. Grothendieck, Résumé de la théorie métrique des produits tensoriels topologiques, *Bol. Soc. Mat. Sao Paulo 8* (1953), 1–79.

[89] M. Gromov, Paul Lévy's isoperimetric inequality, Appendix C in: *Metric Structures for Riemannian and non-Riemannian Spaces*. Based on the 1981 French original. Progress in Mathematics, vol. 152. Birkhäuser Boston, 1999.

[90] D. Gross, Recovering low-rank matrices from few coefficients in any basis, *IEEE Trans. Inform. Theory* 57 (2011), 1548–1566.

[91] O. Guédon, Concentration phenomena in high-dimensional geometry. *J. MAS* (2012), 47–60. ArXiv: `https://arxiv.org/abs/1310.1204`.

[92] O. Guedon, R. Vershynin, Community detection in sparse networks via Grothendieck's inequality, *Probab. Theory Rel. Fields* 165 (2016), 1025–1049.

[93] U. Haagerup, The best constants in the Khintchine inequality, *Studia Math.* 70 (1981), 231–283.

[94] B. Hajek, Y. Wu, J. Xu, Achieving exact cluster recovery threshold via semidefinite programming, *IEEE Trans. Inform. Theory* 62 (2016), 2788–2797.

[95] D. L. Hanson, E. T. Wright, A bound on tail probabilities for quadratic forms in independent random variables, *Ann. Math. Statist.* 42 (1971), 1079–1083.

[96] L. H. Harper, Optimal numbering and isoperimetric problems on graphs, *Combin. Theory* 1 (1966), 385–393.

[97] T. Hastie, R. Tibshirani, J. Friedman, *The Elements of Statistical Learning*. Second edition. Springer Series in Statistics. Springer, New York, 2009.

[98] T. Hastie, R. Tibshirani, W. Wainwright, *Statistical Learning with Sparsity. The Lasso and Generalizations*. Monographs on Statistics and Applied Probability, vol. 143. CRC Press, Boca Raton, FL, 2015.

[99] D. Haussler, P. Long, A generalization of Sauer's lemma, *J. Combin. Theory Ser. A* 71 (1995), 219–240.

[100] T. Hofmann, B. Schölkopf, A. Smola, Kernel methods in machine learning, *Ann. Statist.* 36 (2008), 1171–1220.

[101] P. W. Holland, K. B. Laskey, S. Leinhardt, Stochastic blockmodels: first steps, *Social Networks* 5 (1983), 109–137.

[102] D. Hsu, S. Kakade, Learning mixtures of spherical Gaussians: moment methods and spectral decompositions, in: *Proc. 2013 ACM Conf. on Innovations in Theoretical Computer Science*, pp. 11–19. ACM, New York, 2013.

[103] F. W. Huffer, Slepian's inequality via the central limit theorem, *Canad. J. Statist.* 14 (1986), 367–370.

[104] G. James, D. Witten, T. Hastie, R. Tibshirani, *An Introduction to Statistical Learning, with Applications* in R. Springer Texts in Statistics, vol. 103. Springer, New York, 2013.

[105] S. Janson, T. Luczak, A. Rucinski, *Random Graphs*. Wiley-Interscience Series in Discrete Mathematics and Optimization. Wiley-Interscience, New York, 2000.

[106] A. Javanmard, A. Montanari, F. Ricci-Tersenghi, Phase transitions in semidefinite relaxations, *PNAS* 113 (2016), E2218–E2223.

[107] W. Johnson, J. Lindenstrauss, Extensions of Lipschitz mappings into a Hilbert space, *Contemp. Math.* 26 (1984), 189–206.

[108] J.-P. Kahane, Une inégalité du type de Slepian et Gordon sur les processus gaussiens, *Israel J. Math.* 55 (1986), 109–110.

[109] A. Kalai, A. Moitra, G. Valiant, Disentangling Gaussians, *Commun. ACM* 55 (2012), 113–120.

[110] S. Khot, G. Kindler, E. Mossel, R. O'Donnell, Optimal inapproximability results for MAX-CUT and other 2-variable CSPs?, *SIAM J. Computing* 37 (2007), 319–357.

[111] S. Khot, A. Naor, Grothendieck-type inequalities in combinatorial optimization, *Commun. Pure Appl. Math.* 65 (2012), 992–1035.

[112] B. Klartag, A central limit theorem for convex sets, *Invent. Math.* 168 (2007), 91–131.

[113] B. Klartag, S. Mendelson, Empirical processes and random projections, *J. Funct. Anal.* 225 (2005), 229–245.

[114] H. König, On the best constants in the Khintchine inequality for Steinhaus variables, *Israel J. Math.* 203 (2014), 23–57.

[115] V. Koltchinskii, K. Lounici, Concentration inequalities and moment bounds for sample covariance operators, *Bernoulli* 23 (2017), 110–133.

[116] I. Shevtsova, On the absolute constants in the Berry–Esseen type inequalities for identically distributed summands, preprint, 2012. arXiv:1111.6554.

[117] J. Kovacevic, A. Chebira, An introduction to frames, *Found. Trends Signal Proc.* 2 (2008), 1–94.

[118] J.-L. Krivine, Constantes de Grothendieck et fonctions de type positif sur les sphéres, *Adv. Math.* 31 (1979), 16–30.

[119] S. Kulkarni, G. Harman, *An Elementary Introduction to Statistical Learning Theory*. Wiley Series in Probability and Statistics. John Wiley & Sons, Hoboken, NJ, 2011.

[120] K. Larsen, J. Nelson, Optimality of the Johnson–Lindenstrauss lemma, submitted (2016). `https://arxiv.org/abs/1609.02094`.

[121] R. Latala, R. van Handel, P. Youssef, The dimension-free structure of nonhomogeneous random matrices, preprint (2017). `https://arxiv.org/abs/1711.00807`.

[122] M. Laurent, F. Vallentin, Semidefinite Optimization. Mastermath, 2012. Available at

http://page.mi.fu-berlin.de/fmario/sdp/laurentv.pdf.

[123] G. Lawler, *Introduction to Stochastic Processes.* Second edition. Chapman & Hall/CRC, Boca Raton, FL, 2006.

[124] C. Le, E. Levina, R. Vershynin, Concentration and regularization of random graphs, *Random Struct. Algor.*, to appear.

[125] M. Ledoux, *The Concentration of Measure Phenomenon.* Mathematical Surveys and Monographs, vol. 89. American Mathematical Society, Providence, RI, 2001.

[126] M. Ledoux, M. Talagrand, *Probability in Banach spaces. Isoperimetry and Processes.* Ergebnisse der Mathematik und ihrer Grenzgebiete, vol. 3, p. 23. Springer-Verlag, Berlin, 1991.

[127] E. Levina, R. Vershynin, Partial estimation of covariance matrices, *Probab. Theory Rel. Fields* 153 (2012), 405–419.

[128] C. Liaw, A. Mehrabian, Y. Plan, R. Vershynin, A simple tool for bounding the deviation of random matrices on geometric sets, in: *Proc. Geometric Aspects of Functional Analysis: Israel Seminar (GAFA) 2014–2016*, B. Klartag, E. Milman, eds., pp. 277–299. Lecture Notes in Mathematics vol. 2169. Springer, 2017.

[129] J. Lindenstrauss, A. Pelczynski, Absolutely summing operators in L^p-spaces and their applications, *Studia Math.* 29 (1968), 275–326.

[130] F. Lust-Piquard, Inégalités de Khintchine dans C_p $(1 < p < \infty)$, *C. R. Math. Acad. Sci. Paris* 303 (1986), 289–292.

[131] F. Lust-Piquard, G. Pisier, Noncommutative Khintchine and Paley inequalities, *Ark. Mat.* 29 (1991), 241–260.

[132] Y. Makovoz, *A simple proof of an inequality in the theory of n-widths,* in: *Proc. conf. on Constructive Theory of Functions* (*Varna, 1987*), pp. 305–308. Publ. House Bulgar. Acad. Sci., Sofia, 1988.

[133] J. Matoušek, *Geometric Discrepancy. An Illustrated Guide.* Algorithms and Combinatorics, vol. 18. Springer-Verlag, Berlin, 1999.

[134] J. Matoušek, *Lectures on Discrete Geometry.* Graduate Texts in Mathematics, vol. 212. Springer-Verlag, New York, 2002.

[135] B. Maurey, Construction de suites symétriques, *C.R.A.S., Paris* 288 (1979), 679–681.

[136] M. McCoy, J. Tropp, From Steiner formulas for cones to concentration of intrinsic volumes, *Discrete Comput. Geom.* 51 (2014), 926–963.

[137] F. McSherry, Spectral partitioning of random graphs, in: *Proc. 42nd FOCS*(2001), pp. 529–537.

[138] E. Meckes, Projections of probability distributions: a measure-theoretic Dvoretzky theorem, in: Geometric aspects of functional analysis, pp. 317–326. Lecture Notes in Mathematics, vol. 2050. Springer, Heidelberg, 2012.

[139] S. Mendelson, A few notes on statistical learning theory, in: S. Mendelson, A.J. Smola, eds., *Advanced Lectures on Machine Learning*, LNAI, vol. 2600, pp. 1–40, 2003.

[140] S. Mendelson, A remark on the diameter of random sections of convex bodies, in: *Geometric Aspects of Functional Analysis (GAFA Seminar Notes)*, B. Klartag and E. Milman, eds., Lecture Notes in Mathematics, vol. 2116, pp. 3950, 2014.

[141] S. Mendelson, A. Pajor, N. Tomczak-Jaegermann, Reconstruction and subgaussian operators in asymptotic geometric analysis, *Geom. Funct. Anal.* 17 (2007), 1248–1282.

[142] S. Mendelson, R. Vershynin, Entropy and the combinatorial dimension, *Invent. Math.* 152 (2003), 37–55.

[143] F. Mezzadri, How to generate random matrices from the classical compact groups, *Not. Amer. Math. Soc.* 54 (2007), 592–604.

[144] V. D. Milman, New proof of the theorem of Dvoretzky on sections of convex bodies, *Funct. Anal. Appl.* 5 (1971), 28–37.

[145] V. D. Milman, A note on a low M^*-estimate, in: P. F. Muller and W. Schachermayer, eds., *Geometry of Banach Spaces*: LMS Lecture Note Series, vol. 158, pp. 219–229. Cambridge University Press, 1990.

[146] V. D. Milman, G. Schechtman, *Asymptotic Theory of Finite-Dimensional Normed Spaces.* With an appendix by M. Gromov. Lecture Notes in Mathematics, vol. 1200. Springer-Verlag, Berlin, 1986.

[147] V. D. Milman, G. Schechtman, Global versus local asymptotic theories of finite-dimensional normed spaces, *Duke Math. J.* 90 (1997), 73–93.

[148] M. Mitzenmacher, E. Upfal, Probability and computing. *Randomized Algorithms and Probabilistic Analysis.* Cambridge University Press, Cambridge, 2005.

[149] ···

[150] A. Moitra, G. Valiant, Settling the polynomial learnability of mixtures of Gaussians, in: *Proc. 2010 IEEE 51st Annual Symp. on Foundations of Computer Science*, pp. 93–102. IEEE Computer Society, Los Alamitos, CA, 2010.

[151] S. J. Montgomery-Smith, The distribution of Rademacher sums, *Proc. Amer. Math. Soc.* 109 (1990), 517–522.

[152] P. Mörters, Y. Peres, *Brownian Motion.* Cambridge University Press, Cambridge, 2010.

[153] E. Mossel, J. Neeman, A. Sly, Belief propagation, robust reconstruction and optimal recovery of block models, *Ann. Appl. Probab.* 26 (2016), 2211–2256.

[154] M. E. Newman, *Networks. An Introduction.* Oxford University Press, Oxford, 2010.

[155] R. I. Oliveira, Sums of random Hermitian matrices and an inequality by Rudelson, *Electron. Commun. Probab.* 15 (2010), 203–212.

[156] R. I. Oliveira, Concentration of the adjacency matrix and of the Laplacian in random graphs with independent edges, unpublished manuscript, 2009. arXiv: 0911.0600.

[157] S. Oymak, B. Hassibi, New null space results and recovery thresholds for matrix rank minimization, in: *Proc. ISIT 2011.* ArXiv: `https://arxiv.org/abs/1011.6326`.

[158] S. Oymak, C. Thrampoulidis, B. Hassibi, The squared-error of generalized LASSO: a precise analysis, in: *Proc. 51st Annual Allerton Conf on Communication, Control and Computing,* 2013. ArXiv: `https://arxiv.org/abs/1311.0830`.

[159] S. Oymak, J. Tropp, Universality laws for randomized dimension reduction, with applications, *Inform. Inference*, to appear (2017).

[160] A. Pajor, *Sous espaces ℓ_1^n des espaces de Banach.* Hermann, Paris, 1985.

[161] D. Petz, A survey of certain trace inequalities, in: *Proc. Conf. on Functional Analysis and Operator Theory* (Warsaw, 1992), pp. 287–298. Polish Acad. Sci. Inst. Math., Warsaw, 1994.

[162] G. Pisier, Remarques sur un résultat non publié de B. Maurey, in: *Proc. Seminar on Functional Analysis,* 1980–1981, exp. no. V, 13 pp. École Polytechnique, Palaiseau, 1981.

[163] G. Pisier, *The Volume of Convex Bodies and Banach Space Geometry.* Cambridge Tracts in Mathematics, vol. 94. Cambridge University Press, Cambridge, 1989.

[164] G. Pisier, Grothendieck's theorem, past and present, *Bull. Amer. Math. Soc. (NS)* 49 (2012), 237–323.

[165] Y. Plan, R. Vershynin, Robust 1-bit compressed sensing and sparse logistic regression: a convex programming approach, *IEEE Trans. Inform. Theory* 59 (2013), 482–494.

[166] Y. Plan, R. Vershynin, E. Yudovina, High-dimensional estimation with geometric constraints, *Inform. Inference* 6 (2016), 1–40.

[167] D. Pollard, *Empirical Processes: Theory and Applications.* NSF-CBMS Regional Conference Series in Probability and Statistics, vol. 2. Institute of Mathematical Statistics, Hayward, CA; American Statistical Association, Alexandria, VA, 1990.

[168] H. Rauhut, *Compressive sensing and structured random matrices*, in: M. Fornasier, ed., *Theoretical Foundations and Numerical Methods for Sparse Recovery*, pp. 1–92. Radon Series on Computational and Applied Mathematics, vol. 9. de Gruyter, Berlin, 2010.

[169] B. Recht, A simpler approach to matrix completion, *J. Mach. Learn. Res.* 12 (2011), 3413–3430.

[170] P. Rigollet, High-dimensional statistics. Lecture notes, Massachusetts Institute of Technology, 2015. Available at MIT Open CourseWare.

[171] M. Rudelson, Random vectors in the isotropic position, *J. Funct. Anal.* 164 (1999), 60–72.

[172] M. Rudelson, R. Vershynin, Combinatorics of random processes and sections of convex bodies, *Ann. Math.* 164 (2006), 603–648.

[173] M. Rudelson, R. Vershynin, Sampling from large matrices: an approach through geometric functional analysis, *J. ACM* (2007), art. no. 21, 19 pp.

[174] M. Rudelson, R. Vershynin, On sparse reconstruction from Fourier and Gaussian measurements, *Commun. Pure Appl. Math.* 61 (2008), 1025–1045.

[175] M. Rudelson, R. Vershynin, Hanson–Wright inequality and sub-gaussian concentration, *Electroni. Commun. Probab.* 18 (2013), 1–9.

[176] N. Sauer, On the density of families of sets, *J. Comb. Theor.* 13 (1972), 145–147.

[177] G. Schechtman, Two observations regarding embedding subsets of Euclidean spaces in normed spaces, *Adv. Math.* 200 (2006), 125–135.

[178] R. Schilling, L. Partzsch, *Brownian Motion. An Introduction to Stochastic Processes.* Second edition. De Gruyter, Berlin, 2014.

[179] S. Shelah, A combinatorial problem: stability and order for models and theories in infinitary languages, *Pacific J. Math.* 41 (1972), 247–261.

[180] M. Simonovits, How to compute the volume in high dimension?, in: *Proc. ISMP, 2003 (Copenhagen), Math. Program. Ser. B*, 97 (2003), nos. 1–2, 337–374.

[181] D. Slepian, The one-sided barrier problem for Gaussian noise, *Bell. System Tech. J.* 41 (1962), 463–501.

[182] D. Slepian, *On the zeroes of Gaussian noise,* in: M. Rosenblatt, ed., *Time Series Analysis*, pp. 104–115. Wiley, New York, 1963.

[183] M. Stojnic, Various thresholds for ℓ_1-optimization in compressed sensing, unpublished manuscript, 2009. ArXiv: `https://arxiv.org/abs/0907.3666.`

[184] M. Stojnic, Regularly random duality, unpublished manuscript, 2013. ArXiv: `https://arxiv.org/abs/1303.7295.`

[185] V. N. Sudakov, Gaussian random processes and measures of solid angles in Hilbert spaces, *Soviet Math. Dokl.* 12 (1971), 412–415.

[186] V. N. Sudakov, B. S. Cirelson, Extremal properties of half-spaces for spherically invariant measures (in Russian); *LOMI* 41 (1974), 14–24.

[187] V. N. Sudakov, Gaussian random processes and measures of solid angles in Hilbert space, *Dokl. Akad. Nauk. SSR* 197 (1971), 4345; English translation in *Soviet Math. Dokl.* 12 (1971), 412–415.

[188] V. N. Sudakov, Geometric problems in the theory of infinite-dimensional probability distributions, *Trud. Mat. Inst. Steklov* 141 (1976); English translation in *Proc. Steklov Inst. Math* 2, American Mathematical Society.

[189] S. J. Szarek, On the best constants in the Khinchin inequality, *Studia Math.* 58 (1976), 197–208.

[190] S. Szarek, M. Talagrand, An "isomorphic" version of the Sauer–Shelah lemma and the Banach–Mazur distance to the cube, in: *Proc. conf. on Geometric Aspects of Functional Analysis* (1987–88), pp. 105–112, Lecture Notes in Mathematics, 1376. Springer, Berlin, 1989.

[191] S. Szarek, M. Talagrand, On the convexified Sauer–Shelah theorem, *J. Combin. Theory Ser. B* 69 (1997), 1830–192.

[192] M. Talagrand, A new look at independence, *Ann. Probab.* 24 (1996), 1–34.

[193] M. Talagrand, *The Generic Chaining. Upper and Lower Bounds of Stochastic Processes.* Springer Monographs in Mathematics. Springer-Verlag, Berlin, 2005.

[194] C. Thrampoulidis, E. Abbasi, B. Hassibi, Precise error analysis of regularized M-estimators in high-dimensions, preprint. ArXiv: `https://arxiv.org/abs/1601.06233.`

[195] C. Thrampoulidis, B. Hassibi, Isotropically random orthogonal matrices: performance of LASSO and minimum conic singular values, ISIT 2015. ArXiv: `https://arxiv.org/abs/503.07236.`

[196] C. Thrampoulidis, S. Oymak, B. Hassibi, Simple error bounds for regularized noisy linear inverse problems, ISIT 2014. ArXiv: `https://arxiv.org/abs/1401.6578.`

[197] C. Thrampoulidis, S. Oymak, B. Hassibi, The Gaussian min–max theorem in the presence of convexity, 2014. ArXiv: `https://arxiv.org/abs/1408.4837.`

[198] R. Tibshirani, Regression shrinkage and selection via the lasso, *J. Roy. Statist. Soc. Ser. B* 58 (1996), 267–288.

[199] N. Tomczak-Jaegermann, *Banach–Mazur Distances and Finite-Dimensional Operator Ideals.* Pitman Monographs and Surveys in Pure and Applied Mathematics, vol. 38. Longman Scientific & Technical, Harlow; John Wiley & Sons, New York, 1989.

[200] J. Tropp, User-friendly tail bounds for sums of random matrices, *Found. Comput. Math.* 12 (2012), 389–434.

[201] J. Tropp, An introduction to matrix concentration inequalities, *Found. Trends Mach. Learn.* 8 (2015) 1–230.

[202] J. Tropp, Convex recovery of a structured signal from independent random linear measurements, in: G. Pfander, ed. *Sampling Theory, a Renaissance: Compressive Sampling and Other Developments.* Series on Applied and Numerical Harmonic Analysis. Birkhäuser, Basel, 2015.

[203] J. Tropp, The expected norm of a sum of independent random matrices: an elementary approach, in: C. Houdre, D. M. Mason, P. Reynaud-Bouret, J. Rosinski, eds. *High-Dimensional Probability VII: The Cargese Volume.* Series on Progress in Probability, vol. 71. Birkhäuser, Basel, 2016.

[204] S. van de Geer, *Applications of Empirical Process Theory.* Cambridge Series in Statistical and Probabilistic Mathematics, vol. 6. Cambridge University Press, Cambridge, 2000.

[205] A. van der Vaart, J. Wellner, *Weak Convergence and Empirical Processes, with Applications to Statistics.* Springer Series in Statistics. Springer-Verlag, New York, 1996.

[206] R. van Handel, Probability in high dimension, Lecture notes. Available at `www.princeton.edu/~rvan/APC550`.

[207] R. van Handel, Structured random matrices, in: IMA volume *Discrete Structures: analysis and Applications*, Springer, to appear.

[208] R. van Handel, Chaining, interpolation, and convexity, *J. Eur. Math. Soc.*, to appear, 2016.

[209] R. van Handel, Chaining, interpolation, and convexity II: the contraction principle, preprint, 2017.

[210] J. H. van Lint, *Introduction to Coding Theory.* Third edition. Graduate Texts in Mathematics, vol. 86. Springer-Verlag, Berlin, 1999.

[211] V. N. Vapnik, A. Ya. Chervonenkis, The uniform convergence of frequencies of the appearance of events to their probabilities, *Teor. Verojatnost. i Primenen* 16 (1971), 264–279.

[212] S. Vempala, Geometric random walks: a survey, in: *Combinatorial and Computational Geometry*, pp. 577–616. Math. Sci. Res. Inst. Publ., vol. 52, Cambridge University Press, Cambridge, 2005.

[213] R. Vershynin, Integer cells in convex sets, *Adv. Math.* 197 (2005), 248–273.

[214] R. Vershynin, A note on sums of independent random matrices after Ahlswede–Winter, unpublished manuscript, 2009, available at `www.math.uci.edu/~rvershyn/papers/ahlswede-winter.pdf`.

[215] R. Vershynin, Golden–Thompson inequality, unpublished manuscript, 2009, available at `www.math.uci.edu/~rvershyn/papers/golden-thompson.pdf`.

[216] R. Vershynin, Introduction to the non-asymptotic analysis of random matrices, in: *Compressed Sensing*, pp. 210–268. Cambridge University Press, Cambridge, 2012.

[217] R. Vershynin, Estimation in high dimensions: a geometric perspective, in: *Sampling Theory, a Renaissance*, pp. 3–66. Birkhauser, Basel, 2015.

[218] C. Villani, *Topics in Optimal Transportation.* Graduate Studies in Mathematics, vol. 58. American Mathematical Society, Providence, RI, 2003.

[219] A. Wigderson, D. Xiao, Derandomizing the Ahlswede–Winter matrix-valued Chernoff bound using pessimistic estimators, and applications, *Theory Comput.* 4 (2008), 53–76.

[220] E. T. Wright, A bound on tail probabilities for quadratic forms in independent random variables whose distributions are not necessarily symmetric, *Ann. Probab.* 1 (1973), 1068–1070.

[221] H. Zhou, A. Zhang, Minimax rates of community detection in stochastic block models, *Ann. Statist.*, to appear.

索　引

索引中的页码为英文原书页码，与书中页边标注的页码一致．

A

absolute moment(绝对矩)，5，21
adjacency matrix(邻接矩阵)，61
admissible sequence(容许序列)，206，207
anisotropic random vectors(各向异性随机向量)，40，134，136，257
approximate isometry(近似等距)，73，74，91，111
approximate projection(近似投影)，75

B

Bennett's inequality(Bennett 不等式)，36
Bernoulli distribution(伯努利分布)，10，12
　symmetric(对称伯努利分布)，13，25，46，62，136
Bernstein's inequality(伯恩斯坦不等式)，33，34，130
　for matrices(矩阵形式的伯恩斯坦不等式)，113，119，120
binomial(二项式)
　coefficients(二项式系数)，4
　distribution(二项分布)，11
bounded differences inequality(有界差分不等式)，36
Brownian motion(布朗运动)，148－150

C

canonical metric(典范度量)，149，160
Caratheodory's theorem(卡拉特奥多里定理)，1，2
Cauchy-Schwarz inequality(柯西-施瓦茨不等式)，6
centering(中心化)，28，32，103
central limit theorem(中心极限定理)
　Berry-Esseen(Berry-Esseen 中心极限定理)，13
　de Moivre-Laplace(棣莫弗-拉普拉斯中心极限定理)，10
　Lindeberg-Lévy(Lindeberg-Lévy 中心极限定理)，9
　projective(射影中心极限定理)，54
chaining(链)，178
chaos(混沌)，127
Chebyshev's inequality(切比雪夫不等式)，8
Chernoff's inequality(切尔诺夫不等式)，17，18，36
Chevet's inequality(Chevet 不等式)，212，258
clustering(聚类)，95
community detection(社区发现)，87
concentration(集中)
　for anisotropic random vectors(各向异性随机向量的集中)，134
　Gaussian(高斯集中)，104
　of the norm(关于范数的集中)，39，134
　on $SO(n)$(在 $SO(n)$ 上的集中)，107
　on a Riemannian manifold(在黎曼流形上的集中)，106
　on the ball(在球上的集中)，108
　on the cube(在方体上的集中)，105，108
　on the Grassmannian(在格拉斯曼上的集中)，107
　on the sphere(在球面上的集中)，99，103
　on the symmetric group(在对称群上的集中)，106
　Talagrand's inequality(Talagrand 集中不等式)，110
contraction principle(压缩原理)，143，156
　Talagrand's(Talagrand 压缩原理)，145
convex(凸)
　body(凸体)，50
　combination(凸组合)，1
　hull(凸包)，1，163
　program(凸规划)，59
coordinate distribution(坐标分布)，59

Coupon collector's problem(优惠券收藏者问题), 120
Courant-Fisher's min-max theorem(Courant-Fisher 最小-最大值定理), 参见 min-max theorem
Covariance(协方差), 6, 41, 93, 94, 122, 224
  estimation(协方差估计), 94, 122, 223
  of a random process(随机过程的协方差), 149
covering number(协方差覆盖数), 4, 75, 77, 78, 160, 162, 193
Cramér-Wold theorem(Cramér-Wold 定理), 266
cross-polytope(正轴体), 165

D

Davis-Kahan theorem(Davis-Kahan 定理), 89, 96
de Moivre-Laplace theorem(棣莫弗-拉普拉斯定理), 10
decoding map(解码映射), 81
decoupling(解耦), 127, 128
degree of a vertex(顶点度数), 19
diameter(直径), 2, 80, 163, 227
dimension reduction(降维), 110
discrepancy(不一致), 199
distance to a subspace(与子空间的距离), 136
Dudley's inequality(Dudley 不等式), 176 - 178, 181, 183, 206, 210
Dvoretzky-Milman theorem(Dvoretzky-Milman 定理), 259, 260

E

Eckart-Young-Mirsky theorem(Eckart-Young-Mirsky 定理), 73
embedding(嵌入), 258
empirical
  distribution function(经验分布函数), 198
  measure(经验测度), 188
  method(经验法), 1, 2
  process(经验过程), 183, 186, 196
  risk(经验风险), 202
encoding map(编码映射), 81
entropy function(熵函数), 97
ε-net(ε-网), 参见 net
ε-separated set(ε-可分集), 76
Erdös. Rényi model(Erdös-Rényi 模型), 19, 87
error correcting code(纠错码), 81
escape theorem(逃逸定理), 229, 230, 241, 242, 244
exact recovery(精确恢复), 241
excess risk(额外风险), 202
expectation(期望), 5
exponential distribution(指数分布), 32

F

feature map(特征映射), 68
frame(框架), 49, 53
  tight(紧框架), 49
Frobenius norm(弗罗贝尼乌斯范数), 72, 169
functions of matrices(矩阵函数), 参见 matrix calculus

G

γ_2-functional(γ_2-泛函), 207
Garnaev-Gluskin theorem(Garnaev-Gluskin 定理), 239
Gaussian
  complexity(高斯复杂度), 170, 216, 255
  distribution(分布), 9
  integration by parts(分部积分法), 152, 153
  interpolation(高斯插值), 152
  measure(高斯测度), 104
  mixture model(高斯混合模型), 95, 96
  orthogonal ensemble(高斯正交系), 159
  process(高斯过程), 150
    canonical(典范高斯过程), 161, 162
  width(高斯宽度), 162, 211
generic chaining(通用链), 206, 208, 209
Gilbert-Varshamov bound(Gilbert-Varshamov 界), 97
Glivenko-Cantelli
  class(Glivenko-Cantelli 类), 199
  theorem(Glivenko-Cantelli 定理), 198
Golden-Thompson inequality(Golden-Thompson 不等式), 116
Gordon's inequality(Gordon 不等式), 157, 159
gram matrix(格拉姆矩阵), 266
graph(图), 61
  simple(简单图), 61

Grassmannian(格拉斯曼)，107
Grothendieck's identity(Grothendieck 恒等式)，63
Grothendieck's inequality(Grothendieck 不等式)，55，67

H

Haar measure(Haar 测度)，107，108
Hamming(汉明)
bound(汉明界)，97
cube(汉明立方体)，79，82，105，269
distance(汉明距离)，79，105，106
Hanson-Wright inequality(Hanson-Wright 不等式)，130，131，134，135
Hermitization trick(Hermite 方法)，140
Hessian，109
Hilbert-Schmidt norm(Hilbert-Schmidt 范数)，参见 Frobenius norm
Hoeffding's inequality(霍夫丁不等式)，14，16，27
for matrices(关于矩阵的霍夫丁不等式)，119
general(一般的霍夫丁不等式)，27
Hölder's inequality(赫尔德不等式)，6
hypothesis space(假设空间)，202，204
increments of a random process(随机过程的增量)，149，177，217，255
independent copy of a random variable(随机变量的独立副本)，128
indicator random variables(示性随机变量)，12
integer optimization problem(整数优化问题)，59
integral identity(积分恒等式)，7
intrinsic dimension(固有维数)，123，175
isoperimetric inequality(等周不等式)，100，105
isotropic random vectors(各向同性随机向量)，43

J

Jensen's inequality(詹森不等式)，6，116
Johnson-Lindenstrauss lemma(Johnson-Lindenstrauss 引理)，110，111，170，225，226，258

K

Kantorovich-Rubinstein duality theorem(Kantorovich-Rubinstein 对偶定理)，188
kernel(核)，65，68
Gaussian(高斯核)，68
polynomial(多项式核)，68
Khintchine's inequality(辛钦不等式)，27
for matrices(矩阵辛钦不等式)，120

L

Lasso，247，248，251，252
law of large numbers(大数定律)，2，9，35，93，184
uniform(一致大数定律)，185，188
Lieb's inequality(Lieb 不等式)，116
linear regression(线性回归)，参见 regression
Lipschitz
function(利普希茨函数)，98
norm(利普希茨范数)，98
low-rank approximation(低秩近似)，73
L^p norm(L^p 范数)，5
L_{ψ_1} norm(L_{ψ_1} 范数)，31
L_{ψ_2} norm(L_{ψ_2} 范数)，24

M

M^* bound(M^* 界)，227，229，234，239
majority decoding(大数解码法)，81
majorizing measure theorem(优化测度定理)，210
Markov's inequality(马尔可夫不等式)，8
matrix
Bernstein inequality(矩阵伯恩斯坦不等式)，参见 Bernstein's inequality for matrices
deviation inequality(矩阵偏差不等式)，216，255
Khintchine's inequality(矩阵辛钦不等式)，119，126
matrix calculus(矩阵微积分)，114
matrix completion(矩阵补全)，140
matrix recovery(矩阵恢复)，239，241
maximum cut(最大分割)，61
McDiarmid's inequality(McDiarmid 不等式)，参见 bounded differences inequality
mean width(平均宽度)，参见 spherical width，165
measurements(测量值)，232
median(中位数)，102
metric entropy(度量熵)，79，80，160，176，177，187，194
min-max theorem(最小-最大定理)，71

Minkowski's inequality(Minkowski 不等式), 6
Minkowski sum(Minkowski 和), 77
moment(矩), 5, 21
moment generating function(矩母函数), 5, 14, 22, 25
Monte-Carlo method(蒙特卡罗方法), 184

N

net(网), 75, 83, 84
network(网络), 19, 87
non-commutative Bernstein inequality(不可交换的伯恩斯坦不等式), 参见 Bernstein's inequality for matrices
non-commutative Khintchine inequalities(不可交换的辛钦不等式), 参见 matrix Khintchine inequalities
normal distribution(正态分布), 9, 12, 21, 46, 47, 51
nuclear norm(核范数), 240

O

operator norm(算子范数), 71, 83, 84
ordinary least squares(最小二乘法), 248
Orlicz
  norm(Orlicz 范数), 33
  space(Orlicz 空间), 32, 33

P

packing number(填充数), 76
Pajor's lemma(Pajor 引理), 191
perturbation theory(扰动理论), 89
Poisson(泊松)
  distribution(泊松分布), 10, 18, 32
  limit theorem(泊松极限定理), 10
polarization identity(极化恒等式), 266
positive-homogeneous function(正齐次函数), 254
principal component analysis(主成分分析), 42, 93, 95
probabilistic method(概率方法), 4, 194
push-forward measure(推进度量), 108

R

Rademacher distribution(拉德马赫分布), 14
radius(半径), 2, 212
random(随机)
  field(随机场), 148
  graph(随机图), 19, 37
  matrix(矩阵)
    norm(随机矩阵范数), 85, 139, 157, 159, 212
    singular values(随机矩阵奇异值), 91, 159, 222
  process(随机过程), 147
  projection(随机投影), 110, 111, 170, 171, 222, 247, 259
  sections(随机截面), 227
  walk(随机游动), 148
randomized rounding(随机转化), 63
rate of an error correcting code(纠错比率), 83
regression(回归), 233
regular graph(正则图), 19
reproducing kernel Hilbert space(再生核希尔伯特空间), 68
restricted isometry(有限等距), 245, 246
Riemannian manifold(黎曼流形), 106
RIP, 参见 restricted isometry
risk(风险), 201, 205
rotation invariance(旋转不变性), 26, 46, 111

S

sample(样本)
  covariance(样本协方差), 93
  mean(样本均值), 9
Sauer-Shelah lemma(Sauer-Shelah 引理), 193
second moment matrix(二阶矩矩阵), 41, 93, 122
selectors(转换器), 129, 140
semidefinite(半正定)
  program(半正定规划), 59
  relaxation(半正定放松), 59, 62
shatter(散离), 189
signal(信号), 232
singular(奇异)
  value decomposition(奇异值分解), 70, 131
  values(奇异值), 70
    of random matrices(随机矩阵的奇异值), 91, 222
  vectors(奇异向量), 70
Slepian's inequality(Slepian 不等式), 151, 154-157

small ball probabilities(小球概率问题)，16，41
sparse recovery(稀疏恢复)，232，237，242
special orthogonal group(特殊正交群)，107
spectral(谱)
  clustering(谱聚类)，90，91，95，96，121
  decomposition(谱分解)，42，114
  norm(谱范数)，参见 operator norm
spherical(球面)
  distribution(球面分布) 45，48，53，164
  width(球面宽度)，164，165，171
stable(稳定)
  dimension(稳定维数)，167，168，173，174，226，228，261
  rank(稳定秩)，124，169，224，263
standard (标准)
  deviation(标准差)，6
  score(标准分数分布)，43
statistical learning theory(统计学习理论)，200
stochastic(随机)
  block model(随机分块模型)，87，91
  domination(随机控制)，151
  process(随机过程)，参见 random process
sub-exponential(次指数)
  distribution(次指数分布)，28，29，31
  norm(次指数范数)，31
sub-gaussian(次高斯)
  distribution(次高斯分布)，22，24，26，33，51
  increments(次高斯增量)，177
  norm(次高斯范数)，24
  projection(次高斯投影)，223
subadditive function(次可加函数)，254
Sudakov's minoration inequality(Sudakov 最小值不等式)，160，182
Sudakov-Fernique inequality (Sudakov-Fernique 不等式)，156 - 158，161，211，269
support function(支撑函数)，255，260
symmetric
  Bernoulli distribution(对称伯努利分布)，参见 Bernoulli distribution
  distributions(对称分布)，136
  group(对称群)，106
symmetrization(对称化)，136 - 138，144，149
  for empirical processes(经验过程的对称化)，197

T

tails(尾分布)，7
  normal(正态尾分布)，12
  Poisson(泊松尾分布)，18
Talagrand
  comparison inequality(Talagrand 比较不等式)，210，211
  concentration inequality(Talagrand 集中不等式)，110
  contraction principle(Talagrand 压缩原理)，145，156
tangent cone(切锥)，242
target function(目标函数)，200
tensor(张量)，65
trace
  inequalities(迹不等式)，115，116
  norm(迹范数)，参见 nuclear norm
training data(训练数据)，200
transportation cost(传递成本)，188
truncation(截断)，13，57

U

union bound(一致界)，20

V

variance(方差)，5
VC dimension(VC 维数)，189，194，196

W

Wasserstein's
  distance(Wasserstein 距离)，188
  law of large numbers (Wasserstein 大数定律)，185
Weyl's inequality(Weyl 不等式)，89
Wiener process(Wiener 过程)，148

Y

Young's inequality(Young 不等式)，31

Z

zero-one law(零一律)，102